研究生“十四五”规划精品系列教材

固体废物资源化技术

高宁博 全 翠 编著

西安交通大学出版社
XI'AN JIAOTONG UNIVERSITY PRESS

内容简介

本教材在固体废物产量快速增加并对环境造成较大影响和污染的背景下，主要针对固体废物的资源化技术及最新研究进展进行介绍。本教材根据编者多年的教学经验及在固体废物处理和利用方面取得的成果，结合国内外相关教材、专著等，重点介绍了城市生活垃圾、农业固体废物、工业固体废物、电子垃圾、污水污泥、建筑垃圾等典型固体废物的资源化技术和最新研究进展、资源化采用的工艺及设备等，并在基本理论介绍的基础上，引用了大量工程设计方案和工程实际应用案例，将固体废物资源化处理技术的理论和实践应用有机地结合起来，使之应用性更强。

图书在版编目(CIP)数据

固体废物资源化技术 / 高宁博，全翠编著. —西安：西安交通大学出版社，2022.6

ISBN 978-7-5693-2622-2

Ⅰ. ①固… Ⅱ. ①高… ②全… Ⅲ. ①固体废物利用-教材 Ⅳ. ①X705

中国版本图书馆 CIP 数据核字(2022)第 088931 号

GUTI FEIWU ZIYUANHUA JISHU

书　　名 固体废物资源化技术
编　　著 高宁博　全　翠
策划编辑 田　华
责任编辑 王　娜
责任校对 邓　瑞

出版发行 西安交通大学出版社
（西安市兴庆南路 1 号　邮政编码 710048）
网　　址 http://www.xjtupress.com
电　　话 (029)82668357　82667874(市场营销中心)
(029)82668315(总编办)
传　　真 (029)82668280
印　　刷 西安五星印刷有限公司

开　　本 787mm×1092mm　1/16　**印张** 16.625　**字数** 405 千字
版次印次 2022 年 6 月第 1 版　2022 年 6 月第 1 次印刷
书　　号 ISBN 978-7-5693-2622-2
定　　价 45.00 元

如发现印装质量问题，请与本社市场营销中心联系。
订购热线：(029)82665248　(029)82667874
投稿热线：(029)82668818
读者信箱：465094271@qq.com

前　言

固体废物是指在生产、生活和其他活动中产生的丧失原有利用价值或者虽未丧失原有利用价值但被抛弃或放弃的物质。固体废物来源于人类的生产和生活活动，人类物质消耗越多，废物产生量也就随之越多。随着我国经济发展和城市化进程的加快，固体废物的产生量增长迅速，其已经成为我国生态环境的主要污染源之一。因此，依靠科技进步使固体废物在收集、运输、处理及处置过程中科学化、系统化、规范化，实现我国固体废物处置“减量化、资源化、无害化”的目标已成为我国生态环境保护和可持续发展战略中的一项重要任务。

固体废物具有产生源分散、产量大、组成复杂、呆滞性等特点，有些还具有毒性、易燃性、爆炸性、放射性、腐蚀性等危险特性，如果得不到妥善处理，在其产生、排放、处理的过程中会对水体、大气、土壤体系造成危害，破坏生态环境，甚至对人类的身心健康与社会经济发展造成阻碍。固体废物中的“废”与“不废”是相对的，它也是物质资源存在的一种形式，如果我们能够认识并了解到固体废物的属性并且在一定条件下变废为宝使之为人类所利用，它就重新获得了使用价值。固体废物作为不断增长的物质资源，尤其在当今人类社会面临人口、资源、能源和环境危机的背景下，其资源化开发及利用势在必行。我们编著《固体废物资源化技术》一书的目的，就是将我们的科研教学经验和知识，以及国内外迄今为止的最新且有效的固体废物处理与资源化技术介绍给读者。希望本书的出版能够有助于推动高校相关专业教学科研工作和我国固体废物管理与资源化的发展进步。

本书内容是在参考了国内外相关资料的情况下，基于编者多年的教学和科研经验编写而成的。本书共计 8 章，第 1 章介绍固体废物的基本概念、特征、产生、分类、危害、资源化方法及相关污染防治法律法规；第 2 章介绍城市生活垃圾的资源化技术，包括分选回收、焚烧、堆肥化、厌氧消化及餐厨垃圾的主要资源化方法；第 3 章介绍生物质废物的相关处理及资源化技术，包括热解、气化、水热处理及生物质制氢技术；第 4 章介绍废旧物资的资源化，包括废塑料、废电池、废轮胎、电子垃圾、废催化剂及废油的回收再利用技术；第 5 章至第 7 章分别介绍污水污泥、煤系固体废物及建筑垃圾的相关资源化技术；第 8 章介绍几种典型的危险废物包括飞灰、油田油泥和医疗垃圾的资源化技术。

本书是一本知识性、系统性和实用性很强的教材，可用于环境工程、环境科学、资源循环等领域的本科生、研究生和科研人员等专业人才的培养，也适合从事环境保护、环境卫生及废物处理的工程技术人员和管理人员参考。

本书由高宁博、全翠等编著，参与编写的人员有王凤超、程丽杰、段一航、许志成、苏瑞瑞、陈凯轮、贾翔雨、张广涛、陈常祥、胡雅迪。书中内容是编者团队多年来的研发、教学与应用成果，编写过程中参考了国内外同行公开报道的资料。

由于编者水平有限，本书难免有疏漏和不当之处，敬请广大读者提出宝贵的意见和建议，以待修订时加以改正。

编者

2022 年 3 月

目　　录

第1章　绪　论

1.1　固体废物资源化概述

1.1.1　固体废物的定义、来源和分类

固体废物是指在生产、生活和其他活动中产生的丧失原有利用价值或者虽未丧失原有利用价值但被抛弃或者放弃的固态、半固态和置于容器中的气态的物品、物质，以及法律、行政法规规定纳入固体废物管理的物品、物质[1]。

固体废物的来源大体上可分为两类：一类是生产过程中所产生的废物(不包括废气和废水)，称为生产废物；另一类是产品进入市场后在流动过程中或使用消费后产生的固体废物，称为生活垃圾。无论是生产还是生活过程中产生的固体废物种类均多种多样、成分复杂。为了管理和利用的方便，通常从不同的角度对固体废物进行不同的分类。按组成可分为有机固体废物和无机固体废物；按其危害状况可分为危险固体废物和一般固体废物；按其来源又可分为工业固体废物、矿业固体废物、农业固体废物、危险固体废物和城市垃圾五类。工业固体废物是来自各个工业生产部门生产和加工过程及流通所产生的废渣、粉尘、碎屑、污泥等，产生这些废物的主要生产部门有冶金、化工、煤炭、电力、交通、轻工、石油等。矿业固体废物主要是指来自矿业开采和矿石洗选过程中所产生的废物，主要包括废石和尾矿。农业固体废物是指来自农林生产和禽畜饲养过程中所产生的废物。危险固体废物指具有腐蚀性、毒性、易燃性、反应性或者感染性等一种或者几种危险特性的固体废物。城市垃圾则是指居民消费、商业、市政建设和市政维护过程中所产生的废物[2]。

1.1.2　固体废物的污染

固体废物对环境的污染与固体废物的数量和性质有关。只有当固体废物的数量达到一定程度时才会对环境造成污染，如市政污泥、粉煤灰等。但有些固体废物，例如废电池、废日光灯等即使数量不多，也会对环境造成严重污染。

与废水、废气相比，固体废物具有几个显著的特点。首先，固体废物是各种污染物的终态，特别是从污染控制设施排出的固体废物，浓缩了许多污染成分，人们往往对这类污染物产生一种稳定、污染慢的错觉。其次，在自然条件下，固体废物的一些有害成分会转入大气、水体和土壤中，参与生态系统的物质循环，具有潜在的、长期的危害性。因此，在固体废物，特别是危险废物处理处置不当时，其能通过各种途径危害人体健康。例如，工、矿业废物所含化学成分能形成化学物质型污染，生活垃圾则是多种病原微生物的产生地，能形成病原体型污染[3]。

固体废物的污染造成的危害主要包括以下几个方面。

(1)占用土地。固体废物任意露天堆放，必将占用大量的土地，破坏地貌和植被。据估算，每堆积 1×10^4 t废渣约占地1亩(约667 m^2)。土地是十分宝贵的资源，尤其是耕地，我国虽幅员辽阔，耕地面积却十分紧张，人均不到1.5亩(约1000 m^2)。固体废物大量露天堆存，侵占大量土地(往往是良田)，且有增无减，势必使我国本来就紧缺的土地更加紧缺。

(2)对土壤环境的危害。固体废物露天堆存，长期受风吹、日晒、雨淋的作用，其中的有害成分不断渗出，进入地下并向周围扩散，污染土壤(污染面积常达占地面积的2～3倍)，并对土壤中微生物的活动产生影响，进一步影响土壤中微生物参与自然循环的作用，有可能导致受污染土壤草木不生。另外，土壤中有害成分的存在，不仅阻碍植物根系的生长和发育，而且还会在植物有机体内蓄积，通过食物链危及人体健康。人如果与受污染的土壤直接接触，或食用此类土壤中种植的蔬菜、瓜果，就会致病。

(3)对水环境的污染。不少工厂将固体废物直接倾倒于河流、湖泊或海洋，使水质受到直接的污染，严重危害水生生物的生存条件，并影响水资源的充分利用。此外，堆积的固体废物经过雨水的浸渍和废物本身的分解，其渗滤液和有害化学物质的转化及迁移，将对附近地区的河流及地下水系和资源造成污染。固体废物露天堆存，也会随天然降水和地表径流直接进入水体或随风飘移落入水体，增加水的浊度和有害成分含量。

(4)对大气环境的影响。固体废物中原有的粉尘及其他颗粒物，或在堆存过程中产生的颗粒物，受日晒、风吹而进入大气，造成大气污染。如堆存的煤粉遇4级以上风力，一次可被剥离掉厚度为1～1.5 cm的一层粉煤灰，粉煤灰飞扬高度可达20～50 m。在风大的季节，可使人平均视程降低30%～70%。驻灰场常使附近出现所谓“黑风口”，使车辆行人难以通行。垃圾场附近，遇4～5级风，大气能见度剧烈下降，垃圾装卸时尤甚。有的固体废物在堆存时能产生和散发异臭或有害气体，则危害更甚。由于向大气中散发的颗粒物常是病原微生物的载体，因此其也是疾病传播的媒介。某些固体废弃物，如煤矸石，因其中含硫而能在空气中自燃(含硫量>1.5%时)，散发大量 SO_2 和煤烟，恶化大气环境。

1.1.3 固体废物的防治原则

固体废物污染的防治实行“减量化、资源化、无害化”原则，促使清洁生产和循环经济发展[4]。这既是防止固体废物污染的基本原则，也是《中华人民共和国固体废物污染环境防治法》的综合管理措施及要求实现的目标。

(1)减量化。减量化是指采用适宜的手段减少固体废物的数量、体积，并尽可能地减少固体废物的种类，降低危险废物有害成分的浓度，减轻或清除其危险特性等，从源头上直接减少或减轻固体废物对环境和人体健康的危害，最大限度地合理开发及利用资源和能源。减量化是防治固体废物污染环境的优先措施。需要注意的是，减量化一词不仅仅是指减少垃圾的产生量，其含义有三种不同的理解：第一种理解是减少垃圾的产生量，也就是源头削减/废物预防。第二种理解是减少垃圾的最终处置量，即在垃圾处理过程中，通过压实、破碎等物理手段，或通过焚烧、热解等热化学的处理方法，减少垃圾的数量和容积，从而方便运输和处置。第三种理解是指减少垃圾的排放量，即垃圾产生后，经过回收阶段，减少需要进入城市生活垃圾处理处置系统的垃圾数量。

(2)资源化。资源化是指通过回收、加工、循环利用、交换等方式，对固体废物进行综合利用，使之转化为可利用的二次原料或再生物质。在自然界中，并不存在绝对的废物。所谓的废物是失去原有使用价值而被弃置的物质，并不是永远没有使用价值。现在不能利用的，也许将来可以利用。这一生产过程的废物，可能是另一生产过程的原料，所以固体废物有“放错地方的原料”之称。确立正确的资源化方针，寻求废物开发利用途径，使其充分发挥经济效益，达到化害为利，变废为宝，既消除其对环境的污染，又实现物尽其用，这是两全其美的环境和经济政策。

(3)无害化。无害化是指对固体废物进行无害化处置。固体废物中虽有些可以综合利用，但最终也有相当部分需要进行处置。可将固体废物焚烧或用其他改变固体废物的物理、化学、生物特性的方法进行处理，以达到减少已产生的固体废物数量，缩小固体废物体积，减少或者消除其危险成分的目的，或者将固体废物最终置于符合环境保护规定要求的填埋场。固体废物处置不当，会造成严重的环境污染。如填埋固体废物特别是危险废物时，若不符合安全填埋标准和要求，其产生的渗滤液就会污染土壤和地下水、地表水水源；焚烧处置固体废物若不符合焚烧标准和要求，会造成大气污染。有些固体废物在利用前，也需要先进行无害化处置，否则将会造成环境污染。例如，生活垃圾中的粪便如不经过无害化处置就用于蔬菜施肥，会滋生危害蔬菜的寄生虫卵及大肠杆菌。因此，应当逐步提高垃圾无害化处理水平。在废物处置过程中，必须符合标准和技术要求，防止发生二次污染。特别是必须对危险废物及医疗废物进行集中无害化处置，以确保人们所处环境的安全。

1.1.4 固体废物的资源化

废物的资源化是发展循环经济的三大原则之一，也是参与国际资源大循环的基本要求，可为保障国家战略资源安全提供新的选择。目前我国与世界主要发达国家相比，废物资源化仍处于国际资源大循环产业的底端，且再利用产品附加值低，利用规模和水平仍有很大的进步空间[5]。目前的资源化技术主要有废旧金属再生利用技术、废旧电子电器拆解利用技术、废旧机电产品再制造技术、废旧高分子材料高值利用技术、粉煤灰和煤矸石资源化利用技术、金属废渣综合处置技术、工业副产石膏综合利用技术、工业生物质废物资源化利用技术、城市生活垃圾资源化利用技术、建筑垃圾资源化利用技术、污泥处置及资源化利用技术。

1.2 固体废物的资源化方法

固体废物的资源化方法包括了物理、化学、生物、热处理等方法，且各种方法往往联合使用才能最大限度地使固体废物得到资源化利用。通常，物理法是基础，其他方法常常结合物理法使用。

1.2.1 物理法

物理法指通过浓缩或者相变改变固体废物的结构，但不破坏固体废物组成的处理方法，包括了压实、破碎、筛分、粉磨、分选、脱水等，主要作为一种资源化的预处理技术。

(1)压实。减少固体废物容积以便于装卸和运输，或制取高密度惰性块料以便于贮存、填埋或用作建筑材料的操作过程称为压实。无论可燃废物、不可燃废物或者是放射性废物都可进行压实处理。压实处理的关键是压缩机。固体废物压缩机的类型很多，以城市垃圾压缩机为例，小型的家用压缩机可装在橱柜下面，大型的可以压缩整辆汽车，每日可压缩成千吨垃圾。但无论何种用途的压缩机，大致可分为竖式压缩机和卧式压缩机两种。

(2)破碎和粉磨。指将固体废物破碎成小块或者粉状小颗粒以利于分选有用或者有害的物质的过程。固体废物的破碎方式有机械破碎和物理破碎两种。机械破碎是指借助于各种破碎机械对固体废物进行破碎。不能用破碎机械破碎的固体废物，可以用物理法破碎，如低温冷冻破碎和超声波破碎等。目前，低温冷冻破碎已用于废塑料及其制品、废橡胶及其制品、废电线等的破碎。超声波破碎还处于实验室研究阶段。为了获得粒度更细的固体废物颗粒以利于后续资源化过程的加快反应速度、均匀物料，或为了获得具有大比表面积的物料，必须进行粉磨。粉磨在固体废物处理和利用中占有重要的地位。粉磨机的种类很多，常用的有球磨机、棒磨机、砺磨机、自磨机(无介质磨机)等。

(3)筛分。筛分指利用筛子将粒度范围较宽的混合物料按粒度大小分成若干不同级别的过程。它主要与物料的粒度和体积有关，密度和形状的影响很小。筛分时，通过筛孔的物料称为筛下产品，留在筛上的物料称为筛上产品。常用的筛分设备有棒条筛、振动筛、圆筒筛等。在固体废物破碎车间，筛分主要作为辅助手段，其中在破碎前进行的筛分称为预先筛分，对破碎后所得产物的筛分称为检查筛分。

(4)分选。分选指利用固体废物中不同组分的物理和物理化学性质差异，从中分选或分离有用或有害物质的过程。其依据的物理性质通常有密度、磁性、电性、光电性、弹性、摩擦性、粒度特性等，依据的物理化学性质通常有表面润湿性等。根据固体废物的这些特性，可分别采用重力分选、磁力分选、电力分选、光电分选、摩擦和弹跳分选、浮选等分选方法。

(5)脱水。凡含水率较高的固体废物，如污泥等必须先进行脱水减容，以便于包装、运输和资源化利用。脱水包括浓缩和干燥，视后续固体废物的资源化目的不同而选用。

1.2.2　化学法

化学法指使固体废物发生化学转换从而回收物质和能量的一种资源化方法。化学处理方法包括煅烧、焙烧、烧结、溶剂浸出、热分解、焚烧等。由于化学反应条件复杂，影响因素较多，故化学处理方法通常只用在所含成分单一或所含几种化学成分特性相似的废物资源化方面。对于混合废物，化学处理可能达不到预期的目的。

(1)煅烧。煅烧指在适宜的高温条件下，脱除固体废物中二氧化碳、结合水的过程。煅烧过程中发生脱水、分解和化合等物理化学变化。

(2)焙烧。焙烧指在合适的气氛条件下将物料加热到一定温度(低于其熔点)，使其发生物理化学变化的过程。根据焙烧过程中的主要化学反应和焙烧后的物理状态，可分为烧结焙烧、磁化焙烧、氧化焙烧、氯化焙烧等。焙烧在各种废渣的资源化过程中有较成熟的生产实践。

(3)烧结。烧结指将粉末或者粒状物质加热到低于主成分熔点的某一温度，使颗粒黏结成块或球团，提高其致密度和机械强度的过程。为了更好地烧结，一般需在物料中配入一定量的溶剂。物料在烧结过程中发生物理化学变化，化学性质改变，并有局部熔化，生成液相。烧结产物既可为可熔性化合物，也可为不熔性化合物，应根据下一工序要求制定烧结条件。烧结往往是焙烧的目的，如焙烧烧结，但焙烧不一定都要烧结。

(4)溶剂浸出。将固体废物加入到液体溶剂中，让固体废物中的一种或几种有用金属溶解于液体溶剂中，再从过滤溶液中提取有用金属的过程，称为溶剂浸出法。溶剂浸出在固体废物回收有用元素中已得到广泛应用，如可用盐酸浸出废物中的铬、铜、镍、锰等金属，从煤矸石中浸出结晶三氯化铝、二氧化钛等。在生产中，应根据物料组成、化学组成及结构等因素，选用浸出剂，浸出过程一般是在常温常压下进行的，但为了使浸出过程得到强化，也常常使用高温高压浸出。

(5)热分解。热分解也称热裂解，是一种利用热能使大分子有机物(碳氢化合物)转变为低分子物质的过程。通过热分解，可从有机废物中直接回收燃料油、燃料气等，但并非所有有机废物都适于热分解。适于热分解的有机废物主要有废塑料(含氯塑料除外)、废橡胶、废轮胎、废油及油泥、有机污泥等。固体废物热分解一般采用固定床、回转窑、高温熔化炉、流化床等。

(6)焚烧。焚烧是对固体废物进行有控制的燃烧以获得能源，减少固体废物体积的一种资源化方法。焚烧可使固体废物中的病原体及各种有毒、有害物质转化为无害物质。因此，焚烧是一种有效的除害灭菌的废物处理方法。固体废物焚烧在焚烧炉内进行。焚烧炉的种类很多，大体上有炉排式焚烧炉、流化床焚烧炉、回转窑焚烧炉等。

1.2.3 生物法

生物法是利用微生物分解固体废物中可降解的有机物而达到固体废物无害化或综合利用的方法。固体废物经过生物处理，在容积、形态、组成等方面均发生重大变化，因而便于运输、贮存、利用和处置。与化学处理方法相比，生物处理成本低、应用普遍，但处理时间较长、处理效率不够稳定。生物处理包括沼气发酵、堆肥和细菌冶金等。

(1)沼气发酵。沼气发酵指有机物质在隔绝空气和保持一定的水分、温度、酸度和碱度等条件下，利用微生物分解有机物产生沼气的过程。城市的有机垃圾，污水处理厂的污泥，农村的人畜粪便、植物秸秆等均可作为产沼气原料。为了使沼气发酵持续进行，必须提供和保持沼气发酵中各种微生物所需的条件。由于产沼气(甲烷)细菌是一种厌氧细菌，因此沼气发酵需在一个能隔绝氧气的密闭消化池内进行。

(2)堆肥。堆肥是指利用微生物的作用分解人畜粪便、垃圾、青草、作物秸秆等有机物以获得农用有机肥料的过程。堆肥分为普通堆肥和高温堆肥，前者主要是厌氧分解过程，后者则主要是好氧分解过程。堆肥的全程一般约需一个月。

(3)细菌冶金。细菌冶金指利用某些微生物的生物催化作用溶解固体废物中的有价金属，再从溶液中提取这些有价金属的过程。与普通的“采矿—选矿—火法冶金”相比，细菌冶金设备简单，操作方便，适合处理废矿、尾矿和炉渣，并且可综合浸出，具有分别回收多种金属的特点。

1.3 固体废物的资源化途径

固体废物具有两重性，虽占用大量土地，污染环境，本身却含有多种有用成分，是一种重要的二次资源。20 世纪 70 年代以后，由于能源和资源的短缺及对环境问题的认识逐渐加深，人们对固体废物已由消极的处理转向资源化利用。资源化利用的途径很多，但归纳起来有 5 个方面。

(1)提取各种有价组分。提取固体废物中的有价组分是固体废物资源化的一个重要途径。如有色金属冶炼渣中往往含有可提取的各种金属，有的含量甚至达到或者超过工业矿床品位，有些矿渣回收的稀有贵重金属的价值甚至超过了主金属的价值；一些化工渣中也含有多种金属，如硫铁矿渣，除含有大量的铁外，还含有许多稀有贵重金属；粉煤灰和煤矸石中含有铁、钼、钪、锗、钒、铀、铝等金属，也有回收的价值。因此，为避免资源的浪费，提取固体废物中的各种有价组分是固体废物资源化的优先考虑途径。

(2)生产建筑材料。这是一个实现固体废物最大消耗量的利用途径，且一般不会产生二次污染问题，既消除了污染，又实现了物尽其用的目的。可生产的建筑材料主要包含以下几种。

①碎石。矿业固体废物及自然冷却结晶冶炼渣的强度和硬度类似于天然岩石，是生产碎石的良好材料，可用作混凝土骨料、道路材料、铁路道渣等。利用固体废物生产碎石可大大减少天然砾石的开采量，有利于保护自然景观、农林业生产和保持水土。因此从合理利用资源、保护环境的角度出发，应大力提倡采用固体废物生产碎石。

②水泥。许多固体废物的化学成分与水泥相似，具有水硬性。如粉煤灰、经水淬的高炉渣和钢渣、赤泥等，其可作为硅酸盐水泥的混合材料。一些氧化钙含量较高的工业废渣，如钢渣、高炉渣等还可用来生产无熟料水泥。此外，煤矸石、粉煤灰等还可代替黏土作为生产水泥的原料。

③硅酸盐建筑制品。利用固体废物可生产硅酸盐制品。如在粉煤灰中掺入适量炉渣、矿渣等骨料，再加石灰、石膏和水拌和，可制成蒸养砖、砌块、大型墙体材料等。也可用尾矿、电石渣、赤泥、锌渣等制成砖瓦。煤矸石的成分与黏土相近，并含有一定的可燃成分，用以烧制砖瓦，不仅可以替代黏土，而且可以节约能源。

④铸石和微晶玻璃。铸石有耐磨、耐酸和碱腐蚀的特性，是钢材和某些有色金属的良好代用材料。某些固体废物的化学成分能够满足铸石生产的工艺要求，可以不重新加热而直接浇铸铸石制品，因此比天然岩石生产铸石节省能源。微晶玻璃是近年来发展起来的新型材料，具有耐磨、耐酸和碱腐蚀的特性，而且密度比铝小，在工业和建筑中具有广泛的用途。许多固体废物的组成适合作为微晶玻璃的生产原料，如矿业固体废物、高炉矿渣或铁合金渣等。

⑤轻质棉和轻质骨料。这也是固体废物的利用途径之一。如用高炉矿渣或煤矸石生产矿棉，用粉煤灰或者煤矸石生产陶粒，用高炉矿渣生产渣球或膨胀矿渣等。这些轻质骨料和矿渣棉在工业和民用建筑中具有越来越广泛的用途。

此外固体废物还可以用来生产农肥、回收能源、取代工业原料等。

(3)生产农肥。利用固体废物生产或者代替农肥有着广阔的前景。许多工业废渣含有较高的硅、钙及各种微量元素，有些废渣还含有磷，因此可以作为农业肥料使用。城市垃圾、粪便、农业有机废物等经过堆肥可以处理成有机肥料。工业废渣在农业上的利用主要有两种方式：直接用于农田或制成化学肥料。如粉煤灰、高炉渣、钢渣和铁合金渣等作为硅钙肥直接施用于农田，不但可提供农作物所需要的营养元素，而且有改良土壤的作用。含磷较高的钢渣可作为生产钙镁磷肥的原料。但工业废渣作为农肥使用时，必须严格检验这些废渣的毒性。有毒废渣一般不能用于农业生产，但若其有较大的利用价值又有可靠的去毒方法，可经过严格去毒之后，再进行综合利用，如用铬渣生产肥料。

(4)回收能源。固体废物资源化是节约能源的主要渠道。很多固体废物热值高，具有潜在的能量，可以充分地回收利用。回收方法包括焚烧、热解等热处理方法和甲烷发酵方法。固体废物作为能源利用的形式可分为：产生蒸汽、沼气、回收油，发电和直接作为燃料。粉煤灰中含碳量达10%以上(甚至30%以上)，可以回收后加以利用。煤矸石发热量为0.8～8 MJ/kg，可利用煤矸石发展坑口电站。利用有机垃圾、植物秸秆、人畜粪便中的碳化物、蛋白质、脂肪等，经过沼气发酵可生成可燃性的沼气，其原料广泛、工艺简单，是从固体废物中回收能源，保护环境的重要途径。

(5)取代某种工业原料。固体废物经一定加工处理可取代某种工业原料，以节省资源。煤矸石代焦生产磷肥，不仅能降低磷肥的生产成本，且因煤矸石具有特定成分，还可提高磷肥的质量。电石渣或合金冶炼中的硅钙渣，含有大量的氧化钙成分，可代替石灰直接用于工业和民用建筑中或作为硅酸盐建筑制品的原料使用。赤泥和粉煤灰经加工后可作为塑料制品的填充剂使用。有的废渣可以代替砂、石、活性炭、磺化煤作为过滤介质以净化污水。高炉矿渣可代替砂、石作为滤料处理废水，还可作为吸收剂从水面回收石油制品。粉煤灰在改善已污染的湖面水质方面效果显著，能使无机磷、悬浮物和有机磷的浓度下降，大大改善水的色度。粉煤灰用作过滤介质，过滤造纸废水，不仅效果好，还可以从纸浆废液中回收木质素。近年来，高附加值的固体废物产品不断涌现，如德国一家缆绳制造厂利用废磁带制造出了一种强度与钢丝差不多的缆绳，日本电源开发公司利用粉煤灰制造出了吸音材料，等等。

我国已跃升为世界第二大经济体，经济建设对资源有巨大的需求，而较多资源却供应不足。因此，推行固体废物资源化，不但可降低能耗和生产成本，减少自然资源的开采，为国家节约开采资源的投资，还可治理环境，维持生态系统的良性循环，是实现经济可持续发展战略的有效措施。

1.4 固体废物的综合处理

固体废物的种类很多，且产量很大，对其处理过程应有系统的整体观念，也就是对固体废物应进行综合处理。所谓综合处理就是将各中小企业产生的各种废物集中到一个地点，根据废物的特征，把各种废物处理过程综合成一个系统，以便把各过程得到的物质和能量进行合理的集中利用。通过综合处理可对废物进行有效的处理，减少最终废物排放量，减轻对环境的污染，防止二次公害的分散化，同时还能做到总处理费用低、资源利用效率高[6]。

要进行废物的综合处理，必须弄清楚废物产量随时间的变化状况，以便设计的处理方案适合废物负荷的变化幅度。通常，是将各工厂排放的同样或类似的废物进行混合处理，并从收集方式上进行适当的改变。

废物综合处理系统类似于一般的工业生产系统，整个系统包括固体废物的收集运输、破碎、分选等预处理技术，焚烧、热解和微生物分解等转化技术及“三废”处理等后处理技术。预处理过程中，废物的性质不发生改变，主要利用物理处理方法，对废物中的有用组分进行分离提取回收，如对空瓶、空罐、设备的零部件及金属、玻璃、废纸、塑料等有用材料进行提取回收。

转化技术是把预处理回收后的残余废物用化学或生物学的方法，使废物的物理性质发生改变而加以回收利用。这一过程显然比预处理过程复杂，成本也较高。焚烧和热解以回收能源为目的。其中焚烧主要回收热能以生产水蒸气、热水和电力等不能贮存或随机使用型的能源，而热解主要回收燃料气、油、微粒状燃料等可贮存或迁移型的能源。微生物分解主要的目的是使废物原料化、产品化而再生利用。

预处理过程和转化过程产生的废渣可用于制备建筑材料、道路材料或进行填埋。

综上所述，固体废物处理系统由若干个过程所组成，每个过程有每个过程的作用。综合处理固体废物时，务必从整体出发，选择合适的处理技术及处理过程。

1.5 固体废物环境污染防治的法律法规体系

1.5.1 国内固体废物管理法律法规简介

我国国内的固体废物管理法律法规分为法律、政策法规和标准规范等，一些与固体废物管理相关的指导性文件、复函汇总等也属于固体废物管理法律法规体系。其中法律包含了《中华人民共和国环境保护法》《中华人民共和国固体废物污染环境防治法》等；政策法规则包含了《危险废物转移联单管理办法》《固体废物进口管理办法》《危险废物出口核准管理方法》等，此外还有一些地方性的政策法规，如《广东省固体废物污染环境防治条例》《江苏省固体废物污染环境防治条例》等。有关固体废物管理的标准则规定了固体废物鉴别、监测、控制的标准规范，如《固体废物鉴别标准 通则》(GB 34330—2017)、《危险废物鉴别标准 通则》(GB 5085.7—2007)、《进口可用作原料的固体废物环境保护控制标准》、《工业固体废物采样制样技术规范》、《生活垃圾焚烧污染控制标准》等。固体废物管理的法律法规从各个方面规定了在固体废物管理、处置方面的行为规范和标准，是固体废物管理、处置工作中重要的依据和准则。

1.5.2 固体废物管理法律的发展

我国在 1978 年的《宪法》中，首次提出了“国家保护环境和自然资源，防止污染和其他公害”的概念，说明国家那时已经开始重视保护环境、节约资源。

1979 年《中华人民共和国环境保护法(试行)》颁布，该试行法律则是根据 1978 年《宪法》提出的“国家保护环境和自然资源，防止污染和其他公害”概念颁布的，该法律的目的是保证在社会主义现代化建设中，合理地利用自然环境，防治环境污染和生态破坏，为人民营造清洁适宜的生活和劳动环境，保护人民健康，促进经济发展。1989 年《中华人民共和国环境保护法》颁布，目的是保护和改善环境，防治污染和其他公害，保障公众健康，推进生态文明建设，促进经济社会可持续发展。在《中华人民共和国环境保护法》中，对于大气、水、海洋、土地、矿藏、森林、草原、湿地、野生生物、自然遗迹、人文遗迹、自然保护区、风景名胜区、城市和乡村等环境的管理进行了法律规范。该法律在2014年修订通过，提出建立环境公益诉讼制度，确立和强调了损害者担当的原则，并授予了环境保护和其他负有环境保护监督管理职责的部门对违法排污设备的查封、扣押权。《中华人民共和国环境保护法》是环境保护、管理的一部重要的法律，对环境保护、管理的各个方面都做了法律上的规定，但是并未对固体废物领域进行专门的立法。

《中华人民共和国固体废物污染环境防治法》(以下简称《固废法》)是为了防治固体废物污染环境，保障人体健康，维护生态安全，促进经济社会可持续发展而制定的法律，是一部针对固体废物管理的法律。该法律在1995年通过，1996年施行。《固废法》历经多次修订。第一次修订于2004年12月29日通过；第二次修订于2013年6月29日通过；第三次修订于2015年4月24日通过；第四次修订于2016年11月7日通过；2019年6月25日，十三届全国人大常委会第十一次会议则分组审议了《固废法》修订草案，人大常委会组成人员围绕生活垃圾分类制度、危险废物处置等问题提出意见建议。《固废法》对固体废物产生、管理、处置等方面进行了法律规范，体现了防治固体废物污染防治的“资源化、减量化、无害化原则”“全过程控制原则”“污染者负责原则”。该法律还规定了如下方面[2]。

(1)生活垃圾处置场所不能随意选择也不能随意关闭。居民放置生活垃圾的场所不能随便选择，也不能说不用就不用，生活垃圾的处理也须按法律规定进行。

(2)固体废物污染损害赔偿实行举证责任倒置制。针对环境污染损害赔偿案件中最常见的受污染者没有能力起诉及举证困难等问题，修订后的固体废物污染环境防治法在现有污染损害赔偿规定的基础上，增加了举证责任倒置等规定。

(3)法律确立生产者延伸责任制。污染者承担污染防治的责任，这一原则在法律中全面落实，有助于解决固体废物污染问题。对此，新修订的固体废物污染环境防治法补充了有关生产者延伸责任的条款，规定国家对部分产品、包装物实行强制回收制度。

(4)对过度包装说“不”。新修订的《固废法》明确规定：“国务院标准化行政主管部门应当根据国家经济和技术条件，固体废物污染环境防治状况，以及产品的技术要求，组织制定有关标准，防止过度包装造成环境污染。”

(5)向江河湖泊丢垃圾将触法律“红线”。将垃圾随手丢进江河湖泊，或许是很多人都曾有过的经历，2005年4月起，这个先前仅靠道德约束的行为，已被纳入法律处罚的范围。

修订后的固体废物污染环境防治法规定，禁止任何单位或者个人向江河、湖泊、运河、渠道、水库及其最高水位线以下的滩地河岸坡等法律、法规规定禁止倾倒、堆放废弃物的地点倾倒、堆放固体废物。

1.5.3　我国固体废物环境管理标准体系

环境标准是为了防止环境污染，维护生态平衡，保护人群健康，对环境保护工作中需要统一的各项技术规范和技术要求所做的规定。具体讲，环境标准是国家为了保护人民健康，促进生态良性循环，实现社会经济发展目标，根据国家的环境政策和法规，在综合考虑本国自然环境特征、社会经济条件和科学技术水平的基础上，规定环境中污染物的允许含量和污染源排放污染物的数量、浓度、时间、速度、监测方法，是各项环境保护法规、政策及污染物处理处置技术得以落实的基本保障。

环境标准是监督管理最重要的措施之一，是行使管理职能和执法的依据，是处理环境纠纷和进行环境质量评价的依据，也是衡量排污状况和环境质量状况的主要尺度。在制定环境标准时，需考虑到以人为本、科学性、政策性、实用性、因地制宜、便于监督和管理等原则。按环境标准分类，我国环境标准分为：环境质量标准、污染物排放标准、环境基础标准、环境方法标准、环境标准物质标准和环保仪器设备标准等六类。按级别分类又分为国家标准和地方标准。在我国，国家生态环境部负责制定有关污染控制、环境保护、分类、监测方面的标准；住房与建设部则负责制定有关垃圾清扫、运输、处理和处置的标准。我国所颁布的与固体废物有关的标准主要分为固体废物分类标准、固体废物监测标准、固体废物污染控制标准和固体废物综合利用标准四类。

固体废物分类标准有《危险废物名录》《生活垃圾产生源分类及其排放》(CJ/T 368—2011)《进口可用作原料的固体废物环境保护控制标准》等。《危险废物名录》于 2008 年 8 月 1 日起施行。在 2016 年 8 月 1 日发布的新版《国家危险废物名录》中，共涉及 49 种危险废物。该名录推动了危险废物科学化和精细化管理，对防范危险废物环境风险、改善生态环境质量起到重要作用。《生活垃圾产生源分类及其排放》于 2011 年颁布，其是对 1996 年《城市垃圾产生源分类及垃圾排放》的修订。该法规规定了生活垃圾的分类原则及产生源的分类。《进口可用作原料的固体废物环境保护控制标准 》(GB16487—2017)于 2018 年 3 月 1 日施行，这是对 2005 年施行的旧版《进口可用作原料的固体废物环境保护控制标准》的修订。该法规的制定是以遏制“洋垃圾”的入境为目的，这类标准在国际上尚属首次，具有鲜明的中国特色[3]。

固体废物鉴别方法标准则包含《固体废物浸出毒性测定方法》(GB/T15555.1～15555.11)、《城市污水处理厂污泥检验方法》(CJ/T 221—2016)、《危险废物鉴别标准》等。《固体废物浸出毒性测定方法》规定了固体废物浸出液中总汞、铜、锌、铅、镉、砷、六价铬、总铬、镍、氯化物及浸出腐蚀液的测定方法；《城市污水处理厂污泥检验方法》适用于城市污水处理厂污泥监测、市政排水设施及其他相关产业污泥的监测。该标准制定了污泥的物理指标、化学指标及微生物指标的分析技术操作规范；《危险废物鉴别标准》(GB5085.1—2007)于 1996 年颁布，2007 年 10 月 1 日修订施行。该标准规定了腐蚀性鉴别、急性毒性初筛、浸出毒性鉴别、易燃性鉴别、反应性鉴别的标准，并对毒性物质含量鉴定制定了标准，同时还规定了危险废物的鉴别程序、危险废物混合后的判定规则及危险废物处理后的判定规则。

固体废物污染控制标准是固体废物管理标准中最重要的标准，是环境影响评价、三同时、限期治理、排污收费等一系列管理制度的基础，可分为废物处置控制标准、固体废物利用污染控制标准、固体废物处理处置设施控制标准。废物处置控制标准有《含氰废物污染控制标准》(GB 12502—1990)、《含多氯联苯废物污染控制标准》(GB 13015—2017)等，此外《进口可用作原料的固体废物环境保护控制标准》中也有对污染控制方面的规定；固体废物利用污染控制标准包含了《建筑材料用工业废渣放射性物质限制标准 》(GB 6763—1986)、《农用污泥中污染物控制标准》(GB 4284—2018)、《农用粉煤灰中污染物控制标准》

(GB 8173—1987)、《生活垃圾填埋污染控制标准》(GB16889—2008)、《生活垃圾焚烧污染控制标准》(GB18485—2014)等标准；固体废物处理处置设施控制标准包含了《危险废物集中焚烧处置工程建设技术规范》(HJ/T 176—2005)、《危险废物(含医疗废物)焚烧处置设施性能测试技术规范》(HJ 561—2010)、《一般工业固体废物贮存、处置场污染控制标准》(GB18599—2001)。

固体废物综合利用法规标准规定了固体废物综合利用方面的一些行为规范和技术准则，包含了《报废机动车回收管理办法》《固体废物进口管理办法》《生活垃圾分类制度实施方案》等标准法规。固体废物管理和处置的相关文件出台会为固体废物综合利用和技术规范确定方向，我国今后仍会陆续推出各种固体废物综合利用的标准。

1.6 固体废物的管理

固体废物的产生、收集、运输、利用、贮存、处理、处置的全过程及各个环节都实施控制管理和开展污染防治的管理被称为固体废物的全过程管理[7]。

(1)管理体系。我国固体废物管理体系，是以环境保护主管部门为主，结合有关的工业主管部门及城市建设主管部门，共同对固体废物实行全过程管理。为实现固体废物的“三化”，各主管部门在所辖的职权范围内，应建立相应的管理体系和管理制度。《固废法》对各个主管部门的分工有着明确的规定。各级环境保护主管部门对固体废物污染环境的防治工作实施统一监督管理。国务院有关部门、地方人民政府有关部门在各自的职责范围内负责固体废物污染环境防治的监督管理工作。各级人民政府环境卫生行政主管部门负责城市生活垃圾的清扫、贮存、运输和处置的监督管理工作。

(2)管理制度。根据我国国情并借鉴国外的经验和教训，《固废法》制定了一些行之有效的管理制度。

①分类管理制度。固体废物具有量多面广、成分复杂的特点，因此《固废法》确立了对城市生活垃圾、工业固体废物和危险废物分别管理的原则，明确规定了主管部门和处置原则。在《固废法》第50条中明确规定“禁止混合收集、贮存、运输、处置性质不相容的未经安全性处理的危险废物，禁止将危险废物混入非危险废物中贮存”。

②工业固体废物申报登记制度。为了使环境保护主管部门掌握工业固体废物和危险废物的种类、产生量、流向及对环境的影响等情况，进而有效地防治工业固体废物和危险废物对环境的污染，《固废法》要求实施工业固体废物和危险废物申报登记制度。

③固体废物污染环境影响评价制度及其防治设施的“三同时”制度。环境影响评价和“三同时”制度是我国环境保护的基本制度，《固废法》进一步重申了这一制度。

④排污收费制度。排污收费制度是我国环境保护的基本制度。《固废法》规定，“企事业单位对其产生的不能利用或者暂时不能利用的工业固体废物，必须按照国务院环境保护主管部门的规定建设贮存或者处置的设施、场所”，任何单位均被禁止向环境排放固体废物。而固体废物排污费的交纳，则是对那些在按照规定和环境保护标准建成工业固体废物贮存或者处置的设施、场所，或者经改造这些设施、场所达到环境保护标准之前产生的工业固体废物而言的。

⑤限期治理制度。《固废法》规定，没有建设工业固体废物贮存或者处置设施、场所，或者已建设但不符合环境保护规定的单位，必须限期建成或者改造。实行限期治理制度是为了解决重点污染源污染环境问题。对于排放或处理不当的固体废物造成环境污染的企业和责任者，实行限期治理，是有效地防治固体废物污染环境的措施。限期治理就是抓住重点污染源，集中有限的人力、财力和物力，解决最突出的问题。如果限期内不能达到标准，就要采取经济手段乃至停产。

⑥进口废物审批制度。《固废法》明确规定，“禁止中国境外的固体废物进境倾倒、堆放、处置”“禁止经中华人民共和国过境转移危险废物”“国家禁止进口不能用作原料的固体废物、限制进口可以用作原料的固体废物”。为贯彻《固废法》的这些规定，国家环保局与对外经贸部、国家工商总局、海关总署、国家商检局于1996年4月1日联合颁布了《废物进口环境保护管理暂行规定》(以下简称《暂行规定》)及《国家限制进口的可用作原料的废物目录》。在《暂行规定》中，规定了废物进口的三级审批制度、风险评价制度和加工利用单位定点制度；在这一规定的补充规定中，又规定了废物进口的装运前检验制度。通过这些制度的实施，有效地遏止了曾受到国内外瞩目的“洋垃圾入境”的势头，维护了国家尊严和国家主权，防止了境外固体废物对我国环境的污染。2017年7月18日，我国正式全面禁止洋垃圾入境。

⑦危险废物行政代执行制度。《固废法》规定，“产生危险废物的单位，必须按照国家有关规定处置危险废物，不得擅自倾倒，不处置的，由所在地县以上地方人民政府环境保护行政主管部门责令限期改正。逾期不处置或者处置不符合国家有关规定的，由所在地县以上地方人民政府环境保护行政主管部门指定单位按照国家有关规定代为处置，处置费用由产生危险废物的单位承担”。行政代执行制度是一种行政强制执行措施，这一措施也保证了危险废物能得到妥善、适当的处置。而处置费用由危险废物产生者承担，也符合我国“谁污染谁治理”的原则。

⑧危险废物经营单位许可证制度。从事危险废物的收集、贮存、处理、处置活动，必须既具备达到一定要求的设施、设备，又要有相应的专业技术能力等条件。必须对从事这方面工作的企业和个人进行审批和技术培训，建立专门的管理机制和配套的管理程序。《固废法》规定，“从事收集、贮存、处置危险废物经营活动的单位，必须向县级以上人民政府环境保护行政主管部门申请领取经营许可证”。许可证制度将有助于我国危险废物管理和技术水平的提高，保证危险废物的严格控制，防止危险废物污染环境的事故发生。

⑨危险废物转移报告单制度。危险废物转移报告单制度的建立，是为了保证危险废物的运输安全，以及防止危险废物的非法转移和非法处置，保证危险废物的安全监控，防止危险废物污染事故的发生。

大宗固体废物(大宗固废)包括了煤矸石、粉煤灰、尾矿(共伴生矿)、冶炼渣、工业副产石膏、建筑垃圾、农作物秸秆等多种固体废物。其量大面广、环境影响突出、利用前景广阔，是资源综合利用的核心领域[8]。2021年，中华人民共和国国家发展和改革委员会发布了《关于“十四五”大宗固体废弃物综合利用的指导意见》，针对大宗固废，提出了管理和发展目标：2025年，大宗固废的综合利用能力显著提升，利用规模不断扩大，新增大宗固废综合利用率达到60%，存量大宗固废有序减少。大宗固废综合利用水平不断提高，综合利用产业体系不断完善；关键瓶颈技术取得突破，大宗固废综合利用技术创新体系逐步建立；政策法规、标准和统计体系逐步健全，大宗固废综合利用制度基本完善；产业间融合共生，区域间协同发展模式不断创新；集约高效的产业基地和骨干企业示范引领作用显著增强，大宗固废综合利用产业高质量发展新格局基本形成。

为实现以上目标，需要做到以下几点：

①推进产废行业绿色转型；

②推动利废行业绿色生产，强化过程控制；

③强化大宗固废规范处置；

④创新大宗固废综合利用模式；

⑤创新大宗固废综合利用关键技术；

⑥创新大宗固废协同利用机制；

⑦创新大宗固废管理方式；

同时将开展以下行动以实现资源高效利用：

①骨干企业示范引领行动；

②综合利用基地建设行动；

③资源综合利用产品推广行动；

④大宗固废系统治理能力提升行动。

为保障以上措施和行动顺利施行，需要加强组织协调、强化法治保障、完善支持政策、加强宣传推广。通过多方协调管理、运营，实现提高资源利用效率、改善环境质量、促进经济社会发展全面绿色转型的目标。

思考题：

(1)什么是固体废物？固体废物若处置不当会给环境带来怎样的危害？

(2)固体废物的资源化应遵循的原则是什么？

(3)请论述常用的固体废物资源化利用的方法，并说明其应用范围。

(4)简述我国固体废物管理制度的主要内容，并谈谈我国废物管理制度与其他国家相比有何特点？

参考文献

[1]赵由才，周涛. 固体废物处理与资源化原理与技术[M]. 北京：化学工业出版社，2021.

[2]DING Y，ZHAO J，LIU J，et al. A review of China's municipal solid waste (MSW) and comparison with international regions：Management and technologies in treatment and resource utilization[J]. Journal of Cleaner Production，2021，293(10)：126144.

[3]FERDOUS W，MANALO A，SIDDIQUE R，et al. Recycling of landfill wastes (tyres，plastics and glass) in construction-A review on global waste generation，performance，application and future opportunities[J]. Resources，Conservation and Recycling，2021，173：105745.

[4]OWOJORI O，EDOKPAYI J N，MULAUDZI R，et al. Characterisation，Recovery and

Recycling Potential of Solid Waste in a University of a Developing Economy[J]. Sustainability, 2020, 12(12): 5111.

[5]潘跃勇. 城市固体废物处理及资源化利用途径[J]. 皮革制作与环保科技, 2021, 2(23): 103-105.

[6]WU Y, SONG K. Source, Treatment and Disposal of Aquaculture Solid Waste: A Review[J]. Journal of Environmental Engineering, 2021, 147(3): 03120012.

[7]XU S. The situation of generation, treatment and supervision of common industrial solid wastes in China[C]. IOP Conference Series: Earth and Environmental Science, 2018, 113: 012154.

[8]王兆龙, 姚沛帆, 张西华, 等. 典型大宗工业固体废物产生现状分析及产生量预测[J]. 环境工程学报, 2022, 16(03): 746-751.

第2章　城市生活垃圾的资源化

2.1　城市垃圾的分选与回收系统

2.1.1　城市生活垃圾的组成

随着社会经济的迅速发展，城市人口的密度越来越集中，城市生活垃圾的产量正在逐步增加，垃圾处理的技术要求也随之有较高的提升，既要考虑到垃圾量的问题，也要考虑到垃圾处理效率的问题。

城市生活垃圾组分主要是指其物理组分的质量比例关系。各种生活垃圾物理组分具有独特的物理、化学性质，生活垃圾物理组成分析也可用于推测生活垃圾的总体性质。按照我国目前的分类方式可分为三大类十小类：有机物(植物、动物)，无机物(砖瓦陶瓷、灰土)，可回收物(纸类、塑料橡胶、玻璃、金属、纺织物、木竹)。影响生活垃圾组分的因素较多，如自然环境、气候条件、城市发展规模、居民生活习性(食品结构)、家用燃料(能源结构)及经济发展水平等，故各国、各城市甚至各地区产生的城市垃圾组成都有所不同。一般来说，工业发达国家垃圾组分是有机物多，无机物少，不发达国家是无机物多，有机物少；我国南方城市较北方城市是有机物多，无机物少。许多时令性商品季节性供求很强，特别是蔬菜、水果、水产品等，加上每年的节日和其他习俗，会造成垃圾组分的周期性变化。

我国城市生活垃圾的组成成分复杂，各组分含量与发达国家相比有较大的差别。表2.1和表2.2分别为发达国家固废组成和我国部分城市的固废组成[1]。对比表2.1和表2.2可以明显看出发达国家的餐厨垃圾占城市固体废物的比例并不是最大的，而我国部分发达城市的餐厨垃圾所占生活垃圾的比例相当大，尤其是北京，其餐厨垃圾占城市固体废物的比例已经超过50％。

表2.1　发达国家固废组成　(单位:％)

国家	餐厨	纸类	细碎物	金属	玻璃	塑料	其他
美国	12	50	7	9	9	5	8
英国	27	38	11	9	9	2.5	3.5
日本	22.7	38.2	21.1	4.1	7.1	7.3	0.5
法国	22	34	20	8	8	4	4
荷兰	21	25	20	3	10	4	17
德国	15	28	28	7	9	3	10

续表

国家	餐厨	纸类	细碎物	金属	玻璃	塑料	其他
瑞士	20	45	20	5	5	3	2
瑞典	25	45	5	7	7	9	5
意大利	25	20	25	3	7	5	5
比利时	21	30.1	26	2	4	9	10

表 2.2　我国部分城市的固废组成　（单位：%）

城市	餐厨	纸类	塑料	织物	灰土砖石	玻璃	金属	其他
北京	50.6	4.2	0.6	1.2	42.2	0.9	0.8	4.2
上海	42.7	0.4	0.5	0.5	44.6	0.4	—	—
哈尔滨	16.6	3.6	0.5	0.5	74.8	2.2	0.9	—
湛江	37.1	0.9	42.7	0.4	59.4	0.02	0.7	—
福州	21.8	0.6	44.6	—	62.2	1.1	0.5	3.4

城市生活垃圾是由固、液、气三相构成的松散固体，即以固体为框架，空隙间填充气体及液体。地点、季节和温度均为三相比例变化的重要影响因素。在我国，由于地理环境和生活习惯的差异，各个城市的垃圾组成也呈现出较大的差异。相关研究表明，我国城市主要生活垃圾的容重在 370～898 kg/m^3；含水率在 13%～53.9%；尺寸分布：粒径小于 40 mm 的垃圾主要为厨余垃圾，在 40～80 mm 范围内的主要为有机物含量在 50%～80% 范围内的物质、金属、玻璃等，粒径大于 80 mm 的垃圾主要是易燃垃圾[2]。

2.1.2　城市垃圾的分选方法

分选的含义就是将不同性质的物质按类别分离的过程，包括人工分选、筛分、重力分选、磁力分选、电力分选、浮力分选、摩擦与弹跳分选、光电分选等。

1. 人工分选

人工分选是在分类收集基础上，利用人工从废物中回收纸张、玻璃、塑料橡胶等物品的过程。人工分选适用于废物发生地、收集站、处理中心、转运站或处置场，大多集中在转运站或处理中心的废物传送带两旁。在不少小型的垃圾处理中心往往以人工分选为主，这是一种简陋、落后的垃圾处理方式，而且效率低、处理量小，并且因为人与垃圾的直接接触，往往会导致严重的身体健康问题。而因为人具有主观能动性，所以在一些设备并不能完全满足设计要求的时候，也常常用人工来弥补机器的缺陷与不足。

2. 筛分

筛分是根据固体废物尺寸大小进行分选的一种方法，是利用筛子将物料中小于筛孔的细粒物料透过筛面，而大于筛孔的粗粒物料留在筛面上，完成粗细物料分离的过程。为了使不同粒度的物料通过筛面分离，必须使物料和筛面之间具有适当的相对运动，使物料松散并按颗粒大小分层，形成粗粒位于上层、细粒位于下层的规则排列，细粒通过筛孔分离。粒度小于筛孔尺寸 3/4 的颗粒很容易通过筛面而筛出，称为“易筛粒”；粒度大于筛孔尺寸 3/4 的颗粒通过筛面而筛出的难度增大，而且粒度越接近筛孔尺寸就越难筛出，称为“难筛粒”。

常用的筛分设备有固定筛、圆筒筛和振动筛。固定筛由许多平行排列的钢棒条(格条)组成，其位置一般固定不动，倾斜一定的角度，角度应大于物料与筛面的摩擦角。筛面倾角与物料的温度有关，一般为 30°～55°。固定筛又称格筛或棒条筛。固定筛的结构简单，不需动力，适用于粗筛作业，但筛分效率较低，只有 60%～70%，且容易被块状物堵塞，需要经常清扫。圆筒筛是一个倾斜的圆筒，圆筒的侧壁上开有许多筛孔，圆筒置于若干辊子上，通过辊子的滚动而运动，固体废物则在圆筒筛内不断滚翻，较小的物料颗粒最终进入筛孔筛出。圆筒的转动速度很慢，一般为 10～15 r/min，因此不需要很大的动力，这种筛分的优点是不容易堵塞。

振动筛是通过振动的作用使筛面上的物料松散，使物料沿筛面向前运动，细粒级物料透过料层下落并通过筛孔排出。根据激振方式的不同，振动筛分为惯性振动筛和共振筛。如图 2-1 所示。其中惯性振动筛是通过由不平衡的旋转所产生的离心惯性力，使筛箱产生振动的一种筛分设备。惯性振动筛的转速很高，筛分效率可达 80%，适于处理粒度为 0.1～1.5 mm 的细粒物料，还可筛分潮湿和黏性物料。主要缺点是电动机振动大，寿命受影响，振幅不能太大，不宜处理粗粒物料。共振筛是利用连杆上装有弹簧的曲柄连杆机构驱动，使筛子在共振状态下进行筛分。当电动机带动装在下机体上的偏心轴转动时，轴上的偏心使连杆做往复运动。连杆通过其两端的弹簧将作用力传给筛箱，与此同时下机体也受到相反的作用力，使筛箱和下机体沿着倾斜方向振动。共振筛具有筛分效率高、生产能力大、耗电少、结构简单紧凑等特点，适于处理中、细碎物料的筛分，但共振筛制造工艺复杂、机体重大、橡胶弹簧易老化。

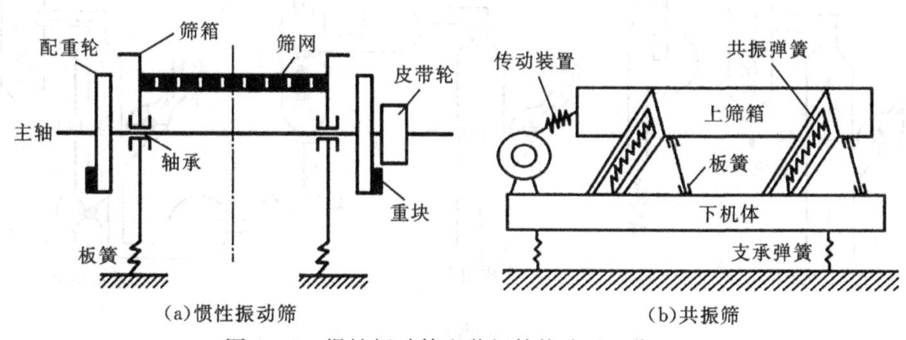

图 2-1　惯性振动筛和共振筛构造及工作原理

3. 重力分选

重力分选的原理是根据固体废物不同颗粒的密度差别，在运动介质中受到重力、介质动力和机械力的综合作用，使颗粒产生松散分层和迁移分离，达到分选的目的。常用的分选介质有空气、水、重液(密度比水大的液体)、悬浮液等。根据分选介质和作用原理上的差异，重力分选可分为风力分选、跳汰分选、重介质分选、摇床分选等。

重力分选最为典型的就是颗粒物的跳汰过程，适宜于处理密度差较大的粗粒固体废物。颗粒在跳汰时的分层过程如图 2-2 所示，跳汰分选的一个脉冲循环中包含两个过程：床面先浮起，然后被压紧。在浮起状态，轻颗粒加速较快，运动到床面物上面；在压紧状态，重颗粒比轻颗粒加速快，钻入床面物的下层中。物料分层后，密度大的重颗粒群集中于底层，小而重的颗粒会透筛成为筛下重产物，密度小的轻物料群进入上层，被水平水流带到机外成为轻产物。

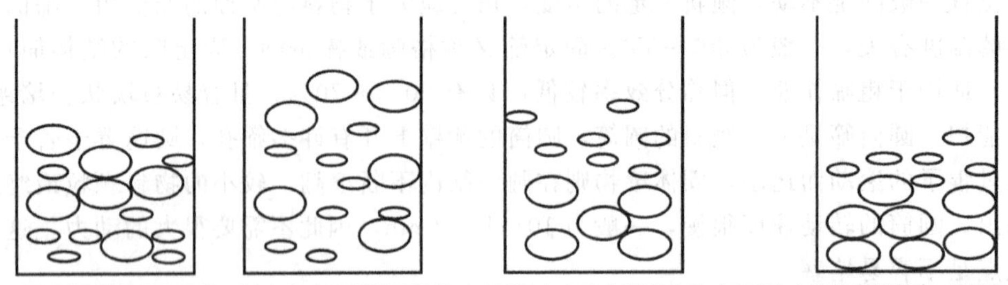

图 2－2　颗粒在跳汰时的分层过程

风力分选的原理是以空气为介质，在气流作用下将较轻的物料向上带走或水平带向较远的地方，而重物料则由于上升气流不能支持它而沉降或由于足够的惯性在水平方向抛出较近的距离。风力分选分为竖向气流风选和水平气流风选两种情况，如图 2－3 所示。被气流带走的轻物料还必须从气流中分离出来，一般可用旋流器达到分离的目的。无论是竖向气流风选，还是水平气流风选，分离效果都与物料的密度有关。若固体废物各组分的密度差别大，则各组分颗粒的沉降速度差别也就大，分离效果也好；反之，则很难进行风选分离。影响固体颗粒沉降速度的因素很多，除颗粒的密度之外，颗粒的大小和形状也起重

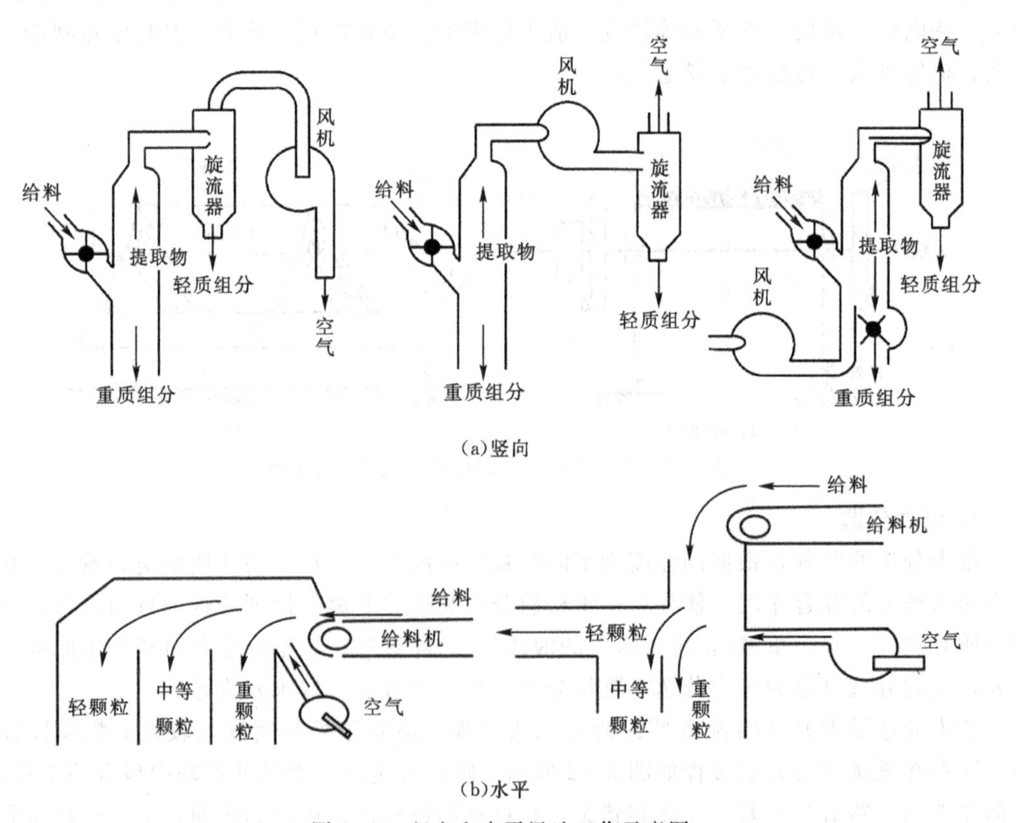

图 2－3　竖向和水平风选工作示意图

要的作用，因此，风选的分离效果有时不够理想。为提高分离效果，还必须采取其他辅助措施。如城市垃圾风选，多采用破碎、筛选、风选的联合流程(见图 2-4)，即便如此，也很难将各类废物按密度分开。目前，许多国家都把风选作为城市垃圾处理的一种粗分手段，把密度相差较大的有机组分和无机组分分开。

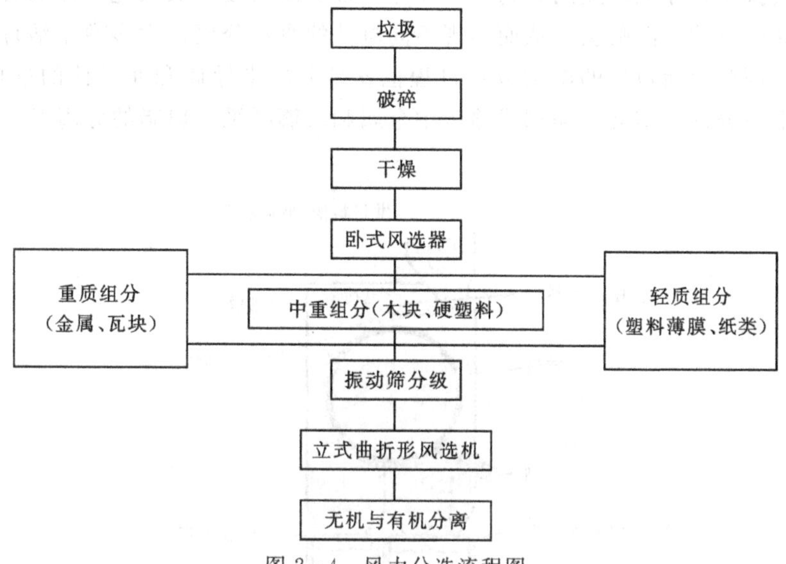

图 2-4　风力分选流程图

4. 磁力分选

磁力分选的原理是利用在磁场中运动的固体颗粒，因磁性不同，而受力不同，运动规律出现差异，而达到分选的目的。

固体废物颗粒通过磁选机的磁场时，同时受到磁力和机械力(包括重力、离心力、介质阻力、摩擦力等)的作用。在磁力分选的过程中它有一个必要条件：磁性颗粒所受磁力必须大于与磁力方向相反的机械力的合力。只有满足了这个条件才会达到磁性物质与非磁性物质分离的效果。颗粒在磁选机中的分离过程如图 2-5 所示。在固体废物的处理和利用中磁力分选通常用来分选或去除铁磁性物质。

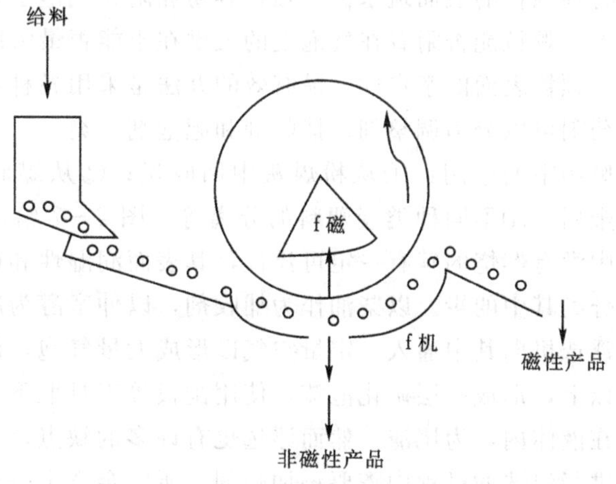

图 2-5　颗粒在磁选机中的分离示意图

5. 电力分选

电力分选的原理是利用颗粒中各组分在高压电场中电性的差异，通过颗粒在电场中受到的静电力、重力及其他机械外力的综合作用，达到分离的目的。图 2－6 给出了滚筒式静电分选过程的示意图，废物直接与传导电极接触，导电性好的废物将获得和电极极性相同的电荷而被排斥，导电性差的废物或非导体与带电滚筒接触被极化，在靠近滚筒一端产生相反的束缚电荷被滚筒吸引，从而实现不同电性的废物分离。大多数生活垃圾属于半导体和非导体，因此生活垃圾的电力分选过程也就是分离半导体和非导体的过程[3]。此外，也可以利用电力分选法实现废印刷线路板中金属和玻璃纤维、树脂的分离[4]。

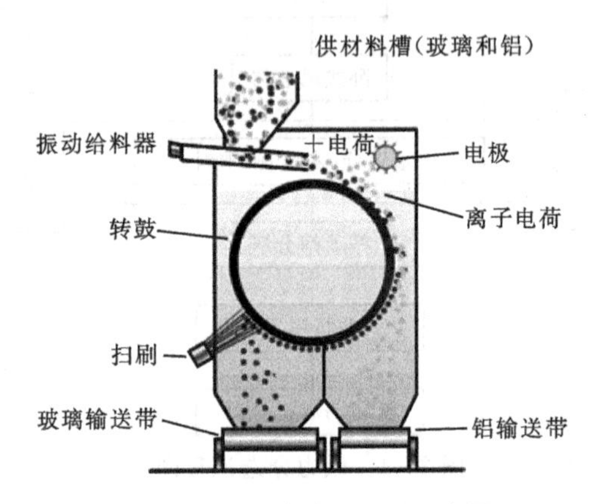

图 2－6　电力分选过程示意图

6. 浮力分选

浮力分选(浮选)是在固体废物与水形成的悬浮液中加入浮选剂，依据不同物料表面性质的差异，一部分可浮性好的颗粒被通入水中的微气泡吸附(黏附)，形成密度小于水的气浮体上浮至液面，另一部分物料仍留在料浆内，把液面上泡沫刮出，形成泡沫产物，从而达到物料分离的目的。

浮选方法所分离的物质与其密度无关，主要取决于其表面特性的差异。固体废物各组分在浮选过程中对气泡黏附的选择性，是由固体颗粒、水、气泡组成的三相界面间的物理化学特性所决定的：有些颗粒的表面疏水性较强，容易黏附在气泡上；另一些颗粒表面亲水，不易黏附在气泡上。颗粒能否附着在气泡上的关键在于能否最大限度地提高被浮颗粒表面的疏水性。为改变颗粒表面的亲水性，最有效的办法是采用各种不同的浮选药剂。按照不同的作用，浮选药剂可以分为调整剂、捕收剂和起泡剂三类。

浮选工艺在固体废物中的应用：①从粉煤灰中回收炭；②从煤矸石中回收硫铁矿；③从焚烧灰渣中回收金属；④不同种类废塑料的分离等。图 2－7 给出了粉煤灰中回收炭的浮选工艺。粉煤灰中没有燃烧的碳有一定可浮性，其表面润湿性和硅、铝酸盐有很大的差别，浮选能很好地分离其中的炭。以柴油作为捕收剂，以仲辛醇为起泡剂，捕集悬浊液中的炭粒，然后使用浮选机向其中通入一定量空气以形成大量气泡，使捕集到的炭粒被气泡黏附，并浮到液面以上，形成一层矿化泡沫，使用刮板等工具取下，得到精碳；未被气泡粘附的成分继续留在液体内，为尾渣。然而浮选也有许多的缺点，如：浮选过程中要求物料要磨得很细；在进行浮选的过程中需要添加药剂，所以会产生一些其他的污染；在浮力分选过程中也需要大量其他的辅助工艺的配合，耗时耗力。

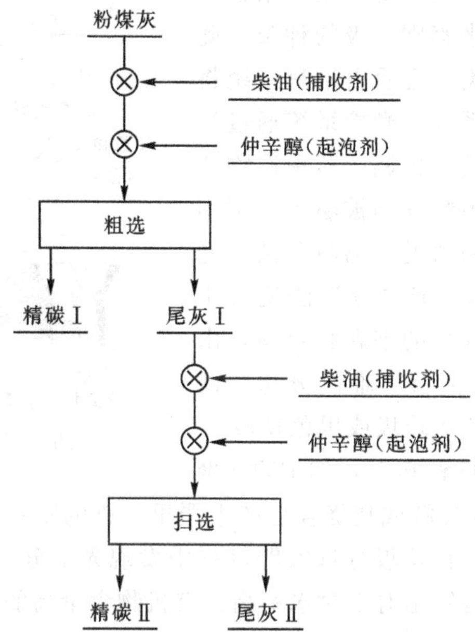

图 2-7　粉煤灰中回收炭的浮选流程

7. 摩擦与弹跳分选

摩擦与弹跳分选是根据固体废物中各组分摩擦系数和碰撞系数的差异，在斜面上运动或与斜面碰撞弹跳时产生不同的运动速度和弹跳轨迹而实现彼此分离的一种处理方法[5]。该方法起源于选矿技术，常见的摩擦与弹跳分选设备有带式筛、斜板运输分选机和反弹滚筒分选机，如图 2-8 所示。

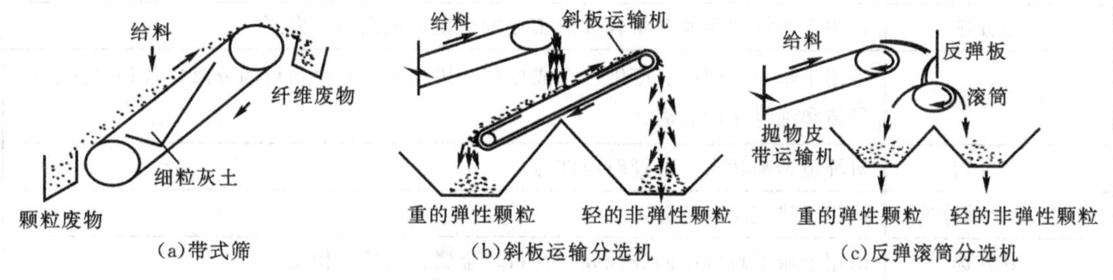

图 2-8　摩擦与弹跳分选设备及分选原理示意图

摩擦与弹跳分选主要应用于建筑垃圾的分选。在分选过程中，建筑垃圾中各成分有不同的摩擦系数和碰撞恢复系数，轻物质与斜面碰撞近似为塑性碰撞，不产生弹跳，随着传送带被运送到轻物质收集端，混凝土颗粒与斜面碰撞近似为弹性碰撞，碰撞之后的速度大于轻物质碰撞之后的速度，在斜面上发生弹跳，最终落入到重物质收集端。两种物质与皮带碰撞后具有不同的运动轨迹，主要运动形式有弹跳、滚动、滑动或与皮带保持相对静止运动。

8. 光电分选

光电分选又称为颜色分选，主要是利用物质表面的光反射的不同特性来鉴别垃圾的种类。此技术要求对垃圾进行预分类，之后由给料系统将垃圾物料均匀输送至光检系统，光检系统通过光源照射，显示出物料的颜色及色调。若预选物料的颜色与背景颜色不同，高频气阀被驱动，利用高压气体将物体吹离原来的轨道使物料分离，光电分选过程如图 2-9 所示。光电分选法适合于块状垃圾的分选，对于破碎后的细颗粒物质，由于光谱中某些波段会发生偏移，难以分选。此外，也不宜分选厚度薄的片状垃圾或黑色垃圾。

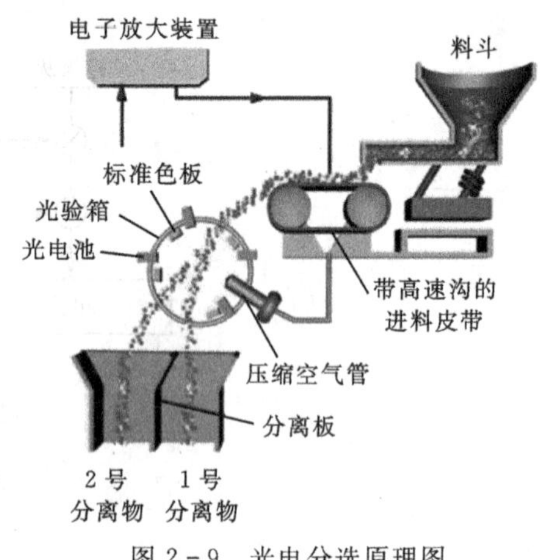

图 2-9 光电分选原理图

光电分选多用于分离特种塑料，如 PVC(聚氯乙烯)、PE(聚乙烯)等难分解或焚烧容易产生严重污染的塑料。光电分选设备也能对玻璃瓶或金属进行识别分离。在垃圾分选实践过程中发现光电分选设备易受物料清洁程度、光谱差异显著性等影响，特别是对于含水率高、有机物含量高的混合垃圾分选精度有一定影响。

表 2.3 给出了不同分选类型的适用情况及地区。

表 2.3 不同分选类型的适用情况及地区

分选类型	适用情况及地区
人工分选	适用于垃圾成分复杂、机械不易分辨、可回收利用资源所占比例较大的地区
筛分分选	适用于垃圾含水多、有机物多的地区
重力分选	可广泛应用于各地区，尤其是中小城市
磁力分选	适用于垃圾中金属含量较大的工业发达城市或高新开发区
电力分选	适用于塑料、橡胶、废纸、合成皮革、树脂等与某些物料的分离；各种导体、半导体和绝缘体的分离
浮力分选	对环境影响较大，选择时应注意
摩擦与弹跳分选	适用于建筑垃圾的分选
光电分选	适用于城市垃圾中回收橡胶、塑料、金属、玻璃等物质

2.1.3 城市垃圾分选效果的评价

城市垃圾分选效果的好坏可采用不同的指标来评定，常用的指标有回收率、纯度。

所谓回收率指的是单位时间内某一排料口中排出的某一组分的量与进入分选机的此组分量之比。对于最简单的二级分选设备，如果以 x、y 代表两种物料的质量，x 在两个排出口被分为 x_1、x_2，y 在两个排出口被分为 y_1、y_2，则在第一排出口 x 及 y 的回收率为

$$R_{x_1}=\frac{x_1}{x_1+x_2}\times 100\% \tag{2-1}$$

$$R_{y_1}=\frac{y_1}{y_1+y_2}\times 100\% \tag{2-2}$$

式中，R_{x_1} 为在第一排出口物料 x 的回收率,%；R_{y_1} 为在第一排出口物料 y 的回收率,%。

但用回收率的概念不能完全说明分选效果，还应该考虑某一组分物料在同一排出口排出物所占的分数，即纯度。则在第一排出口 x 及 y 的纯度为：

$$P_{x_1}=\frac{x_1}{x_1+y_1}\times 100\% \tag{2-3}$$

$$P_{y_1}=\frac{y_1}{x_1+y_1}\times 100\% \tag{2-4}$$

式中，P_{x_1} 为在第一排出口物料 x 的纯度,%；P_{y_1} 为在第一排出口物料 y 的纯度,%。

回收率又因分选方法的不同而又有不同的含义。如对筛分来说，回收率又称为筛分效率。理想的分选设备既要有高的回收率，也需要有高的纯度。

2.1.4　城市垃圾回收系统

目前我国城市生活垃圾大多采用混合收集方法，传统的城市生活垃圾回收物流系统是由居民等垃圾产生点开始，到最近的垃圾收集装置(垃圾桶)，再由垃圾车统一运输到较大的收集点，经过分拣中心进行垃圾分类后，不同类别的垃圾分别采取再利用、堆肥、填埋、焚烧等方式进行处理，如图 2-10 所示。

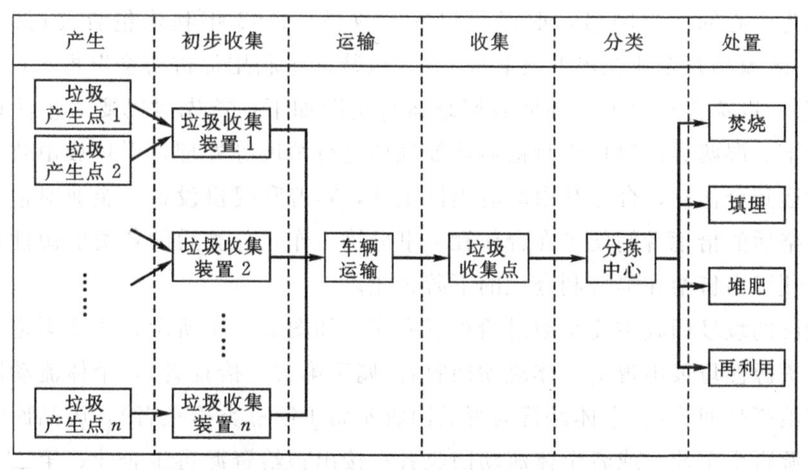

图 2-10　传统的城市生活垃圾回收物流系统图

随着经济社会的快速发展，垃圾清运量也与日俱增，致使很多城市面临着“垃圾围城”的现象。堆积的垃圾不仅会影响居民的身体健康、日常生活，而且严重影响生态环境平衡，制约城市的发展。回收再利用是城市生活垃圾治理的重要手段，对实现“减量化、资源化、无害化”的治理目标有重要意义。而垃圾资源的回收主要依靠废品回收站向单位、部分居民和拾荒者进行收购，各级废品收购站通过收购、转卖、处理等环节实现循环利用。但当前我国的垃圾回收面比较窄，除去经济价值较高的废旧物品，如废旧纸张或纸制品、废旧金属、啤酒瓶、饮料瓶等尚有一定的回收率外，其余众多种类的资源性垃圾都被作为一般性垃圾或填埋或焚烧，没有得到有效的回收利用。因此，如何建立一套合理、高效、完善的回收系统将会直接影响到城市垃圾回收工作的好坏和资源再利用的效率。

德国是世界上垃圾回收利用较为成功的国家之一，德国政府首先从包装废弃物开始，通过回收再利用来减少垃圾的数量，形成了独具特色的“二元回收系统”(duales system deutschland，DSD)。1991年，为了控制和减少包装废弃物的数量，德国政府颁布了《包装废弃物处理法》，这是世界上首部规定由生产者负责包装废弃物回收的法律。该法规定自1993年1月1日起生产商和销售商有义务在消费后无偿回收并再利用包装材料。为应对即出台的新规，1990年在德国工业联合会、德国工商联合会等组织的支持下，来自零售业、日用品制造业和包装业的95家企业自发组建了绿点公司。绿点公司被定位为一家私营股份制企业，组织性质属于民间非营利机构，其主要职能是帮助生产、销售、包装等企业履行回收义务。具体的履行方式是双方签订协议，企业向绿点公司交纳一定费用并获得公司专有的绿点标志的使用权，带有绿点标志的包装物便由绿点公司代为回收。绿点公司的回收行为受法律认可，并接受地方政府的严格监督。地方政府设定各类包装物的回收指标，并以能否完成该指标作为是否已履行回收义务的标准。绿点公司也并不直接从事回收活动，而是将其转包给专事垃圾回收、加工和再生的企业，由该类企业直接上门收取。作为消费者的居民有垃圾分类的义务，需将各类包装废弃物投入到指定颜色的垃圾桶内。

德国的回收网络代表了发达国家的模式，作为发展中国家的巴西也根据自身特点构建了以赛普利为中心的回收网络，取得了很好的效果。1992年利乐包装公司、百事可乐、可口可乐等28家私营企业在巴西发起成立了“包装再生利用促进协会”(即CEMPR，音译为“赛普利”)。以赛普利为中心的回收网络运行情况如下：首先居民要对生活垃圾做粗分类，即分为干、湿两类；湿垃圾直接运往处理场进行填埋等处理，干垃圾由政府环卫部门收集并无偿运到合作社；合作社由政府提供土地，赛普利提供设备，企业对拾荒者进行培训，培训合格后的拾荒者们便可在合作社从事分拣工作；分类后的各类资源性垃圾经过打包、压缩后便可出售给在赛普利登记的下游企业。

当前我国的垃圾回收主要是通过拾荒者完成。如图2-11所示，主要渠道有三条：第一，居民将资源性垃圾出售给个体流动回收者(属于第二类拾荒者)，个体流动回收者初步整理后出售给废品回收站(个体经营的废品回收站属于第三类拾荒者)，废品回收站再整理后出售给资源再生企业，或者个体流动回收者直接出售给资源再生企业；第二，居民直接将资源性垃圾出售给废品回收站，然后回收站经过整理后出售给资源再生企业；第三，居民将各类垃圾混合投放到垃圾桶，由拾荒者(第一类拾荒者)捡拾后经过简单整理出售给废品回收站，或直接出售给资源再生企业。整个回收行为受不规范的市场机制调节，回收网络中的主要行动者，如个体流动回收者、捡拾类拾荒者、废品回收站、资源再生企业以及居民等，他们的行为都受利益驱使，以实现利益最大化为主要动机，导致经济价值较高的资源垃圾回收率较高，而经济价值较低或者没有经济价值的资源垃圾回收率较低，垃圾资源得不到充分利用。表2.4对德国、巴西和我国城市生活垃圾回收模式进行了比较[6]。通过比较可以看出，当前我国自发产生的城市生活垃圾回收网络存在结构简单、各行动者参与度低、回收力量缺乏有效整合等问题。

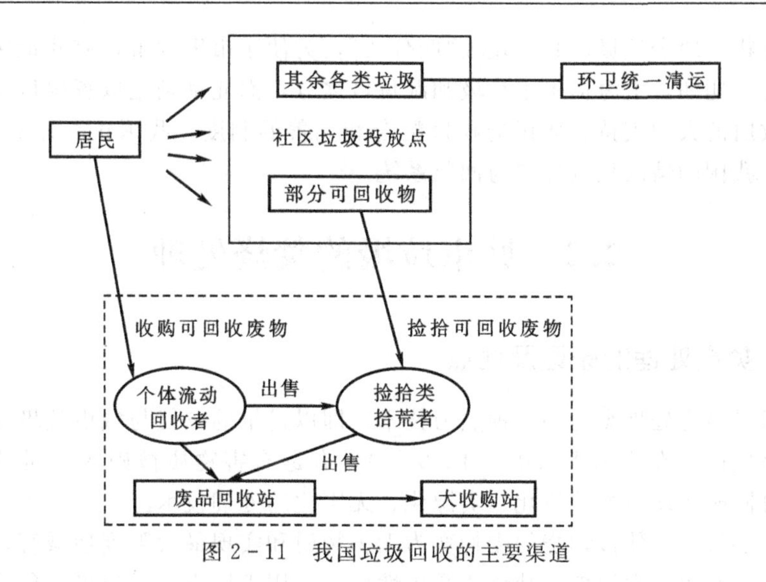

图 2-11 我国垃圾回收的主要渠道

表 2.4 德国、巴西、中国城市生活垃圾回收模式比较

项目		德国	巴西	中国
主要行动者	主要构成	绿点公司，政府，上游企业，下游企业，居民	赛普利，拾荒者合作社，政府，下游企业，居民	各类拾荒者，废品回收站，下游企业，政府，居民
	主要责任者	上游企业	居民	无明显责任人
	主要协调机构	绿点公司	赛普利	无
	主要关系描述	上游企业委托绿点公司回收包装物，绿点公司将回收业务外包给下游企业，政府对绿点公司进行监督，居民需按要求对垃圾进行分类	居民对垃圾粗分类，政府将干垃圾运送至合作社，分拣后出售给在赛普利登记的下游企业，赛普利、政府对合作社进行扶持	居民排放或出售垃圾，各类拾荒者将垃圾出售给废品回收站或下游企业
	特点描述	专门的协调机构，各行动者参与度高	专门的协调机构和整合机构，各行动者参与度高	各行动者参与度低
网络构建		基于源头减量的理念设计，政府立法设定上游企业的回收责任是基础	立足本国实际设计，有非营利组织(赛普利)指导	自发形成
网络规则		以法律为基础，市场机制为主导，环境保护为最高原则	公益属性明显，无明确规则	不规范的市场，受利益驱使，环境保护被忽视

面对日益严重的环境污染问题，目前我国正加速推行垃圾分类制度。2019 年 6 月，住房和城乡建设部等 9 部门印发《关于在全国地级及以上城市全面开展生活垃圾分类工作的通知》，随后上海市率先颁布了《上海市生活垃圾管理条例》，全面展开生活垃圾强制分类，2020 年 5 月 1 日，《北京市生活垃圾管理条例》开始实施。目前我国垃圾分类主要采取有害

垃圾、可回收物、厨余垃圾、其他垃圾“四分法”，为便于市民理解，有些地区采取了不同的称呼和标志。比如，上海提出干垃圾和湿垃圾之分，而北京则是以餐厨垃圾和其他垃圾命名。通过政府的大力支持、居民的积极配合和完善的制度，我国正在建立一条科学化、系统化的适合我国国情的垃圾分选与回收系统。

2.2 城市垃圾的焚烧处理

2.2.1 焚烧处理的原理及优点

焚烧是通过燃烧处理废物的一种热力技术，即以过量的空气与城市垃圾在焚烧设备内进行氧化燃烧反应，在高温下(800～1200 ℃)，有毒有害物质被破坏，同时释放大量热量，是一种可同时实现废物减量化、资源化、无害化的处理技术。

焚烧的主要目的是使被燃烧的废物变为无害物质和实现最大限度地减容，并尽量减少新物质的产生，避免二次污染。焚烧法适用性广，适用于城市生活垃圾、危险固体废物及一般工业废物等物质的处理。热值高的废物焚烧余热可用于发电；当废物有效热值不够大时，余热可使热交换器及废热锅炉产生热水和蒸汽。废物焚烧后的高温烟气除了考虑热量回收外，因烟气中包括烟尘、氮氧化物、氯化氢、硫氧化物、重金属、二噁英等污染物，还要考虑烟气净化问题，其也是焚烧处理工艺的一种重要组成部分。

焚烧处理技术具有的优点：

(1)占地小：等量的垃圾焚烧厂需要的用地面积通常只是垃圾卫生填埋场的1/20～1/15；

(2)处理效率高：垃圾在自然环境中降解需要数年，像塑料200～400年都不一定能降解完全，而焚烧处理只要控制好温度，短时间内便可以完成；

(3)减容减量效果好：经焚烧处理，废物的体积可减少80%～95%；

(4)无害化程度彻底：垃圾经焚烧处理后，垃圾中的病原体被彻底消灭，燃烧过程中产生的有害气体和烟尘经处理达标后方可排放；

(5)能源利用效率高：每吨垃圾焚烧可发电300多度，大约每5个人产生的生活垃圾通过焚烧发电就可满足1个人的日常用电需求。

通常来说，对于人口密集、经济发达、土地资源稀缺的大中城市，应该优先选择垃圾焚烧的处理方式。在该技术已日渐成熟的前提下，我国正在加快垃圾焚烧技术的推广应用。表2.5中显示，我国焚烧处理的垃圾占比从2014年的29.8 %已增长到2020年的62.1%，上升明显(见图2-12)。

表2.5 我国垃圾处理方法比例

年份	2014年	2015年	2016年	2017年	2018年	2019年	2020年
生活垃圾清运量/万吨	17860.2	19141.9	20362	21520.9	22801.8	24206.2	23511.7
无害化处理量/万吨	16393.7	18013	19673.8	21034.2	22565.4	24012.8	23452.3
无害化处理率/%	91.8	94.1	96.6	97.7	99.0	99.2	99.7
卫生填埋/%	60.2	60	58.3	55.9	51.3	45.2	33.1
焚烧/%	29.8	32.3	36.2	39.3	44.7	50.3	62.1
其他/%	1.8	1.9	2.1	2.5	3.0	3.7	4.6

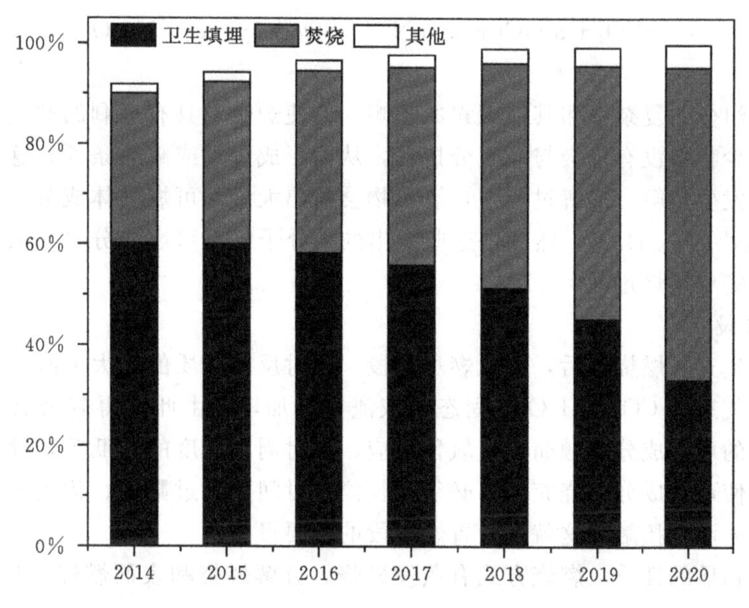

图 2 - 12　2014—2020 年生活垃圾无害化处理方法占比

2.2.2　城市垃圾的焚烧过程

固体废物焚烧过程比较复杂，通常由干燥、热分解、熔融、蒸发和化学反应等传热、传质过程所组成。从工程技术的观点出发，焚烧的物料从送入焚烧炉起，到形成烟气和固态残渣的整个过程，总称为焚烧过程。废物燃烧过程见图 2 - 13，包括干燥阶段、热解焚烧阶段、燃尽阶段。

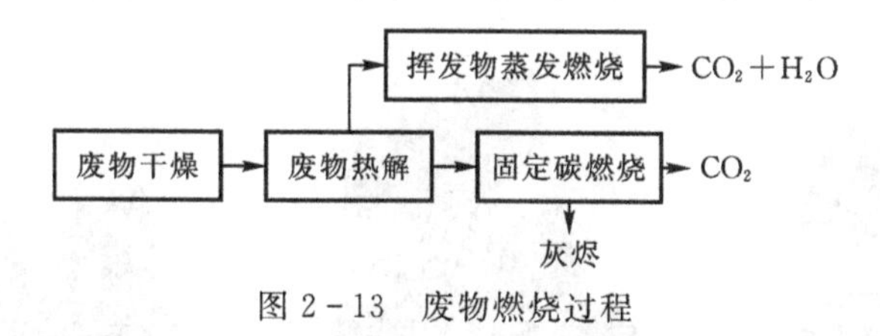

图 2 - 13　废物燃烧过程

在干燥阶段，利用焚烧系统的热能，使入炉固体废物中的水分汽化，蒸发，可改善固体废物的着火条件和燃烧效果，会消耗较多热能。固体废物含水率的高低，决定了干燥时间的长短，对于高水分固体废物，还需加辅助燃料来维持废物干燥的正常运行。

经过干燥后，在足够的温度和氧化剂等条件下，物料会进入焚烧阶段。该过程包括 3 个同时发生的化学反应模式。

1. 强氧化反应

即物料与氧之间的强氧化反应。以碳(C)和甲烷(CH_4)燃烧为例，其氧化反应式为

$$C+O_2 = CO_2 \tag{2-5}$$

$$CH_4+2O_2 = CO_2+2H_2O \tag{2-6}$$

固体废物中的可燃组分可用 $C_xH_yO_zN_uS_vCl_w$ 表示，其完全燃烧的氧化反应为

$$C_xH_yO_zN_uS_vCl_w+(x+v+y/4-w/4-z/2)O_2 \longrightarrow$$

$$xCO_2 + wHCl + 0.5uN_2 + vSO_2 + (y-w)/2H_2O \tag{2-7}$$

2. 热解

由于物料组分的复杂性和其他因素的影响，即使炉膛内具有过剩的空气量，在燃烧过程中仍会有不少物料没有机会与氧充分接触，从而形成无氧或缺氧条件。这部分物料在高温条件下就会发生热解。热解过程中，有机物会析出大量的可燃气体成分，如 CO、CH_4、H_2、分子量较小的 C_mH_n等。然后，这些析出的小分子气态可燃成分再与氧接触，发生氧化反应，从而完成燃烧过程。

3. 燃尽阶段

物料在发生充分燃烧之后，进入燃尽阶段。此时反应物质的量大大减少，而反应生成的惰性物质，气态的 CO_2、H_2O 和固态的灰渣则增加，也由此使得剩余氧化剂无法与物料内部未燃尽的可燃成分接触而发生氧化反应，同时周围温度的降低等，都使得燃烧过程减弱。因此要使可燃成分燃烧充分，必须延长停留时间并通过翻动、拔火等机械方式，使之与氧化剂充分混合接触。这就是设置燃尽段的主要目的。

根据可燃物质的性质，燃烧方式有蒸发燃烧、分解燃烧和表面燃烧三种，如图 2-14 所示。

蒸发燃烧：对于熔点较低的固体燃料，燃料在燃烧前先熔融成液态，再气化，随后与空气混合燃烧。蜡质类固体废物的燃烧就属于蒸发燃烧。在很多情况下，进行蒸发燃烧的同时也可能进行分解燃烧。

分解燃烧：指可燃物质中的碳氢化合物等受热分解，挥发为较小分子可燃气体后再进行燃烧，垃圾中纸、木材类固体废物的燃烧过程属于分解燃烧。

表面燃烧：指可燃物质受热后不发生熔化、蒸发和分解等过程，而是在固体表面与空气接触直接进行燃烧反应，垃圾中木炭、焦炭类物质的燃烧过程就属于表面燃烧。

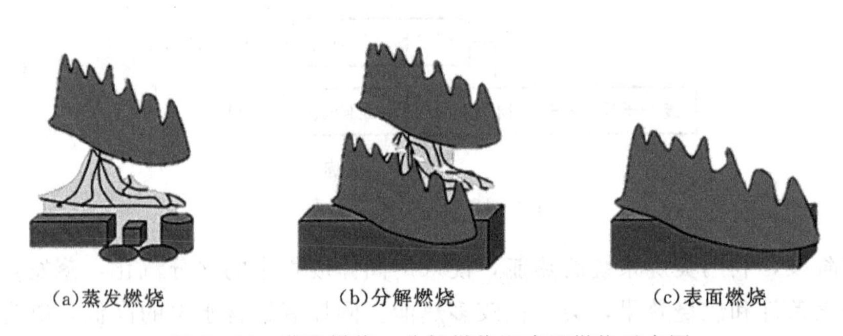

图 2-14　蒸发燃烧、分解燃烧和表面燃烧示意图

2.2.3　城市垃圾焚烧的影响因素

城市生活垃圾焚烧的过程和效果受垃圾的性质、停留时间、焚烧温度、物料的混合程度、空气过剩系数、焚烧炉类型等诸多因素的影响，其中焚烧温度(temperature)、气体停留时间(residence time)、搅拌混合程度(turbulence)和过剩空气率(excess air rate)被称为焚烧过程的四大控制参数，简称"3T1E"要素，其是反映焚烧炉性能的主要指标。

1. 焚烧温度

焚烧温度对焚烧处理的减量化程度和无害化程度有决定性的影响。焚烧温度是指一燃室(燃烧区)垃圾焚烧所能达到的最高温度，它比废物的着火温度高得多。高温有利于废物中有机毒物的分解和破坏，并可抑制黑烟的产生。但是高温不仅增加了燃料消耗量，而且会增加废物中金属的挥发量及氧化氮数量，引起二次污染。

大多数有机物的焚烧温度范围在 800～1100 ℃，通常在 800～900 ℃左右。城市生活垃圾的焚烧温度一般在 850～950 ℃；医疗垃圾、危险废物的焚烧温度要达到 1150 ℃。

2. 停留时间

停留时间包括生活垃圾在焚烧炉内的停留时间和生活垃圾焚烧烟气在炉中的停留时间。停留时间的长短直接影响焚烧的完善程度，停留时间也是决定炉体容积尺寸的重要依据。停留时间越长，焚烧越彻底，焚烧效果越好。但停留时间过长，会使焚烧炉处理量减少，经济上不合理，然而停留时间过短，会造成不完全燃烧。

生活垃圾焚烧时，通常要求垃圾在焚烧炉内的停留时间能达到 1.5～2 h，烟气在焚烧炉内的停留时间能达到 2 s 以上。

3. 搅拌混合程度

搅拌混合程度是表征固体废物与助燃空气、燃烧气体及助燃空气混合程度的指标。为增大固体与助燃空气的接触和混合程度，扰动方式是关键所在。常见的扰动方式包括空气流扰动、机械炉排扰动、流态化扰动、固定炉床式扰动及旋转扰动等，其中以流态化扰动方式效果最好。中小型焚烧炉多数属于固定炉床式扰动，扰动多由空气流动产生，包括炉床下送风和炉床上送风。

二次燃烧室内氧气与可燃性有机蒸气的混合程度取决于二次助燃空气与燃烧气体的相互流动方式和气体的湍流程度。一般来说，二次燃烧室气体速度通常控制在 3～7 m/s。如果气体流速过大，混合度虽大，但气体在二次燃烧室的停留时间会降低，反应反而不易完全。

4. 过剩空气

在实际的燃烧系统中，氧气与可燃物质无法完全达到理想程度的混合及反应。为使燃烧完全，仅供给理论空气量很难使其完全燃烧，需要加上比理论空气量更多的助燃空气量，以使废物与空气能完全混合燃烧。通常用过剩空气系数(m)表示实际空气与理论空气的比值，如式(2-8)所示：

$$m=A/A_0 \tag{2-8}$$

式中，A_0 为理论空气量；A 为实际供应空气量。

过剩空气率(EA)由式(2-9)求出：

$$\mathrm{EA}=(m-1)\times 100\% \tag{2-9}$$

过剩空气率过低会使燃烧不完全，甚至冒黑烟，有害物质焚烧不彻底；过高时则会使燃烧温度降低，影响燃烧效率，造成燃烧系统的排气量和热损失增加。焚烧固体废物时过剩空气系数为 1.5～1.9，有时甚至要大于 2，才能达到较完全的焚烧。在焚烧系统中，焚烧温度、垃圾搅拌混合程度、气体停留时间和过剩空气率这四大控制参数是相互依赖、相互制约的。过剩空气率由进料速率及助燃空气供应速率决定。气体停留时间由燃烧室几何形状、供应助燃空气速率及废气产率决定。助燃空气供应量直接影响到燃烧室中的温度和流场混合程度。焚烧温度则影响垃圾焚烧的效率。表 2.6 所示为焚烧过程的 4 个控制参数间的互动关系。在垃圾焚烧处理过程中，应合理控制各种影响因素，使其综合效应向着有利于垃圾完全燃烧的方向发展。

表 2.6　焚烧过程的 4 个控制参数的互动关系

参数变化	垃圾搅拌混合程度	气体停留时间	焚烧温度	过剩空气率
燃烧温度上升	可减少	可减少	—	会增加
过剩空气率增加	会增加	会减少	会降低	会增加
气体停留时间增加	可减少	—	会降低	会降低

2.2.4　垃圾焚烧处理的典型流程

城市垃圾焚烧处理的一般流程及构造如图 2-15 所示。垃圾被载入厂区，经地磅称重，进入倾卸平台，将垃圾倒入垃圾贮坑，由吊车操作员操纵抓斗，将垃圾抓入进料斗，垃圾由滑槽进入炉内，从进料器推入炉床。由于炉排的机械运动，使垃圾在炉床上移动并翻动，提高燃烧效果。垃圾首先被炉壁的辐射热干燥，再被高温引燃，最后烧成灰烬，落入冷却设备，通过输送带经磁选回收废铁后送入渣贮坑，再送往填埋场。燃烧所用空气分为一次空气及二次空气，一次空气以蒸汽预热，自炉床下贯穿垃圾层助燃，二次空气由炉体颈部送入，以充分氧化废气，并控制炉温，避免炉体损坏及氮氧化物的产生。炉内温度一般控制在 850 ℃以上，防止未燃尽的气态有机物逸散。高温废气经锅炉冷却，去除酸性气体后进入布袋除尘器除尘，由烟囱排入环境。锅炉产生的蒸汽以汽轮机发电后，进入凝结器，加入补充水，返回锅炉。

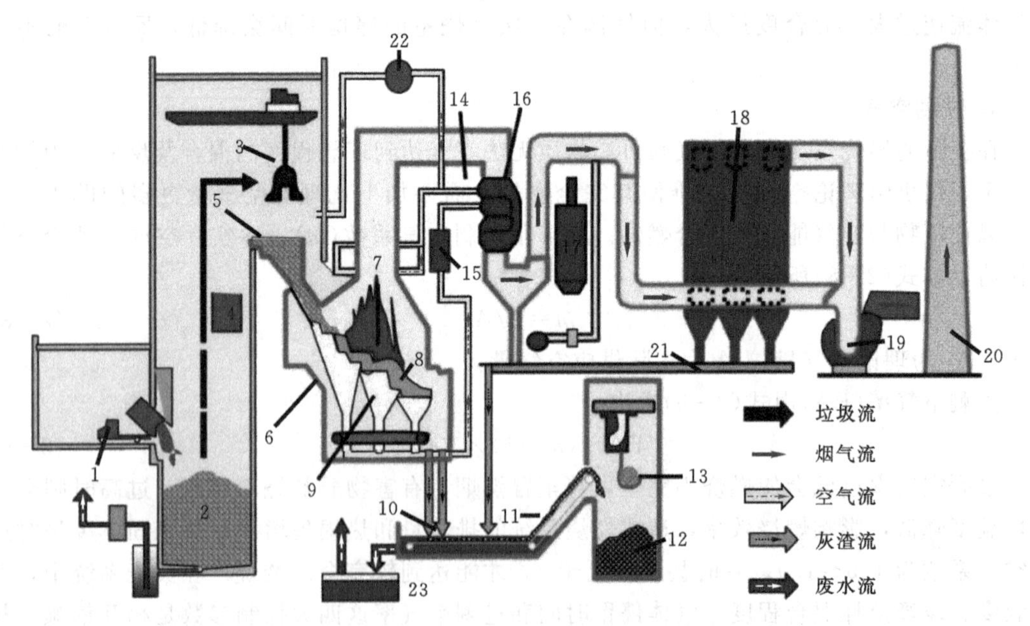

1—倾斜平台；2—垃圾贮坑；3—抓斗；4—操作室；5—进料口；6—炉床；7—燃烧炉床；8—后燃烧炉床；9—燃烧机；10—灰渣；11—出灰输送带；12—灰渣贮坑；13—出灰抓斗；14—废气冷却室；15—暖房用热交换器；16—空气预热器；17—酸性气体去除系统；18—滤袋除尘器；19—引风机；20—烟囱；21—飞灰输送带；22—抽风机；23—废水处理设备。

图 2-15　城市垃圾焚烧处理工艺流程图

城市垃圾焚烧工艺系统主要包括前处理系统、贮存及进料系统、焚烧系统、排气系统、排渣系统、焚烧炉的测试与控制系统及能源回收系统。

1. 前处理系统

前处理系统包括废物的贮存、分选、破碎、干燥等环节，目的是将垃圾中的不燃物及不适燃物分离去除，然后将剩余的可燃物制成易于燃烧的形式，主要应用在垃圾衍生燃料焚烧厂。

2. 贮存及进料系统

贮存及进料系统由垃圾贮坑、抓斗、破碎机、进料斗及故障排除/监视设备等组成。

进料系统分为间歇式和连续式两种。现代大型焚烧炉一般采用连续式进料方式，其具有炉子容量大、焚烧过程容易控制、炉温比较均匀等特点。为防止阻塞现象，还可附设消除阻塞装置。进料设备的作用不仅仅是把固体废物送到炉内，同时，它可以使原料充满料斗，起到密封作用，防止炉膛内的火焰窜出。

3. 焚烧系统

城市生活垃圾焚烧厂的焚烧系统是焚烧厂最重要、最关键的系统。它决定了整个焚烧厂的工艺流程和设备结构。垃圾焚烧系统一般由焚烧炉、给料机、助燃空气供给设备、辅助燃料供给及燃烧设备、添加试剂供给设备等组成。其中，焚烧炉是核心，作用是完成固体废物蒸发、干燥、热分解和燃烧，包括炉床和燃烧室。主要焚烧炉类型包括：机械炉排焚烧炉、旋转窑式焚烧炉、流化床焚烧炉、控气式焚烧炉、多层炉。

在城市垃圾焚烧处理方面应用最广的是机械炉排焚烧炉，其具有对垃圾的预处理要求不高、对垃圾热值适应范围广、运行及维护简便等优点。如图 2-16 所示，废物经进料斗进入炉膛，在炉排上连续、缓慢地向下移动，燃烧室一般在炉床正上方，由炉床下方往上

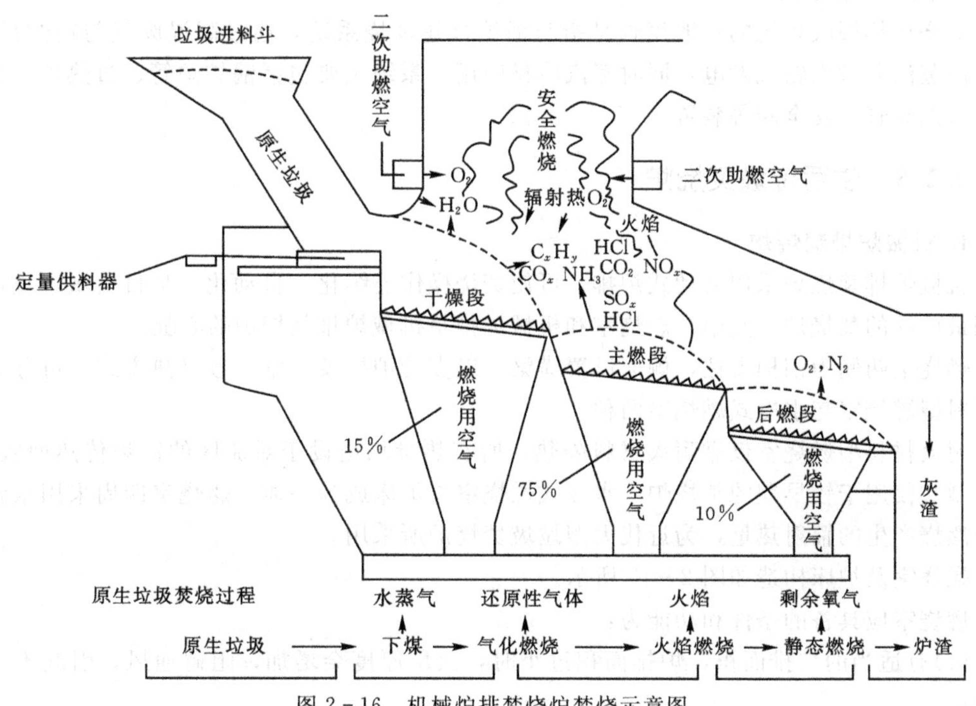

图 2-16　机械炉排焚烧炉焚烧示意图

喷入的一次空气可与炉床上的垃圾层充分混合，由炉床正上方喷入的二次助燃空气可以提高废气的搅拌时间。通过与热风的对流传热和火焰及炉壁的辐射传热，完成干燥、点火、燃烧和后烧的过程，废物到达炉排底端时，有机成分基本燃尽，通过排渣装置进入灰渣系统。

4. 排气系统

排气系统通常包括烟气通道、废气净化设施、烟囱等。从炉体产生的废气在排放前必须先行处理到符合排放的标准。早期使用静电集尘器去除悬浮颗粒，再用湿式洗烟塔去除酸性气体(如 HCl、SO_x、HF 等)；近年来则多采用干式或半干式洗烟塔去除酸性气体，配合滤袋集尘器去除悬浮颗粒物及其他重金属等物质。我国《生活垃圾焚烧污染控制标准》(GB 18485—2014)对生活垃圾焚烧厂排放烟气中颗粒物、二氧化硫、氮氧化物、氯化氢、重金属及其化合物、二噁英类等各项污染物浓度的排放限值、污染物排放控制要求等进行了规定。

5. 排渣系统

焚烧炉燃尽的残渣通过排渣系统及时排出，以保证焚烧炉正常操作。排渣系统是由移动炉篦、通道及与履带相连的水槽组成的。残渣在移动炉篦上由重力作用经过通道，落入贮渣室水槽，经水淬冷却的残渣，由传送带输送至渣斗，或以水力冲击设施将湿渣冲至炉外运走。对于连续进料的焚烧炉，一般要有连续的出渣系统。

6. 焚烧炉的测试与控制系统

作为辅助系统，一整套的测试和控制系统非常重要。控制系统包括送风控制、炉温控制、炉压控制、冷却控制等。测试系统包括压力、温度、流量的指示，烟气浓度监测和报警系统等。

7. 能源回收系统

焚烧炉热回收系统的一般流程是指与锅炉合建焚烧系统，通过高温废气与锅炉换热，产生的蒸汽通过汽轮机发电，同时蒸汽冷凝回用。系统主要包括锅炉炉管、过热器、节热器、蒸汽导管、安全阀等装置。

2.2.5 生活垃圾焚烧炉

1. 机械炉排焚烧炉

机械炉排焚烧炉采用活动式炉排，可使焚烧操作连续化、自动化，是目前城市垃圾中使用最广泛的焚烧炉。其中，燃烧室和机械炉排是机械炉排焚烧炉的心脏。

燃烧室两侧为钢构支柱，侧面设置横梁，以支持炉排及炉壁。按吸热方式，可分为耐火材料型燃烧室与水冷式燃烧室两种。

耐火材料型燃烧室仅靠耐火材料隔热，所有热量均由设于对流区的锅炉传热面吸收，此种型式仅用于较早期的焚烧炉。水冷式燃烧室与炉床成为一体，燃烧室四周采用水管墙吸收燃烧产生的辐射热量，为近代大型垃圾焚烧炉所采用。

燃烧室及炉床构造如图 2－17 所示。

燃烧室应具备的条件和功能为：

(1)有适当的炉排面积，炉排面积过小时，火层厚度会增加，阻碍通风，引起不完全燃烧；

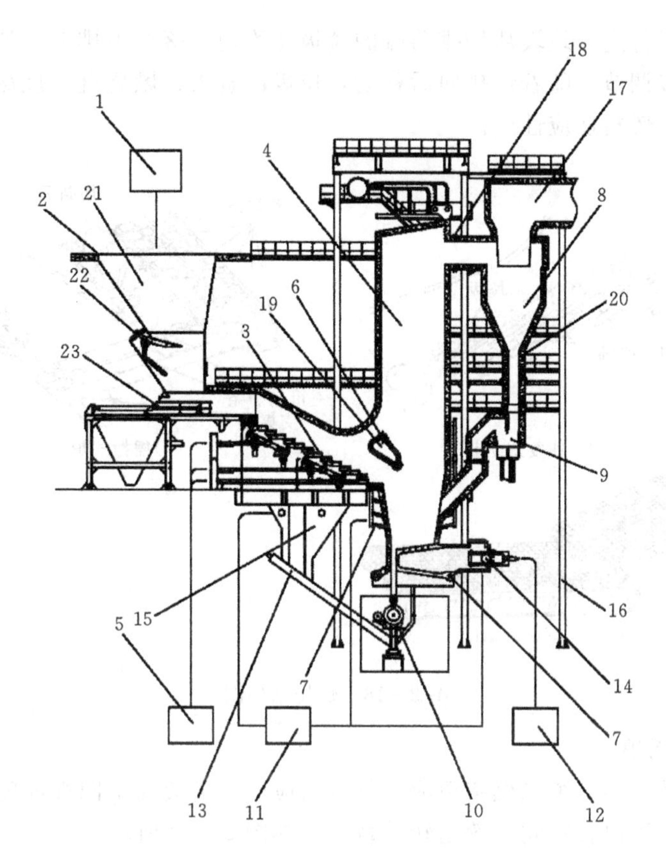

1—烘干设备；2—进料系统；3—活动炉排干燥床；4—炉膛；5—液压装置；6—导流装置；7—布风装置；8—旋风除尘器；9—返料装置；10—出渣装置；11—供气系统；12—供油系统；13—放灰通道；14—启动燃烧器；15—钢结构；16—落灰管道；17—烟气出口；18—风室；19—密相区；20—防火装置；21—进料斗；22—挡料门；23—推料器。

图 2-17　燃烧室及炉床构造示意图

(2)燃烧室的形状和气流模式必须适合垃圾的种类及燃烧方式；

(3)提供适当的燃烧温度和空间，使垃圾及可燃气体完全燃烧；

(4)结构和材料应耐高温、耐腐蚀，能防止气体泄漏；

(5)具备燃烧机，供开机或加温时使用。

炉排的作用有两个方面：一是传送固体废物，将燃尽的灰渣转移到排渣系统；二是在其移动过程中使燃料发生适当的搅动，促进空气由下向上通过炉篦料层进入燃烧室，以助燃烧。炉排结构类型主要有三种：往复式、摇摆式和移动式，如图 2-18 所示。

往复式炉排：由一组固定的炉排片和一组往复运动的活动炉排片组成，分阶梯式和水平式两种。活动炉排片的往复运动将垃圾逐步推向后部燃烧，因而这种炉排对垃圾的适应性较广，结构简单。

摇摆式炉排：是往复式炉排中的阶梯式炉排，依靠炉排的上升及下降推进物料，结构简单。

移动式炉排：有链带式和链条式两种。链带式炉排的炉排面即链带本身；而链条式炉排的炉排片固定在链条上部的支架或支座上。链带式炉排和链条式炉排均由链轮带动链条，使炉排片缓慢行进。垃圾从炉排前端的垃圾斗均匀下落在炉排上。垃圾层的厚度用一闸门上下起落加以调节。随着炉排向后移动，垃圾由着火、燃烧直至烧尽。链条炉排运行可靠，燃烧稳定，燃料适应性广。

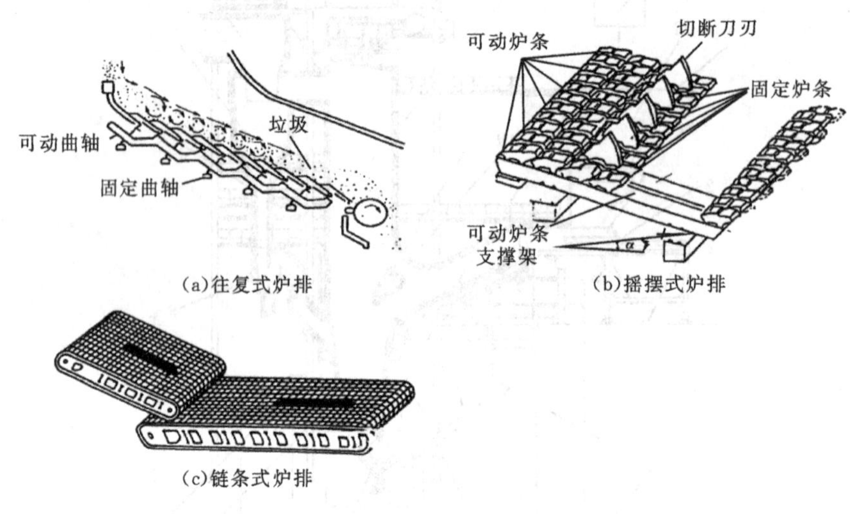

图 2-18　炉排结构图

2. 回转窑焚烧炉

该系统由回转窑和一个二燃室组成，具有适应广、可焚烧不同性能的废物、机械零件比较少、故障少、可以长时间连续运转等特点，如图 2-19 所示。

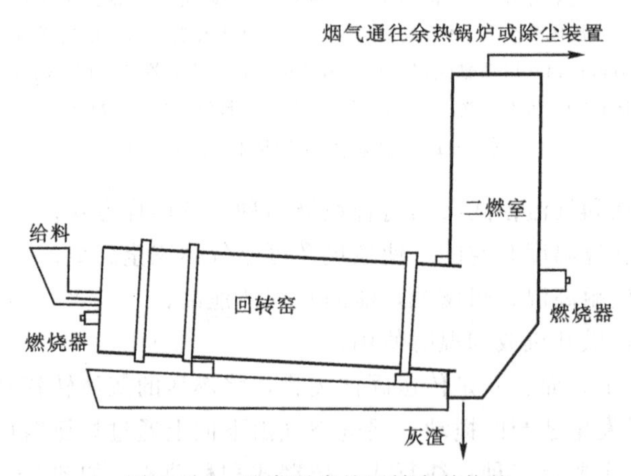

图 2-19　基本型式的回转窑焚烧炉

其中基本型式的回转窑焚烧炉可以使固体废物在向窑的下方移动过程中，其中的有机物质被焚毁。

目前还有一种后旋转窑焚烧炉，是用来处理夹带液体的大体积的固体废物的。其具有干燥区，水分和挥发性有机物被蒸发掉，蒸发物绕过回转窑被送入二燃室。固体物质进入回转窑之前在通过燃烧炉排时被点燃，液体和气体废物则被送入回转窑或二燃室。

3. 流化床焚烧炉

流化床焚烧炉主要依靠炉膛内高温流化床料的高热容量、强烈掺混和传热的作用，使送入炉膛的垃圾快速升温着火，形成整个床层内的均匀燃烧。图 2-20 和图 2-21 分别给出了气泡式流化床焚烧炉和循环流化床焚烧炉的结构示意图。

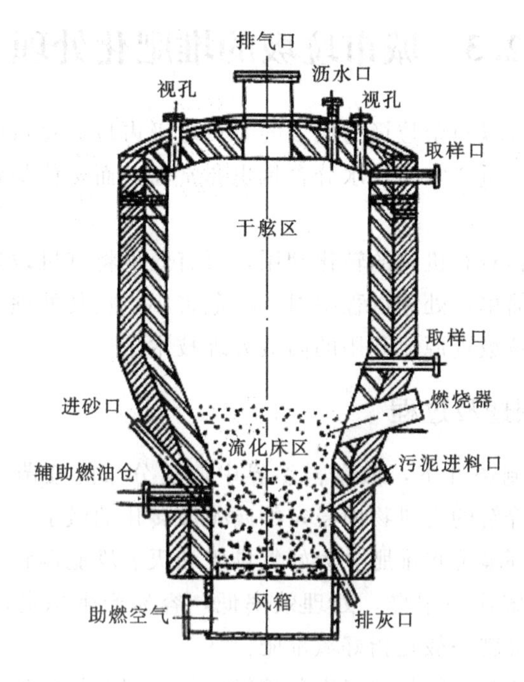

图 2-20　气泡式流化床焚烧炉

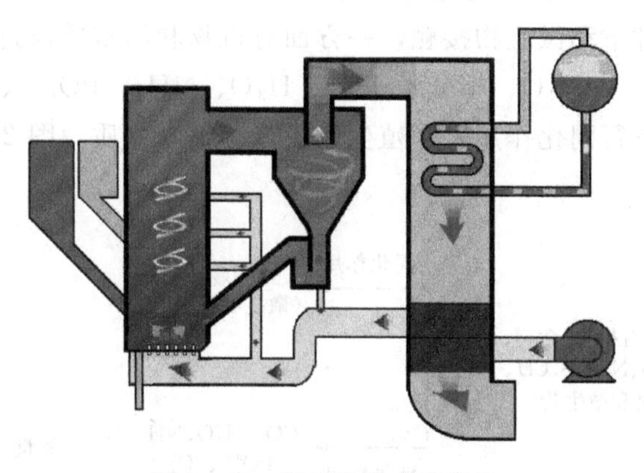

图 2-21　循环流化床焚烧炉

由于介质之间所能提供的孔道狭小，无法接纳较大的颗粒，因此流化床焚烧炉处理固体废物，必须先将其破碎成小颗粒。助燃空气多由底部送入，向上的气流流速控制着颗粒流体化的程度，气流流速过大会造成介质被上升气流带入空气污染控制系统，可外装一旋风集尘器将大颗粒的介质捕集再返送回炉膛内。

优点：炉床单位面积处理能力大；物料在床层内混合均匀，有毒有害有机物发生充分燃烧，减少了氮氧化物的产生；床层的温度恒定均一，温度易于控制；炉子构造简单，造价便宜，不易产生故障；在进料口加一些石灰粉或其他碱性物质，酸性气体可在流化床内直接去除。

缺点：大块的废物需要破碎，增加了处理费用；耗能大；不适合处理黏性高的半流动污泥；废气中粉尘比其他焚烧炉多等。

2.3 城市垃圾的堆肥化处理

在我国垃圾组分中，以厨余垃圾为代表的有机垃圾占垃圾总量的一半以上；厨余垃圾等有机垃圾组分中碳氮含量非常高，水分含量也非常高，而热值却较低，适合采用堆肥化处理。

堆肥技术通过微生物对有机物的转化利用，可有效地将有机垃圾转化为供农作物生长的肥料。堆肥处理工艺简单，处理过程中对环境危害小，且其处理产物又可进入自然环境进行生态循环，是一种垃圾资源化利用的高效处理技术。

2.3.1 堆肥化原理及过程

堆肥化是在人工控制条件下，依靠自然界中广泛分布的细菌、放线菌、真菌等微生物，人为地促进可生物降解的有机物向稳定的腐殖质转化的微生物学过程。

按照微生物生长的环境可将堆肥分为好氧堆肥和厌氧堆肥两种。但是，由于厌氧堆肥的微生物对有机物的分解速率很慢，处理效率低，容易产生恶臭，且其工艺过程很难控制，因此，通常所说的堆肥一般是指好氧堆肥。

好氧堆肥的过程是使微生物与空气充分接触，将堆肥原料中的有机物氧化分解，并伴随着一定的热量释放，最终使有机物转化为简单而稳定的腐殖质的过程。在堆肥的过程中，有机物在有氧条件下和微生物接触，一方面有机物和细胞质通过氧化分解异化作用生成堆肥产品 $C_wH_xN_yO_z \cdot cH_2O$、小分子 CO_2、H_2O、NH_3、PO_4^{3-}、SO_4^{2-} 等物质和能量等；另一方面微生物进行同化作用，繁殖生成更多的细胞物质。图 2－22 为微生物分解转化有机物的过程。

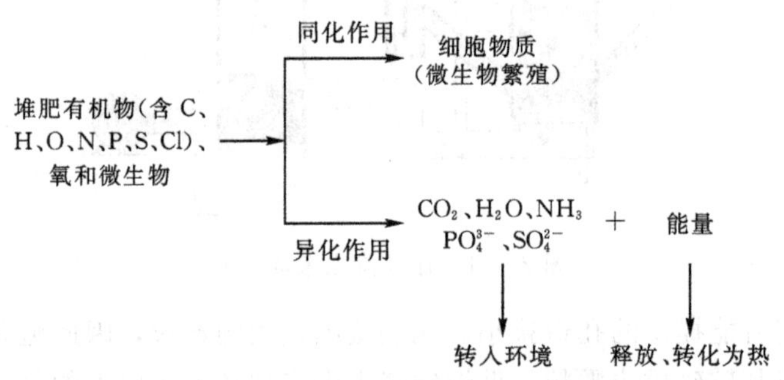

图 2－22 微生物分解有机物的过程

堆肥化中有机物氧化分解的总关系可以用式(2－9)表示：

$$C_sH_tN_uO_v \cdot aH_2O + bO_2 \longrightarrow$$

$$C_wH_xN_yO_z \cdot cH_2O + dH_2O(气) + eH_2O(液) + fCO_2 + gNH_3 + 能量 \qquad (2-9)$$

由于堆温较高，部分水会以水蒸气形式排出。堆肥产品 $C_wH_xN_yO_z \cdot cH_2O$ 与堆肥原料 $C_sH_tN_uO_v \cdot aH_2O$ 质量之比为 0.3～0.5（氧化分解后减量化的结果）。通常可取如下数值范围：

$$w=5\sim10，x=7\sim17，y=1，z=2\sim8$$

好氧堆肥过程较为复杂，根据好氧堆肥过程温度的变化可将其分为潜伏阶段（驯化阶段）、中温增长阶段、高温阶段、熟化阶段四个阶段，如图 2-23 所示。

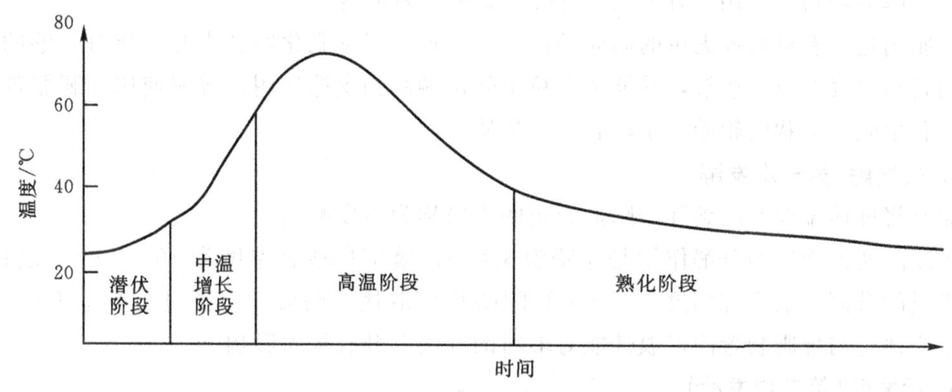

图 2-23　堆肥过程中温度的变化

从图 2-23 中可看出高温阶段在整个堆肥过程中所占的时间最长，也就是说高温阶段是整个堆肥发酵过程的主要阶段。这是因为该温度阶段的微生物活动频繁，微生物活性好，对有机物的转化效率最高。因此，高温阶段为整个发酵过程中最为关键的环节，该阶段有机物的转化效率将直接影响后期堆肥产品的质量。

2.3.2　堆肥化工艺流程

堆肥化工艺流程主要包括：前处理、主发酵（第一次发酵）、后发酵（第二次发酵）、后处理、脱臭、贮存等工序。堆肥化工艺流程如图 2-24 所示。

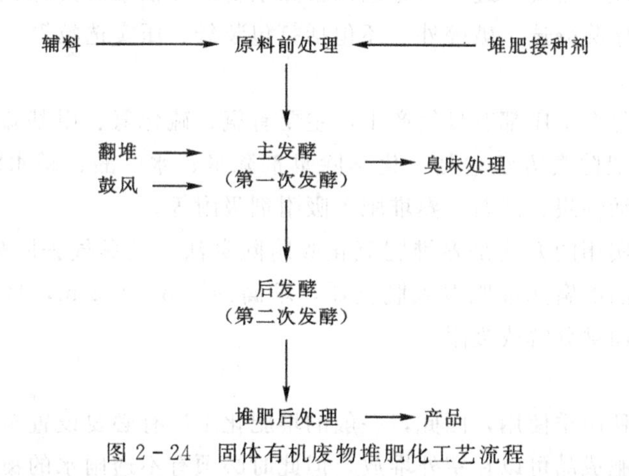

图 2-24　固体有机废物堆肥化工艺流程

1. 前处理

前处理是指采取破碎、分选等预处理方法去除粗大垃圾和降低不可堆肥化物质含量，并使堆肥物料粒度和含水率达到一定程度的均匀化。前处理适宜的粒径范围是 12～60 mm。当以人畜粪便、污水污泥等为主要原料时，由于其含水率太高，前处理的主要任务是调整水分和碳氮比，有时需添加菌种和酶制剂，以促进发酵过程正常进行。

前处理的主要方法包括添加有机调理剂和膨胀剂。

有机调理剂是指加进堆肥化物料中干的有机物，借以减少单位体积的质量并增加与空气的接触面积，利于好氧发酵，也可以增加物料中有机物数量。理想的调理剂是干燥、轻便、易分解的物料。常用的有木屑、稻壳、秸秆、树叶等。

膨胀剂是指有机的或无机的固体颗粒，当它加入湿堆肥化物料中时，能有足够的尺寸保证物料与空气的充分接触，并能依靠粒子间接触起到支撑作用，普遍使用的膨胀剂有干木屑、花生壳、粒状的轮胎、小块岩石等物质。

2. 主发酵(第一次发酵)

通常将堆体温度升高到开始降低为止的阶段称为主发酵期。

主发酵初期物质的分解作用是靠嗜温菌(生长繁殖最适宜温度为 30～40 ℃)进行的。随着堆温的升高，最适宜温度 45～65 ℃的嗜热菌取代了嗜温菌，能进行高效率的分解。氧的供应情况与堆肥装置的保温性能对堆料的温度上升有很大影响。

3. 后发酵(第二次发酵)

经主发酵的半成品被送去后发酵。在主发酵工序尚未分解的易分解及较难分解的有机物可能在后发酵期间全部分解，变成腐殖酸、氨基酸等比较稳定的有机物，成为完全成熟的堆肥成品。后发酵也可以在专设仓内进行，但通常把物料堆积到 1～2 m 高度，进行敞开式后发酵，此时要有防止雨水的设施。为提高后发酵效率，有时仍需进行翻堆或通风。后发酵时间的长短取决于堆肥的使用情况。

4. 后处理

经二次发酵后，几乎所有的有机物都变得细碎或发生变形，数量也减少了。城市固体废物发酵堆肥时，在前处理工序中还没有完全去除的塑料、玻璃、陶瓷、金属、小石块等杂物依然存在，因此，还要经过一道分选以去除杂物，并根据需要(如生产精制堆肥)进行再破碎。后处理工序除分选、破碎外，还包括打包装袋、压实选粒等。

5. 脱臭

在堆肥化中，每个工序都有臭气产生，主要有氨、硫化氢、甲基硫醇、胺类等，必须进行脱臭处理。一般除臭方法包括：化学除臭剂除臭；水、酸、碱水溶液等吸收剂吸收法；臭氧氧化法；活性炭、沸石、熟堆肥等吸附剂吸附等。

其中，经济而实用的方法是熟堆肥氧化吸附除臭法，其臭气去除效率可达到 98%以上。将源于堆肥产品的腐熟堆肥置入脱臭器，堆高约 0.8～1.2 m，将臭气通入系统，使之与生物及时作用而被分解或吸附。

6. 贮存

堆肥一般在春秋两季使用，因此，一般的堆肥化工厂有必要设置至少能容纳 6 个月产量的贮存设备。堆肥成品可以在室外堆放，但此时必须有不透雨水的覆盖物。贮存方式可直接堆存在二次发酵仓内，或袋装后存放。加工、造粒、包装可在贮存前也可在贮存后销售前进行。要求包装袋干燥透气，密闭和受潮会影响堆肥产品质量。图 2－25 给出了城市生活垃圾堆肥处理技术工艺流程。

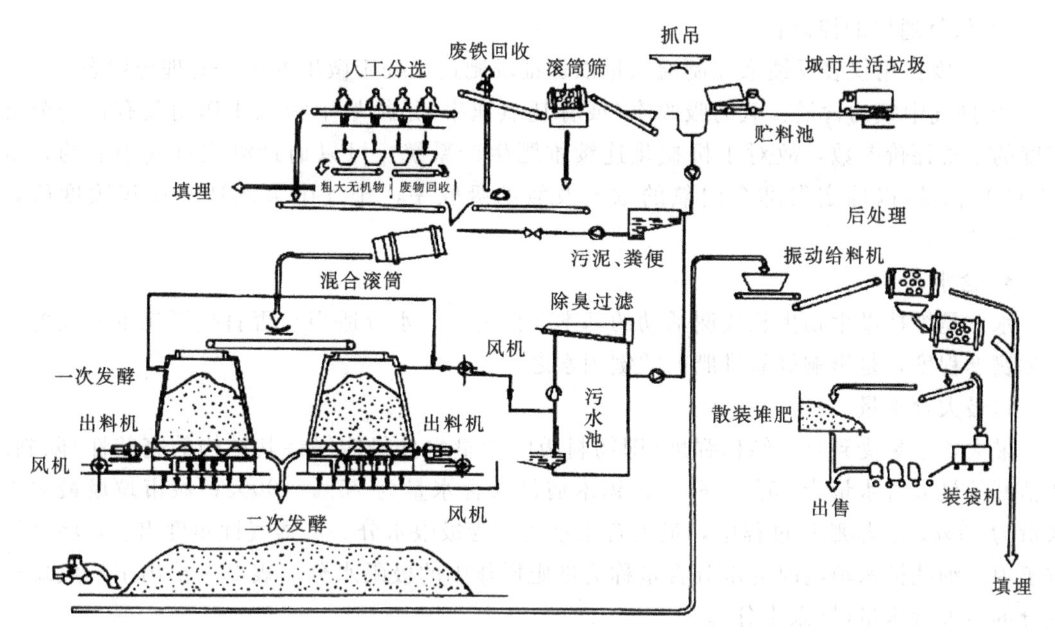

图 2-25　堆肥处理技术工艺流程示意图

2.3.3　堆肥过程的影响因素

好氧堆肥过程受很多因素影响，如堆肥原料颗粒的大小、堆肥时对微生物的供氧量、堆肥过程中水分的含量、温度、pH 值、C/N 比、C/P 比等。好氧堆肥产品质量的高低与堆肥前的预处理、堆肥过程中各参数的设置及控制有着极大的关系，合理控制堆肥初始反应条件，能明显提高堆肥效率。

1. 有机物含量

有机物含量高低影响堆料温度与通风供氧要求。有机物含量过低时分解产生的热量将不足以维持堆肥所需要温度，影响无害化处理，且堆肥成品由于肥效低而影响其使用价值。有机物含量过高时通风供氧困难，有可能产生厌氧状态。堆料最适合的有机物含量通常为 20%～80%。

2. 供氧量

保证较好的通风条件，提供充足的氧气是好氧堆肥过程正常运行的基本保证。通风可使堆层内的水分以水蒸气的形式散失掉，达到调节堆温和堆内水分含量的双重目的，可避免后期堆肥温度过高。但在高温堆肥后期，主发酵排出的废气温度较高，会从堆肥中带走大量水分，从而使物料干化，因此需考虑通风与干化间的关系。

实际的堆肥化系统必须提供超出理论需氧量(两倍以上)的过量空气以保证充分的好氧条件。

(1) 供氧通风的方法：

① 自然通风供氧；

② 向肥堆内插入通风管(主要用在人工土法堆肥工艺)；

③ 利用斗式装载机及各种专用翻推机翻堆通风；

④ 用风机强制通风供氧。

(2)供氧通风的控制：

① 温度：用仪表反馈来控制通风量以保证堆肥过程处于微生物生长的理想状态；

② 排气中氧的含量：氧的吸收率(或称耗氧速率)是衡量生物氧化作用及有机物分解程度的重要评价参数，故对于机械化连续堆肥生产系统，可以通过测定排气中氧的含量(或 CO_2 含量)以确定发酵仓内氧的浓度及氧的吸收率，排气中氧的适宜体积浓度值是14%～17%。

3. 含水率

水分是维持微生物生长代谢活动的基本条件之一，水分适当与否直接影响堆肥发酵速率和腐熟程度，是影响好氧堆肥的关键因素之一。

1)最大含水量

最大含水量受到物质结构强度(即物料吸收大量水分仍能保持其结构的完整性)限制。如秸秆的最大含水量为75%～85%；锯木屑最大含水量为75%～90%；城市垃圾最大含水量为65%。在堆肥化过程中，最大含水量也称为极限水分。从透气性角度出发，将固体粒子内部细孔被水填满时的水分含量称为堆肥操作中的极限水分。表2.7给出了一般垃圾成分的最大含水量(极限水分)。

表 2.7 垃圾成分的最大含水量

	煤渣	菜皮	厚纸板	报纸	破布	碎砖瓦	玻璃	塑料	金属
最大含水量/%	45.1	92.0	65.5	74.4	74.3	15.9	1.1	5.7	1.1

2)临界水分

临界水分既考虑了微生物活性需要，又考虑到保持物料孔隙率与透气性需要的综合指标。当含水率超过65%，水就会充满物料颗粒间的空隙，使空气含量减少，堆肥将由好氧向厌氧转化，温度也急剧下降，将形成发臭的中间产物(硫化氢、硫醇、氨等)和因硫化物而导致堆料腐败发黑。通常堆肥适宜水分范围为45%～60%，以55%为最佳。

4. C/N 比

堆肥原料的C/N比是影响堆肥微生物对有机物分解的最重要的因素。碳(C)是堆肥化反应的能量来源，是生物发酵过程中的动力和热源；氮(N)是微生物的营养来源，主要用于合成微生物体，是控制生物合成的重要因素，也是反应速率的控制因素。有机物被微生物分解的速度随C/N比而变。一般认为城市固体废物堆肥原料的最佳C/N比为26～35。

实际操作中经常将一种高C/N比的废物(稻草、废纸)与另一种低C/N比的废物(污泥)混合在一起，以获得最佳的C/N比。其计算公式为

$$K=\frac{\sum \text{各种原料的碳重量}}{\sum \text{各种原料的氮重量}}=\frac{\sum \mathrm{C}_i X_i}{\sum \mathrm{N}_i X_i} \tag{2-10}$$

式中，C_i 为干原料中碳的含量,%；N_i为干原料中氮的含量,%；X_i为干原料的重量，kg。

5. 温度

温度是堆肥得以顺利进行的重要因素。微生物分解有机物会释放出热量，这是堆料温度上升的热源。另外，堆肥化过程温度的变化速率受到氧气的供应状况及发酵装置、保温条件等的影响。表2.8给出了温度与微生物生长之间的关系。

表 2.8　堆肥温度与微生物生长的关系

温度/℃	温度对微生物生长的影响	
	嗜温菌	嗜热菌
<38	激发态	不适宜
38～45	抑制状态	可开始生长
45～55	毁灭期	激发态
55～60	不适用(菌群萎退)	抑制状态(轻微度)
60～70	—	抑制状态(明显)
>70	—	毁灭期

温度过低，分解反应速度慢，达不到热灭活无害化要求，嗜热菌发酵最适宜温度是50～60 ℃。由于高温分解较中温分解速度要快，并且高温堆肥又可将虫卵、病原菌、寄生虫、孢子等杀灭，达到无害化要求，所以一般都采用高温堆肥。温度过高，例如当温度超过 70 ℃时，放线菌等有益细菌(对农业有益，存活于植物根部周围，使植物受到良好的影响而茁壮成长)将全部被杀死。适宜的堆肥化温度为 55～60 ℃，此时孢子进入形成阶段，并呈不活动状态，使分解速度相应变慢。堆肥过程中温度的控制十分必要，在实际生产中往往通过温度-通风反馈系统来完成温度的自动控制。

6. pH 值

pH 值是微生物生长的一个重要的环境条件。在堆肥的生物降解和发酵过程中，pH 值随着时间和温度的变化而变化，因此 pH 值也是揭示堆肥分解过程的一个重要标志。一般 pH 值在 7.5～8.5 时，可获得最大堆肥速率。固体废物堆肥化一般不必调整 pH 值，因为微生物可在较大的 pH 值范围内繁殖。但是当用石灰含量高的真空滤饼及加压脱水滤饼作原料时，因 pH 值偏高，有时高达 12，需先在露天堆积一段时间或掺入其他堆肥以降低 pH 值。pH 值过高(pH>8.5)，氮会形成氨而使堆肥中发生氮损耗。

7. 颗粒度

在堆肥过程中氧气是通过堆肥原料颗粒空隙供给的，因此，颗粒度的大小对通风供氧有重要影响。空隙率及空隙的大小取决于颗粒大小及结构强度，像纸张、动植物、纤维织物等，遇水受压时密度会提高，颗粒间空隙大大缩小，不利于通风供氧。物料颗粒的平均适宜粒度为 12～60 mm，最佳粒径随垃圾物理特性而变化，其中纸张、纸板等破碎粒度尺寸要在 3.8～5.0 cm 范围内；材质比较坚硬的废物粒度要求小些，在 0.5～1.0 cm 范围内；以厨房食品垃圾为主的废物，其破碎尺寸要求大一些，以免碎成浆状物料，妨碍好氧发酵。但是从经济方面考虑，破碎得越细小，动力消耗越大，处理垃圾的费用就会增加。

8. C/P 比

磷(P)的含量对发酵起很大影响。在垃圾发酵时添加污泥，原因之一就是污泥含有丰富的磷。堆肥料适宜的 C/P 比为 75～150。

2.3.4　好氧堆肥设备

堆肥化设备包括供料进料设备(破碎设备、混合设备、输送设备、分离设备)、翻堆设备(斗式装载机或推土机、跨式翻堆机、侧式翻堆机)(见图 2-26)、发酵仓和反应器(立式发酵仓、卧式发酵滚筒、静态条堆)及除臭设备。

1. 供料进料设备

固体废物的进料和供料系统是由地磅秤、贮料仓、进料斗及起重机等组成的。堆肥化系统的预处理设备是由破包机、撕碎机、筛选机及混合搅拌机械等组成的。

2. 堆肥专用翻堆机

翻堆作业是实现发酵工段工艺参数调控的主要手段，在堆肥生产中翻堆机有以下作用：搅拌物料、调节料堆的温度、改善料堆的通透性(影响物料与氧气接触程度)、调节原料堆的水分和实现堆肥工艺的其他要求，如破碎原料、保持堆体形状、实现料堆定量移位等。翻堆机的种类很多，有适用于条垛堆肥的装载机式翻堆机、骑跨式条垛滚筒翻堆机、侧抛链板输送式翻堆机等；也有适用于槽式发酵工艺的立式螺旋翻堆机、卧式旋刀轴翻堆机、链板式翻堆机、铣盘式翻堆机等(见图 2-26)。这些翻堆机是实现堆肥工程机械化、自动化、智能化的重要设备，影响着堆肥产业的发展趋势。翻堆机除需要满足发酵工艺的作业要求外，还要随着形势的发展不断进行技术及设备创新，以实现堆肥过程自动化、生产环境无污染、堆肥产品标准化的目标。

(a)垮式翻堆机

(b)轨道式翻堆机

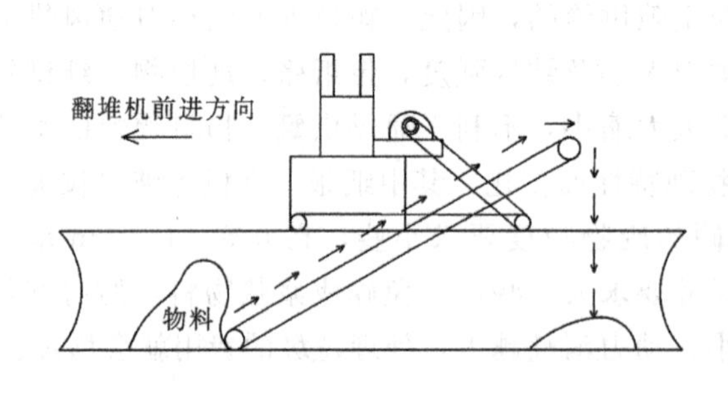

(c)翻堆机工作原理及物料位移线路

(d)链板式翻堆机

图 2-26　好氧堆肥设备及翻堆机工作原理

3. 堆肥工程设备化

标准的堆肥生产工艺包括原料预处理、配料、翻堆鼓风、环境控制等环节，各环节都需要有专业人员进行操控。一些企业由于地理环境的原因，环保要求苛刻，场地小，无法建设工程化的堆肥工厂。选择一体化的发酵设备，可以解决传统堆肥方法存在的辅料多、工艺复杂、占地面积大、废气处理难的问题。

堆肥工程设备化是指将堆肥处理工艺物化到一台设备上，即将复杂的固废堆肥工艺流程——原料传送、贮存、搅拌发酵、鼓风曝气与排湿除臭等工序物化到一台设备中，实现堆肥系统设备化，通俗地说就是一台设备等于一家工厂。容器式发酵反应器是堆肥工程设备化的最好选择。堆肥工程设备化系统集原料处理、贮存、发酵、除臭于一身，整座处理装置要求结构紧凑、占地面积小，不用建设厂房，可应用智能化控制技术，自动化程度高，实现了设备操作简单化、处理高效化、系统环保化。

在国外有各种比较成熟的一体化设备，一般称为堆肥反应器，在欧美地区普遍选用卧式反应器，而英国、日本多采用立式反应器。这些反应器各有优缺点，总体来说，卧式反应器投资大，占地面积大，需要添加辅料，但运行成本低于立式反应器。

国内研发一体化的发酵设备厂家近年来如雨后春笋般涌现，主要是由于土地成本、人力成本在生产建设中占比越来越重，工程设备化提高了堆肥工程的机械化、自动化水平，同时，堆肥工程设备化系统由于密封好、空间小，能通过发酵废气监测探头，实现了废气排放在线监测，并可智能控制曝气系统，完全收集、处理装置也能自动启动。废气处理系统可以自动开闭，保证系统的高效、好氧状态，并从源头减少臭气量，防止臭气逸散，杜绝二次污染，减少环保成本。因此，一体化发酵设备成为越来越多厂家的选择。常见一体化发酵设备包括仓贮式发酵系统、立式发酵罐、箱式发酵装置和滚筒发酵机，如图 2 - 27 所示。

(a)仓贮式发酵系统

(b)立式发酵罐

(c)箱式发酵装置

(d)滚筒发酵机

图 2 - 27　好氧堆肥工程设备

2.3.5　堆肥腐熟度评价

堆肥腐熟度是指堆肥中有机质经过矿化、腐殖化过程最后形成较稳定的腐殖质等物质的程度，是衡量堆肥产品质量的一个非常重要的指标。堆肥腐熟的基本含义可以从两个方面来理解：①通过微生物的作用，堆肥的产品要达到稳定化、无害化；②堆肥产品的使用不影响作物的生长和土壤的耕作能力。不同物料堆肥腐熟难易程度不同。由于堆肥原料、堆肥工艺、堆肥参数和堆肥产品质量要求的不同，对堆肥腐熟度的判定和评价也较为复杂。

堆肥腐熟度评价指标包括物理学指标、化学指标和生物学指标，分别如表 2.9、2.10、2.11 所示。

表 2.9　堆肥腐熟度评价的物理学指标

名称	腐熟堆肥特征值	特点与局限
温度	接近环境温度	易于检测；不同堆肥系统的温度变化差别显著，堆体各区域的温度分布不均衡，限制了温度作为腐熟度定量指标的应用
气味	堆肥产品具有土壤气味	根据气味可直观而定性地判定堆肥是否腐熟；难以定量
色度	黑褐色或黑色	堆肥的色度受原料成分的影响，很难建立统一的色度标准以判别各种堆肥的腐熟程度
残余浊度和水电导率	—	堆肥 7～14 天的产品在改进土壤残余浊度和水电导率方面具有最适宜的影响；需与植物毒性试验和化学指标结合进行研究
光学特性	E665＜0.008	堆肥的丙酮萃取物在 665 nm 的吸光度随堆肥的时间呈下降趋势。

表 2.10　堆肥腐熟度评价的化学指标

名称	腐熟堆肥特征值	特点与局限
挥发性固体(VS)	VS 降解 38%以上，产品中 VS＜65%	易于检测；原料中 VS 变化范围较广且含有难于生物降解的部分，VS 指标的实用难以具有更普遍的意义
淀粉	堆肥产品中不含淀粉	易于检测；不含淀粉是堆肥腐熟的必要条件而非充分条件
BOD_5	20～40 g/kg	BOD_5 反映的是堆肥过程中可被微生物利用的有机物的量；对于不同原料的指标无法统一，且测定方法复杂、费时
pH 值	8～9	测定较简单；pH 值受堆肥原料和条件的影响，只能作为堆肥腐熟的一个必要条件
水溶性碳(WSC)	WSC＜6.5 g/kg	水溶性成分才能为微生物所利用；WSC 指标的测定尚无统一的标准

续表

名称	腐熟堆肥特征值	特点与局限
NH_4^+ - N	NH_4^+ - N<0. 4 g/kg	氮的变化趋势主要取决于温度、pH 值、堆肥材料中氨化细菌的活性、通风条件和氮源条件的影响
NH_4^+ - N/NO_2^- + NO_3^-	NH_4^+ - N/NO_2^- + NO_3^- <3 (浓度比值小于 3)	堆肥过程中伴随着明显的硝化反应过程，NO_2^- + NO_3^- 测定快速简单；硝态氮和铵态氮含量受堆肥原料和堆肥工艺影响
C/N	C/N 比为(15～20)：1	腐熟堆肥的 C/N 比趋向于微生物菌体的 C/N 比(含量比)，即 16 左右；某些原料初始的 C/N 比不足 16，难以作为广义的参数使用
WSC/N-org	WSC/N-org 趋于 5～6	一些原料(如污泥)初始的 WSC/N-org<6
WSC/WSN (溶解性碳氮比)	WSC/WSN<2	WSN 含量较少，测定结果的准确性较差
阳离子交换量(CEC)	—	CEC 是反映堆肥吸附阳离子能力和数量的重要容量指标；不同堆料之间 CEC 变化范围太大
CEC/TOC	CEC/TOC>1. 9 (CEC>67)	CEC/TOC 代表堆肥的腐殖化程度；CEX/ TOC 显著受堆肥原料和堆肥过程的影响
腐殖化参数(HI) 腐殖化率(HR)	HI>3，HR 达到 1. 35	应用各种腐殖化参数可评价有机废物堆肥的稳定性；堆肥过程中，新的腐殖质形成时，已有的腐殖质可能会发生矿化
腐殖化程度(DH)	—	DH 值受含水量等堆肥条件和原料的影响较大
生物可降解指数(BI)	BI≤2. 4	该指标仅考虑了堆腐时间和原料性质，未考虑堆腐条件，如通风量和持续时间等

表 2.11　堆肥腐熟度评价的生物学指标

名称	腐熟堆肥特征值	特点与局限
呼吸作用	比耗氧速率(SOUR) <0. 5 mgO_2/g VS · h	微生物好氧速率变化反映了堆肥过程中微生物活性的变化；氧浓度的在线监测快速、简单
生物活性试验	—	反应微生物活性的参数中酶活性和 ATP 这些参数的应用尚需进一步研究
利用微生物评价	—	不同堆肥时期的微生物的群落结构随堆温不同变化；堆肥中某种微生物存在与否及其数量多少并不能指示堆肥的腐熟程度
发芽试验	发芽指数(GI) 80%～85%	植物生长试验应是评价堆肥腐熟度的最终和最具说服力的方法；不同植物对植物毒性的承受能力和适应性有差异

由于堆肥过程和体系的复杂性，堆肥的腐熟度受很多因素的制约，单一指标无法全面反映实际堆肥过程的腐熟特征，单一指标评价可能带来偏差和片面性。因此，在堆肥腐熟度评价方面，通常对堆肥物料开展多个指标的检测以确定堆肥的腐熟度。

张思梦等[8]建议从化学、生物学和卫生学3个方面选取腐熟度评价指标，建立堆肥腐熟度评价标准。化学指标选取 T 值，生物学指标选取比耗氧速率、种子发芽指数，卫生学指标选取蛔虫卵死亡率和粪大肠菌值，如表2.12所示。

表2.12 堆肥腐熟度评价标准

指标类别	指标名称	指标描述	腐熟堆肥特征值
化学指标	T 值	T=(终点C/N比)/(初始C/N比)	T=0.5～0.7
生物学指标	比耗氧速率(SOUR)	单位时间降解单位有机物的氧气消耗量	SOUR<0.5 mg O_2/(g VS·h)
	种子发芽指数(GI)	测量种子发芽率和根长	GI>50%
卫生学指标	蛔虫卵死亡率	—	95%～100%
	粪大肠菌值	—	0.01～0.1

美国加州堆肥质量协会(California Compost Quality Council，CCQC)采用以下方法判断堆肥的腐熟度：将C/N比25作为强制性指标，再从A、B两组中至少各选出一个参数来评价。A组中的参数包括 CO_2 产生速率或呼吸作用、耗氧速率和自升温检测；B组包括 NH_4^+-N/NO_3^-N、NH_4^+-N 浓度、挥发性有机酸浓度和植物生长试验。通过这种方法将堆肥分为充分腐熟、腐熟和未腐熟三类。

李洋等[9]选取上海地区不同来源的典型的9种物料，采用工厂化工艺进行堆肥试验，对堆体的温度、含水率、pH值、C/N、w(OM)、$\rho(NH_4^+-N)$、$\rho(NO_3^--N)$、ρ(DOC)、ρ(DOC)/ρ(DON)及GI腐熟度评价指标变化规律进行研究。结果表明：堆肥腐熟度受多方面因素影响，T((C/N比)终点/(C/N比)起点)与 w(OM)、$\rho(NH_4^+-N)$、GI、ρ(DOC)/ρ(DON)之间相关性显著，T、$\rho(NH_4^+-N)$、GI 3个指标能准确有效地判断堆肥腐熟情况，堆肥结束后 T 在0.50～0.59范围内，$\rho(NH_4^+-N)$ 为301～346 mg/L，GI为81.31%～91.03%。不同物料堆肥腐熟难易程度不同，厨余、杂草、生活垃圾、园林垃圾、污泥、秸秆堆肥成分复杂较难腐熟，需要35 d才能达到腐熟标准；鸡粪及猪粪堆肥结构简单较易腐熟，29 d即可达到腐熟标准。

2.3.6 堆肥化的生态效应

1. 肥力效应

垃圾堆肥中含有丰富的植物生长所需的营养成分，包括有机质碳、氮、磷等，这些营养成分可以起到改良土壤的作用，目前，垃圾堆肥产品已经成为发展粮食、园林艺术、蔬菜、花卉等方面的绿色资源。堆肥产品的肥力效应主要表现在以下几点。

(1)垃圾堆肥能改善土壤肥力，提高土壤有机质含量。翟军等[10]发现堆肥处理不同的产品对土壤有效氮具有提升作用。黄继川等[11]发现堆肥可以增加土壤细菌、放线菌和真菌的数量，提高土壤微生物的多样性，同时能够显著增强土壤蔗糖酶、脲酶、过氧化氢酶和纤维素酶活性。

(2)垃圾堆肥还能提高土壤的理化性质。堆肥产品有机质含量较高，不但富含植物生长所需的营养元素，还含有一定量的大颗粒渣滓，所以恰当地使用垃圾堆肥，能明显改善土壤物理性状，突出表现在非毛管空隙度增大，大的水稳性团粒增加，而小团粒减少，同时土壤质地也有所改善。堆肥增加了土壤有机质，为良好的水稳性团粒的形成提供了物质基础。一定量的粗渣可相应改变土质黏重的特性，这些都为非毛管空隙的增多、改善非毛管空隙与毛管空隙的比例，以形成合理的固、液、气三相比创造了条件。随着非毛管空隙度的增加，土壤饱和导水率增加，土壤通气透水性能增强。在土壤有机质增加，结构改善、质地改善的同时，土壤耕作性能得以改善，便于通过耕作形成良好的种植条件。

2. 生物学效应

垃圾堆肥中微生物的种类丰富，将含有大量微生物的堆肥产品作为土壤的肥料，具有较好的生物学效应，主要表现在：①可改善土壤中微生物的种类，完善微生物的特性；②可加快土壤中氮磷等有机质的分解，加快有效营养成分的释放，从而起到改善土壤理化性质的作用，进而促进植物的生长，使植物的品质得到提高，提高农产品的产量。

3. 环境效应

垃圾堆肥不仅有良好的肥力效应和生物学效应，还有修复调节土壤理化性质，提高农林产品质量的作用。垃圾堆肥还可用于被大量农药污染的土壤的修复，这是由于它可使土壤中残留的除草剂、杀虫剂钝化，进而恢复土壤生态平衡，达到生物修复的目的。

但是由于垃圾堆肥原料来源的不确定性，而且在堆肥预处理时，不能完全将对肥料有害的物质清理干净，所以，垃圾堆肥有可能对环境造成负面影响。

(1)使用过量垃圾堆肥，可引起土壤的沙化、盐渍化。因为垃圾堆肥虽然富含有机质和多种植物所需要的营养元素，但是，它的腐殖质含量与牲畜等动物类的粪便相比较为低下，并且，由于垃圾堆肥中可能含有较大颗粒的砾石和一些盐分，长期施用将会导致土壤沙化和盐渍化。

(2)垃圾堆肥极易造成土壤重金属污染。这是由于我国目前垃圾还未做到全面分类回收，垃圾中经常含有重金属等污染物，而这些污染物又不能被发酵的微生物分解吸收，因此会残留在堆肥产物中，从而又转入土壤当中，造成土壤污染。

(3)此外，堆肥产品中氮、磷含量较高，如果不能被植物吸收利用，而渗入地下，极易造成地下水污染等。

综上，垃圾堆肥会带给环境一定的负面影响，但大都是由于垃圾的来源不够明确，没有对垃圾进行分类回收而造成的。如果可从源头解决垃圾的分类回收，垃圾堆肥将会更好地发挥它的优势。垃圾“分选堆肥”的做法与著名的垃圾“零废弃”理论相吻合。欧美发达国家在这方面均有成功的实践。美国旧金山的垃圾收集系统分为可回收垃圾、可堆肥物和其他垃圾三种。垃圾堆肥技术如今已不复杂，其推广的难点主要在于分类收集上。如何增强普通居民的垃圾分类意识并正确分类，还需要政府和全社会的共同努力。

2.4 城市垃圾的厌氧消化

2.4.1 厌氧消化的定义与产物

厌氧发酵是指废物在厌氧条件下通过微生物的代谢活动而被稳定化，同时伴有甲烷(CH_4)和二氧化碳(CO_2)产生。其中，厌氧发酵的产物——沼气是一种比较清洁的能源。同时发酵后的沼渣又是一种优质肥料。

沼气的主要成分是甲烷，其他伴生气体还有二氧化碳、氮气、一氧化碳、氢气、硫化氢和极少量的氧气。一般在沼气中甲烷的含量介于55%～65%，二氧化碳在35%～45%范围内。由此可见，甲烷的性质决定了沼气的主要性质。沼气是一种很好的燃料，一般情况下每立方米沼气的发热量在23000 kJ左右，1 m^3 的沼气燃烧发热量相当于1 kg煤或是0.7 kg汽油的发热量，每小时能发电1.25 kW。

厌氧消化生产过程全封闭，可将废物中低品位生物转化为高品位沼气，适于处理高浓度有机废水和废物，厌氧消化后的残渣已基本稳定，可做农肥、饲料或堆肥化原料。但厌氧微生物生长速度慢，处理效率低，设备体积大，会产生 H_2S 等恶臭气体。

2.4.2 厌氧消化原理

厌氧消化理论的发展经历了两阶段理论到三阶段理论和四菌群说的发展过程。

20世纪30～60年代，研究者认为有机物厌氧消化分为酸性发酵和碱性发酵两个阶段，这就是两阶段理论，如图2-28所示。

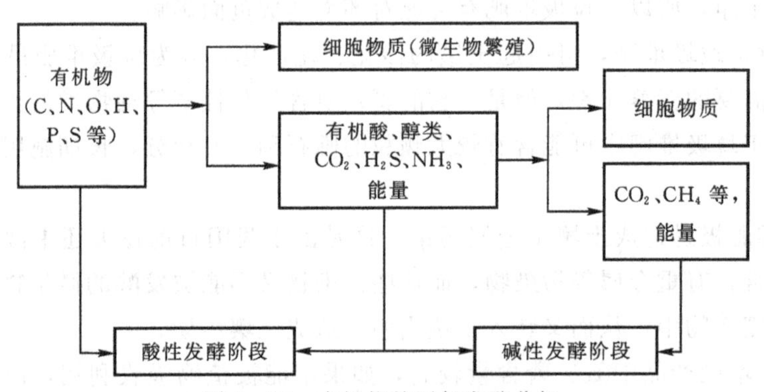

图2-28 有机物的厌氧发酵分解

第一阶段，复杂有机物首先在水解细菌的作用下转化为溶解性有机物，进而在发酵细菌的作用下转化为有机酸(如乙酸、丙酸、丁酸)和醇类物质，同时有少量的 H_2S 和 CO_2 产生。第一阶段的主要产物是有机酸，故称为酸性发酵阶段。第二阶段，产甲烷菌将上阶段的产物转化为 CH_4 和 CO_2。在第二阶段中，有机酸被消耗，系统pH值上升，故称为碱性发酵阶段。

两阶段理论形成较早，但对甲烷菌如何利用甲醇以上的大分子醇及乙酸以上的大分子有机酸难以解释。

随着厌氧微生物学研究的不断发展，人们对厌氧消化的生物学过程和生化过程的认识不断深化，厌氧消化理论得到不断发展。1979 年布赖恩提出了三阶段理论，将厌氧消化过程分为水解发酵阶段、产氢产乙酸阶段和产甲烷阶段，突出强调了产氢产乙酸菌的核心作用，反映了厌氧消化过程的本质，较好地解决了两阶段理论的矛盾，如图 2-29 所示。

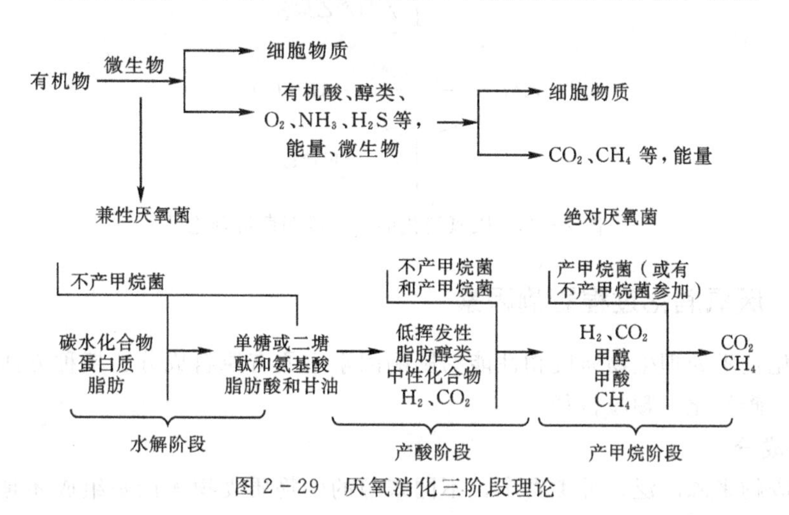

图 2-29　厌氧消化三阶段理论

第一阶段为水解阶段，在水解与发酵细菌作用下，大分子有机物如碳水化合物、蛋白质、脂肪，经水解与发酵转化为单糖、氨基酸、脂肪酸、甘油及二氧化碳、氢等。参与该阶段的微生物包括水解与发酵细菌、纤维素分解菌、淀粉分解菌、蛋白质分解菌和脂肪分解菌，原生动物(鞭毛虫、纤毛虫和变形虫)，真菌(毛霉、根霉和曲霉)。

第二阶段为产酸阶段，在产氢、产乙酸菌和同型乙酸菌作用下，把第一阶段产物转化成氢、二氧化碳和乙酸。参与该阶段的微生物包括产氢产乙酸菌和同型乙酸菌，其中产氢产乙酸菌将丙酮酸及其他脂肪酸转化为乙酸、二氧化碳、氢气，同型乙酸菌将二氧化碳、氢气转化为乙酸；将甲酸、甲醇转化为乙酸。发生的主要反应有

$$CH_3CH_2CH_2CH_2COOH + 2H_2O \longrightarrow CH_3CH_2COOH + CH_3COOH + 2H_2 \quad (2-11)$$

$$CH_3CH_2COOH + 2H_2O \longrightarrow CH_3COOH + 3H_2 + CO_2 \quad (2-12)$$

$$CH_3CH_2OH + 2H_2O \longrightarrow CH_3COOH + 3H_2 \quad (2-13)$$

$$2CO_2 + 4H_2 \longrightarrow CH_3COOH + 2H_2O \quad (2-14)$$

第三阶段为产甲烷阶段，通过两组不同的产甲烷菌作用，将氢和二氧化碳转化为甲烷或者乙酸脱羧产生甲烷。参与该阶段的微生物为产甲烷菌，具体为甲烷杆菌、甲烷球菌、甲烷八叠球菌、甲烷螺旋菌等。发生的主要反应有：

$$CO_2 + 4H_2 \longrightarrow CH_4 + 2H_2O \quad (2-15)$$

$$CH_3COOH \longrightarrow CH_4 + CO_2 \quad (2-16)$$

目前，认同度最高的是三阶段四菌群理论(见图 2-30)。该理论认为厌氧消化过程中有三个主要阶段：水解发酵阶段、产氢产乙酸阶段、产甲烷阶段，这三个阶段过程中分别有四种菌群工作：水解发酵菌、产氢产乙酸菌、同型产乙酸菌和产甲烷菌。水解发酵阶段，大分子的复杂有机物在水解发酵菌的作用下水解成为小分子的有机物，如脂肪酸和一些醇类。紧接着在产氢产乙酸阶段，这些小分子有机物在产氢产乙酸菌的作用下分别产生乙酸和氢气，在这一阶段中，还存在着同型产乙酸菌，可以使氢气与二氧化碳在此作用下产生乙酸。最后，也就是产甲烷阶段，乙酸、氢气和二氧化碳在产甲烷菌的作用下最终产生甲烷。

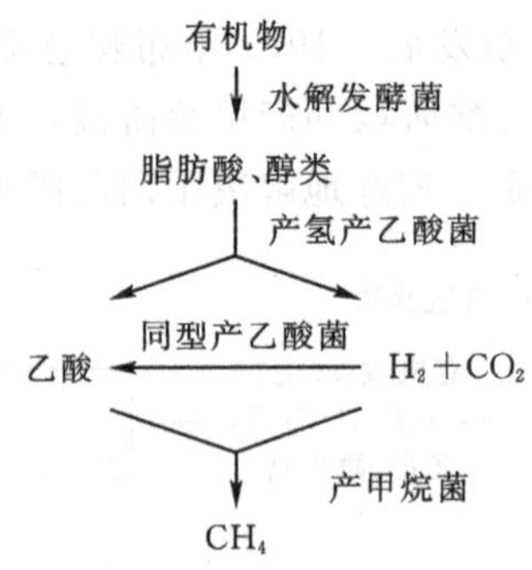

图 2-30 厌氧消化的三阶段四菌群理论

2.4.3 厌氧消化过程影响因素

厌氧消化技术处理生物质废物性能的影响因素主要有原料成分、接种方法与比例、含固率、温度、碳氮比、颗粒粒径。

1. 原料成分

生物质废物来源广泛，种类繁多，不同来源的生物质废物无论是组成还是特性，都有着很大的差别。

来源于生活垃圾的生物质废物有机质含量大，含水率高，适合采用厌氧消化技术处理，但厌氧消化过程中极易导致 pH 值急速降低从而降低产甲烷菌的活性。另外，有机物含量过高也是影响水解速率的一大因素。为了使系统能够稳定地运行，一般可以采用两相厌氧消化，将互相影响的两个阶段分开来，也有利于单独对水解过程进行优化，提高整体的处理效果。

而来源于农村、林业、工业的一些难降解的生物质废物，由于其中存在过多的木质素、纤维素等，其降解速度一般较慢，会严重影响甲烷的最终产量。因此，在处理这类生物质废物时，预处理显得尤其重要，目的是去除或者破坏木质素和纤维素，以提高降解速率。

2. 接种方法与比例

处理生物质废物的厌氧消化系统有机负荷较高，因此需要高浓度的微生物。相比于传统的厌氧消化工艺来说，也需要更长的启动时间。接种方法、接种比及合适的接种物就显得十分重要。一般来说，接种比越高，反应器的利用效率越高，但过高的接种比容易导致系统崩溃。在工业上接种比一般为 0.3～0.5，而实验数据表明，接种比在 2～6 时，厌氧消化系统仍然可以稳定运行。

系统开始启动时，接种物活性高可以有效地减少启动时间，这一点与传统的厌氧消化系统是一样的，因此在接种物的选择上有一定程度的相似性。一般的系统中均采用 TS(总固体)含量低于 5%的厌氧消化后的物料作为接种物，另外研究发现消化污泥也是效果很好的一种接种物。消化污泥作为生物质废物的一种，这就给我们一个启示：可以把两种生物质废物一起厌氧消化，以达到更好的处理效果。

3. 含固率

厌氧消化系统中，含固率是一个相当重要的影响因素。适当提高含固率有助于系统产气效率的提升，这是由于随着含固率的提高，有机物含量逐渐增大，甲烷产量随之增加。

但是过高的含固率会影响系统的稳定运行，反而造成产气量的下降。在工业上，适合的含固率是 20%～30%，一部分反应器在含固率为 40%时也能够稳定运行。

4. 温度

温度对微生物的生长繁殖速率有着显著的影响，是厌氧消化过程中重要的控制因素。中温条件运行比高温条件运行耗能更小，耐冲击负荷的能力更强。而高温条件则能有效提升对生物质废物的破坏，加速水解过程的同时杀菌消毒。除此之外，高温系统能够处理的有机物浓度更高，产气效率更好。理论上来说，高温厌氧消化效果更好，但是由于经济与能耗的投入，目前还是采用中温条件的反应器工艺较多。

5. 碳氮比

碳氮比决定了系统运行过程中氨氮和挥发性有机醇(VFAs)的浓度，当系统中碳氮比不合适时，会造成氨氮或 VFAs 的大量积累，降低产甲烷菌的活性，从而影响系统的稳定性，甚至可能导致系统的崩溃。研究表明，大多数传统厌氧消化系统在较低的碳氮比条件下才能稳定运行。

6. 颗粒粒径

颗粒粒径对厌氧消化的影响着重体现在对木质素、纤维素的影响上。木质素和纤维素水解过程缓慢艰难是一个公认的现状，粒径越小，越能够增加固体颗粒的比表面积，还能一定程度地改变木质素和纤维素的结构，使木质素、纤维素的后续水解速率越高，从而提高厌氧消化的整体效率。

2.4.4　厌氧消化工艺

1. 根据发酵温度划分

(1)常温发酵。也称自然发酵、变温发酵，其主要特点为发酵温度随自然气温的四季变化而变化，但沼气产量不稳定，因而转化效率低。其工艺流程图如图 2-31 所示。

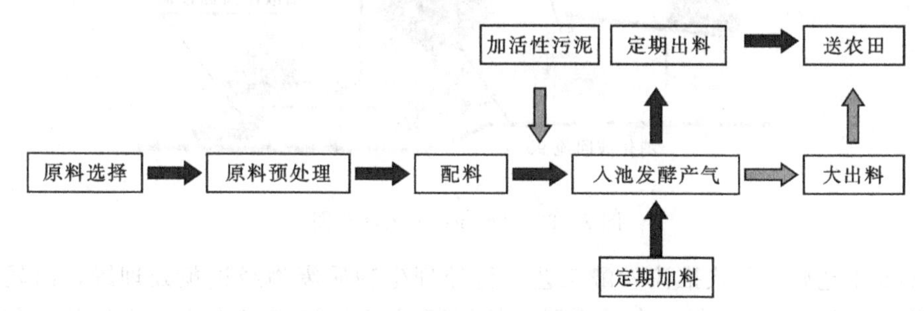

图 2-31　常温发酵工艺流程图

常温发酵的特点：在自然温度下消化，消化温度随气温变化，通常夏季产气率较高，冬季产气率较低。结构简单、成本较低、施工容易、便于推广。

(2) 中温发酵。中温发酵温度控制恒定在 28～38 ℃，沼气产量稳定，转化效率较高，主要用于大中型产沼工程、高浓度有机废水的处理等。

(3) 高温发酵。高温发酵温度控制在 48～60 ℃，分解速度快，处理时间短，产气量高，能有效杀死寄生虫卵，但需加温和保温设备，主要适用于高浓度有机废水、城市生活垃圾和粪便的无害化处理及农作物秸秆的处理等。

高温发酵的特点：消化温度维持在 48～60 ℃，有机物分解、消化速度快，物料停留时间短。高温消化程序如下：

①高温消化菌的培养：取污水池有气泡产生的中性偏碱的污泥扩大培养，消化稳定后作为接种菌种；

②维持高温：通常是在消化池内布设盘管，通入蒸汽加热料浆；

③投料与排料：高温时物料的消化速度快，要求连续投料与排出消化液；

④消化物料的搅拌：对物料进行搅拌，保持全池温度均匀。

2. 根据消化工艺运行方式划分

根据工艺运行方式的不同，厌氧消化技术可以分为连续式厌氧消化工艺和间歇式厌氧消化工艺。

(1) 连续式厌氧消化工艺。连续式厌氧消化工艺也就是连续进料连续出料的运行方式，根据垃圾在反应器内移动方式的不同，连续式厌氧消化工艺还分为完全混合式搅拌和推流式反应器两种。一般来说，含固量稍低的生物质废物采用完全混合式搅拌进行厌氧消化，而含固量较高的生物质废物则采用推流式。Dranco 工艺是最具代表性的连续干发酵系统工艺，其是比利时 OWS 公司研究开发的，现今在欧洲已经投入使用多年。图 2-32 是 dranco 工艺的示意图。

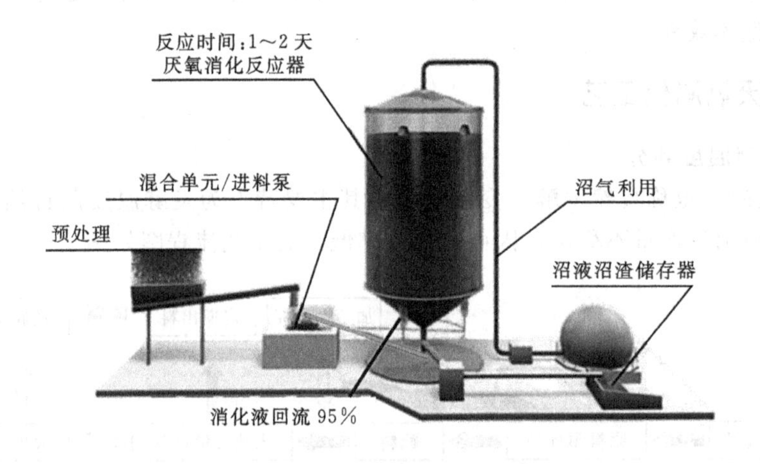

图 2-32 Dranco 工艺示意图

Dranco 工艺属于竖式推流发酵工艺，待处理生物质废物经过预处理罐，沿输送管道由进料泵从反应器底部进料，在反应器内的停留时间为 1～2 d 左右，产生的沼气从反应器顶部由管道输送出，沼液沼渣则从反应罐底部流出，其中流出的沼液有 95%要回流进进料泵中，再与已经预处理过的生物质废物一起进入反应罐反应。该工艺可以处理含固率在 15%～40%范围内的生物质废物，反应过程中不需要设置搅拌装置，大部分的沼液回流，因此产生的废水量较少。

除此之外，还有 Valorga 工艺、Kompogas 工艺、Laran 工艺。其中 Valorga 工艺采用完全混合式反应器，搅拌方式为罐体底部均匀射入沼气。Kompogas 工艺、Laran 工艺与 Dranco 工艺原理相似，不同在于 Kompogas 工艺采用卧式圆筒形反应器，Laran 工艺采用的是卧式反应器。

(2) 间歇式厌氧消化工艺。间歇式厌氧消化工艺也就是序批式厌氧消化工艺，待处理生物质废物进入处理罐后，厌氧发酵 20～40 d 左右，发酵结束后再排空渗滤液，通入空气后打开反应器的仓门。处理生物质废物的间歇式反应器一般为生物淋滤类型的反应器，其结构简图如图 2-33 所示。

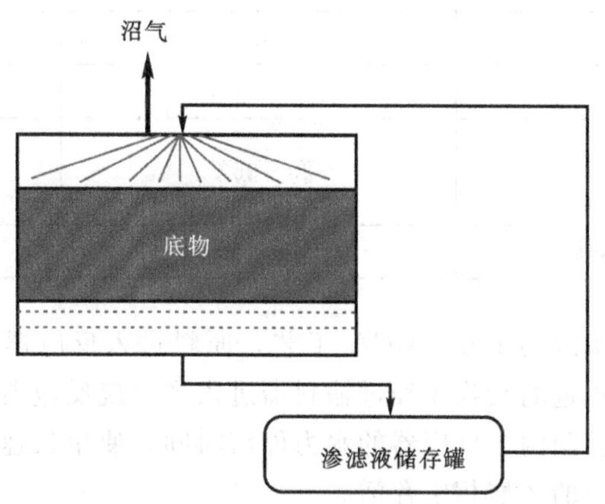

图 2-33　典型间歇式干发酵反应器结构

图 2-33 中，底物堆积在反应器底部，渗滤液由下方排出储存在储存罐内，一部分由管道循环至反应器顶部通过喷洒作为接种源。典型的代表工艺有 Bekon、Loock 和Bioferm 3 种工艺类型。其原理都相似，不同的是 Bekon 工艺还有一个好氧堆肥的预处理过程，而 Loock 工艺和 Bioferm 工艺不设预处理且没有搅拌装置。基本运行过程为：底物进料之后，首先开始渗滤液的喷淋，第二阶段就是主要的产气阶段，沼气中甲烷成分最高可达到 80%以上，发酵结束之后，喷淋系统停止循环并排空渗滤液，通入空气后打开仓门。

3. 根据消化原料的物理状况划分

另外，还可以根据消化原料的物理状况划分为液体发酵、固体发酵和高浓度发酵。液体发酵是指固体含量在 10%以下，发酵物料呈流动态的液状物质的厌氧发酵，如有机废水的厌氧处理，农村水压式沼气池的发酵等。固体发酵又称干发酵，原料总固体含量在 20%左右，物料中不存在可流动液体而呈固态，发酵过程中所产沼气甲烷含量较低，气体转化效率较差，适用于垃圾发酵和农村部分地区特别是缺水的北方地区的禽畜粪便的处理。高浓度发酵是指介于液体发酵和固体发酵之间，发酵物料的总固体含量一般为 15%～20%，适用于农村的沼气发酵、粪便的厌氧发酵等。

2.4.5　厌氧消化技术的研究现状

1. 两相厌氧消化技术

生物质废物中有机物含量多且种类复杂，因此生物质废物的水解速度较传统厌氧消化系统慢，也就是说水解阶段是生物质废物厌氧消化的限速阶段。因此，我们需要对水解酸化阶段进行优化，以期达到更好的水解效果。

然而，在提速优化时，由于水解产酸菌与产甲烷菌的生长环境条件相差较大，对水解阶段进行优化的同时，或多或少地会影响产甲烷效果。表 2.13 是水解产酸菌与产甲烷菌的生长环境的对比，因此可以设计两相厌氧消化技术，将水解酸化阶段与产甲烷阶段分隔开，单独对水解酸化过程进行优化，提高整体的处理效果。

表 2.13 水解产酸菌与产甲烷菌生长环境对比

项目	水解产酸菌	产甲烷菌
种类	多	少
世代时间	短	长
适宜 PH 值	5.5～7.0	6.8～7.2
适宜温度	20～35℃	30～38℃ 50～55℃
对有毒物质的敏感性	不敏感	敏感

图 2-34 是来自于德国的 Linde-KCA 工艺，原料进入反应器之前，在预处理罐内进行水解酸化，之后预处理过的废物才经过输料器进入产甲烷反应器。两相厌氧消化系统一般是通过动力学控制法控制两个反应器的水力停留时间，使生长速率慢、世代时间长的产甲烷菌难以在停留时间短的产酸相中存活。

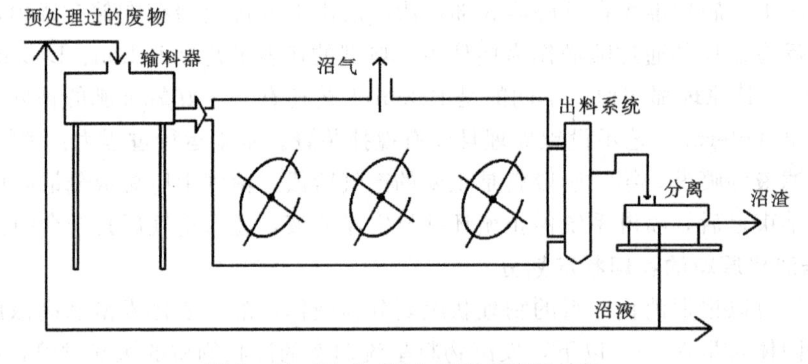

图 2-34 Linde-KCA 工艺反应器结构

Lavagnolo 等[12]详细研究比较了单相厌氧消化系统和两相厌氧消化系统在处理生活垃圾有机组分中的产气效率，研究表明，单相反应器与两相反应器在处理相同组分重量的生物质废物时所产生气体的总量是大致相同的。两相反应器在产气效率上明显大过单相反应器，其日平均产气量是单相反应器的两倍。单相反应器需要 40 d 才能达到最佳产气量，而两相反应器仅需 20 d 就能完成全部反应。可见，两相反应器的产气效率高。实验还对二者的产气势能输出做了对比，多组实验数据表明，两相厌氧消化系统的产气势能输出是要高于单相反应器的。

2. 预处理——厌氧消化技术

预处理能有效加速水解步骤的速率，得到更好的消化效果。特别是在处理木质素、纤维素难降解生物质废物的时候，预处理显得尤其重要。目前的预处理手段分为物理法、化学法、生物法和复合法。

物理法就是通过减小底物颗粒尺寸，增加底物可溶性和水解反应接触面积，从而加速水解过程，常用的方法有机械粉碎、超声波、微波、高压加热、冷冻等。如超声波可以破坏细胞结构，释放胞内物质，有助于厌氧消化对 COD、TS 和 VS 的去除，超声波预处理的时间越长，消化去除的效果就越好。

化学法则是通过一些化学反应破坏木质素和纤维素的结构来促进固体垃圾的水解，经常通过添加一些碱类、酸类或臭使其氧氧化来达到目的。目前研究使用最广的是碱预处理法，添加碱类能使分子内的糖苷键发生断裂，使木质素脱除，增加多孔性，提高聚糖的反应性。添加的碱类主要有 NaOH、KOH、$Ca(OH)_2$、氨水、尿素等。

生物预处理法通过添加一些生物酶等方式加速底物的水解，常用的酶有：淀粉酶、蛋白酶、纤维素酶、脂肪酶等。复合预处理则是采用两种及以上的预处理方法，联合处理以获得更佳的预处理效果。

好氧预处理是指在基质的水解发酵阶段曝入一定量的氧气。Cheng 等[13]采用好氧预处理对餐厨垃圾和剩余污泥共消化，并对不同比例(餐厨垃圾：剩余污泥＝1：0、3：1 和 1：1)的混合基质提前进行 6 天的自然好氧预处理。发现经好氧预处理后，可提高消化基质的缓冲能力，同时消化基质中的溶解性蛋白质和溶解性碳水化合物浓度提高，进而促进了基质后期厌氧消化过程中的产甲烷性能。图 2－35 给出了经好氧预处理后厌氧消化系统的甲烷产量，可溶性蛋白质和可溶性碳水化合物浓度，氨氮浓度及系统中产甲烷菌的群落分布。从图 2－35(a)中可以看出，Pre-R2(餐厨垃圾：剩余污泥＝3：1)甲烷产量比未经好氧处理系统 R2 提高将近 60%。经好氧预处理后 Pre-R2 和 Pre-R3(餐厨垃圾：剩余污泥＝1：1)厌氧消化系统中产甲烷菌主要以甲烷八叠球菌属为主，占 93%以上，产甲烷途径为乙酸营养型，如图 2－35(d)所示。

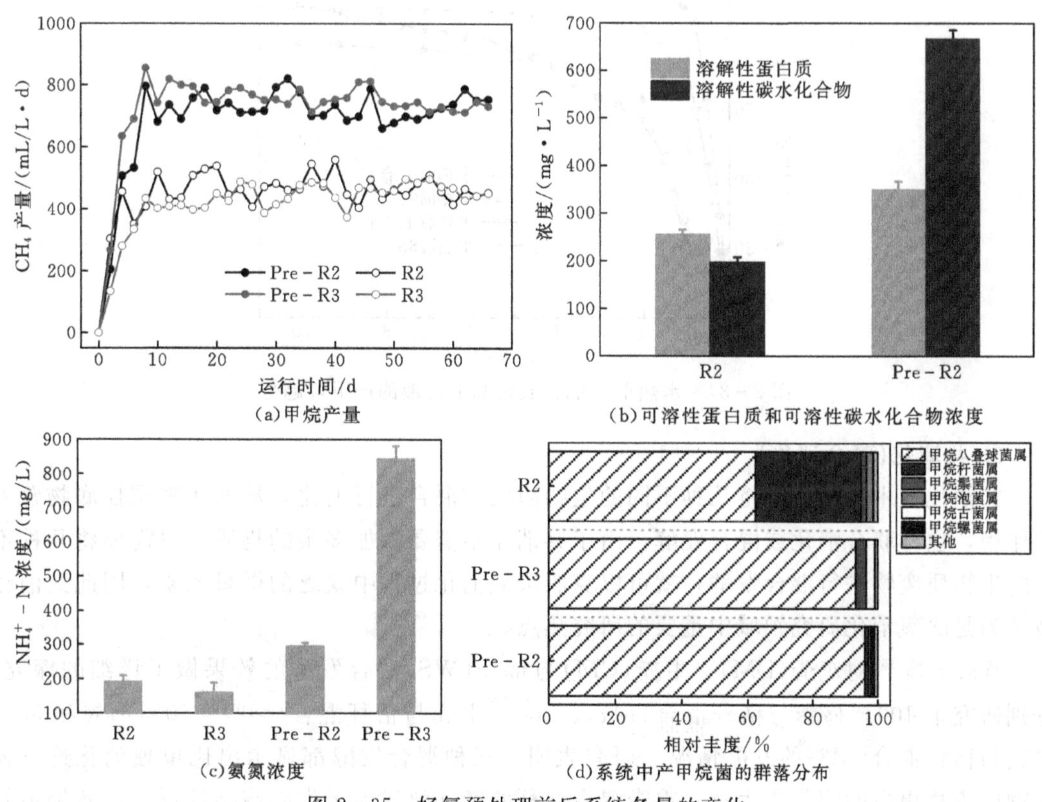

图 2－35　好氧预处理前后系统各量的变化

图 2－36 是水热预处理的典型工艺 Cambio 工艺流程图。Cambio 工艺首先对生物质废物进行了预处理，通过粗碎、细碎的方式将大颗粒的生物质废物处理成为小颗粒生物质废物，再进入水热预处理阶段，通过预热、水热、闪蒸三个阶段进一步处理生物质废物，使得生物质废物在此阶段能够充分水解为小分子有机物。经过足够的预处理之后，再进行厌氧消化实现能源的回收利用。

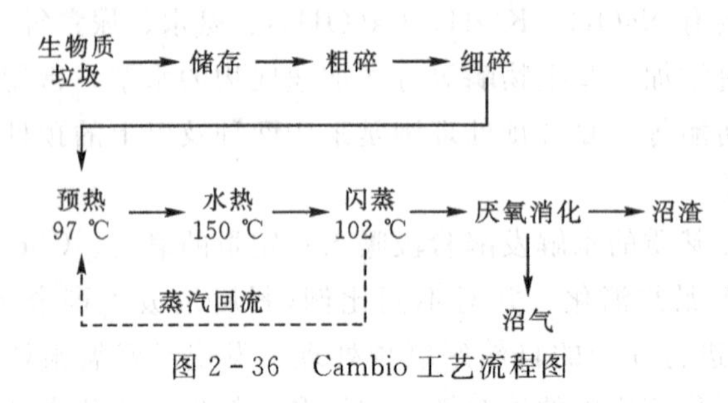

图 2－36　Cambio 工艺流程图

胡颂等[14]对水热预处理——ASBR 厌氧消化进行了研究，发现水热预处理可以将固体底物的有机成分转化至上清液中，从而加快后续厌氧消化的产甲烷速度。图 2－37 是水热前后，混合底物和上清液的产甲烷趋势。从图中可以看出，水热处理后混合底物的产甲烷趋势降低，上清液的产甲烷趋势大幅上升。水热后的上清液 COD 浓度为水热前的 1.7 倍，产甲烷量是水热前的 1.69 倍。因此通过水热预处理，能加快生物质废物的甲烷化转化率。

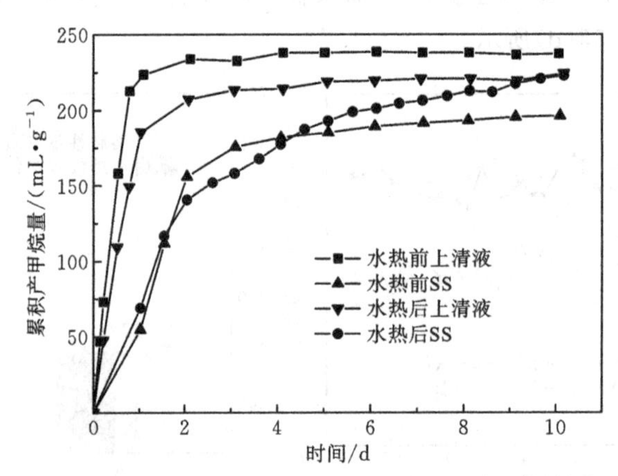

图 2－37　水热前后混合底物和上清液的产甲烷趋势

3. 共消化(联合消化)

共消化技术是指通过将几种不同的生物质废物混合进行消化，从而实现调控底物营养的作用，也称联合消化或混合发酵。由于共消化不需要添加多余的物质，只需要将几种不同的生物质废物进行混合发酵，就可以克服厌氧消化过程中缺乏的微量元素，因此共消化被认为是厌氧消化研究领域中重要的研究热点。

Wang 等[15]对鸡粪(DM)、牛粪(CM)与秸秆(WS)混合发酵的效果做了详细的探究，分别研究了 100％鸡粪与秸秆混合(M1)、100％牛粪与秸秆混合(M2)、50％鸡粪和 50％牛粪与秸秆混合(M3)的发酵情况。研究表明，三种混合发酵都显示出比单独消化这三种生物质废物更高的沼气产生量，鸡粪混合秸秆的产气效果大于牛粪与秸秆混合，效果最好的是 M3 的混合方式：一半牛粪一半鸡粪与秸秆混合。

黄红辉等[16]对生物质飞灰与餐厨垃圾混合的两相厌氧消化系统进行研究，结果表明，添加生物质飞灰有助于促进餐厨垃圾酸化和提高产甲烷相的产气量；在高有机负荷时，添加生物质飞灰有助于提高系统运行的稳定性。张渴望[17]对菌糠-餐厨垃圾联合厌氧消化进行了研究，认为这种混合具有理化性质与营养成分互补的优势。葛一洪等[18]详细研究了马铃薯叶与玉米秸秆的混合消化，并得到了其最佳工艺条件。陈小华[19]对镇江市的污泥与餐厨垃圾协同处理工程调试结果进行了调研。镇江市餐厨垃圾及城市污水厂污泥协同处理项目是国内首个采用协同处理并成功运行的项目，据估算此项目已节约能耗约 50%～70%，可见共消化技术有着很高的经济效益。

2.4.6 厌氧消化技术的展望

研究者从预处理、高效产气菌源的获得、优化/改进设备、结合新技术等方面进行研究，以期最大限度地利用生物质废物产甲烷，提高甲烷的产气效率。如高温条件下的高含固厌氧消化设备尚不够成熟，如何将高温条件的理论性优势应用到实际的工程中是仍待解决的难题，此过程或涉及物料流变特性与热能循环等相关的问题，对此的深度认识将会对高含固厌氧消化技术的应用带来质的跨越。

1. 物质流循环方面

物质流循环目前已有较多宏观方面的技术研究，许多工艺也日趋成熟，但对于消化过程中氮、磷、硫等物质的循环研究还很少。对物质流循环的了解有助于我们对生物质厌氧消化技术的进一步认知，从而实现宏观调控，且研究的空间与意义也很大，是未来的研究热点。

2. 微生物方面

厌氧消化主要就是依靠各种微生物菌群进行工作的，因此对生物质厌氧消化过程中微生物的微观研究也至关重要。对消化过程中微生物的生长繁殖情况做详细的研究与了解，对人为调控厌氧消化参数意义重大。

3. 政策方面

生物质的厌氧消化技术在欧洲很多国家已有多年的实际应用，厌氧消化场更多达上百座，可以说各方面技术已经成熟。而在我国限制该技术大范围应用的主要原因是我们的垃圾分类尚未全面开展，生物质垃圾中混杂着各种其他垃圾，严重影响厌氧消化的效果。因此，对垃圾分类政策的推广才是能使该技术广泛应用的源头。

2.5 餐厨垃圾资源化利用技术

2.5.1 餐厨垃圾的特性

根据我国《餐厨垃圾处理技术规范》(CJJ184—2012)中定义，餐厨垃圾为饭店、宾馆、企事业单位食堂、食品加工厂、家庭等加工、消费食物过程中形成的残羹剩饭、过期食品、废料等废弃物。没有经过分类收集或除杂处理的餐厨垃圾还常含有纸巾、筷子、废塑料瓶、碎餐具、玻璃等。伴随着我国人民生产水平的不断提高，人民对生活品质的要求也越来越高，我国的餐饮行业在所有行业中所占的比例也越来越高，导致我国餐厨垃圾的产量也逐年增多。从图 2－38 我国 2010—2017 年餐饮业的收入规模和图 2－39 我国 2010—2017 年餐厨垃圾的产生量可以看出我国餐厨垃圾数量巨大，并呈快速上升的趋势。

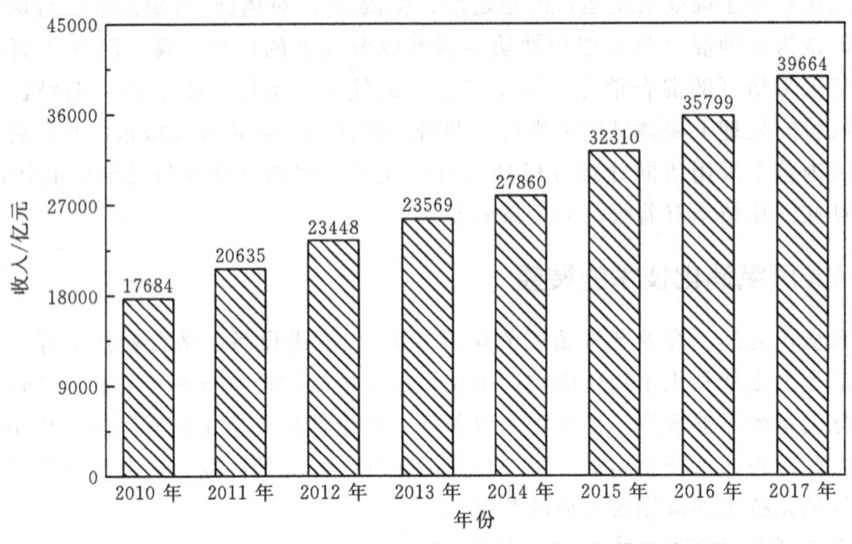

图 2－38　2010—2017 年中国餐饮业收入规模统计

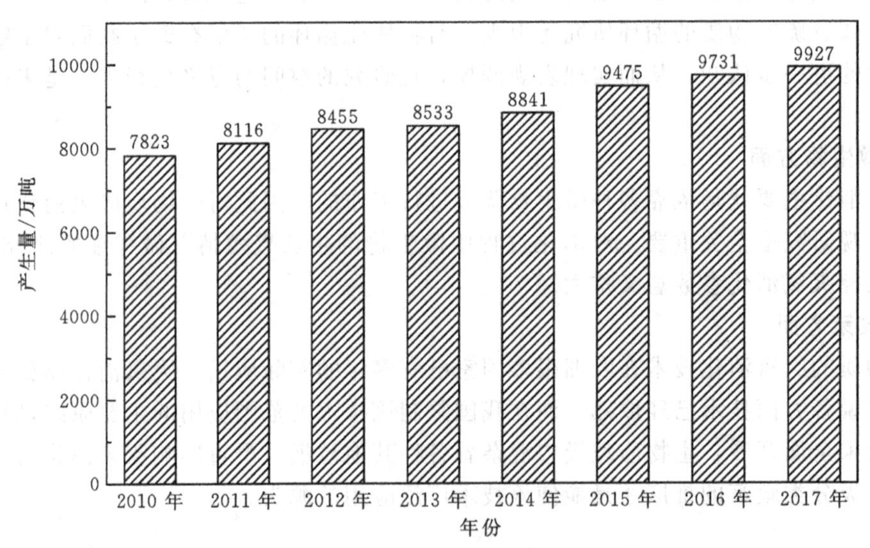

图 2－39　2010—2017 年中国餐厨垃圾产生量规模统计

餐厨垃圾作为城市固体垃圾中的重要组成部分，因为地域和饮食习惯的不同其组成和种类有较大的差异，餐厨垃圾中主要含有水分、有机物、粗脂肪、粗蛋白、盐分等，其构成中各物质所占比例(按垃圾绝干物重量计算)见图 2－40。餐厨垃圾呈现“四高”的特点：

(1)高有机物含量。餐厨垃圾多数为碳水化合物(淀粉、纤维素、半纤维素等)、可生物降解成分、有机物。由图 2－40 可以看出我国餐厨垃圾中含有约 80％的有机物(除蛋白质)，24.77％的蛋白质。这些有机物中含有大量的营养物质，其可以成为牲畜饲料的原料，这是餐厨垃圾资源化的原因之一。

（2）高油脂含量。餐厨垃圾中油炸类食品，洗涤锅碗的水中都含有一定量的油脂，由图2-40可以看出我国餐厨垃圾中含有25.86%的脂肪。这些油脂的成分比较复杂，其形态也是多样化的。这些油类可以被二次利用作为制备除食用油之外的油品，这是餐厨垃圾资源化的另一个原因。

（3）高水分。由图2-40可以得知餐厨垃圾中含有74.39%的水分，这些水分存在不仅使餐厨垃圾的性质不稳定，极易腐烂变质，污染环境，更使后续的处理负荷变大，增加了能源的消耗，给后续的资源化利用增加了一定的难度，这是餐厨垃圾资源化利用的难点之一。

（4）高盐分。我国饮食习惯中味道偏重，因此餐厨垃圾中含有大量的无机盐，尤其是氯化钠，由图2-40可以看出餐厨垃圾中含有4.59%的盐分，这些盐分的存在使餐厨垃圾饲料化存在一定的潜在风险，也会使餐厨垃圾在生物发酵时效率降低。有研究认为，盐和金属离子（如 Fe^{3+} 和 Al^{3+}）可增加培养液中的渗透压，抑制酵母菌的生长，导致生物发酵效率降低。故而，高盐分是餐厨垃圾资源化的另一个难点[20]。

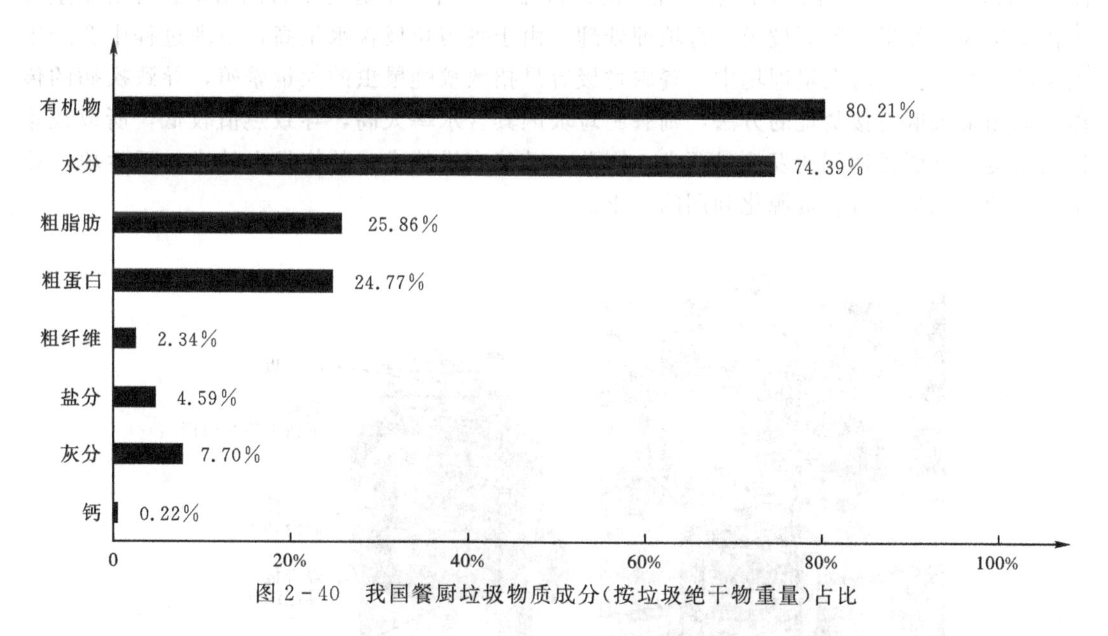

图2-40　我国餐厨垃圾物质成分（按垃圾绝干物重量）占比

餐厨垃圾是城市有机废物中组分含量最多的，其具有高有机物含量、高油脂含量、高水分、高盐分的特点，存在极易腐烂变质，从而造成环境污染和生态风险等环境、生态问题。如果处理不当，既会造成能量和有用物质的极大浪费，也会危害着生态环境和人类健康。在城市中出现的“潲水油”、“垃圾猪”已成为城市生活中的公害问题，这些问题的出现均与居民日常生活产生的餐厨垃圾处理不当有直接的关系。因此将总量越来越多的餐厨垃圾资源化利用是必要的处理途径。

餐厨垃圾高有机物、高油脂、高水分、高盐分的特点决定了餐厨垃圾的处理方向。按照餐厨垃圾构成可将餐厨垃圾分为油、水、渣三大类，其处理技术路线如图2-41所示。根据油、水、渣三大类的主要性质和现有的技术，可以利用餐厨垃圾中的油制备生物柴油，水经处理后做中水回用或者排放，渣则可以经过微生物发酵产沼气、产氢，以及做生物肥料或者饲料。

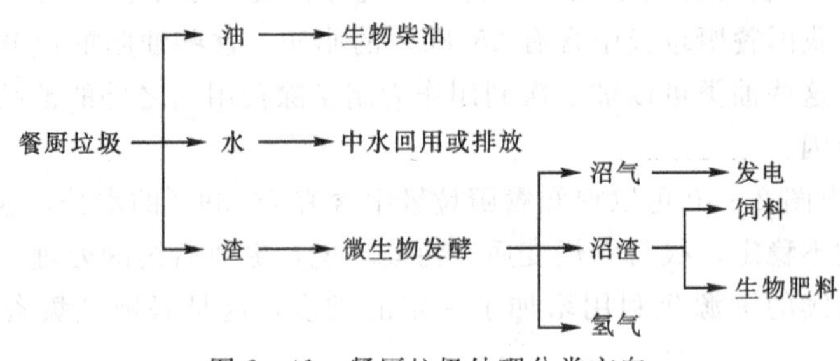

图 2-41　餐厨垃圾处理分类方向

2.5.2　餐厨垃圾的直接处理技术

餐厨垃圾的直接处理技术包括破碎直排法、焚烧法和填埋法。破碎直排是将餐厨垃圾通过破碎设备进行破碎，将破碎后的餐厨垃圾排放到污水处理系统中进行进一步处理(如图 2-42)。这种方法增加了污水处理厂的处理难度，容易引起污水管网堵塞且容易滋生病菌传播疾病。如果将餐厨垃圾进行填埋处理，由于餐厨垃圾含水量高，填埋过程中会产生大量的渗滤液。同时在填埋场中，餐厨垃圾容易招致蚊蝇鼠虫的大量繁殖，导致疾病的传播。而如果采取直接焚烧的方法，则餐厨垃圾因其含水率太高，导致热值较低，所以较难达到焚烧发电所要达到的发热量要求。因此，破碎直排技术、焚烧发电技术、卫生填埋技术这三种技术都不符合资源化利用的要求。

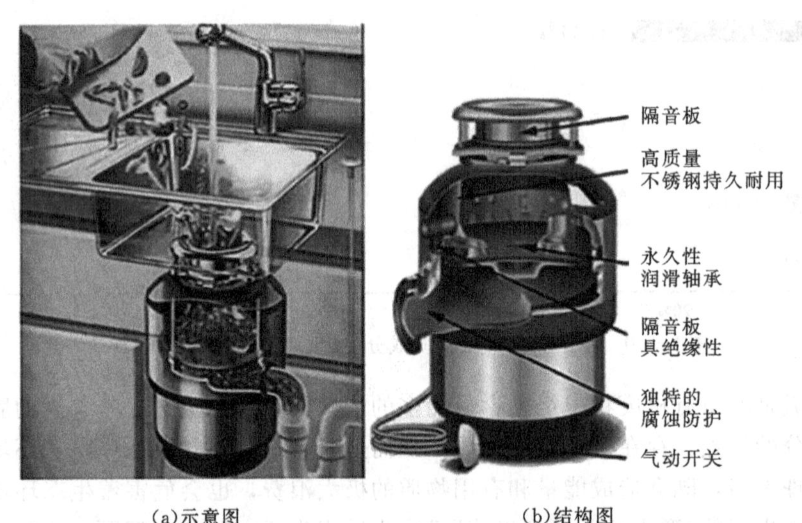

(a)示意图　　(b)结构图

图 2-42　餐厨垃圾破碎直排家用小型设备

2.5.3　餐厨垃圾制备生物柴油技术

生物柴油是指以动植物油脂为原料，经过一系列反应而得到的矿物燃料替代品，与石化柴油相比，生物柴油中硫含量低，可减少硫化物的排放。餐厨垃圾粗加工提炼的垃圾油，其成分和植物油非常接近，可作为生物柴油的半成品原料直接用于生产。现在利用餐厨垃圾加工制备生物柴油技术已经比较成熟。Feng 等[21]的研究结果表明在最佳工艺条件下，生物柴油的产率可以达到 90%。比较常用的有酯交换反应、超临界甲醇流体法、加氢工艺法等几种[22]。

1. 酯交换反应

酯交换，也称醇解，是通过交换或取代醇的烷基部分将一种酯化合物转化为另一种酯化合物的化学过程，如图 2-43 所示。酯交换反应被认为是利用餐饮废油制备生物柴油最佳的方法。

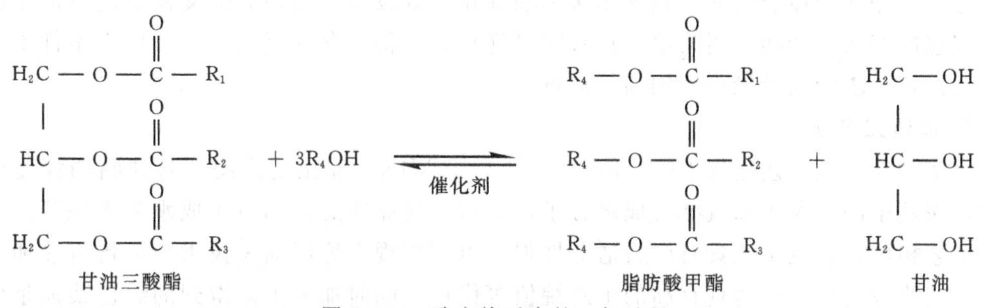

图 2-43　酯交换反应的一般过程

根据酯交换过程中使用的催化剂不同，分为酸催化酯交换法、碱催化酯交换法、酶催化酯交换法。

酸催化酯交换过程一般使用硫酸、盐酸、磷酸、有机磺酸、固体超强酸等进行催化。对于游离脂肪酸和水分含量高的油脂游离酸较易发生催化酯化反应，且酯化反应速率要远远快于酯交换速率。通常采用两步法处理原油酸值较高的情况，第一步先用酸催化酯化反应，待酸值降到一定程度后，干燥除水，再进行第二步的碱催化酯化反应。酸催化酯交换法的缺点是在生产中会造成生物柴油分离困难，并产生酸性废水。

碱催化酯交换反应具有速率快、转化率高等优点，是目前生物柴油生产最常用的方法之一。在均相碱催化剂中以甲醇盐应用最为广泛，因为甲醇盐作催化剂操作容易、价格低、活性高、反应时间短、反应所需温度低、催化剂用量少，且反应后通过中和水洗易除去。

酶催化法是以脂肪酶为催化剂，动植物油脂与醇发生酯交换反应生成脂肪酸酯的过程。酶催化法制备工艺简单、原料适用性广、反应条件温和、醇用量小、产物易回收、不腐蚀设备、不污染环境等优点。但脂肪酶作为催化剂还有一定局限性：底物降低酶的活性，对其有抑制作用；酶的价格昂贵，寿命短；脂肪酶在有机溶剂中不易分散，存在聚集作用，催化效率较低。

酯交换过程中不同类型催化剂的利用取决于餐饮废油中的游离脂肪酸(FFA)的含量(0.5%～15%)。对于 FFA 含量较高的餐饮废油，酸催化比碱催化更有效。碱催化酯交换过程中使用的碱催化剂会与餐饮废油中的 FFA 发生反应，生成肥皂，导致催化剂失活，从而降低产率。酸催化剂不会促进肥皂的产生，在酸催化过程中，产率可达到 90%。但酸催化剂存在的缺点是反应速率慢，因而需要较长的反应时间。所以在生物柴油生产中，碱催化剂是更可取的选择。另一方面，酶催化的酯交换反应比酸催化和碱催化都更有优势，例如餐饮废油中的 FFA 含量对酶催化反应影响甚微，但酶成本昂贵，因而限制了使用。

2. 超临界甲醇流体法

超临界甲醇流体法就是处于超临界状态下的甲醇与动植物的油脂发生酯交换反应生成

脂肪酸甲酯的工艺。同常规条件相比，超临界甲醇具有较低的介电常数，而且随着温度的升高，甲醇的极性减弱，这加大了甲醇和油脂的混溶程度，可以促进酯交换反应的进行。研究发现在超临界处理过程，甲醇可以在无催化剂情况下与菜籽油发生酯交换反应。在反应压力为 20 MPa、温度为 300 ℃ 、甲醇与菜籽油物质的量比为 42∶1，以及反应时间控制在 15 min 的条件下，脂肪酸甲酯收率接近 100％ 。在高温高压下甲醇的 C—OH 键振动形式的变化使甲醇的亲电性和亲核性均增强，是导致超临界无催化酯交换反应快速进行的主要原因。相比于传统的酸、碱催化法和酶催化法等技术，超临界酯交换反应不需要催化剂，反应速率快，产物分离简单，具有明显优势，但仍然存在反应温度、压力条件不够温和、对设备要求较高及操作费用高等缺点。

3. 加氢工艺法

直接加氢脱氧工艺是在 240～450 ℃、4～15 MPa、催化剂作用下对油脂的深度加氢过程，羧基中的氧原子和氢结合成水分子，而自身还原成烃，同时生成水和丙烷等。与酯交换工艺相比，加氢工艺具有原料适应性强，可利用现有炼厂加氢技术与设备直接加氢脱氧，工艺比较简单，产物具有高的十六烷值等优点，同时加氢工艺得到的绿色柴油是优质的柴油调和组分，沸程范围接近典型的石化柴油，但得到的柴油组分中主要是长链的正构烷烃，使得产品的浊点较高，低温流动性差，产品在高纬度地区环境下使用受到抑制，一般只能作为高十六烷值柴油添加组分。

2.5.4 餐厨垃圾的厌氧消化技术

厌氧消化技术是利用不同的厌氧微生物通过新陈代谢作用将餐厨垃圾的有机物发酵分解，产生气体的过程。根据厌氧消化技术的产物目前厌氧消化技术可以分为两大类。一类是降解餐厨垃圾产生可燃气体——氢气，其主要工艺过程是餐厨垃圾预处理后在产氢菌新陈代谢的作用下产生丙酮酸，然后使丙酮酸脱羧，在丙酮酸脱羧过程中释放出产物氢气；另一类是产酸菌、产甲烷菌以餐厨垃圾为原料进行新陈代谢产生以甲烷为主的生物燃气。厌氧消化技术在降解餐厨垃圾的同时产生了一定的能源物，比如氢气、甲烷等，经济价值、实用价值都相对较高，但存在处理速率慢，产气率低等缺点。

餐厨垃圾的厌氧消化技术目前已有相关的实际生产及应用。史绪川等[23]结合餐厨垃圾产甲烷过程中会产生比较多的挥发性脂肪酸(VFAs)，而挥发性脂肪酸的积累，会使产甲烷菌活性受抑制。目前市场上两相一体反应器主要应用在秸秆等水解酸化较慢的生物质垃圾处理上，其是考虑了餐厨垃圾特性的一种双环嵌套式两相一体化厌氧消化工艺，该工艺的核心是两相一体化发酵罐结构。从图 2-44 中可以看出内环和外环由分隔板隔开，餐厨垃圾从进料口进入内环，在内环中进行分解产酸阶段，在经过一定时间的发酵之后，中间产物从上口溢出到外环进行产甲烷阶段的发酵，产出的甲烷气体从排气口排出进行下一步的收集。在整个消化过程中完全隔开了产酸和产甲烷阶段，能很好地防止产酸阶段 pH 值的降低抑制产甲烷阶段产甲烷菌的活性。从图 2-45 我们可以得知，无论在试验的哪个阶段，产甲烷外环的 pH 值始终在能维持产甲烷菌保持优良活性的范围之内，为提高餐厨垃圾产甲烷的效率提供了可靠的保障。

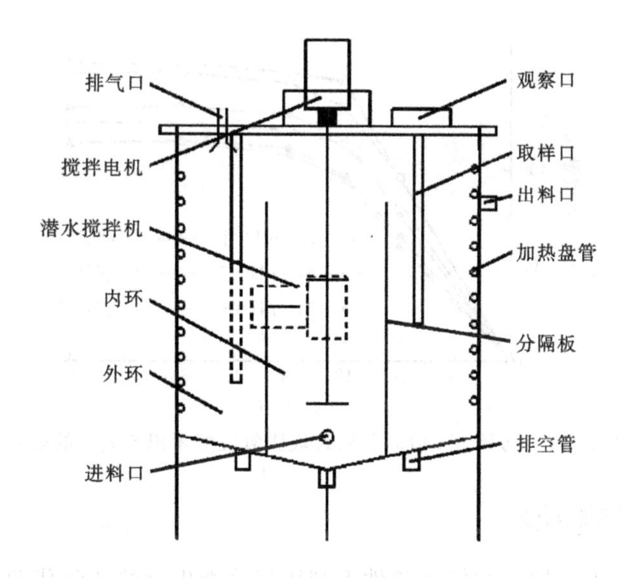

图 2-44　两相一体式发酵罐结构

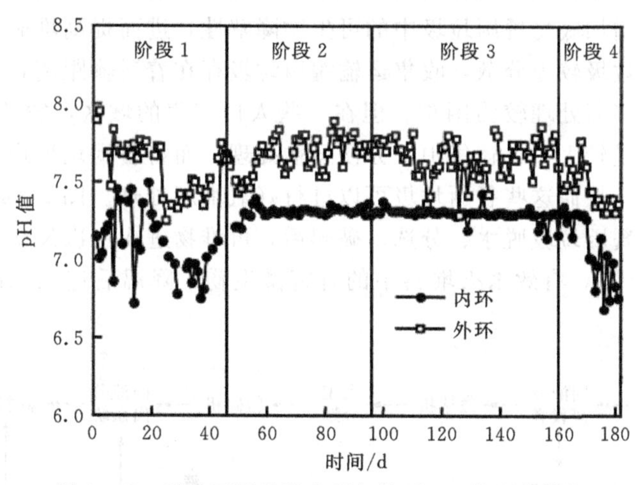

图 2-45　试验不同阶段内环与外环 pH 值变化曲线

王勇等[24]开展了餐厨垃圾厌氧发酵产氢研究，采用单因素考察法，主要考察了初始 pH 值和温度这两个因素的影响。初始 pH 值对餐厨垃圾厌氧发酵累积产氢气的影响如图 2-46所示。研究结果表明初始 pH 值为 6 时，餐厨垃圾厌氧发酵产生的氢气累积量最多，即初始 pH 值为 6 是最适宜的反应条件之一。

结合餐厨垃圾易分解的特点、厌氧消化技术的原理，以及目前的相关工艺和技术，餐厨垃圾厌氧消化产气技术未来的一些研究方向主要有：①优化反应器的运行条件，减少厌氧消化过程中废水、废渣的量，降低其处理成本，通过单因素控制法确定不同地区餐厨垃圾厌氧消化产氢气的最佳条件；②减少产甲烷工艺中间产物的累积，减少其对微生物的抑制作用，分离餐厨垃圾产氢气过程中的丙酮酸脱酸之后的产物，回收利用；③通过分析餐厨垃圾处理厂附近的垃圾成分，考虑将餐厨垃圾与合适的垃圾成分共同消化处理，减少餐厨垃圾预处理的压力。

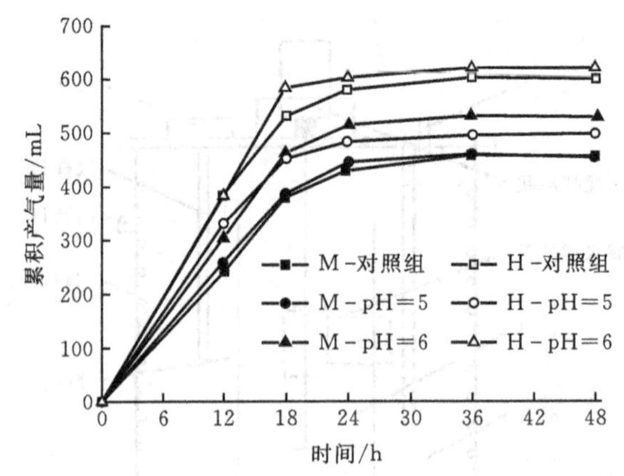

图 2-46　初始 pH 值对餐厨垃圾厌氧发酵累积产氢量的影响

2.5.5　好氧堆肥技术

好氧堆肥是指在人工控制的好氧条件下利用好养微生物的新陈代谢作用将餐厨垃圾中的有机质分解形成稳定、肥力较强的腐殖质肥料的过程。有时在好氧堆肥过程中需要添加一定量的添加剂以增加底物餐厨垃圾中的可生物降解性，进而提高堆肥的效率。在我国一些城镇和乡村餐厨垃圾较为分散，收集运输餐厨垃圾存在着运输距离长易二次污染、成本较高等问题，进行好氧处理较为困难。但在一些人口密集的城区，餐饮行业聚集的地方，产生的餐厨垃圾总量较大，也较集中，方便运输处理，而将餐厨垃圾进行好氧堆肥的处理对空间的要求较小，故而这些餐厨垃圾可以进行好氧堆肥处理。图 2-47 给出了餐厨垃圾好氧堆肥工艺，将餐厨垃圾脱水、分选、破碎后，可堆物进入一次发酵仓发酵，堆体温度逐渐上升至 55～70 ℃，有效杀灭堆料中的有害微生物，降温后进入二次发酵仓发酵至完全腐熟。

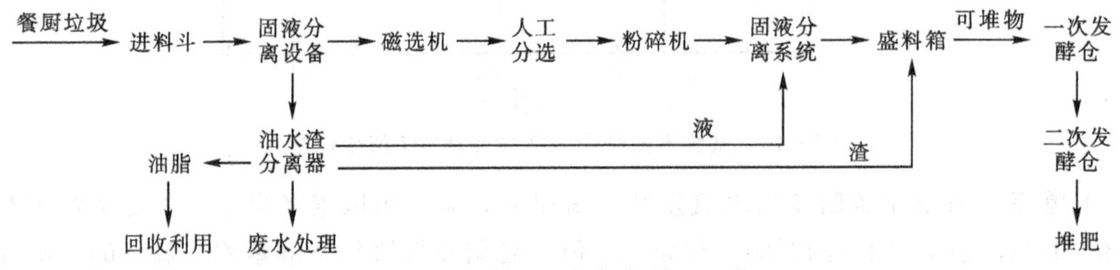

图 2-47　餐厨垃圾好氧堆肥工艺

刘敏茹等[25]开展了园林绿化废物(落叶、草屑、枝干等植物垃圾)联合餐厨垃圾好氧堆肥研究，工艺过程见图 2-48。

图 2-48 中，将经过沥水处理的餐厨垃圾送入堆肥反应器中进行初级堆肥，得到餐厨垃圾的初级发酵品后一部分与园林绿化垃圾、发酵菌剂进行混合，另一部分先做成辅料然后进入园林垃圾的物料调理阶段，园林绿化垃圾与餐厨垃圾初级发酵品经过物料调理之后共同进入发酵槽进行发酵，在发酵槽中需要进行曝气、翻推、补水、除臭等操作，后进行筛分，获得符合要求的堆肥成品，不符合要求的则进入辅料阶段进一步进行加工。此工艺解决了园林垃圾 C/N 比低、含水率偏高、处理效率低的问题，同时也实现了餐厨垃圾的

资源化。

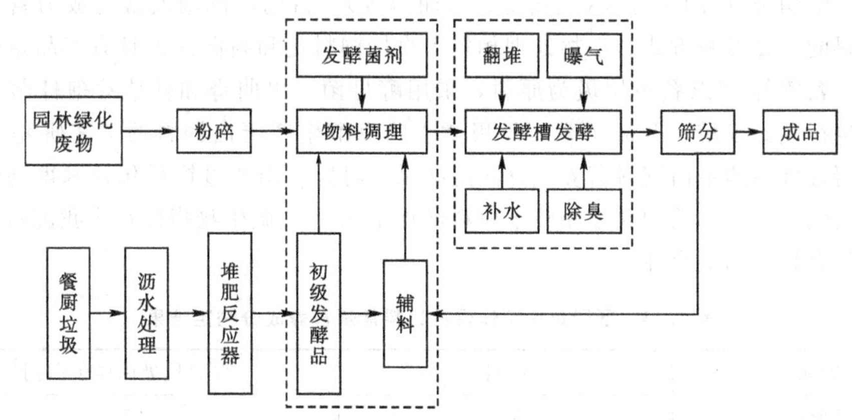

图2-48 园林绿化废物联合餐厨垃圾好氧堆肥工艺过程

由于餐厨垃圾具有高水分含量、高有机质的特点，餐厨垃圾的好氧堆肥技术未来的一些研究方向主要有：①优化工艺和反应的条件，缩短堆肥时间，提高堆肥效率；②降低餐厨垃圾中的盐分，减少其对土壤的污染；③研究符合菌种，提高餐厨垃圾好氧堆肥产品的性能。

2.5.6 饲料化技术

饲料化技术是以餐厨垃圾为原料，通过一定的技术手段将其转变为饲料喂养牲畜的技术。在饲料化的处理过程中，餐厨垃圾中的大分子被转化为易于消化的小分子物质，提高了饲料中蛋白质的含量，同时可以得到蛋白质含量较高的菌体，进一步提炼出对牲畜有益的微生物。目前国家对动物饲料中营养成分(脂肪、蛋白、纤维等)含量的标准有所提高，但是我国存在粮食饲料短缺无法满足畜牧业发展需要的问题，而餐厨垃圾中含有较多的营养成分，经过一定的技术处理之后做成的饲料可以弥补我国畜牧业中短缺的饲料。饲料化不仅能解决当地餐厨垃圾的问题，也能支持当地畜牧业的发展，饲料化的三种方式：直接作为动物饲料、高温消毒处理和生物处理。

(1)直接作为动物饲料即未经处理直接作为动物食物的方法。这种方法简单、快速，但是存在同源污染(同源污染是指牲畜的食物中含有同一物种的成分，其所携带的病菌可能传染食用饲料的牲畜)、传染病原体等问题。因此，我国《中华人民共和国动物防疫法》已禁止将餐厨垃圾直接饲喂牲畜。

(2)高温消毒处理方法是利用高温对餐厨垃圾进行处理的方法。高温消毒处理主要通过筛选、油脂分离、固液分离、灭菌、烘干、粉碎等步骤将餐厨垃圾制成饲料成品。高温消毒处理方法相较于直接作为动物饲料的方法所得的产品纯度更高，能够杀死餐厨垃圾中的病原体，达到卫生饲料的标准。但存在生产过程中耗电量大，且成品中含有很多大分子物质如蛋白质、糖类等，畜禽难以消化吸收，降低了饲料的消化率及转化率。

(3)生物处理方法是利用特定的菌种来处理餐厨垃圾，提高餐厨垃圾中蛋白质的含量，进而提高产品饲料中的蛋白质含量。菌种是餐厨垃圾发酵制备蛋白饲料的关键，决定了发酵产品的品质及功能。发酵饲料所用菌种一般来源于动物肠道菌群和我国农村农业部2013

年发布的《饲料添加剂品种目录》，包括细菌(芽孢杆菌、球菌、乳酸菌等)、酵母菌(产朊假丝酵母、酿酒酵母等)和霉菌(黑曲霉、米曲霉等)。目前，混菌发酵已成为餐厨垃圾制备蛋白饲料的主要发酵方式。生物处理相较于直接饲料化和高温处理具有产品蛋白质含量高的优点。蔡静等[26]以餐厨垃圾为原料，采用酵母菌、黑曲霉和枯草芽孢杆菌作为混合发酵菌剂进行固态发酵，开展了餐厨垃圾微生物发酵生产蛋白饲料的工艺研究。表 2.14 给出了餐厨垃圾菌体蛋白饲料营养成分测定结果。可以看出通过饲料化技术得到的餐厨垃圾菌体蛋白饲料中蛋白质的含量相较于原料增加了 59%。微生物指标符合我国对牲畜饲料的标准，具有较好的安全性。

表 2.14 餐厨垃圾菌体蛋白饲料常规营养成分测定结果 单位：%

指标	原料	餐厨垃圾菌体蛋白饲料
粗蛋白	15.80	25.07
粗纤维	8.06	3.37
粗灰分	6.84	2.16
粗淀粉	6.12	4.38
还原糖	3.43	4.10

结合餐厨垃圾高有机质、高蛋白的特点，饲料化技术的原理，以及目前的相关工艺和技术，未来餐厨垃圾饲料化技术主要的研究方向包括：①选培优势菌种，优化菌种发酵的环境，进一步提高饲料化之后产品的质量；②研究相关技术，降低同源污染。

餐厨垃圾成分复杂，目前已有的餐厨垃圾资源化处理技术中，生物柴油加工技术、厌氧消化技术、好氧堆肥技术、饲料化技术这 4 种技术虽然能实现餐厨垃圾的资源化，但同时这 4 种技术在实际应用之中也都存在一定的问题需要解决，因此我们需要综合运用现有各项技术，形成协同处理的工艺，实现厨余垃圾的无害化处理，更可以将其转变为肥料、饲料、生物柴油等产品，实现餐厨垃圾的资源再利用。同时要完善餐厨垃圾配套收运体系，减轻餐厨垃圾预处理环节的压力。

思考题：

(1)总结城市生活垃圾的分选方法及其分选原理，并对比不同分选方法的优缺点。

(2)概述焚烧过程的主要影响因素及影响原因。

(3)用 1 kg 的树叶，配成 C/N 比达到最佳值 25 的堆肥物料，需活性污泥多少千克？混合后的物料含水率为多少？

发酵原料	C/N 比	含 N 量(干物质计)/%	含水率/%
树叶	50	0.7	50
活性污泥	6.3	5.6	75

(4)概述厌氧发酵原理的两阶段理论、三阶段理论及四菌群说的发展历程，以及不同理论间的区别。

(5)讨论城市生活垃圾的处理处置方法，并说明其优缺点及未来发展趋势。

参考文献

[1]我国餐厨垃圾处理行业发展现状与前景分析[J]. 资源再生，2018，(07)：43－45.

[2]李泽晖，付晓茹，申凯，等. 城市生活垃圾分选技术探究[J]. 再生资源与循环经济，2013，6(06)：24－27.

[3]刘毅. 我国生活垃圾自动分选技术及设备发展现状研究[J]. 广东科技，2019，28(09)：60－62.

[4]马俊伟，王真真，杨志峰，等. 电选法回收利用废印刷线路板[J]. 环境污染治理技术与设备，2005，(07)：63－66.

[5]史志贺，戴国洪，周自强. 建筑垃圾资源化利用分选技术研究综述[J]. 常州工学院学报，2020，33(02)：5－8.

[6]娄成武. 我国城市生活垃圾回收网络的重构——基于中国、德国、巴西模式的比较研究[J]. 社会科学家，2016，(07)：7－13.

[7]MCCANN T，MAREK E J，ZHENG Y，et al. The combustion of waste，industrial glycerol in a fluidised bed[J]. Fuel，2022，322：124169.

[8]张思梦，刘畅，蒲志红. 生活垃圾好氧堆肥腐熟度评价标准[J]. 绿色科技，2020，(08)：112－113＋124.

[9]李洋，席北斗，赵越，等. 不同物料堆肥腐熟度评价指标的变化特性[J]. 环境科学研究，2014，27(06)：623－627.

[10]翟军，李艳红，杨玉海. 城市园林废弃物堆肥产品对土壤肥力的影响[J]. 黑龙江农业科学，2016，(10)：51－54.

[11]黄继川，彭智平，李文英，等. 施用堆肥对生菜品质和土壤生物活性及土壤肥力的影响[J]. 热带作物学报，2010，31(05)：705－710.

[12]LAVAGNOLO M C，GIROTTO F，RAFIEENIA R，et al. Two-stage anaerobic digestion of the organic fraction of municipal solid waste－Effects of process conditions during batch tests[J]. Renewable Energy，2018，126：14－20.

[13]CHENG L，GAO N，QUAN C，et al. Promoting the production of methane on the co-digestion of food waste and sewage sludge by aerobic pre－treatment[J]. Fuel，2021，292：120197.

[14]胡颂，王伟，侯华华，等. 城市生物质废物水热预处理技术的研究[J]. 环境卫生工程，2009，17(06)：44－46.

[15]WANG X，YANG G，FENG Y，et al. Optimizing feeding composition and carbon-nitrogen ratios for improved methane yield during anaerobic co-digestion of dairy，chicken manure and wheat straw[J]. Bioresource Technology，2012，120：78－83.

[16]黄红辉，王德汉，罗子锋，等. 生物质飞灰对餐厨垃圾两相厌氧消化的影响[J]. 农用环境科学学报，2018，37(06)：1277－1283.

[17]张渴望. 菌糠-餐厨垃圾好氧发酵与厌氧消化处理效果及物质转化对比分析[D]. 北京化工大学，2017.

[18]葛一洪，邱凌，HASSANEIN A A M，等. 马铃薯茎叶与玉米秸秆混合厌氧消化工艺参数优化[J]. 农业机械学报，2016，47(04)：173－179.

[19]陈小华. 污泥和餐厨垃圾协同处理工程厌氧消化系统的启动调试[J]. 净水技术，2018，37(06)：86－90.

[20]王攀，李冰心，黄燕冰，等. 含盐量对餐厨垃圾干式厌氧发酵的影响[J]. 环境污染与防治，2015，37(05)：27－31.

[21]FENG Y，HE B，CAO Y，et al. Biodiesel production using cation-exchange resin as heterogeneous catalyst[J]. Bioresource Technology，2010，101(5)：1518－1521.

[22]谭燕宏. 餐厨垃圾制备生物柴油工艺研究[J]. 再生资源与循环经济，2012，5(11)：38－39.

[23]史绪川，左剑恶，阎中，等. 新型两相一体厌氧消化反应器处理餐厨垃圾中试研究[J]. 中国环境科学，2018，38(09)：3447－3454.

[24]王勇，任连海，赵冰，等. 初始 pH 和温度对餐厨垃圾厌氧发酵制氢的影响[J]. 环境工程学报，2017，11(12)：6470－6476.

[25]刘敏茹，郭华芳，林镇荣. 园林绿化废弃物联合餐厨垃圾好氧堆肥的"推流"工艺及应用研究[J]. 环境工程，2016，34(S1)：743－746.

[26]蔡静，张紊玮，贠建民，等. 餐厨垃圾微生物发酵生产蛋白饲料的工艺优化[J]. 中国酿造，2015，34(02)：114－119.

第3章　生物质废物的资源化

3.1　生物质资源化概述

能源是国民经济建设不可或缺的资源，是人类赖以生存和发展的基础。《BP世界能源展望》(2019年版)显示，世界一次能源年均消费量在1995—2017年间增长了4946百万吨油当量，增长率达到了58%。然而，日益增长的能源需求背后，存在着消费结构不合理及能源紧缺等问题。近年来，世界能源消费仍以煤、石油、天然气等传统化石能源为主，三者占比达到了80%以上，但这些不可再生资源的含量是有限的。以目前地球现有的能源储量及开采速率为依据，有关专家预测，200年后煤炭储量将会消耗殆尽，而石油和天然气仅可供应约60年。随着社会经济的发展，能源的供需矛盾日益加剧。因此，优化能源结构、推进可再生能源的开发与利用成为各国能源发展的主流。在各种可再生能源中，核能、大型水电具有潜在的生态环境风险，风能和地热有区域性制约，因而它们的发展受到限制，而生物质能却以普遍性、丰富性、可再生性等优点得到人们认可，并逐渐成为各国开发和利用的重点对象。

3.1.1　生物质废物的概念与特点

生物质是直接或间接地来源于植物光合作用的各种有机体，包括动植物和微生物。其广义概念指所有的植物、微生物，以及以植物、微生物为食物的动物及其产生的废弃物；而狭义概念中生物质主要是指农林业生产过程中除粮食、果实以外的秸秆、树木等木质纤维素(简称木质素)、农产品加工业的下脚料、农林废弃物及畜牧业生产过程中的禽畜粪便和废物等物质。

在所有可再生能源中，生物质能是唯一可再生、可替代化石能源转化成液态和气态燃料及其他化工原料或者产品的碳资源。生物质能具有以下几个特点。

(1)可再生性。生物质能是从太阳能转化而来，通过植物的光合作用将太阳能转化为化学能，储存在生物质内部的能量，与风能、太阳能等同属可再生能源，可实现能源的持续利用。

(2)清洁、低碳。生物质能源中的有害物质含量很低，属于清洁能源。同时，生物质能源的转化过程是通过绿色植物的光合作用将二氧化碳和水合成生物质，生物质能源的使用过程又生成二氧化碳和水，形成二氧化碳的循环排放过程，能够有效减少人类二氧化碳的净排放量，降低温室效应。

(3)替代优势。利用现代技术可以将生物质能源转化成可替代化石燃料的生物质成型燃料、生物质可燃气、生物质液体燃料等。在热转化方面，生物质能源可以直接燃烧或经过转换，形成便于储存和运输的固体、气体和液体燃料，可运用于大部分使用石油、煤炭及天然气的工业锅炉和窑炉中。

(4)原料丰富。生物质能资源丰富，分布广泛。根据我国《可再生能源中长期发展规划》统计，我国生物质资源可转换为能源的潜力约为5亿吨标准煤，随着造林面积的扩大和经济社会的发展，我国生物质资源转换为能源的潜力可达10亿吨标准煤。在传统能源日渐枯竭的背景下，生物质能源是理想的替代能源，被誉为继煤炭、石油、天然气之外的第四大能源。

3.1.2 生物质废物的分类与组分特点

根据生物质废物的组成成分的不同，可以分为易降解生物质废物和难降解生物质废物。易降解生物质废物的组成成分主要是碳水化合物、蛋白质和脂肪等容易水解的成分，而难降解生物质废物主要是以纤维素、木质素等不容易被生物降解的组分为主要成分。对于易降解生物质废物来说，它们的有机物含量高，含水率高，适合用堆肥、厌氧消化等技术进行处理处置。而难降解生物质废物有机物含量相对较少，热值较高，适合采用直接燃烧、气化、热解等技术处理。

根据生物质废物产生的来源不同，可以分为城市生物质废物、农村生物质废物、林业生物质废物、工业生物质废物。城市生物质废物主要包括厨余垃圾、家庭餐厨垃圾、果蔬废物、城市粪便和市政污泥，其中厨余垃圾占比最大，大部分是易降解的生物质废物。农村生物质废物主要由两大部分构成，一部分是农村家庭产生的生活垃圾和人畜粪便，另一部分则是农田中产生的一些植物纤维性废物，比如秸秆等。农村生物质废物中除了易降解生物质废物，还有相当多的难降解生物质废物。除此之外，大部分的林业生物质废物、壳芯糟渣和黑液等工业生物质废物均为难降解生物质废物。

对于木质纤维素类生物质，纤维素、半纤维素、木质素是生物质的三大主要成分，其中纤维素含量为40%～80%，半纤维素则为15%～30%，木质素含量一般为10%～25%。纤维素、半纤维素和木质素的分子结构如图3-1所示。

纤维素是以β-D-吡喃式葡萄糖为单体，通过1-4-β苷键连接的线型高分子化合物，其每个基环的2、3、6位上均含有3个醇羟基。对于整个纤维素大分子，其一端为还原性末端基(即C_1位上的苷羟基)，另一端为非还原性末端基(即C_4位上的羟基)，因而整个大分子具有极性且呈现出方向性，方向指向还原性末端基。

半纤维素是由两种或两种以上的糖基通过糖苷键连接而成的，带有侧链或支链结构的非均一高聚糖。构成半纤维素的主要糖基包括木糖、阿拉伯糖等戊糖基，β-D-吡喃式葡萄糖、β-D-吡喃式甘露糖等己糖基，以及β-D-葡萄糖醛酸、α-D-半乳糖醛酸等己糖醛酸基。

木质素是由苯丙烷单元，通过碳—碳键和醚键连接的复杂的无定型高聚物，其组成单体主要包括3种：香豆醇(p-coumaryl alcohol)、松柏醇(coniferyl alcohol)和芥子醇(sinapyl alcohol)。木质素的苯丙环单元及侧链上连接着不同的基团，包括甲氧基、酚羟基、醇羟基、羰基等。不同种类的生物质具有的木质素结构不同，如裸子植物主要由松柏醇结构单元构成，而禾草类植物则是由香豆醇、松柏醇和芥子醇结构单元构成。

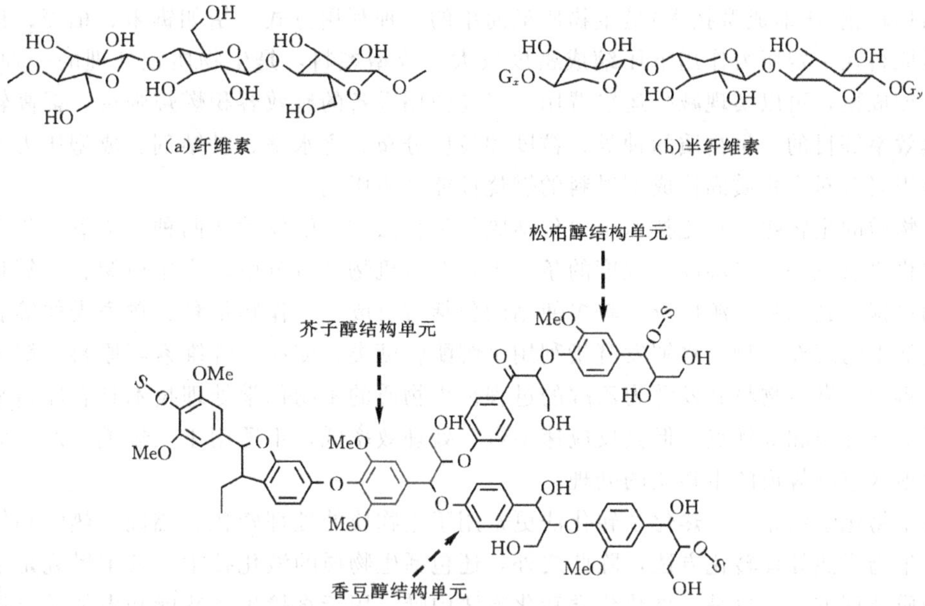

(a)纤维素　(b)半纤维素

松柏醇结构单元
芥子醇结构单元
香豆醇结构单元

(c)木质素

图 3－1　纤维素、半纤维素和木质素的分子结构

3.1.3　生物质的转化技术

除人畜粪便的厌氧处理及油料与含糖作物的直接提取外，多数生物质能在利用时需进行处理转化，由于不同生物质资源在物理化学方面的差异，转化途径各不相同，生物质能源转化技术的研究开发工作主要包括物理、化学和生物等三大类，将可再生的生物质能源转化为洁净的高品位气体或者液体燃料，作为化石燃料的替代能源用于电力、交通运输、城市煤气等方面。生物质能源转化的方式可分为物理、化学和生物三大类，涉及固化、直接燃烧、液化、气化和热解等技术。其中，直接燃烧是生物质能源最早获得应用的方式。生物质的热解气化是热化学转化中最主要的一种方式。生物质能源转化技术和产品如图 3－2 所示。

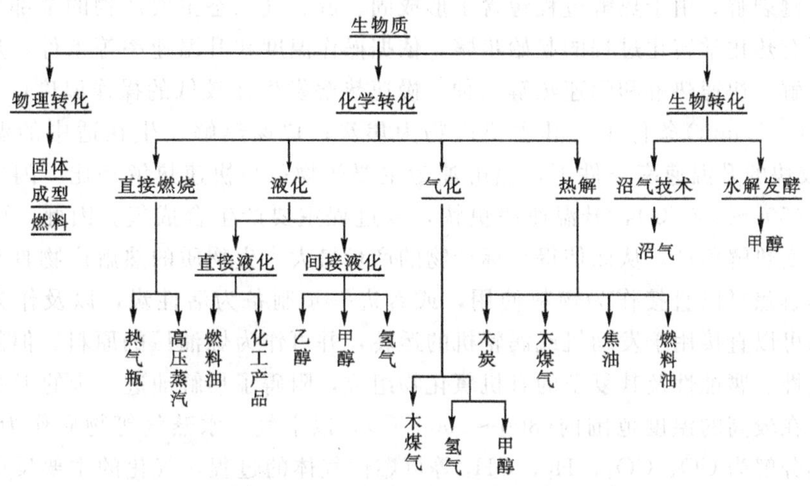

图 3－2　生物质能的多种利用途径

物理转化(压缩成型技术)是生物质最简单的一种利用方式，指如锯末、稻壳、秸秆等生物质原料在一定压力作用下压缩成密度较大的成型燃料，是生物质预处理的一种方式。通过压缩成型，可以实现减少运输费用，提高使用设备的有效容积燃烧强度，提高转换利用的热效率等目的。生物质的种类、粒度和粒度分布、含水率、黏结剂、成型压力及加热温度等因素会对生物质固体成型燃料的燃烧性能产生影响。

生物质的生物化学转化技术主要包括厌氧消化法和水解发酵法两种。厌氧消化指微生物在严格厌氧及一定的温度、湿度的条件下，对有机物进行分解，产生甲烷、二氧化碳等气体的过程。其原料来源广泛，较多使用的包括有机废水、作物秸秆、禽畜粪便等农业和日常生活中的废弃产物。水解发酵指利用水解酶将糖类、淀粉、纤维素等原料水解为单糖成分，再利用微生物将其发酵为乙醇的过程。生物质的生物化学处理技术具有原料来源广泛、反应条件温和等优点，但其反应速率慢、处理效率低，不适用于大规模生产，而常用于农村地区家庭规模的生物质的处理。

与生物化学法相比，热化学转化法更常用于生物质的处理转化。燃烧、热解和气化是主要的生物质热处理转化方法，除此之外，还包括生物质的液化技术。其中燃烧是最传统的生物质处理方法，也是三种热化学转化方法中唯一用于直接生产热能和电能的方法。燃烧的技术要求低，但产热效率低下，会大量排放氮氧化物、二氧化碳及颗粒污染物，且不完全燃烧会导致多环芳烃的形成，从而造成污染，影响人们的健康。近来人们通过将生物质与煤混合燃烧来提高产热效率，并降低氮氧化物的排放。

液化是指通过化学方式将生物质转化成液体产品的过程。液化技术主要有直接液化和间接液化两类。直接液化是把生物质放在高压设备中，添加适宜的催化剂，在一定的工艺条件下反应，制成液化油，作为汽车用燃料或进一步分离加工成化工产品。间接液化就是把生物质气化成气体后，再进一步进行催化合成反应制成液体产品。这类技术是生物质的研究热点之一。生物质中的氧含量高，有利于合成气(CO及H_2)的生成，除此以外，其较低的N、S含量及使用等离子体气化技术制备的气化气中几乎无CO_2、CH_4等物质存在的特点，极大地降低了气体精制费用，为制取合成气提供了有利条件。

热解是在300～650 ℃温度范围内，缺氧条件下发生的热分解过程，其本质是大分子物质受热断键裂解。由于热解过程包含了形成固、液、气三态主要产物的全部反应，因而被认为是所有热化学转化过程的起始步骤。依据操作温度和升温速率等条件，热解可被划分为慢速热解、快速热解和闪速热解三种。慢速热解发生在较低的操作温度(＜300 ℃)和升温速率(10 ℃/min)条件下，其主要产物为焦炭；快速热解发生在适中的温度(300～500 ℃)和较快的升温速率条件下，热解油为主要产物；与快速热解相比，闪速热解的操作温度更高(500～650 ℃)，升温速率更快，该过程主要产生合成气。因此，可以根据具体要求，改变热解条件，从而使得目标产物的产量最大。生物质的热解产物具有较高的使用价值：热解焦可以直接作为燃料使用，或者进一步制备为活性炭，以及作为催化剂载体；热解油可以直接用于发动机或涡轮机的运转，并可作为炼油厂的原料。但热解油本身的热不稳定性、腐蚀性及其复杂的有机氧化物组成，阻碍了热解油进一步的工业利用。

气化指在较高的温度范围内(800～1000 ℃)，以空气、水蒸气等物质作为气化介质，生物质受热分解为CO、CO_2、H_2、CH_4等可燃性气体的过程，气化的主要反应是生物质碳与气体之间的非均相反应和气体之间的均相反应。根据气化介质的不同，可将生物质气化分为干馏气化、水蒸气气化、空气气化、氧气气化、蒸汽-氧气气化等。气化介质的种类对产气成分会造成影响。比如，以蒸汽-氧气作为气化介质时，产气中 CO、CO_2 含量相对较高；水蒸气介质条件下，产气中 H_2 的含量相对较高；而空气介质条件下，产气中 CO_2 的含量少，合成气(CO、H_2)的含量较低，且产气中含有大量的 N_2 成分，后续的利用过程中需要对其分离。

3.2　生物质热解

3.2.1　生物质热解原理与过程

生物质热解过程如图 3-3 所示，热量从外部传递给生物质颗粒表面，温度的升高导致自由水分蒸发和不稳定成分发生裂解生成炭和挥发分，挥发分逸出进入气相。随着热量传递，热解过程由外至内逐层进行。一次裂解反应生成了炭、一次热解油和不可冷凝气体。在生物质颗粒内部，挥发分进一步裂解，形成不可冷凝气体和热稳定的二次热解油；逸出生物质颗粒的挥发分气体还将穿越周围的气相组分，在这里进一步裂解。挥发分在颗粒内部和气相进行的裂解被称为二次裂解反应，温度越高且气态产物的停留时间越长，二次裂解反应的影响过程越显著。生物质热解过程最终形成生物油、不可冷凝气体和炭等三种产物。

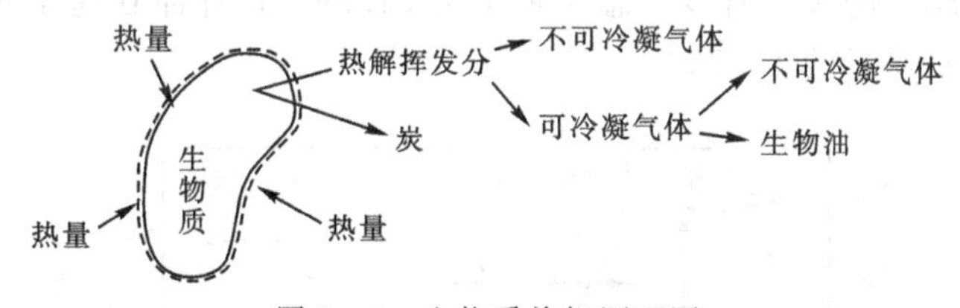

图 3-3　生物质热解原理图

生物质中纤维素、半纤维素和木质素的含量和存在形态是影响生物质热解过程的重要因素。纤维素、半纤维素、木质素的热失重过程如图 3-4 所示，分子结构上的不同使得它们三者的热解特性存在明显差异。纤维素热解主要发生在 260～410 ℃温度范围内，在

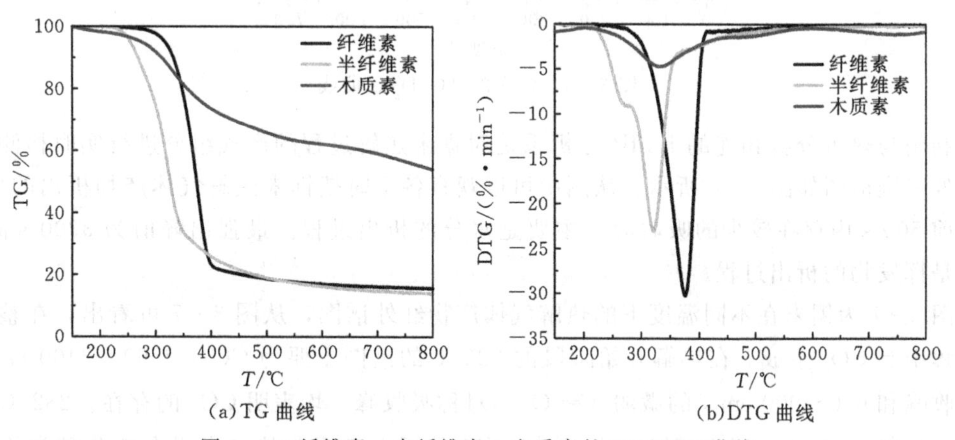

图 3-4　纤维素、半纤维素、木质素的 TG/DTG 曲线

热解初期，纤维素聚合度降低形成活性纤维素，之后解聚形成各种脱水低聚糖、左旋葡聚糖，吡喃环的开裂及环内C—C键的断裂而形成羟基乙醛为主的各种小分子醛、酮、醇、酯等产物。半纤维素一般在200 ℃左右就开始分解，产生的热解产物包括1-羟基-2-丙酮、乙酸、糠醛、甲酸等类物质。木质素是生物质3种主要组分中热稳定性最好的组分。木质素热解的焦炭产率高，主要因为木质素是一种芳香族高分子化合物，其裂解比纤维素和半纤维素中糖苷键的断裂困难。木质素热解形成的液体产物有大分子木质素热解低聚物；单分子挥发性酚类物质；小分子物质，如甲醇、乙酸等。

虽然生物质中主要包含纤维素、半纤维素和木质素三大组分，但生物质热解过程并不是纤维素、半纤维素和木质素三大组分单独热裂解行为的加和，三大组分热裂解的温度区间存在交错，组分之间存在相互影响。此外，生物质种类、热解反应温度、热解升温速率、固体停留时间、生物质颗粒粒径、生物质原料中水分含量等都会对生物质热解过程产生影响。除此之外，热解产物的组成成分和热解最终产率同样受加氢催化热解、微波辐射催化热解及共热解等热解条件等多方面不同程度的影响，因此，研究生物质热解所受的影响因素与工艺现状具有一定的指导意义。

图3-5给出了锯末在N_2气氛下的热失重特性[1]。由图3-5可知，在反应的前10 min的33～115 ℃，存在一个小的失重峰，这主要是物料中水分的析出过程。这个过程中总失重率为3.26%，物料没有开始热解反应。在200～405 ℃温度范围内，锯末在N_2气氛下，存在一个剧烈的失重阶段，总失重率为81.99%，样品在这个过程中发生了热解反应。最终残渣占总质量的14.75%。

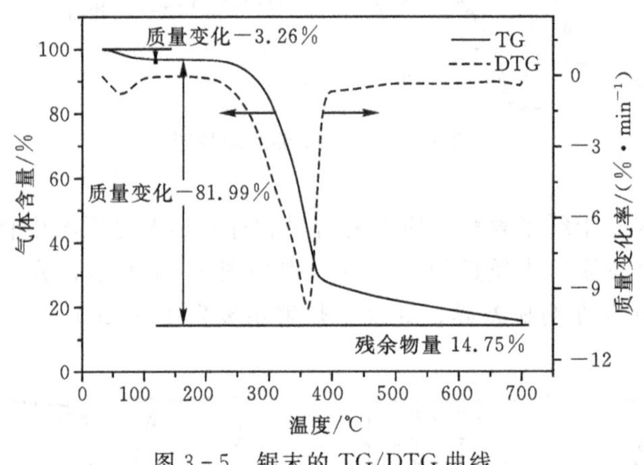

图3-5 锯末的TG/DTG曲线

利用与热重分析相连的FTIR分析系统对锯末热解过程的产气组分进行实时检测，得到红外三维谱图如图3-6所示。从图中可以观察各个时期锯末热解气体产物析出的变化。图中前500 s内存在较少的吸收峰，主要是水分的析出过程。最强出峰值为3300 s附近，主要是挥发物的析出过程。

图3-7为锯末在不同温度下的热解气体产物红外谱图，从图3-7可看出，在整个热解过程中有CO_2生成。在热解开始阶段的236 ℃的谱图主要为CO_2，2260～2400 cm^{-1}特征吸收峰和650～900 cm^{-1}的微弱 C═O 不对称吸收峰，均表明CO_2的存在。282 ℃时在1077～1131 cm^{-1}有一个微弱的 C—O 不对称伸展振动吸收峰，表明有部分醇类物质析

出[2]。在 1650～1900 cm^{-1} 范围内存在 C═O 伸缩振动，可知存在醛类或有机酸等化合物。在 318 ℃时，在 2700～3000 cm^{-1} 附近开始出现 C—H 不对称伸展振动吸收峰，表明有 CH_4 的存在。在 3050～3600 cm^{-1} 处的 O—H 伸缩振动吸收峰的出现，表明有水生成。随着温度的升高，上述各吸收峰更加明显，345 ℃和 359 ℃的红外谱图比较相似。各特征吸收峰的强度随温度均有不同程度的加强。

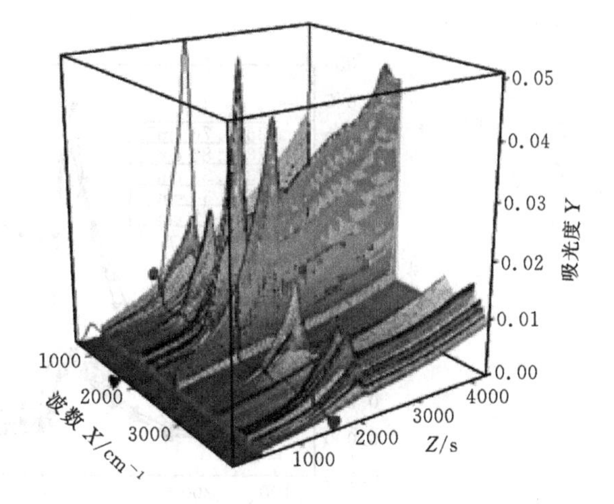

图 3-6　锯末热解气体产物的 FTIR 三维谱图

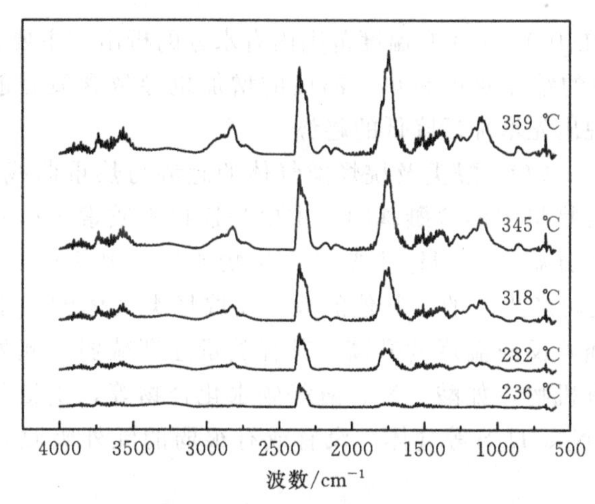

图 3-7　锯末在不同温度下的热解气体产物红外谱图

根据朗伯-比尔定律，红外光谱的吸收强度与气体浓度存在相关性。在红外谱图的基础上可以定性分析热解气体产物的析出特性，图 3-8 为锯末在不同温度下的热解气体产物 FTIR 曲线。

从图 3-8 可知，不同吸收峰的有机物随温度的析出特性与图 3-5 的锯末的热解失重速率曲线趋势基本相似。但在 2358 cm^{-1} 处的 CO_2 的析出与其他气体组分有所不同。随着温度的增加，CO_2 的析出逐渐增大，在 360 ℃时达到最大值，随后快速下降，当温度继续增大并超过 400 ℃时，CO_2 的析出继续持续增加并小幅回落，直至反应终温 700 ℃。通过与锯末的失重曲线的对比分析可知，在反应温度小于 400 ℃时，反应主要以锯末挥发分的析出为主，大分子有机物在析出过程中裂解为小分子的 CO_2、CO、CH_4、H_2 等气体。随着反应温度的持续增加，物料中的挥发分析出殆尽，反应以固相反应的聚合结焦为主，反应析出的聚合物发生碳化结焦反应，进而形成焦炭分子，在这个过程中释放出 CO_2。虽然有 CO_2 持续析出，但相对于前 35 min，CO_2 的产量大大降低。由于本反应的终温设定为 700 ℃，因此从图中看 CO_2 的析出过程没有结束，倘若反应温度提高或保温时间延长，随着结焦过程的结束，CO_2 的吸收峰则会降低。

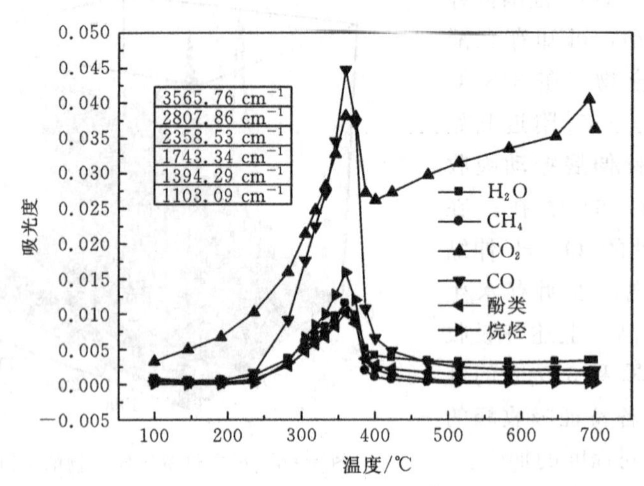

图 3-8 锯末在不同温度下的热解气体产物 FTIR 曲线

从图 3-8 可知，在 100～500 ℃温度范围内有水分的析出，主要是锯末的外在水分的析出和内水及矿物质中的结晶水的析出。温度的增加也导致含氧官能团的断裂分解或反应[2]，H_2O 的含量呈现出先增加后降低的趋势。

反应中产生的 CH_4、CO、醛类及烷烃类气体的趋势与热重曲线保持一致。CO 的释放主要来源于生物质类物料中的含醚基团，主要是连接木质素次单元的醚键和二次挥发过程中的醚类有机物的分解[4]。CH_4 主要是由生物质甲氧基键(—OCH_3—)的断裂及部分亚甲基(—CH_2—)裂解产生[5]的。其他的醛类及烷烃类气体的产生主要是在大分子的裂解过程中形成的，随着反应温度的升高，其释放量逐渐减弱。此外，热解产气中也存在少量的难于检测的有机物，如酸、醛、醚等碳水化合物等，质量分数很低。其他的小分子气体如 H_2、O_2、N_2、H_2S 等气体，没有或有很弱的红外吸收，所以几乎不可能对它们进行检测。

3.2.2 生物质热解技术的分类

根据热解条件，生物质热解技术可分为慢速热解、常规热解和快速热解。

1. 慢速热解

慢速热解也被称为生物质炭化，是指将生物质物料置于较低的热解终温且升温速率较小的反应器内，通过几小时至几天较长时间的热解，最终将焦炭产率提升到最大限度，产率约为 35%，并可进一步加工处理成为蜂窝煤状、棒状或颗粒状等形状的固体成型燃料。

根据炭化成型的先后顺序将炭化工艺分为先成型后炭化(见图 3-9)和先炭化后成型(见图 3-10)两种类型。生物质炭化成型过程中，在高温作用下生物质的含水率有所降低。对于成型生物质来说，越小的含水率意味着其在炭化过程中需求更少的热量用于将其内部水分蒸发，因而在初始状态下温度上升将较快。而对于密度较大的成型生物质来说，炭化过程将需要更多的热量，因而整个过程也需要更多的时间。

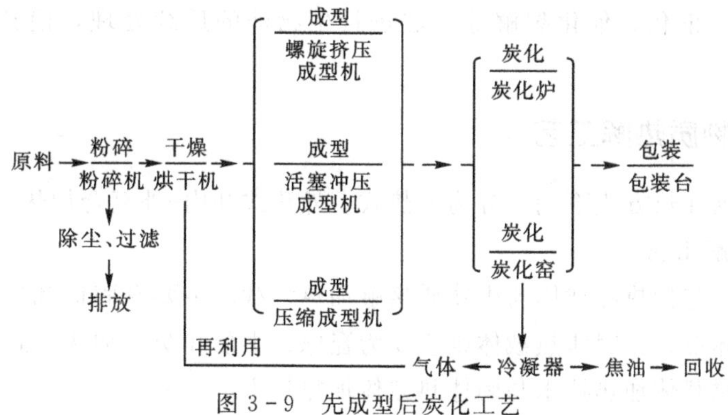

图 3-9 先成型后炭化工艺

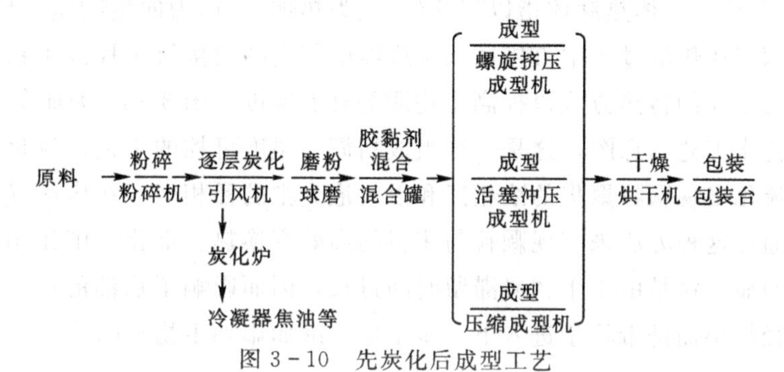

图 3-10 先炭化后成型工艺

2. 常规热解

常规热解手段的主要特点为低温(温度不高于 500 ℃)且较为缓慢的升温速度，以及热解产物停留时间较长，通过这种方法可以生成产物比例相同的气体、液体和固体，固体、液体重量占原料的 20%左右。

热解所产生的 CO_2、CO 和 H_2 等热解气体根据热值的不同，可提供燃烧生产工业生产过程中所需要的电能及热能，还可进行热解气化制氢；生物质热解的液体产物生物油可进行进一步地提取升级转化，制成化工原料、生物汽油和生物柴油等来给内燃机、涡轮机等机器供能；热解最终产生的炭则可用于工业生产中的活性剂等，具有很高的商业价值。

3. 快速热解

快速热解通常是指常压下，在较高的加热速率(1000 ～10000 ℃/s)、较短产物停留时间(0.5～2.0 s)、较高的热解温度(500～650 ℃)的条件下处理生物质，以最大液体产率为目标的热解技术。在快速热解过程中，为了保证生物质的升温速率够快，其原料必须粉碎到较小的粒度，使其迅速达到热解状态。热解挥发分的气相滞留时间和温度影响着生物油的质量及成分，气相滞留时间越长，二次裂解生成不可凝气体的可能性越大。为最大限度地增加生物油的产量，应将热解产生的挥发分迅速引出，快速冷凝。

快速热解会产生类似于香烟烟雾的蒸汽，普通的收集设备对该类物质收集效率较低。当整个反应过程较复杂、规模比较大时，主要通过接触冷凝的方式实现收集以保留更多的液态产物。通过这种方法制得的生物油具有以下特征：性状液体，颜色为棕灰色，热值约为 22 MJ/kg(在传统燃油的 50%～60%范围内)，成分复杂，主要为醇、醛、酮、酸和烯烃低聚物的混合物，有 35%～40%的含氧量，属于极性物质，化学稳定性差。主要利用加氢催化、催化裂解等方法进行生物油的后续处理，使其更容易被利用，增大其商业价值。

3.2.3　生物质热解工艺

热解工艺根据加热方式不同可分为内热式、外热式和内-外复合加热式等。

1. 内热式热解工艺

内热式热解工艺指热源载体与生物质接触加热，载体主要有固体和气体两种形式。热烟气为主要的气体形式；固体热载体则主要为瓷球、半焦和灰。加热方式根据使用的热载体不同分为气体热载体加热技术与固体热载体加热技术。

(1)气体热载体。气体热载体指以气体(一般为热烟气)作为向生物质传导热量的载体。一般将高温热烟气在热解过程中直接通入反应器中与生物质接触来提高生物质的温度，并以对流传热作为主要的传热方式以提高生物质的升温速度。图 3-11 为加拿大 Dynamotive 公司的鼓泡流化床工艺示意图，这是一种组成精简，温度可控的工艺，流化床层内出现气泡，以及固体流化出现颗粒聚集的浓相区和以气泡为主的稀相区，在床内气流速度超过临界流速之后，通过这种方法来实现颗粒与床料的高效率换热。催化裂解作用对热解气相的产物影响相当明显，这是由于生物炭滞留时间过长，因而影响了焦油的产率。由于生物质容易因入料粒径较小而携带粉尘进入下一步工序，继而影响生物油品质。

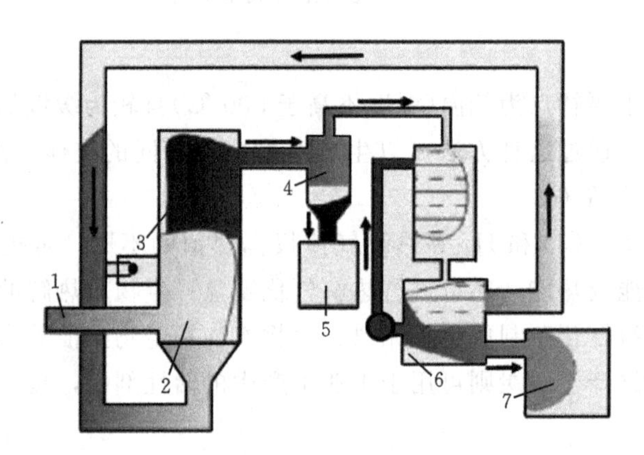

1—生物质；2—鼓泡流化床；3—燃烧室；4—旋风分离器；
5—焦炭收集；6—急冷系统；7— 油罐。

图 3-11　鼓泡流化床工艺示意图

(2)固体热载体。加热介质为固体时即为固体热载体，一般为陶瓷球和砂子等材料，如图 3-12 所示为卡尔斯鲁厄理工学院和密西西比州立大学开发的螺旋反应器。将高温固体热载体和生物质混合加入到反应器中，在螺旋内旋转挤压下实现热量交换，为热解提供必要的能量。由于运行温度仅为 400 ℃，因而该技术不需要载气，继而方便处理低品质及难入料的物料。但是生物油产率较低，这是由热解气相产物和生物炭在反应器内停留时间长而导致的，且整个装置容易堵塞，导致放大后传热效率低。

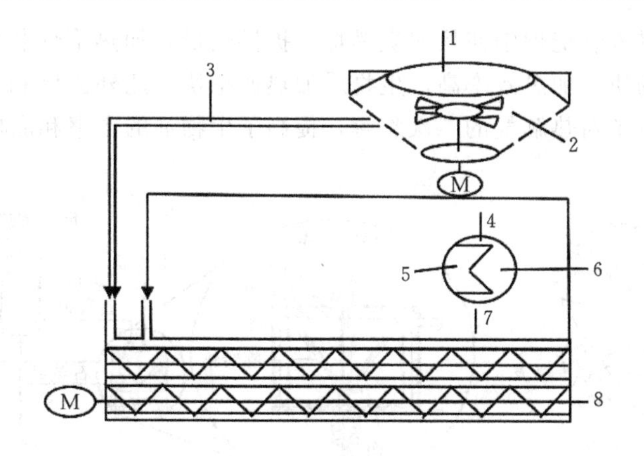

1—生物质；2—粉碎机；3—热载体；4—不可凝气体；5—冷凝器；
6—生物油；7—热解气；8—生物炭。

图 3-12 螺旋反应器示意图

2. 外热式热解工艺

对于外热式热解炉，热解气在燃烧室燃烧后产生的热量可弥补生物质热解过程所需要的热量。热传导和热辐射为炉壁对生物质的传热方式。图 3-13 所示为一种回转炉热解气油气联产热解工艺。在该工艺中，反应器通过上料系统加入生物质原料，物料随着炉体的转动移动，在这个过程中物料发生脱水、热解，之后在保温炭化阶段熟化。净化分离系统用于实现热解气相产物多级冷凝、除尘，最终将热解气输送到存储装置中。

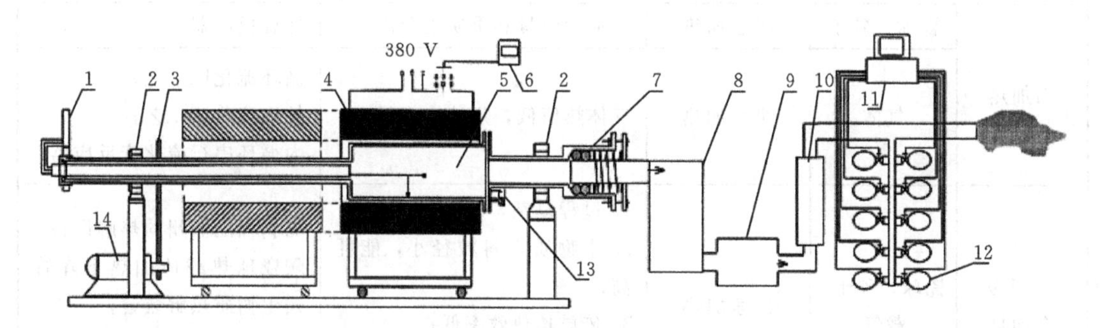

1—温度计；2—轴承；3—齿轮传动；4—电炉；5—回转窑；6—温度控制器；7—密封；8—二级冷凝器；
9—过滤器；10—总流量计；11—电脑；12—气体取样器；13—进出料口；14—电机。

图 3-13 生物质连续热解气-油联产系统组成示意图

3. 内-外复合加热式热解工艺

内-外复合加热式热解工艺主要通过外部热源及其他热载体通到炉内的方法为生物质提供热量，外部热源主要是直接对反应炉加热，热量由炉壁传递给炉内的生物质；其他类热载体则是通过进入反应炉内，与生物质直接接触，以此将能量传递到生物质中。图 3-14给出了荷兰特文特大学和 BTC 公司共同开发的旋转锥反应器的工作原理图。在反应器的底部加入生物质与大量的惰性热载体，在生物质与热载体混合物随着炽热的锥壁螺旋向上运行时，生物质与热载体在此过程中充分混合继而实现快速升温热解，热解产生的挥发分由导出管进入旋风分离器，分离固体颗粒后通过冷凝器凝结为生物油。离开旋转锥上缘的热解炭和砂子进入燃烧炉中使热解炭燃烧，提供热量，加热惰性载体。热载体重新进入旋转锥中加热生物质，加热效率高，生物质加热速率快，此外固体和热解气在旋转锥内停留时间较短，减少了对热解气的二次裂解，提高了生物油的产率和品质。

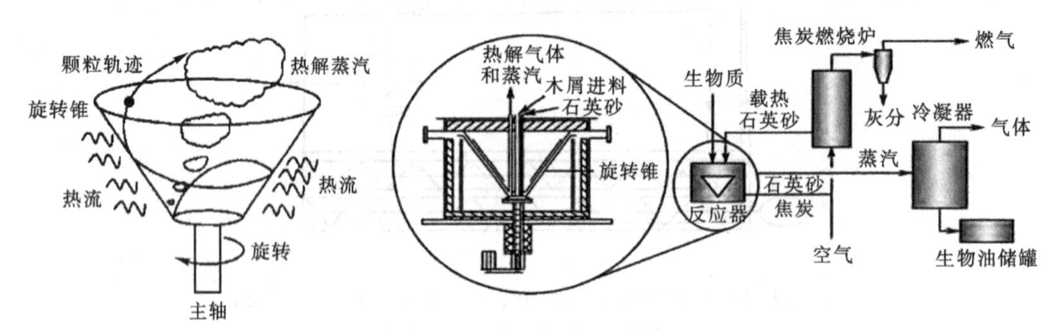

图 3－14　旋转锥反应器工作原理图

对不同的生物质热解工艺进行优劣分析得到表 3.1。

表 3.1　不同热解工艺的对比

加热方式	载体	优势	劣势	代表工艺及设备
外加热	—	气体热值高，油含尘量少	1. 热效率和焦油产率低； 2. 重质组分含量高； 3. 放大后传热效率更低	斯列普炉； 真空热解反应器； 生物质螺旋热解装置
内加热	瓷球、砂子	快速加热	焦油含尘量和重质组分高	螺旋反应器
	气体	快速加热	气体热值低，焦油含尘量高	循环流化床工艺； 鼓泡流化床工艺； 内循环串行流化床反应器
内-外复合加热	瓷球、砂子、载气	快速加热	1. 过程复杂，难以放大； 2. 生物质入料粒径小，能耗高； 3. 传质传热效率低； 4. 使用热载气会降低气体热值	加利福尼亚州的热解设备； 陶瓷球热载体加热下降管式生物质热解装置； 沈阳农业大学的旋转锥生物质热解装置

3.2.4　生物质热解产物特性及应用

1. 生物油组成特性及应用

生物油的特点是高含碳量和高含氧量，必须对其精制才能更好地利用。处理方法包括催化加氢、热加氢、催化裂解及两段精制处理等。其中催化裂解反应可在常压下进行，无需还原性气体，是目前最经济的方法。生物油精制的另一种方法是先对生物油进行热解气化制备合成气，然后再将其转化为高品位的液体燃料。在无外部供氧情况下生物油中氢氧元素的质量转化率为 85%而碳元素的转化率只有 55%，由此说明生物油热解气化仍需外部提供少量氧气作为气化剂。研究人员也对生物油热解燃烧的溢出气体进行了研究，认为快速热解制生物油是解决能源危机的重要途径之一，并证实了生物油和柴油混燃的可行性。焦油对实验设备有很大的腐蚀作用。由于各种生物质原料的组成及结构不同，热解煤气中焦油含量存在较大差异。生物质热解温度升高有助于焦油二次裂解反应的发生，从而使煤气中焦油含量下降。在生物质热解产气过程中，应尽量保证热解物料在热解反应器内有足够的滞留时间以期充分热解获得最大量的气态产物，同时使热解煤气中的焦油含量下降到最低限度。生物质焦具有吸附性，可用来脱除烟气中的 NO_x、SO_x 等污染物。热解温度是影响生物质焦脱硫性能的一个重要因素。

2. 不可凝气体的应用

热解气体需要加工改进后才能利用。常用的提高生物质热解燃气热值的技术路线有两条：一是在气化过程中采用不同的物理、化学等方法降低气体中氮气含量；二是采用催化剂的方法将燃气中的 CO 和 H_2 转变成 CH_4。甲烷化技术应用于生物质气化是改善燃气质量、提高燃气热值的有效方法。甲烷化技术采用的催化剂的主要组分是氧化镍，并以活性氧化铝为载体。该催化剂可用于促进碳的氧化物与氢反应。轻质芳烃化合物具有较高的热值也是制取高质量燃料的一个方向。但它作为分解过程中的中间产物很不稳定，所以要获得高附加值轻质芳烃(苯、甲苯、二甲苯和萘)，热解过程中氢气和加氢催化剂 CoMo-B 的使用是不可缺少的。

3. 半焦的性质及应用

生物质炭是各类生物废弃物在部分或者完全缺氧的条件下，经过一定温度热解产生的一种碳含量极高的多孔物质。生物质向生物质炭转化时在实现减缓气候变化和土壤改良等方面具有很大的潜力。生物质炭是管理固体废物的可行替代品，它可以由各种可利用的生物质原料、农业残留物、农业工业废物可持续地生产。

生物质炭具有物理化学性质稳定、比表面积大、孔隙度高和官能团种类多等特点，可应用于重金属环境污染的修复。近年来，一些学者针对生物质炭施用后，土壤重金属有效性及植物体内重金属含量的变化开展了研究。研究发现，以杏壳和苹果树为原料所得生物质炭以质量分数 0、2.5%、5%、10%添加到锌和镉污染的冶炼厂土壤中，两种生物质炭均可降低土壤中锌和镉的有效性。其中，杏壳生物质炭的效果更优，施用量则以 10%的效果最佳。研究表明，施用甘蔗秸秆生物质炭可使土壤中有效态镉降低 56.5%。将质量分数为 1%、3%、5%的树木废弃物生物质炭加入土壤后，土壤和玉米中的镉含量均出现降低情况，然而施用量对其影响并不明显。开展高温热解下污泥生物质炭及重金属形态变化的研究，发现 700 ℃时制备的污泥生物质炭的性能最佳。

将含 Co 或 Cu 的生物质炭加入 $NaBH_4$ 作为还原剂，在还原有机化合物的反应中，其表现出强大的催化能力，通过向该体系通入 CO_2 还可进一步增强含 Co 生物质炭的催化能力。另外，有学者发现铜-氮-生物质炭与含氮生物质炭和含生物质炭铜相比具有更好催化能力，三者对硝基苯酚的去除效率分别为 97%、74%和 0%。有报道得出，含有铁和钴的生物质炭能够从过硫酸盐中产生具有比生产 OH^- 成本低，半衰期长且氧化还原性强的 SO_4^{2-}，这一发现将有利于促进高级氧化工艺的提升。

生物质炭不仅被用于环境修复和土壤肥力提升领域，还因其具有独特的表面性质、易修饰的官能团、良好的导电性和化学稳定性被广泛用作载体用于微生物电化学系统、电芬顿反应和生物传感装置等领域。石墨成本低廉且具有优异的电子传导特性，其在生物电化学系统中可发挥重要作用，通过造纸厂污泥和三聚氰胺的共热解制备含氮生物质炭作为微生物燃料电池的阴极用于还原 Cr(Ⅵ)，24 h 还原率可达 55.1%。生物质炭用于制造生物传感器时，可通过酶反应检测痕量有机污染物的存在。使用生物质炭修饰金纳米颗粒用于苯二酚和邻苯二酚检测的生物传感材料，二者最低检出限分别可达 0.002 μM 和 0.004 μM。

3.3 生物质气化资源化技术

生物质气化是以生物质为原料，以氧气(空气、富氧或纯氧)、水蒸气或氢气等作为气化介质，在高温条件下通过热化学反应将生物质中有机的部分转化为可燃气的过程。生物质气化产生的气体，主要成分为 CO、H_2 和 CH_4 等可燃气体。气化介质不同，得到的燃气成分也有所不同。气体燃料易于管道输送、燃烧效率高、过程易于控制、燃烧器具比较简单、没有颗粒物排放，是品位较高的燃料。生物质气化的能源转换效率较高，设备和操作简单，是生物质热化学转化的主要技术之一。

3.3.1 生物质气化的基本原理

生物质气化过程复杂，包括生物质挥发分的析出，焦炭的氧化、还原及水煤气变换等多个反应。生物质气化过程如图 3-15 所示，生物燃料受热干燥，挥发分析出，热解，裂解，进行重整反应及焦油与焦炭的转换反应，随后发生热解产物和木炭的燃烧，最后燃烧产物被碳还原，生成以 CO、H_2、CH_4 为主要可燃成分的生物质燃气。生物质气化是燃料热解、热解产物燃烧、燃烧产物还原等诸多复杂反应的集合。对于不同的气化装置、工艺流程、反应条件和气化剂，反应过程和产物性质不同，不过从宏观现象上来看，都可以分为原料干燥、热解、氧化和还原四个反应阶段。

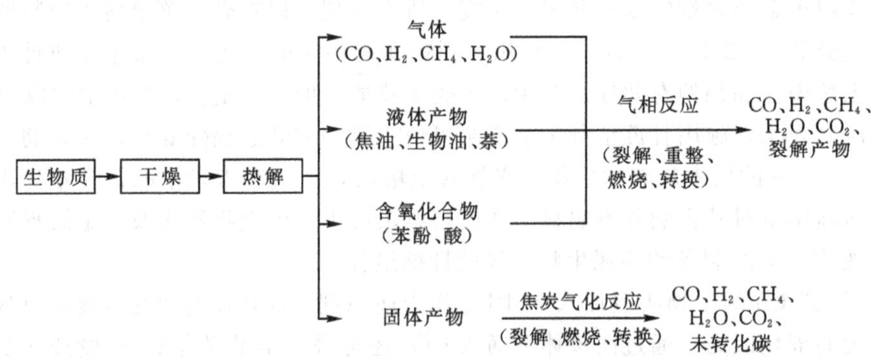

图 3-15 生物质气化原理图

(1)干燥阶段：物料在进入气化装置之后，温度大约在 100 ℃时生物质原料中的水分开始大量蒸发。干燥是一个简单的物理过程，物料化学组成没有发生变化。干燥过程进行得比较缓慢，在表面水分完全脱除之前，物料温度保持基本稳定。干燥吸收大量热量，从而降低反应温度，当燃料水分过高时，会影响燃气品质甚至难以维持气化反应条件。

(2)热解阶段：温度升高到 150 ℃以上，物料开始发生热解，析出挥发分，挥发分中主要包括水蒸气、氢气、一氧化碳、甲烷、焦油和碳氢化合物等。温度越高，反应越剧烈。气化工艺中，热解是中间反应阶段，物料析出挥发分后，留下了半焦，构成进一步反应的床层，而挥发分也将参与下阶段氧化还原反应。

(3)氧化(燃烧)阶段：热解产物与氧气发生的氧化是一个剧烈放热反应。在四个气化阶段中，干燥、热解和还原都是吸热反应，为维持这些反应的进行，必须提供足够热量，因此氧化反应是整个气化过程的驱动力。在气化装置内，只供入有限空气或氧气，是不完全燃烧过程，燃烧产物包括水蒸气、CO_2 和 CO。在固定床气化炉的氧化区中，燃烧释放的热量可使温度达到 1200～1400 ℃，反应进行得十分剧烈。

(4)还原阶段：还原反应位于氧化反应的后方，燃烧产生的水蒸气和 CO_2 等与碳反应生成 H_2 和 CO，从而完成固体燃料向气体燃料的转变。还原反应是吸热反应，温度越高，反应越强烈。随着反应的进行，温度不断下降，反应速率也逐渐降低。

需要指出的是，这四个反应阶段没有严格的分界线，发生上述四个反应的区域只在固定床气化炉中有比较明显的特征，而在流化床气化炉中是无法界定其分布区域的。即使在固定床中，由于热解气相产物的参与，其分界面也是模糊的。

习惯上将生物质气化过程中的主要化学反应分为三组：碳与氧的反应、碳与水蒸气的反应和甲烷生成反应，具体如下：

$$2C + O_2 \longrightarrow 2CO + 246.4\ \text{kJ} \tag{3-1}$$

$$C + O_2 \longrightarrow CO_2 + 408.8\ \text{kJ} \tag{3-2}$$

$$C + CO_2 \longrightarrow 2CO - 172\ \text{kJ} \tag{3-3}$$

$$2CO + O_2 \longrightarrow 2CO_2 + 571.2\ \text{kJ} \tag{3-4}$$

$$C + H_2O \longrightarrow CO + H_2 - 131\ \text{kJ} \tag{3-5}$$

$$CO + H_2O \longrightarrow CO_2 + H_2 + 41\ \text{kJ} \tag{3-6}$$

$$C + 2H_2O \longrightarrow CO_2 + 2H_2 - 90\ \text{kJ} \tag{3-7}$$

$$C + 2H_2 \longrightarrow CH_4 + 75\ \text{kJ} \tag{3-8}$$

$$2H_2 + O_2 \longrightarrow 2H_2O + 484\ \text{kJ} \tag{3-9}$$

$$CO + 3H_2 \longrightarrow CH_4 + H_2O + 206\ \text{kJ} \tag{3-10}$$

$$2CO + 2H_2 \longrightarrow CH_4 + CO_2 + 247\ \text{kJ} \tag{3-11}$$

$$CO_2 + 4H_2 \longrightarrow CH_4 + 2H_2O + 165\ \text{kJ} \tag{3-12}$$

3.3.2　生物质气化技术的分类

生物质气化有多种形式，如果按气化介质分，可分为使用气化介质和不使用气化介质两种，不使用气化介质有干馏气化；使用气化介质则分为空气气化、氧气气化、水蒸气气化、水蒸气-氧气(空气)混合气化和氢气气化等，如图 3-16 所示。

干馏气化是一种特殊的热解过程，即在无氧或少量供氧的条件下，使生物质部分气化生成可燃气及木焦油等液体产物和木炭的过程。可燃气主要组成为 CO_2、CO、CH_4、H_2 及少量的 C_2H_4、C_2H_6 等，热值为 10～13 MJ/m^3。由于干馏气化是吸热反应，应提供外热源以使反应进行。

空气气化直接以空气为气化剂，气化效率高，是目前应用最广，也是所有气化技术中最简单、最经济的一种。空气中的氧气与生物质中的可燃组分发生氧化反应，放出的热量为还原反应、热分解过程及原料的干燥提供所需的热量。因此空气气化过程是一个自供热系统。但由于空气中氮气的存在，稀释了燃气中可燃组分的含量，可燃气中氮气含量高达50%左右，使产生的可燃气体热值较低。空气气化的燃气热值通常为5～6 MJ/m³，属于低热值燃气，不适于长距离输送和大量储存。

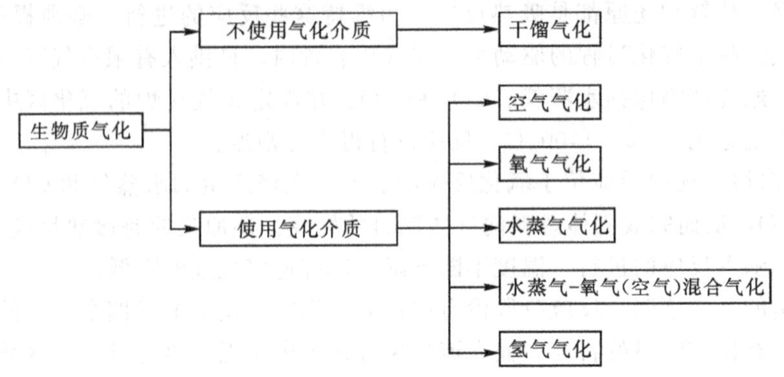

图3-16　气化形式分类图

氧气气化是以纯氧或富氧空气作为气化剂，过程原理与空气气化大致相同。与空气气化相比，氧气气化的特点是产生的可燃气体不被氮气所稀释(氮含量只有1%)。其反应温度高，反应速率快，可得到焦油含量低的与城市煤气相当的中热值气体，热值为10～12 MJ/m³。但是制备氧气需要消耗大量的能量，使气化成本提高，在生产燃料气时较少采用，可以用于生产合成气。

水蒸气气化以水蒸气作为气化剂，气化过程中包含了水蒸气和碳的还原反应、CO与水蒸气的变换反应、甲烷化反应及生物质在气化炉内的热分解反应等。其主要气化反应是吸热反应，因此在单独使用水蒸气作为气化介质时需要外供热源。水蒸气气化产生的燃气质量好，氢气含量高，燃气热值可达17～21 MJ/m³，属于中热值燃气，可用于合成燃料。但是系统中需要蒸气发生器和过热设备，还需要外供热源，因此系统独立性差，技术较复杂，不易控制和操作。

水蒸气-氧气(空气)混合气化是以空气(氧气)和水蒸气同时作为气化介质的气化过程。水蒸气-氧气(空气)混合气化系统是自供热系统，不需要复杂的外供热源。气化所需要的一部分氧气可由水蒸气提供，减少了空气(氧气)的消耗量，并可生成更多的氢气和烃类化合物。水蒸气-氧气(空气)混合气化获得的燃气热值在10 MJ/m³以上，可以作为化工合成气使用。

氢气气化是以氢气作为气化介质，使氢气同碳及水发生反应生成大量的甲烷的过程，其反应条件苛刻，需在高温高压且具有氢源的条件下进行，可产生热值在22～260 MJ/m³范围内的高热值气。

除上述按气化介质分类外，生物质气化技术根据气化反应的工艺分为一级气化、二级气化和多级气化，多级气化即固定床、流化床及催化热解炉等气化炉的不同组合；根据气化反应器的类型分为固定床气化、移动床气化、流化床气化、气流床气化和旋风分离床气化；根据气化反应器的压力分为常压气化(0.11～0.15 MPa)、加压气化(0.15～2.50 MPa)和超临界气化(压力≥22.05 MPa)；根据加热机理分为自热气化、配热气化和外加热源气化，根据催化剂使用情况分为非催化气化和催化气化等。

3.3.3　生物质气化的影响因素

1. 原料

在气化过程中，生物质物料的水分、灰分、颗粒大小、料层结构等都对气化过程有着显著影响。对于相同的气化工艺，生物质物料不同，其气化效果也不一样。通过改变物料的含水率、粒度、料层厚度、种类可以获得不同的气化数据。物料反应性的好坏，是决定气化过程可燃气体产率与品质的重要因素。原料的黏结性、结渣性、含水量、熔化温度等对气化过程影响很大，一般情况下，气化的操作温度受其限制最为明显。

2. 温度和停留时间

温度是影响气化性能的最主要参数，温度对气体成分、热值及产率有重要影响。温度升高，气体产率增加，焦油及炭的产率降低，气体中氢及碳氢化合物含量增加，二氧化碳含量减少，气体热值提高。一般情况下，热解、气化和超临界气化控制的温度范围分别是200～500 ℃、700～1000 ℃及400～700 ℃。此外，温度和停留时间是决定二次反应过程的主要因素。温度＞700 ℃时，气化过程初始产物(挥发性物质)的二次裂解受停留时间的影响很大，在8 s左右，可接近完全分解，使气体产率明显增加。在设计气化炉型时，必须考虑停留时间对气化效果的影响。

3. 压力

采用加压气化技术可以改善流化质量，克服常压反应器的一些缺陷，可增加反应容器内反应气体的浓度，减小在相同流量下的气流速度，增加气体与固体颗粒间的接触时间。因此加压气化不仅可提高生产能力，减小气化炉或热解炉设备的尺寸，还可以减少原料的带出损失。通常高压只需要较低的温度(450～600 ℃)就可达到热化学气化高温(700～1000 ℃)时的产气量和含氢率。以超高压为代表的超临界气化，压力达到35～40 MPa，可以得到氢体积分数为40%～60%的高热值可燃气体。从提高产量和质量出发，反应器可从常压向高压方向改进。但高压会导致系统复杂，制造与运行维护成本偏高。因此，设计炉型时要综合考虑安全运行、经济性与最佳产率等各种要素。

4. 升温速率

升温速率显著影响气化过程的第一步反应即热解反应，而且温度与升温速率是直接相关的。不同的升温速率对应着不同的热解产物和产量。按升温速率快慢可分为慢速热解、快速热解及闪速热解等。流化床气化过程中的热解属于快速热解，升温速率为500～1000 ℃/s，此时热解产物中焦油含量较多，可利用催化裂解或热裂解法进行脱除。

5. 气化炉结构

气化炉结构的改造，如直径的缩口变径、增加进出气口、增加干馏段成为两段式气化炉等方法，都能强化气化热解，加强燃烧，提高燃气热值。对于固定床的下端带缩口形式的两段生物质气化炉的研究发现，在保证气化反应顺利进行的前提下，适当地减少缩口处的横截面积，可提高氧化区的最高温度和还原区的温度，从而使气化反应速率和焦油的裂解速率增加，达到改善气化性能的效果。

6. 气化剂的选择与分布

气化剂的选择与分布是气化过程重要的影响因素之一。气化剂量直接影响反应器的运行速率与产品气的停留时间，从而影响燃气品质与产率。空气气化会增加产物中氮气含量，降低燃气热值和可燃组分浓度，热值为 5 MJ/m^3 左右。水蒸气-氧气(空气)作气化剂，产气率为 1.4～2.5 m^3/kg，低热值为 6.5 ～ 9.0 MJ/m^3，氢气体积分数提高到 30%左右。上下两段的一、二次供风气化方式显著提高了气化炉内的最高温度和还原区的温度，生成气中焦油的含量仅为常规供风方式的 1/10 左右。

7. 催化剂

催化剂是气化过程中重要的影响因素，其性能直接影响着燃气组成与焦油含量。催化剂既能强化气化反应的进行，又可促进产品气中焦油的裂解，生成更多小分子气体组分，提升产气率和热值。不同的催化剂对生物质气化的效果不同，而相同的催化剂如果使用量不同对气化的催化效果也会不同。目前用于生物质气化过程的催化剂有白云石、镍基催化剂、高碳烃或低碳烃水蒸气重整催化剂、方解石、菱镁矿及混合基催化剂等。

3.3.4　常见的生物质气化炉

在生物质气化过程中，使用的气化炉主要包括固定床、移动床、流化床、气流床和旋风分离床等。

1. 固定床

根据固定床气化炉内气流运动的方向和组合，固定床气化炉主要分为四种炉型：下吸式气化炉、上吸式气化炉、横吸式气化炉、开心式气化炉。

1)下吸式气化炉

下吸式气化炉的结构如图 3-17 所示。生物质物料自炉顶投入炉内，作为气化剂的空气一般在氧化区加入。炉内的物料自上而下分为干燥层、热解层、氧化层和还原层。原料由上部加入后，依靠重力下落，经过干燥区后水分蒸发，进入温度较高的热解区生成炭、裂解气、焦油等，继续下落经过氧化区、还原区时焦炭和焦油等转化为 CO、CO_2、CH_4、H_2 等气体，燃气从反应层下部析出，灰渣从底部排出。其特点是：结构简单、工作稳定性好、可随时进料，可以对大块原料不经预处理直接使用。气体下移过程中所含的焦油大部分被裂解，焦油含量少，但出炉燃气灰分较高(需除尘)，燃气温度较高。

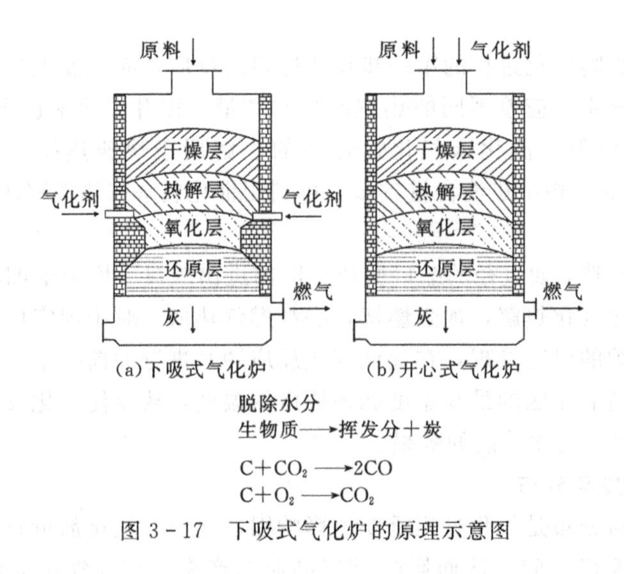

图 3-17　下吸式气化炉的原理示意图

2)上吸式气化炉

上吸式气化炉的工作原理如图 3-18 所示。物料自炉顶投入炉内，气化剂由炉底进入炉内参与气化反应，反应产生的燃气自下而上流动，由燃气出口排出。其特点是：气化过程中，燃气在经过热解层和干燥层时，可以有效地进行热量的多向传递，既用于物料的热分解和干燥，又降低了自身的温度，大大提高了整体热效率。同时，热解层、干燥层对燃气具有一定过滤作用，使其灰分很低。但是由于气化器进料点正好是燃气出口位置使得进料不方便，小炉型需间歇进料，大炉型需安装专用加料装置。整体而言，该炉型结构简单，适于不同形状尺寸的原料，但产气中焦油含量高，容易造成输气系统堵塞，使输气管道、阀门等工作不正常，加速其老化，因此需要复杂的燃气净化处理，给燃气的利用(如供气、发电)设施带来问题，大规模的应用比较困难。

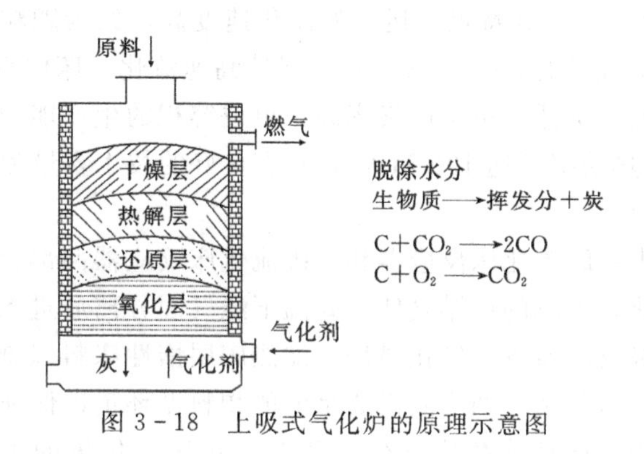

图 3-18　上吸式气化炉的原理示意图

3)横吸式气化炉

生物质物料由炉顶加入，灰分落入下部灰室。气化剂由炉体一侧供给，生成的燃气从另一侧抽出(燃气呈水平流动，故又称平吸式气化炉)。其特点：空气通过单管进风喷嘴高速吹入，形成高温燃烧区，温度可达 2000 ℃，能使用较难燃烧的物料。结构紧凑，启动时间(5～10 min)比下吸式短，负荷适应能力强。但燃料在炉内停留时间短，还原层容积很小，影响燃气质量；炉中心温度高，超过了灰分的熔点，较易造成结渣。仅适用于含焦油很少及灰分 5%的燃料，如无烟煤、焦炭和木炭等。

4)开心式气化炉

开心式气化炉是下吸式气化炉的一种特殊形式，只是没有缩口，以转动炉栅代替了高温喉管区，其炉栅中间向上隆起，绕其中心垂直轴做水平回转运动，防止灰分阻塞炉栅，保证气化的连续进行，又称为层式下吸式固定床气化炉，其原理图如图 3-17(b)所示。我国首创了这种炉型，大大简化了欧洲的下吸式气化炉结构。其特点：物料和空气自炉顶进入炉内，空气能均匀进入反应层，反应温度沿反应截面径向分布一致，最大限度利用了反应截面，生产强度在固定床中居首位；气、固同向流动，有利于焦油的裂解，燃气中焦油含量低；结构简单，加料操作方便。

2. 流化床

1)鼓泡流化床气化炉

鼓泡流化床气化炉是最简单的流化床气化炉。气化剂由布风板下部吹入炉内，生物质燃料颗粒在布风板上部被直接输送进入床层，与高温床料混合接触，发生热解气化反应，密相区以燃烧反应为主，稀相区以还原反应为主，生成的高温燃气由上部排出。通过调节气化剂与燃料的当量比，流化床温度可以控制在 700～900 ℃。其特点：适用于颗粒较大的生物质原料，一般粒径＜10 mm；生成气焦油含量较少，成分稳定；但飞灰和炭颗粒夹带严重，运行费用较大。该炉型应用范围广，从小规模气化到热功率达 25 MW 的商业化运行均可应用，在同等直径尺寸下，气化能力小于循环流化床气化炉，但对于较小规模的生产应用场所更有市场与技术吸引力。

2）循环流化床气化炉

循环流化床气化炉相对于鼓泡流化床气化炉而言，流化速度较高，生成气中含有大量固体颗粒，在燃气出口处设有旋风分离器或布袋分离器，未反应完的炭粒被旋风分离器分离下来，经返料器送入炉内，进行循环再反应，提高了碳的转化率和热效率。炉内反应温度一般控制在 700～900 ℃。其特点：运行的流化速度高，约为颗粒终端速度的 3～4 倍；气化空气量仅为燃烧空气量的 20%～30%；为保持高速流化，床体直径一般较小，适用于多种原料，生成气焦油含量低；单位产气率高，单位容积的生产能力大。该炉型特别适合规模较大的应用场所（热功率可达 100 MW），具有良好的技术含量和商业竞争力。

3）双流化床气化炉

双流化床气化炉由一级流化床反应器和二级流化床反应器两部分组成。在一级反应器内，物料进行热解气化，生成的可燃气体在高温下经气固分离后进入后续净化系统，分离后的固体炭粒送入二级反应器进行氧化燃烧，加热床层惰性床料以维持气化炉温度。双床系统碳转化率高，但构造复杂，两床间需要足够的物料循环量以保证气化吸热。

鼓泡流化床气化炉、循环流化床气化炉和双流化床气化炉的工艺流程图如图 3－19 所示。

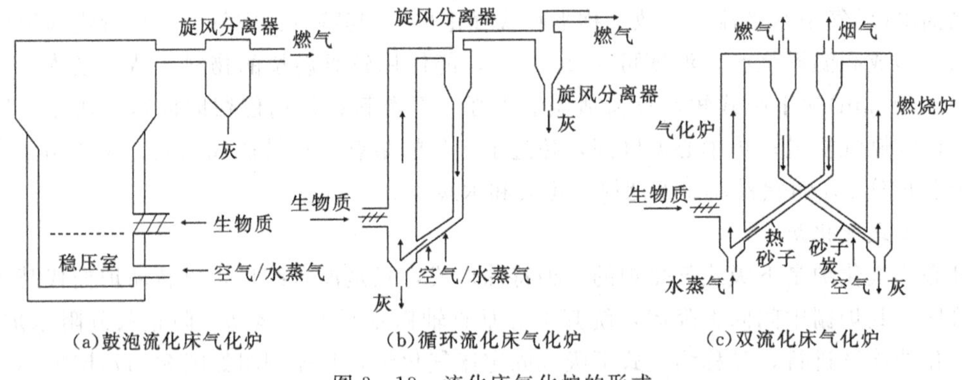

(a)鼓泡流化床气化炉　(b)循环流化床气化炉　(c)双流化床气化炉

图 3－19　流化床气化炉的形式

3. 气流床

气流床是一种特殊形式的流化床，又称携带式流化床。不使用惰性床料，流速较大的气化剂直接吹动气化炉内生物质原料，使其在高温下进行气化。要求原料颗粒非常细小，炉体截面较小，运行温度高（1100 ℃以上），燃气几乎无焦油，但易结渣。

4. 旋风分离床

旋风分离床一般采用外加热方式，反应器内壁附有一定数量的螺旋肋，使生物质物料在限定的螺旋轨道上运动而不是以自由离心方式运动。在反应器出口有一独立的循环回路连接物料入口，使未完全反应的物料和大的炭粒回到反应器中循环反应，具有加热时间短等特点。

3.3.5 生物质气化过程中的焦油问题

1. 焦油的定义及危害

焦油是生物质气化或热解过程中形成的一种黏稠且具有刺激性气味的液态产物，目前对于焦油并未有一个统一的定义，大多都是研究者们针对实际需求，而对焦油的某一特性进行的具体说明。现在被多数研究机构肯定的焦油定义是在一定热力条件下，热解气或气化气中含有的可在设备出口处冷凝下来的含有多种有机物的混合物。

焦油的组分复杂，目前已知的组分已经达到了 200 多种，包括甲苯等一环芳香烃、萘及酚类化合物等，且其组分会受原料、反应温度、升温速率、停留时间等条件的影响。当反应温度低于 500 ℃时，生物质内部发生分子键的断裂，形成初级焦油及小分子物质。初级焦油的主要组分为有机含氧化合物，这些初级产物的分子量很小且多为单体或单体碎片，随着温度的进一步升高会转化为二级焦油；当温度升到 500～800 ℃时，初级焦油发生二次裂解使得其中的有机相开始裂解，产生可凝性的二级焦油，主要包括酚类、芳香烃类物质；当温度大于 800 ℃时，二级焦油裂解产生三级焦油，三级焦油的主要组成为萘、菲、芘等多环芳烃化合物。图 3 - 20 为典型生物质焦油的组分图。

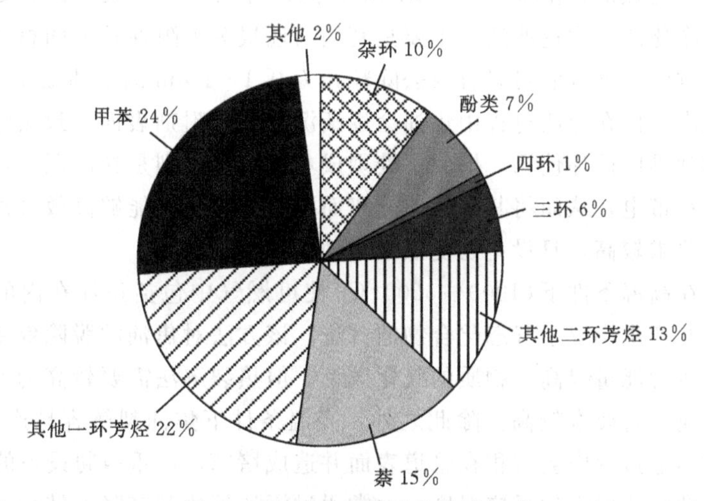

图 3 - 20　生物质焦油的典型组成

焦油的生成对于整个气化过程及设施装备都有着较大的影响和危害。

(1)一般混合气中含有约 5%～15%的焦油气，这部分焦油气在低温条件下难以和可燃气一起燃烧，使得其含有的能量无法被利用，从而降低了整个过程的气化效率。

(2)焦油气在产生后会被气流裹挟在管道中运输，并在该过程中逐渐冷凝形成黏稠液体，黏附在管道内壁及设备表面，对其造成腐蚀，严重影响设备的使用。除此之外，焦油还极易与气流中的水、灰尘颗粒结合，累积在管道内并堵塞管道，长期累积会对设备的安全运行构成威胁。

(3)焦油难以完全燃烧，在燃烧过程中会产生大量的碳黑，在污染环境的同时会对燃气设备造成巨大的损害。

(4)焦油中含有大量易溶于水的有机物，以及如多环芳烃等有毒物质，直接排放会对环境造成污染，威胁人类的健康安全。

2. 焦油的去除

如图3-21所示，目前常见的焦油去除方法包括物理法、热裂解法和催化转化法。

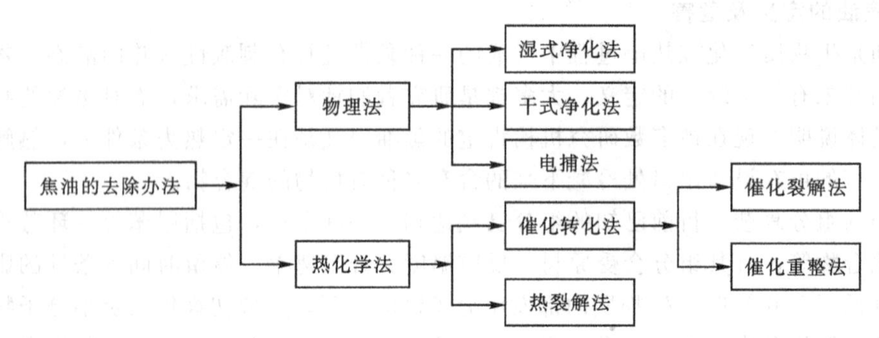

图3-21 常见的焦油去除方法

湿式净化法、干式净化法及电捕法是常见的物理去除法。湿式净化法又称水洗法，主要是利用水喷淋可燃气或者直接将气体通入淋洗液中来去除可燃气中的焦油组分的方法。由于焦油呈酸性，因此通过在淋洗液中添加碱液可以有效提高焦油的去除效率。湿式净化法可以使可燃气中的焦油含量降至10 mL/m^3，但该方法会产生大量需要处理的废水，增加了成本。干式净化法又称过滤法，主要是利用活性炭等吸附性较强的材料来截留去除可燃气中的焦油的方法。该方法可以有效去除粒径为0.1～1 μm的焦油颗粒，且相较湿式净化法不会产生废水，但在分离过程中焦油会逐渐沉积在吸附剂表面导致去除效率降低。这些被污染的吸附剂难以循环使用，增大了处理成本。电捕法则是在高压电场作用下使煤气气化中的焦油微粒带电，从而将其与气体分离而捕获。该方法能够高效分离出焦油，能耗较低，但对设备要求较高，且设备易受焦油腐蚀。

热裂解法指在高温条件下(1000～1200 ℃)使可燃气中包括焦油在内的一次裂解产物发生二次裂解，并产生小分子气态化合物的方法。该方法对焦油的脱除效率极高，且可以有效利用焦油中所含能量提高生物质的气化效率。但热裂解法需要较高的反应温度，增大了能耗，且对反应设备要求较高。除此之外，高温条件下焦油裂解容易产生较多的焦炭，这些焦炭在产气运输过程中会沉积在管道表面并造成堵塞，严重威胁设备的安全运行。

为了降低热裂解法所需的反应温度，通常通过添加催化剂来降低转化过程中焦油所需的化学能，从而使得在800 ℃的条件下即可完成对焦油的去除，这种方法被称为催化裂解法。

与上述方法相比，催化重整法作为一种高效的热化学转化法而更为人们所关注和使用。催化重整是指在催化剂存在的条件下，焦油组分分子结构中的C—C、C—H键能够在较低的温度下发生裂解，产生的小分子烃类物质及焦炭可与通入的H_2O、CO_2等重整气体进一步发生催化反应。加入的催化剂从两个方面推动了重整反应的进行：一方面，催化剂足够的比表面积提供了焦油分子进行裂解/重整反应的据点和场所；另一方面，催化剂的活性位参与重整反应降低了反应的活化能，一定程度上促进了分子间的反应。在所有的重整气体中，水蒸气更易促进氢气的产生，提高产气的品质，具有一定的优势。

3. 常用的催化重整催化剂及其性能

在焦油的催化重整工艺中，催化剂的选择至关重要。目前常用的催化剂包括天然矿石催化剂、贵金属催化剂、镍基催化剂及炭材料催化剂等。

矿石类催化剂主要包括白云石、橄榄石、方解石、石灰石等，其中白云石和橄榄石用作催化剂最常见，他们的活性组分主要为 Ca、Mg、Fe、K 等。天然矿石资源来源广泛，成本低廉，没有煅烧的天然矿石几乎没有活性，经煅烧后就表现出很好的活性。煅烧过的白云石虽然活性高，但机械强度低，在流化床中易磨损。橄榄石虽然比白云石耐磨损，但是煅烧温度很高，活性相对较低。而且这类天然矿石催化剂在整体上能减少生物质焦油总量，易处理酸类、酮类等“软焦油”，但极难处理多环芳烃类“硬焦油”。

常见的应用于催化反应中的贵金属催化剂包括 Pt、Rh、Pd、Ru 等，它们都具有很高的催化活性。这些贵金属表面由于存在大量空缺位导致易吸附有机物，进而对有机物进行活化分解产生大量中间产物。贵金属催化剂不仅具有较高活性，而且其表面不易被氧化，具有耐高温、抗烧结等特性，是一种重要的催化材料。鉴于贵金属催化剂的诸多特性，常将其用于生物质焦油催化重整制氢过程，但贵金属活性组分易挥发、资源稀缺、使其成本高是其无法回避的问题。

镍基催化剂是目前工业中应用最广泛的一种催化材料，常用于甲烷转化过程和各种脱氢反应过程，许多用于石油和甲烷重整的商业镍基催化剂被证实对生物质焦油重整也有很高的活性。镍基催化剂在低温时就能表现出很高的催化活性，在相同条件下，其催化活性比天然矿石白云石高 8～10 倍。在生物质焦油与水蒸气催化制氢过程中，活性组分金属 Ni 能够促进水汽转化反应，既能调节产气中 H_2/CO 比例，又能减缓焦炭在催化剂表面的沉积速率。

炭基催化剂最常用的是活性炭和半焦。这两种炭材料可吸附焦油中的大分子物质，从而使得焦油能够被高效利用。半焦作为一种炭材料，可由生物质或者煤通过碳化而获得，其资源丰富，价格低廉，且本身含有丰富的碱金属和碱土金属(AAEMs)，可以用作焦油重整的有利催化剂。此外，可通过酸/碱处理或活化来改变半焦的理化特性，从而进一步提高对焦油的催化裂解能力。通过比较半焦(biomass char，BC)、活性半焦(activated biomass char，ABC)和 Al_2O_3 负载的 Ni 基催化剂对焦油模拟物甲苯的催化重整效果，发现不同催化剂对甲苯的催化重整产氢活性顺序为 Ni/ABC > Ni/BC > Ni/Al_2O_3，如图 3-22 所示。

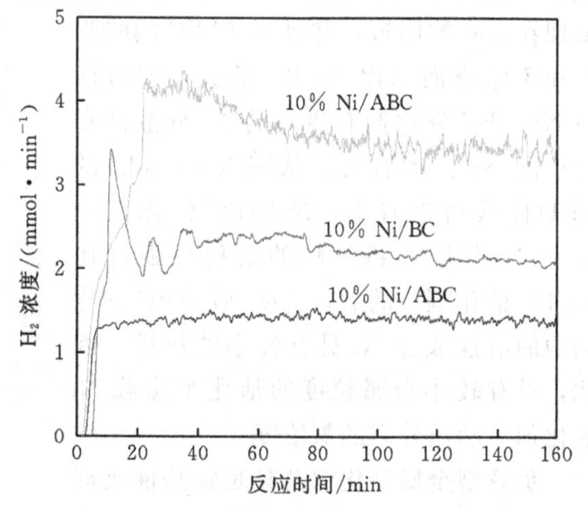

图 3-22　甲苯在 Ni/Al_2O_3、Ni/BC 和 Ni/ABC 催化剂上的产氢活性

从图 3-22 中可以看出，碳基催化剂(Ni/BC、Ni/ABC)的催化性能优于传统的 Al_2O_3 催化剂。如图 3-23(a)中的 TPR 曲线所示，Ni/Al_2O_3 催化剂在约 790 ℃处出现最大还原峰，主要是由于与 Al_2O_3 存在强相互作用的 NiO 被还原或在反应过程中 Al_2O_3 与 NiO 形成的镍铝尖晶石的还原，这使得 NiO 难以被完全还原为

Ni 颗粒，从而不可避免地导致 Ni/Al_2O_3 催化剂的活性降低。而对于碳基催化剂，其最大还原峰移动到了相对较低的温度，这一现象证明 Ni 和 C 载体之间的相互作用远弱于 Ni 和 Al_2O_3 载体。因为 Ni 颗粒负载在炭材料上被表面官能团吸附，或进入半焦的孔道，因此 Ni/BC 和 Ni/ABC 催化剂的活性组分更容易被还原并且还原程度更高。从图 3 - 23(b)中的 XRD 谱图可以看出，对于 Ni/Al_2O_3 催化剂，其衍射峰主要为 NiO、Al_2O_3 和镍铝尖晶石($Ni_2Al_{18}O_{29}$)。镍铝尖晶石的还原温度高，TPR 曲线中 790 ℃的峰值对应于镍铝尖晶石的还原。Ni/BC 和 Ni/ABC 在 $2\theta=44.5°$、51.7°和 76.3°处的衍射峰，是金属 Ni 的特征峰。因此，催化剂载体对甲苯水蒸气重整过程中焦油的去除和 H_2 的产生起着关键作用。

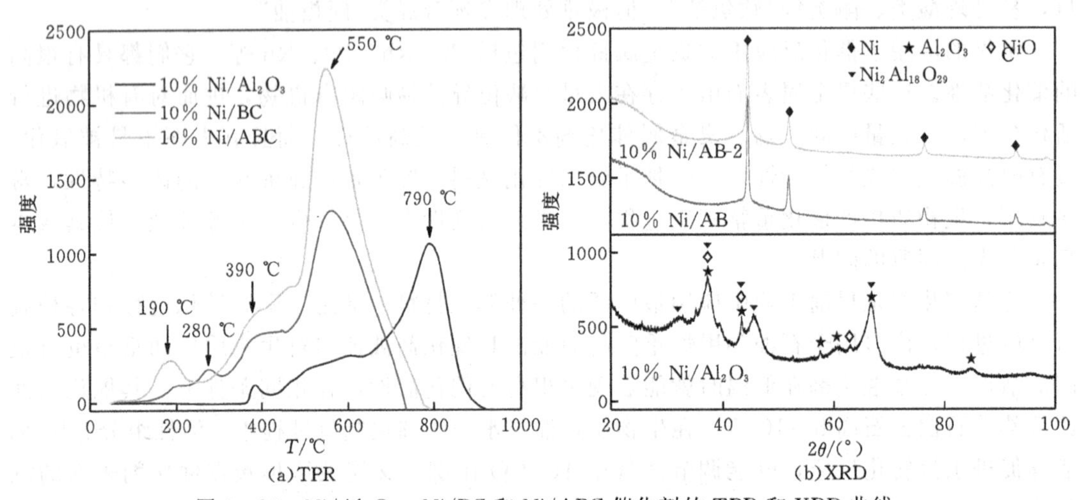

图 3 - 23　Ni/Al_2O_3、Ni/BC 和 Ni/ABC 催化剂的 TPR 和 XRD 曲线

对于碳基催化剂，Ni/ABC 催化剂比 Ni/BC 催化剂具有更好的催化活性(见图 3 - 22)，这表明半焦通过活化可以提高催化剂的重整活性。半焦、活化半焦和 Al_2O_3 三种载体的氮气等温吸附-脱附曲线如图 3 - 24 所示。活化可以显著改善半焦的表面积和孔体积。众所周知，大的比表面积具有较大的反应面积和负载能力，并且可以有效地分散催化剂的活性成分。从图 3 - 23(a)的 H_2 - TPR 曲线可以清楚地看到，Ni/BC 和 Ni/ABC 的主要还原峰出现在 550 ℃附近，并且 Ni/ABC 的峰强度和还原峰面积比 Ni/BC 的大，这可能与 Ni/ABC 催化剂有更好的 Ni 分散性和更小的 Ni 粒度有关。从图 3 - 23(b)的 XRD 曲线可以看出，Ni/ABC 催化剂中 $2\theta=44.5°$时 Ni 特征峰的衍射峰强度比 Ni/BC 催化剂中的弱，表明 Ni/ABC 催化剂中的活性成分 Ni 具有较小的粒径。因此，具有较小金属粒度的活化半焦载 Ni 催化剂显示出较高的氢浓度。

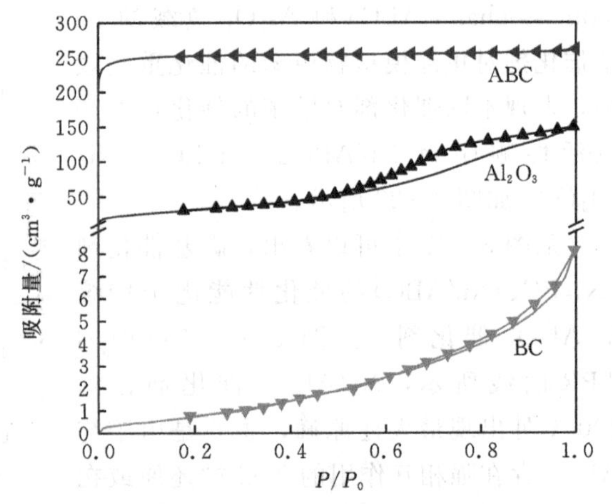

图 3 - 24　Al_2O_3、BC 和 ABC 的氮气等温吸附-脱附曲线

负载型金属催化剂尤其是镍基催化剂使用较广泛，但存在高温下易积碳、易烧结等问题，极易导致镍的失活。通过添加

助剂可以改善催化剂的活性。而钴作为另一种过渡金属，本身就具有一定的催化活性，其作为助剂既可提高选择性和活性，又可以减少积碳，提高活性组分的分散度，还可以防止硫中毒。研究人员采用沉积-沉淀法制备了不同镍钴比(9∶1、7∶3、5∶5、3∶7、1∶9)的泡沫陶瓷基镍钴双金属催化剂，探究了镍钴比对泡沫陶瓷基催化剂及焦油催化重整性能的影响。结果表明，随着镍钴比的降低，产气率和产氢率均先升高后降低，镍钴比为 5∶5 时产氢率最高(见图 3－25)，达到 31.46 mol/kg 焦油。通过对 Ni/Co 比为 5∶5 的泡沫陶瓷基镍钴双金属催化剂开展长时间持久性催化重整实验发现，在所考察的 28 h 内，产气成分整体的变化并不显著(见图 3－26)，表明 Ni/Co 双金属催化剂抗积碳性能较强，稳定性较好，寿命较长。

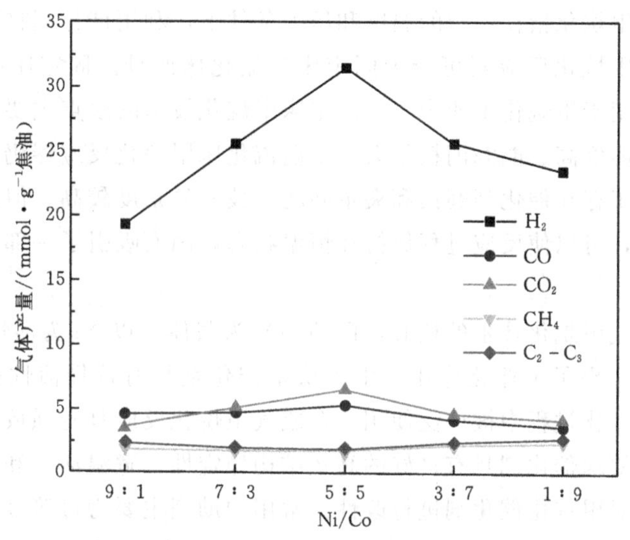

图 3－25　不同镍钴比下焦油的催化重整特性

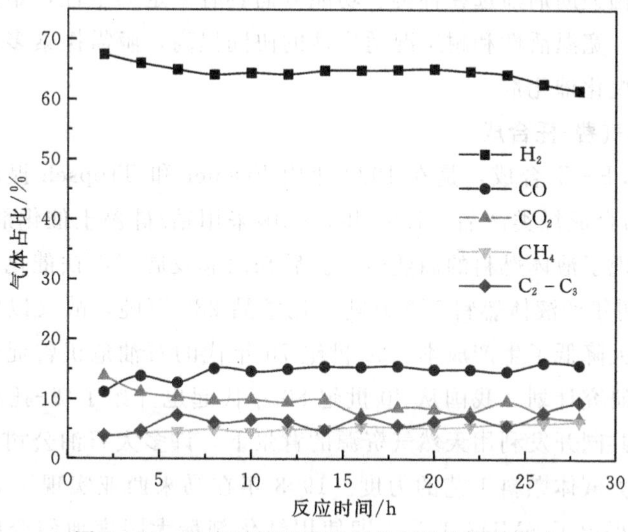

图 3－26　反应时间对重整气各组分浓度的影响

3.3.6 生物质气化合成气的性质及应用

生物质气化合成气是以 H_2、CO 为主要组分的，供化学合成用的一种原料气，其组分因生产原料、生产条件的不同有很大差异，一般是：H_2 为 32%～67%，CO 为 10%～57%，CO_2 为 2%～28%，CH_4 为 0.1%～14%，N_2 为 0.6%～23%。

合成气是一种重要的化工原料，有着广泛的工业应用：甲烷化；合成甲醇、混合醇；与乙炔反应制备丙烯；直接合成二甲醚、乙二醇；费-托合成；合成降解性聚合物等。除此之外，合成气还可用于生活、发电等方面。

1. 生物质合成气甲烷化

生物质合成气甲烷化指在一定的温度和压力条件下，利用催化剂将气化合成气转化为甲烷的过程。目前甲烷化反应器可分为固定床和流化床两种。固定床甲烷化技术比较成熟，已被商业化应用于甲烷化工业中。但固定床甲烷化技术的缺点主要是每段床层转化率低、移热慢、床层温度高、能源消耗量大。目前流化床甲烷化反应器仍处于研发阶段，制约其发展的关键在于存在催化剂磨损和夹带问题，技术复杂度较高。但由于流化床中热量和质量传导率较高，可以使反应过程保持在恒温状态，因而吸引了一部分学者对其进行进一步探索。

催化剂是合成气甲烷化技术的核心，以 Al_2O_3 为载体，以 Ni 为活性组分的 Ni/Al_2O_3 型甲烷化催化剂已实现了工业化应用。由于镍基催化剂具有选择活性高、价格低廉等优点，其在合成气甲烷化过程中被广泛使用。合成气甲烷化反应具有强放热属性，涉及介质多、工况较复杂，要求催化剂具有良好的高热结构稳定性、宽温活性和耐工况适应性，为此，需要添加助剂对甲烷化催化剂进行改性。常用的助剂主要为过渡金属、稀土金属及碱土金属等，根据作用机制不同，分为结构助剂、电子助剂和晶格缺陷助剂三大类。目前，甲烷化催化剂研究相关助剂筛选在种类、功能方面具有一定局限性，难以有效统筹催化剂在高热结构稳定性、宽温活性和耐工况适应性的协同提高，亟需探索多功能复合助剂用以开发新型高效的甲烷化催化剂。

2. 生物质合成气费-托合成

费-托合成又称 F－T 合成，是在 1923 年由 Fischer 和 Tropsch 提出的，其方法是用 CO 和 H_2 的混合物合成烃类产品。1937 年，德国采用钴/硅藻土催化剂和常压多段费-托合成的改进工艺实现了液体燃料的商业生产。后来南非发展了以铁催化剂为核心的合成技术，使得 Sasol 公司年产液体燃料 520 万吨、化学品 280 万吨，故又以廉价铁基催化剂替代了钴催化剂，大大降低了生产成本。20 世纪 70 年代的石油危机曾促使美、日等国出台了庞大的合成燃料研究计划。我国从 20 世纪 80 年代起也开始了费-托合成液体燃料的研究。目前，在全球共同开发利用天然气资源的背景下，许多大石油公司积极参与，加大了开发天然气制取烃类液体燃料工艺的力度。1993 年在马来西亚实现了 500 kt/a 规模的工业生产。Shel 公司提出了 SMDS 工艺，即使用钴化剂最大限度地使合成气转化为重质烃然后加氢裂化制取中间馏分油。Exon 公司开发了以 Co/TiO_2 催化剂和浆态床反应器为特征的 AGC-21 新工艺，已完成规模 200 桶/天的中试。

费-托合成工艺分为合成气制备液态烃及加氢裂解或异构化两部分，即以合成气为原料，在适当的反应条件和催化剂下制备液态烃的过程。其中反应条件及催化剂不同，合成产品也不同。在低温操作条件下，主要是以重质合成油、石蜡为主的合成产品，而在高温操作条件下，主要是以轻质合成油和烯烃为主的产品。过程中涉及的主要反应如下：

$$(2n+1)H_2 + nCO = C_nH_{2n+2} + nH_2O \tag{3-13}$$

$$2nH_2 + nCO = C_nH_{2n} + nH_2O \tag{3-14}$$

$$4nH_2 + 2nCO = 2C_nH_{2n+2} + 2(n-1)H_2O + O_2 \tag{3-15}$$

$$H_2O + CO = CO_2 + H_2 \tag{3-16}$$

最初费-托工艺是用来合成石油产品的替代品的，目前该工艺主要应用于碳氢基合成气或天然气转化为合成燃料中。费托蜡是亚甲基聚合物，是由碳氢基合成气或天然气合成的烷烃，由 90%～95%的常规石蜡烃组成。费托蜡因具有高熔点、低黏度、硬度大等优点，而被广泛用于塑料、油墨和涂料、胶黏剂等行业。除此之外，通过费-托工艺加工合成的烃类航空涡轮燃料被航空油料界认为是完全符合美国材料与试验协会(ASTM D7566)标准要求的，将其以最大体积(50∶50)与传统喷气燃料掺混，混合后燃料无需任何加工即可直接加注于飞机用作航空燃料。

3. 生物质合成气发电

整体气化联合循环（integrated gasification combined cycle，IGCC）发电技术是指将煤炭、生物质、石油焦、重渣油等多种含碳燃料进行气化，将得到的合成气净化后用于燃气-蒸汽联合循环的发电技术，图 3-27 是典型的 IGCC 系统。

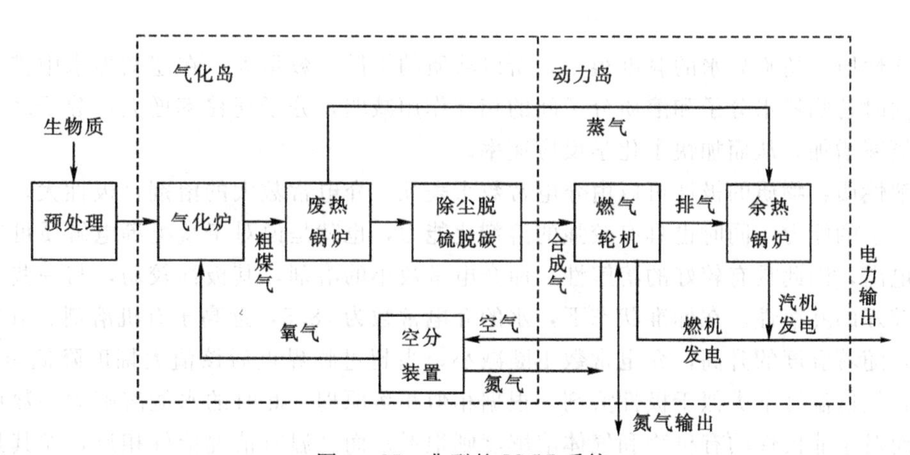

图 3-27　典型的 IGCC 系统

整个系统采用了高效的燃气轮机联产技术，燃气轮机燃烧合成气发电，来自燃气轮机的废热产生蒸汽，再送到汽轮机发电。这种将气化与发电相结合的 IGCC 系统可使能量转换效率超过 40%，与燃煤发电装置采用汽轮机发电相比，能量转换率提高了 5%。另外，采用 IGCC 系统与直接燃煤发电相比，可使 CO_2 排放量减少 40%，SO_x、NO_x、CO 和颗粒物的排放量减少 80%，具有明显的环保优势。

3.4 生物质水热处理资源化技术

3.4.1 水热处理技术的原理

水热处理技术是指在一个密闭体系中，在热压缩水中处理生物质的热化学转化过程。根据反应温度和目标产物的不同，水热处理技术通常可以分为三类：①水热炭化：在温度180～250 ℃，压力小于4 MPa的条件下制备焦炭；②水热液化：在温度200～370 ℃，压力为4～20 MPa的条件下进行液化制备生物油；③水热气化：在超临界条件下将生物质转化成富含H_2和CH_4的可燃气体。水热液化是在温度相对较低的操作条件下进行的，由于在此区域内水的特殊性质，通常不需要使用催化剂便可进行。水热液化过程首先将各类生物质原料进行预处理，包括粉磨、制浆、浸渍等过程，然后送入反应器中，生物质浆液在高温高压下反应后，形成最终产物：生物油、水相、固体残渣和气体[6]。

3.4.2 亚超临界水的性质

对于大多数有机反应来说，水是一种对环境友好的反应介质。随着温度和压力的改变，会呈现出固、液、气三种不同相态之间的变化。当达到某个特定的温度、压力值时，会出现液体与气体界面消失的现象，即超临界现象，该特定点称为临界点(温度374 ℃，压力22.1 MPa)。在超临界状态下，水既是反应物也是催化剂，水的性质(离子积、介电常数等)迅速变化而不发生任何相变。在临界点附近水将表现出与常态时迥然不同的性质[7]。

传递性质：超临界水的黏度很小，所以溶质的扩散系数很大，在超临界水中扩散更加容易；同时超临界水分子和溶质分子间的相互作用减弱，分子迁移率增大，分子之间自由相碰的概率增加，从而加快了化学反应速率。

溶解性质：物质的极性可以由介电常数来表征，介电常数大的溶剂，极性大，有较大的隔开离子的能力，同时也具有较强的溶剂化能力，也就是说对于盐类等电解质可以较好地将其电离，因此具有较好的溶解性；而介电常数小的溶剂，其极性较弱，与一些非极性物质有较好的互溶性。在标准状态下，水的介电常数为78.5，远高于有机溶剂、氧气和普通液体，随着温度的升高，介电常数不断减小，当超过临界点后该值大幅度降低至5。这表明水在较低温度下类似于极性溶剂，根据相似相溶原理，此时的水能溶解大多数可溶性盐类，而对于非极性的有机物和气体溶解度则很低；而高温时情况恰好相反，尤其是超过临界点后，水将类似于非极性溶剂，易于溶解有机物和气体。超临界水的这种性质有利于高温下消除气液相界，从而更加有利于反应。同时，也可以选择合适的温度来获得具有特定溶解能力的水，使得产物不溶于该条件下的水而被及时移去[8]。

离子积：水的离子积只受温度的影响。随着温度的升高，水的离子积从标准状况下的10^{-14}，不断升高，至300 ℃附近达到极大值10^{-11}，此时H^+和OH^-的浓度与标准状态下相比增大10倍以上，可以说，此时的水同时具有了弱酸和弱碱的性质，可同时进行酸催化和碱催化，有利于生物质有机物水解反应的进行；随着温度的继续升高，水的离子积又急剧降低，超过临界点后，水的离子积远小于标准状况，此时H^+和OH^-的浓度很低。

因此，在亚临界条件下，水能够促进离子反应的进行；而在超临界条件下，由于水本身电离出的离子数极其少，所以可促进自由基反应。

综上所述，亚/超临界水是一种良好的环境友好型溶剂，利用其进行生物质液化具有很多优点。该过程中无论生物质水分的含量高低，均不需要干燥，可直接进行液化反应，节约热源；高温高压水不仅可以溶解生物质中大分子水解产物及中间产物，且减少了传质影响，加快反应速率。此外，水性质的改变在某种程度上影响了反应动力学和反应机理，因此有可能通过控制反应温度来控制反应路径。

3.4.3 水热液化过程的主要影响因素

在水热液化过程中生物质中的大分子物质通过水解、脱羧、脱氨基、再聚合等一系列反应最终生成生物原油、水相产物、气体和固体残渣。与其他生物质转化技术相比，水热液化技术优势明显，如原料来源广泛，可实现生物质有机组分的全转化。除了脂肪，碳水化合物和蛋白质也可以转化为生物原油。另外，水热液化不需要对原料进行干燥处理，可以实现高含水率(70%以上)生物质的水热液化处理。生物质水热液化过程中最主要的影响参数包括：反应温度、催化剂、停留时间、反应溶剂及总固体含量。

1. 反应温度

反应温度是生物质液化过程中最主要的运行参数之一，对生物油的产率和性质有很大影响，水热液化温度范围为200～450 ℃。不少研究者对木质生物质的水热液化过程进行了研究，结果表明，生物油产率随着反应温度的升高而增加，但均存在温度阈值，即反应温度进一步升高，生物油的产量反而降低。这可能是由于液化过程中所涉及的水解和重新聚合两个反应之间的竞争造成的[9]。

2. 催化剂

在生物质水热液化过程中添加催化剂可显著提高生物油产率。木质类生物质水热液化过程中最常用的催化剂是Na_2CO_3、$FeSO_4$、FeS等。H_2SO_4是最常见的用于有效催化水热液化过程的催化剂。就废弃生物质液化而言，一些典型的催化剂包括$Ba(OH)_2$、Rb_2CO_3、$Ca(OH)_2$等。

催化剂的作用主要是抑制焦炭形成，同时提高液态产物产率。此外，还能减少木质素分解产生的中间产物的缩合或再聚合反应，从而提高生物油产率且降低固体残渣量。短叶松水热液化过程中，催化剂FeS和$FeSO_4$可以促进其转化成生物油，因此固体残余物减少。当在竹笋壳水热液化过程中添加H_2SO_4催化剂时，转化率显著增加。在松木锯末水热液化过程中，碱性盐类催化剂如K_2CO_3在提高生物油产率方面有最佳性能，产率接近于不添加催化剂时的两倍。

3. 停留时间

停留时间通常被定义为水热液化保持最高温度的时间段，而不考虑加热和冷却时间。停留时间对生物质转化率、产物产率和残渣量均有影响。在一定范围内，随着停留时间的延长，生物油产率增加，超过该阈值，进一步延长停留时间生物油产率反而下降。停留时间阈值取决于生物质原料、催化剂类型及运行条件。延长停留时间导致生物油产率下降可能的原因：①液体产物裂解生成气体；②液体产物通过缩合、结晶和再聚合反应形成焦炭。此外，停留时间的影响与温度密切相关，在低温和高温下的液化反应对停留时间的依赖性不同。在低温下，随着停留时间的增加，气液产率和残渣转化率先增大后减小；然而，在高温下，这些产率呈波动趋势。此外，在低温下且停留时间较短时，残渣分解不完全会导致相对较低的生物质转化率[10]。

4. 反应溶剂

反应溶剂在生物质水热液化过程中具有重要作用，不仅影响产物产率而且影响产物成分组成。在所使用的溶剂中，由于水对环境无害且最便宜，因此是最常见的溶剂。在生物质水热液化过程中，水具有三重作用：充当溶剂、反应物和催化剂。虽然大部分生物质中化合物在正常条件下不溶于水，但在高温下大都易溶于水。此外，高压水热液化保持水处于液态，有助于催化水解及其他反应。

然而，除了水之外，一些有机溶剂(如甲醇和乙醇)也被用作反应溶剂。甲醇和乙醇的临界点远低于水，且与水相比，它们也有较低的介电常数和沸点，这些优点使甲醇和乙醇成为生物质水热液化较有前景的溶剂。

此外，共溶剂体系如水和醇(甲醇或乙醇)的性能优于单一溶剂。然而，合适溶剂的选择取决于生物质原料本身和运行参数的设定。

5. 总固体含量

许多研究表明总固体含量同样对生物油产率和残渣量有一定影响。最常见的溶剂是水，它既是溶剂又是生物质原料中碳水化合物和蛋白质水解过程的反应物。由于所有生物质或多或少均含有一定量的水分，因此评估固液比对水热液化过程的影响是非常必要的。有关文献表明，水作为溶剂时杉木的水热液化过程中，生物质与水比例较小时生物油产率较高，但大量使用水需要更多的能源，且后续废水处理成本较高[11]。在白松木屑水热液化过程中，较小的水与生物质比例限制了木质纤维素的分解、水解、水合作用，导致水溶性产物产率降低。相反，较大的水与生物质比例有利于促进水相中间产物的脱水作用，从而增加了生物油产率。有关研究表明，在螺旋藻的水热液化过程中，当含水量过高时，由于每单位生物质需要更多热量以加热水，降低了液化过程的能量效率[12]。然而，该研究也表明藻类与水的比例存在一定阈值，超过该阈值，比例进一步增加将导致生物油产率降低及固体残渣量增加。一般而言，为了获得最高的生物油产率且消耗适中的能量，不同试验的最佳固液比不同，这取决于试验过程中的原料种类、运行参数及水热液化机组容量。

3.4.4 生物质水热反应装置及产物分离流程

生物质水热液化过程主要在反应釜中进行，包括批式反应釜和连续式反应釜，其中批式反应釜大多由不锈钢材料制成，体积为10～1000 mL。水热液化的底物包括各类生物质原料，如畜禽粪便、餐厨垃圾、微藻、秸秆等。反应结束后，首先通过气袋将气体收集，固液混合物通过过滤将水相收集，剩余产物用有机溶剂清洗萃取，其中溶于有机溶剂的产物通过蒸馏干燥后得到生物原油，不溶于有机溶剂的部分通过过滤得到固体残渣。萃取生物原油的有机溶剂包括非极性的有机溶剂和极性的有机溶剂，主要是丙酮、异丙醇、二氯甲烷、三氯甲烷、乙醚、己烷等。不同的萃取剂影响着生物油的产油率和热值，一般来讲，溶剂的极性越高，产油率越高，但产油率与有机溶剂的极性不呈线性相关性，其还与溶剂的结构特性有关。尽管用极性有机溶剂萃取时产油率高，但油品质量差一些，且生物油的主要组分C与H的含量略低于用非极性溶剂萃取时的含量，同时N与O含量高于用非极性溶剂萃取时的含量(N、O 含量影响生物油的品质和热值)。萃取后的有机溶剂可以通过减压蒸馏法回收利用，如丙酮 65 ℃下可蒸馏回用，乙醚 35 ℃下可蒸馏回用。

3.4.5　生物油的特性

生物油是水热液化的主产物，生物质水热液化所得生物油一般呈黑色、比较黏稠、流动性较差。不同生物质在不同的反应条件下生物油产率差异较大，其中温度是影响产油率最重要的因素。就生物质几大组分而言，脂肪的产油率最高，在 80%以上；蛋白质其次，产油率为 2%～30%；碳水化合物产油率最低，纤维素、木质素单独水热液化的生物油产油率都在 10%以下。当前大多数关于水热液化的研究都集中在生物油的特性分析及如何提高生物油的产油率和品质上。生物油的产由率和品质受诸多因素的影响，比如原料的生化组成、反应温度、升温速率、保留时间、底物含固量、催化剂类型、萃取溶剂类型等。不同原料水热液化生物油特性如表 3.2 所示。

表 3.2　不同原料水热液化生物油特性

原料	温度/℃	产率/%	热值/($MJ \cdot kg^{-1}$)	生物油组成
大豆油	340	82.0	41.2	脂肪酸
大豆蛋白	340	21.1	37.0	含氮化合物、酚类
纤维素	340	4.6	32.3	酚类、酮醛类、烃类、醇类
木糖	340	6.6	31.9	酚类、酮醛类、烃类、醇类
木质素	340	1.4	32.1	酚类
浒苔	320	20.2	28.7	含氮化合物、酚类、酸酯类
小球藻	220	82.9	34.9	酚类、酸酯类、酮醛类、烃类
螺旋藻	350	39.9	35.3	酚类、酸酯类、含氮化合物、烃类
杜氏盐藻	360	25.6	30.7	酸酯类、酮醛类
餐厨垃圾	260	42.0	37.1	烃类、酸类、醇类、酮醛类
猪粪	340	25.5	36.4	—

利用藻类生产生物油是近年来的研究热点之一，特别是利用滇池藻(水体富营养化的产物)生产生物油，不仅可以处理湖泊污染还可以变废为宝，产生生物油。但由于滇池藻高灰分低脂的特性(灰分 41.6%、脂肪 1.9%、蛋白 24.8%)，因此其最高产油率仅为 18.4%。反之，高脂高蛋白的藻产油率较高，如高蛋白的藻产油率为 55%，高脂的藻产油率大于 80%，为 82.9%，是目前藻类水热液化的最高产油率[13]。除此之外，猪粪与秸秆的产油率分别为 25%和 13%，这些生物油的热值一般在 27 MJ/kg 以上。餐厨垃圾、螺旋藻和猪粪的生物油热值大于 35 MJ/kg，与原油热值类似[14]。生物油的组分主要包括酚类、酮醛类、酸酯类、含氮类和烃类化合物等。生物油的组分差异主要与原料的生化组成密切相关。高脂肪含量的大豆油水热液化所得生物油中的主要成分为脂肪酸，这些脂肪酸由大豆油脂水解而来。而高蛋白生物质水热液化产生的生物油主要成分为含氮化合物，如吲哚、吡咯烷酮和酰胺类物质等，这些物质由蛋白质的水解、脱羧和环化等反应生成。而木质纤维素生物质(稻秆、灌木等)水热液化产生的生物油中含有的酚类和酮醛类物质较多，

纤维素水解产生的一些葡萄糖可以降解为糠醛，另外，单糖的脱水、异构化和环化反应可以产生环状酮，而木质素水解成分多为酚类化合物[15]。

3.4.6 生物油的应用

生物油的主要用途是用作交通燃料，但目前仍有很多问题需要克服。与石油相比，生物油中的含氮量较高，且氮元素的存在不利于后续油品提质的精炼，同时其燃烧产生的氮氧化合物会污染环境。仅有一些特定的生物质水热液化产生的生物油中的含氮量较低，作为燃料使用会相对容易，如秸秆、粗甘油、食品废弃物等含氮量较低的生物质原料。另外，生物油的含氧量也比较高，氧的存在严重影响着生物油的热值。生物油中高含氮量和含氧量的特性使得油品的提质显得尤为重要，如对生物油组分进行分离、提纯、提质等。生物油中含有数百甚至上千种复杂的有机化合物，对于生物油组分的分离与提纯目前主要有两种方式，即根据化合物极性差异进行分离或者根据化合物沸点差异进行分离。依据相似相溶原理，极性溶剂易溶解极性物质而非极性溶剂易溶解非极性物质。沙柳水热液化过程中[16]，使用四氢呋喃作为萃取剂得到的生物油产率较高，而使用正己烷作为萃取剂得到的生物油产率较低，这主要是由于不同溶剂的极性差异造成的。丙酮、甲醇和四氢呋喃等极性溶剂更容易萃取生物油中的酮类和酚类化合物，而非极性的溶剂如石油醚等更易于萃取生物油中的烷烃类物质。另外，通过蒸馏与酯化相结合的方式将食品废物的生物油提质后作为柴油的添加剂使用，通过发动机测试试验发现添加了10%～20%生物油的柴油，在发动机动力输出及污染物排放方面与常规柴油相比没有明显差异，这为生物油作为燃料使用提供了新的思路与方向。除了作为燃料使用外，从生物油中提炼高附加值产品也是一个研究热点。例如，微型球藻水热液化产生的生物油可以用来制备碳量子点的绿色前体，这种碳量子点具有良好的生物相容性，对于植物细胞成像表现出优异特性。

3.5 生物质制氢技术

3.5.1 氢能的特点

氢的原子序数为1，位于元素周期表之首，是最普遍存在的元素之一。在自然界中，常温常压下氢通常以气态分子的形式存在，而在超低温或超高压下可转化为液态或固态。氢能是指以氢及其同位素为主体的反应中或氢的状态变化过程中所释放的能量，主要包括氢化学能和氢核能两大部分。

氢是一种理想的洁净能源载体，被很多国内外专家誉为21世纪的绿色能源，是人类未来的能源，其具有如下特点。

(1)氢能可以方便高效地与电能互相转换，互为补充。

(2)制氢所用的物质——水在自然界大量存在，并且氢无论以燃烧还是电化学转换方式利用后的最终产物只为纯水或水蒸气，因此相对于其他燃料来讲，氢是非常有竞争力的可再生燃料。

(3)可采取气态、液态和固态(氢的固态化合物)的方式来存储。

(4)可以采用地下管线、车载气罐或火车来长途输运。

(5)可以灵活高效地转化为其他形式的能量，如燃烧、电化学转换和氢化等。

(6)环境相容性非常好。无论是制氢、储氢、运输及利用的各个环节对环境几乎都可以实现“零排放”，氢只有高温下在空气中燃烧时才会产生非常少量的 NO_x 污染物。

作为一种新型清洁能源，氢能具有来源广泛、可再生、储运方便、利用率高、可以通过燃料电池把化学能直接转化为电能等优点，这使得氢能在能源和化工领域有着广泛的应用，其应用具体表现在如下 5 个方面，如图 3－28 所示。

(1)在汽车行业，对燃料电池汽车，使用氢燃料电池的汽车更迅速。世界上主要的汽车制造商的最新发展方向是各种类型的燃料电池汽车，如日本丰田公司的“FCHV”类型燃料电池汽车的研究和开发，其燃料为 4000 kPa 压缩氢气。

(2)在化学工业中，氢也是一种重要的合成氨的原材料。

(3) 在冶金行业里，大多数的金属氧化物都需要用还原剂还原成金属，在这个过程中，氢气就可以作为金属氧化物在高温还原过程中的保护气体。

(4) 在航空航天工业中，对于氢的使用，可以追溯到第二次世界大战期间，那时候已经开始使用氢作为液体火箭推进剂，美国 1970 年的“阿波罗”登月飞船在起飞时曾使用过液态氢作为火箭燃料，目前科学家们正在开发一种被称为“固态氢”的新型燃料。

(5)在人们的生活方面，氢气的应用也十分广泛，比如大量使用的氢能发电，还有正在研究中的氢能冰箱和氢能空调等。

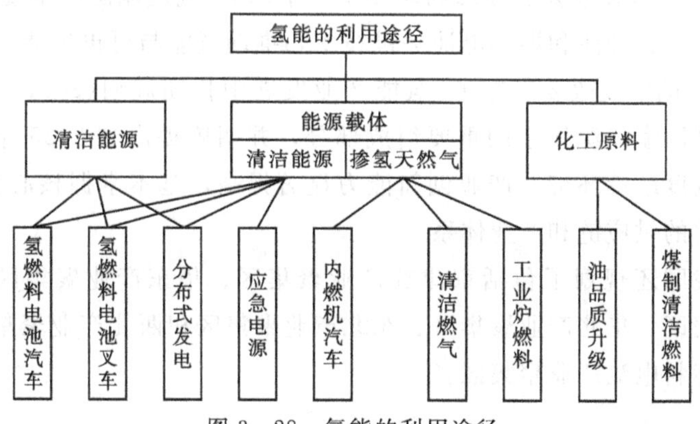

图 3－28 氢能的利用途径

事实上，世界多国自 21 世纪以来均加快了对氢能的开发与利用，其中一些发达国家甚至将氢能列为国家能源体系中的重要组成部分。近年来，我国日益重视氢能产业的发展，并加快进行氢能产业的布局。

2016 年 3 月，国家发改委和国家能源局联合发布《能源技术革命创新行动计划(2016—2030 年)》，明确提出把可再生能源制氢、氢能与燃料电池技术创新作为重点发展内容。

2016 年 8 月，联合国开发计划署在中国设立首个“氢经济示范城市”项目并在江苏如皋正式启动，至 2020 年 10 月，已有近 20 家氢能企业。

2016 年 10 月，中国标准化研究院和全国氢能标准化技术委员会联合组织编著《中国氢能产业基础设施发展蓝皮书(2016)》，首次提出我国氢能产业基础设施的发展路线图和技术发展路线图。

2016 年 10 月，广东佛山(云浮)产业转移工业园的新能源汽车生产基地投产，规划年产能为 5000 辆氢能汽车。近年来，该工业园先后吸引了中铁集团、巴拉德、国鸿氢能等一批战略合作伙伴，创建了佛山云浮氢能源和新材料发展研究院，自主研发具备国际先进水平的氢能源客车，率先在佛山、云浮搭建起氢能源城市公交示范推广平台。

2017 年 8 月，我国首条自动化氢燃料电池发动机大批量生产线在河北省张家口市的生产基地正式投产，规划项目全部完工后，该基地燃料电池发动机年产能可达到 1 万台。

2018 年 1 月，武汉市氢能产业发展规划建议方案出炉，计划到 2025 年，将武汉打造成为世界级新型氢能城市。

2018 年 2 月，中国氢能源及燃料电池产业创新战略联盟在北京正式成立，标志着构建具有中国特色的氢能社会的进程将提质提速。

2019 年 3 月，氢能源首次写入当年的政府工作报告，报告提到要推进充电、加氢等设施的建设。

2019 年 12 月，中国石化经济技术研究院在关于《2020 中国能源化工产业发展报告》中指出，我国氢能产业正步入快速发展机遇期。初步判断 2035 年后，世界上将出现碳减排压力加大，可再生能源制氢、氢燃料电池系统成本大幅下降的局面，氢燃料汽车和加氢站数量在部分地区将有较大增幅。

2021 年 3 月，国家发改委、能源局印发了《“十四五”现代能源体系规划》，提出要攻克高效氢气制备、储运、加注和燃料电池关键技术，推动氢能与可再生能源融合发展。

2022 年 3 月，国家发改委发布了《氢能产业发展中长期规划(2021—2035 年)》，规划强调了氢能是未来国家能源体系的重要组成部分，并明确提出到 2025 年，形成较为完善的氢能产业发展制度政策环境，产业创新能力显著提高，基本掌握核心技术和制造工艺，初步建立较为完整的供应链和产业体系。

除此之外，我国还规划了包括京津冀产业聚集区、华东产业聚集区、华南产业聚集区、华中产业聚集区、华北产业聚集区、东北产业聚集区和西北产业聚集区等以氢能产业为核心的七大氢燃料电池产业聚集区。

3.5.2 生物质热化学转化制氢

目前最常用到的制氢技术是使用不可再生的化石燃料的高温蒸汽重整或部分氧化技术。使用化石燃料制备氢气的技术虽然比较成熟，但是既不能解决化石能源枯竭的问题，也不能消除二氧化碳和其他污染物排放的来源，而且还会造成环境污染问题。

近年来，生物质制氢技术的研究取得了很大进展，已接近工业化阶段。生物质直接制氢的最大问题是焦油含量较高，能量转化率太低。同时，由于生物质的能量密度和分布较低，大规模的收集和运输成本较高，效率太低。但是，从长远来看，在能源领域，逐渐发展的生物质制氢技术必将代替化石能源的开采和利用。目前，最常用的生物质制氢技术主要为热化学转换制氢和微生物制氢。

1. 生物质热解制氢

生物质的热解制氢技术是指在隔绝氧气的情况下，生物质中的有机物质在热作用下发生分解反应产生氢气的过程。该过程的压力为 0.1～0.5 MPa，热解温度为 600～800 K，发生的反应如下：

$$生物质 \longrightarrow H_2 + CO + CH_4 + 焦油 + 焦炭 + 其他产物 \tag{3-17}$$

与此同时，烃类等也通过重整转化为氢气：

$$CH_4 + H_2O \longrightarrow 3H_2 + CO \tag{3-18}$$

生物质热解过程其实就是生物质原料中的大分子有机化合物的化学键断开，裂解为小分子挥发物质的过程。热解产物以气相、液相、固相三种形式存在：气相产物主要为 H_2、CO、CO_2；液相产物主要包括焦油、有机酸、醇及酮；固相产物为焦炭。不同生物质的热解产物占比如表 3.3 所示。

表 3.3　几种生物质热解产物占比

生物质	固相产物/%	气相产物/%	液相产物/%
木材	28.84	15.94	55.22
坚果壳	38.20	18.58	43.22
橄榄壳	34.22	19.65	46.13
葡萄渣	45.75	17.80	36.45
稻草壳	35.95	20.87	43.18

研究发现，热解过程中产生的固体焦炭的活性相对较高，可以与挥发分中不可冷凝部分的水蒸气、H_2 或 CO_2 等气体反应生成气体燃料。生物质热解和制氢过程必然会产生一定量的焦油。挥发分中可冷凝的部分冷凝形成的焦油会腐蚀和堵塞相应的反应管路，这大大地阻碍了热解制氢技术工艺的发展。除此之外，焦油中的烃类物质含有部分氢元素，若直接舍弃则会降低整个热解过程的氢产率，因此可通过热裂解或催化裂解的方法将焦油转化为气体产物，在消除焦油危害的同时回收利用焦油中的有效物质。相较于热裂解，催化裂解的效率更高。因此，可在生物质催化热解或气化过程中添加合适的催化剂，以提高产氢率。刘明等[17]分别利用纤维素、半纤维素和木质素作为底物，在固定化床中研究了 Na_2CO_3 - NaOH 熔融盐和镍对热解制氢的影响，获得了高产氢量，分别为 910 mL/g、714 mL/g 和 1106 mL/g，H_2 体积分数分别为 77.6%、77.8%和 91.6%。

2. 生物质气化制氢

生物质气化制氢技术是指把水蒸气、富氧空气和氧气等作为气化剂，在高温条件下，生物质在反应器中通过热化学反应，再进行水蒸气转化反应，最后经过分离提纯制取氢气的过程。在生物质气化制氢技术过程中，最需要考虑的因素就是反应器和气化剂的选择。表 3.4 给出了三种常用气化介质下气化产物的组分。但是生物质气化过程中产生的焦油不仅容易堵塞气化设备，而且极易抑制水蒸气转化反应的发生。综上，生物质原材料的选择、反应温度、升温速率、原材料在反应器中的停留时间和选用的催化剂是抑制结焦、提高氢气产率的重要影响因素。

表 3.4 不同气化介质下气化产物的组分

产气组分(体积分数)	空气	水蒸气	水蒸气-氧气(空气)
H_2/%(干燥基)	5.0～16.3	38～56	13.8～31.7
CO/%(干燥基)	9.9～22.4	17～32	42.5～52.0
CO_2/%(干燥基)	9.0～19.4	13～17	14.4～36.3
CH_4/%(干燥基)	2.2～6.2	7～12	6.0～7.5
C_2H_n/%(干燥基)	0.2～3.3	2.1～2.3	2.5～3.6
N_2/%(干燥基)	41.6～61.6	0	0
水蒸气/%(收到基)	11～34	52～60	38～61

为了降低生物质气化过程中焦油的含量，目前开发了多种工艺，包括对生物质进行预处理、气化反应器的优化设计、生物质气体净化等。在生物质气化过程中用来提高氢气产率、降低焦油的方法就是选用合适的催化剂。当前应用最多的生物质气化催化剂包括白云石、橄榄石、石灰石、方解石、菱镁矿、沸石、铁矿和黏土矿、碱金属及其盐等天然矿物催化剂，以及镍催化剂、铑催化剂和钴催化剂等的合成催化剂。生物质气化催化制氢工艺的典型流程如图 3-29 所示。

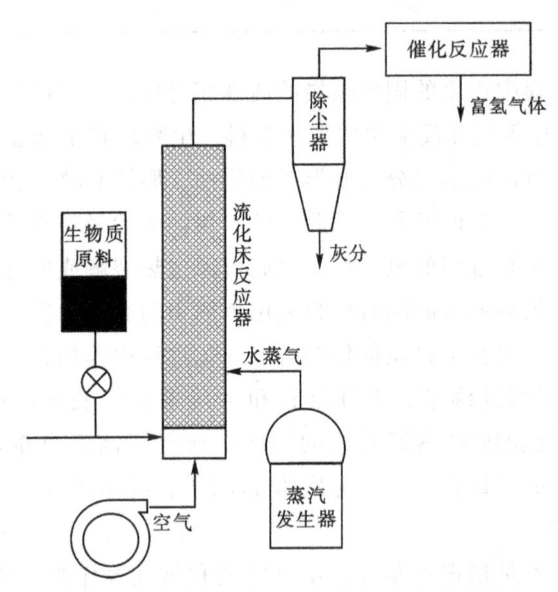

图 3-29 生物质催化气化制氢工艺流程图

现在用到最多的气化反应器主要是循环流化床气化炉(其结构见图 3-30)。将物料加入高温循环流化床后，物料发生快速热解，会生成固体产物焦炭(其实是碳和灰分共存的产物)、气体(以二氧化碳和氢气为主)、经过冷凝后形成的生物焦油。焦炭随着上升的气流与二氧化碳和水蒸气进行还原反应，生物焦油则会在高温的环境下继续进行热裂解反应，二次反应结束后没有反应完的炭粒在出口处被分离出来，然后经过循环管被送入流化床气化炉的底部，和从底部进入的空气或氧气发生燃烧反应，放出热量，这些热量可以为整个气化过程供热。循环流化床气化炉的热裂解反应需要在高温条件下进行，并且其传热性能好，因为有炭粒燃烧放出的热量为反应器供热，所以整个反应过程加热效率快，操作工艺较简单，生产的气体质量也很高，其中 H_2 的含量也较高。

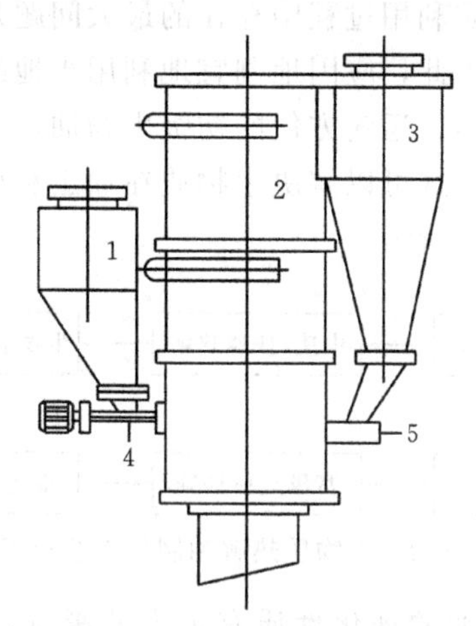

1—料仓；2—流化床气化炉；3—旋风分离器；4—螺旋进料器；5—返料器。

图 3-30　循环流化床气化炉

在传统的生物质气化制氢的基础上，通过添加 CaO，可以强化气化过程，提高氢气的产率。图 3-31 是以 CaO 为吸收体的生物质气化制氢技术原理示意图。该技术主要由两个反应器构成，分别是气化炉与再生炉。气化炉中发生的主要反应除了式(3-6)、式(3-7)、式(3-18)等氢气生成反应外，还包括如下反应：

$$CaO + CO_2 \longrightarrow CaCO_3，\Delta H = +206.3\ kJ/mol \quad (3-19)$$

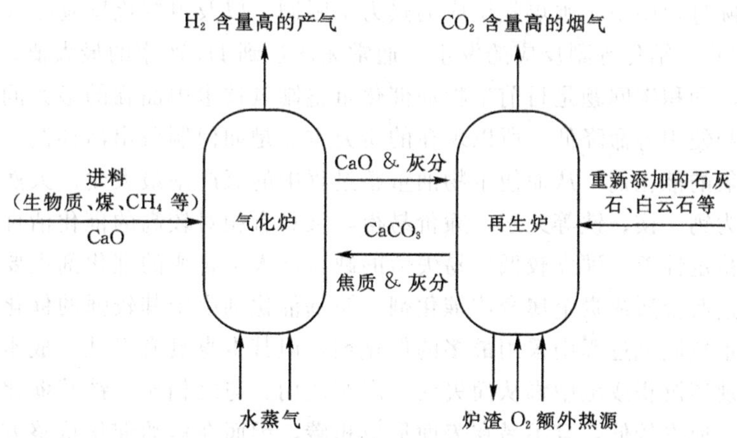

图 3-31　以 CaO 为吸收体的生物质气化制氢技术原理示意图

气化炉中加入 CaO 主要有两个作用：一方面可以通过 CaO 碳酸化吸收气化所产生的 CO_2，促进 CH_4 重整反应、水煤气反应和水煤气变换反应向生成 H_2 的方向进行；另一方面碳酸化所释放的反应热可以为吸热的气化反应提供所需的能量。

气化后剩余的生物质半焦和吸收后生成的 $CaCO_3$ 被送入再生炉。再生炉的作用在于将 $CaCO_3$ 煅烧分解重新获得 CaO 并将其再次送回气化炉作为 CO_2 气体的吸收剂，煅烧所需的热量可以由气化半焦的燃烧放热来提供。

3. 生物质热解油水蒸气重整制氢

热解油催化重整制氢是指在高温条件下，生物油通过水蒸气与催化剂的共同作用产生氢气的过程。当前我国的生物质利用过程中存在的最大问题是生物质原材料很分散、密度较低、收集运输都比较困难。因此，应因地制宜地利用当地的生物质能源建立分散生物质热解液化装置，获得能量密度高、运输方便的初级生物油，然后可以利用产生的初级生物油和水蒸气进行催化重整制氢，这可以解决生物质在加工利用中的运输成本问题。生物油的催化重整制氢过程如图 3-32 所示。

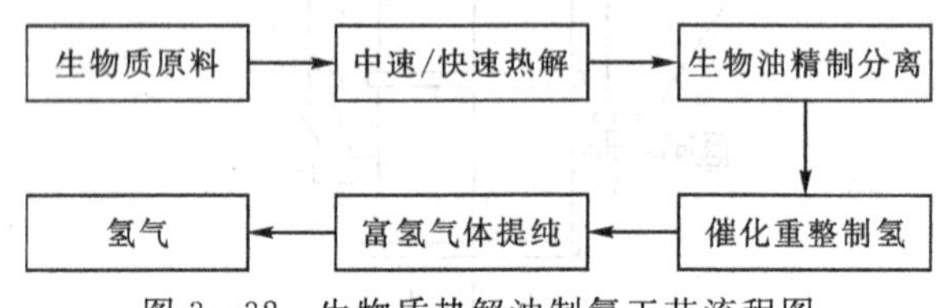

图 3-32　生物质热解油制氢工艺流程图

生物质的理化性质对生物油的理化性质有很大的影响，生物油中含有很多含氧化合物，主要有糖类、酸类、苯酚类、醛酮类、醇醚酯类、呋喃类、芳香烃类等，具有含水量和含氧量高、热值低、成分复杂等特点。生物油重整制氢过程中发生的主要反应如式(3-20)所示：

$$C_nH_mO_k + (n-k)H_2O \longrightarrow nCO + (n+m/2-k)H_2 \tag{3-20}$$

式(3-20)反应产生的 CO 可通过如式(3-6)所示的水汽变换反应转化为 H_2，将这两个反应结合可得生物油重整制氢的最终反应：

$$C_nH_mO_k + (2n-k)H_2O \longrightarrow nCO_2 + (2n+m/2-k)H_2 \tag{3-21}$$

然而，实际过程中由于水煤气反应的热力学限制，以及甲烷化反应(式(3-8)、式(3-10)、式(3-12))、结焦等副反应的发生，通常无法达到 H_2 产率的最大值。

催化剂失活和积碳问题是目前生物油催化重整制氢技术中面临的最大问题，其会导致催化剂的活性和使用寿命降低。所以现在的研究重点是如何制备出活性高、稳定性好、用于催化重整制氢的催化剂，从而使生物油重整过程中的氢产率最大化。天然矿石催化剂的主要活性组分为钙、镁、铁等元素，廉价易得，又具有相对较高的催化活性，但是在反应过程中存在热稳定性差、硬度较低、易失活的缺点。人工合成的催化剂主要包括一些碱金属类催化剂、过渡金属或贵金属合成催化剂。镍基催化剂由于其较强的催化活性而成为现在研究生物油重整制氢过程中采用最多的催化剂，但其本身具有毒性，成本较高，且在使用过程中易出现碳沉积或硫中毒从而失活，限制使用。与之相比，铁基催化剂同样具有较强的催化活性，成本较低，且不易在表面形成积碳，因而在焦油催化重整方面表现出巨大的应用前景。

目前很多研究者开展了生物油及其模型化合物的催化重整制氢研究。Quan 等[18]利用固定床反应器研究了 Fe/橄榄石催化剂对椰壳热解油水蒸气重整的影响，所采用的焦油催化重整装置如图 3-33 所示。利用石英棉将 Fe/橄榄石催化剂颗粒固定在石英管中部，水及焦油由注射泵以恒定速率注入反应器内，重整产物由载气 N_2 吹出反应管，经过冷凝分为气相产物和液相产物，液相产物由液体收集器进行收集，气态产物则经干燥管干燥后用气相色谱分析其组分。

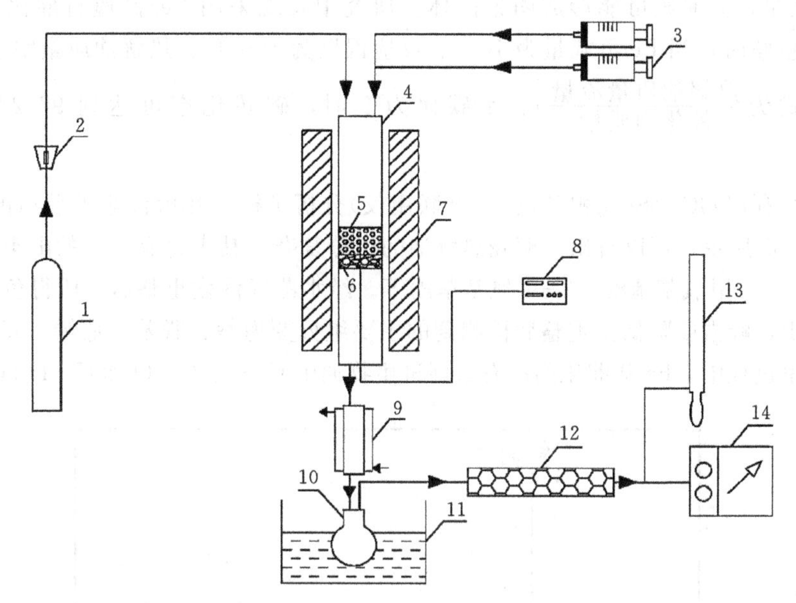

1—N_2 气瓶；2—流量计；3—注射泵；4—石英管；5—催化剂床层；6—石英棉；7—电炉；8—温控仪；9—冷凝管；10—液体收集器；11—冰水浴；12—干燥管；13—皂泡流量计；14—气相色谱仪。

图 3-33　固定床反应器示意图

图 3-34 显示了 Fe 的负载量对焦油催化重整效果的影响。与未负载 Fe 的橄榄石相比，Fe/橄榄石催化剂具有更高的 H_2 产率和催化活性。随着 Fe 负载量的增大，H_2 浓度和碳转化率随之增大，在 10%时达到了最大值。但随着 Fe 负载量的进一步增大，H_2 浓度

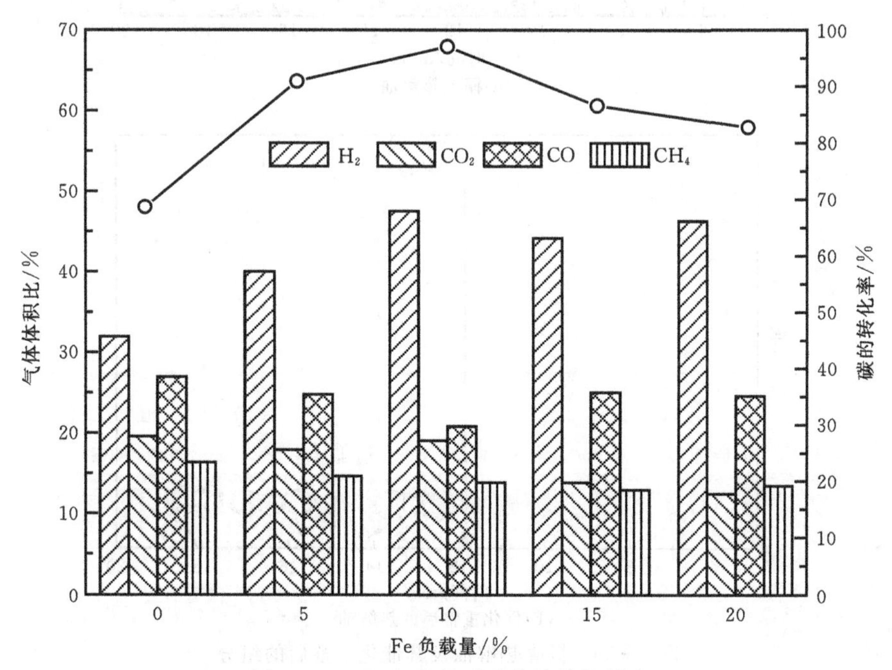

图 3-34　Fe 负载量对重整效果的影响

和碳转化率出现了下降趋势。这可能是由于当 Fe 负载量较小时催化剂的活性位点不足，而当 Fe 负载量过大时则可能形成团聚晶体。研究中发现采用 Fe/橄榄石催化剂进行椰壳热解油催化重整时，当 Fe 负载量为 10%、反应温度为 800 ℃、热解油质量空速为 $0.5\ h^{-1}$（其计算公式为 $\frac{\text{热解油质量流量}}{\text{催化剂质量}}$）、水碳比为 2 时，碳转化率可达到 97.2%，氢浓度为 47.6%。

研究人员利用 GC-MS（气相色谱-质谱联用仪）分析了椰壳热解油重整前后的组分变化，结果如图 3-35 所示。可以看出，椰壳热解油的组分复杂，其中含有大量的酚类化合物，包括苯酚、2，6-二甲氧基苯酚、2-甲氧基苯酚等。经水蒸气催化重整后，所得色谱图中组分峰的数量减少，峰强度降低。重整后检测到的主要组分变为萘、联苯、苊烯、氧芴和蒽。表明在催化重整过程中，Fe 基催化剂能有效促进生物油中 C—C、C—O 和 C—H 键的断裂。

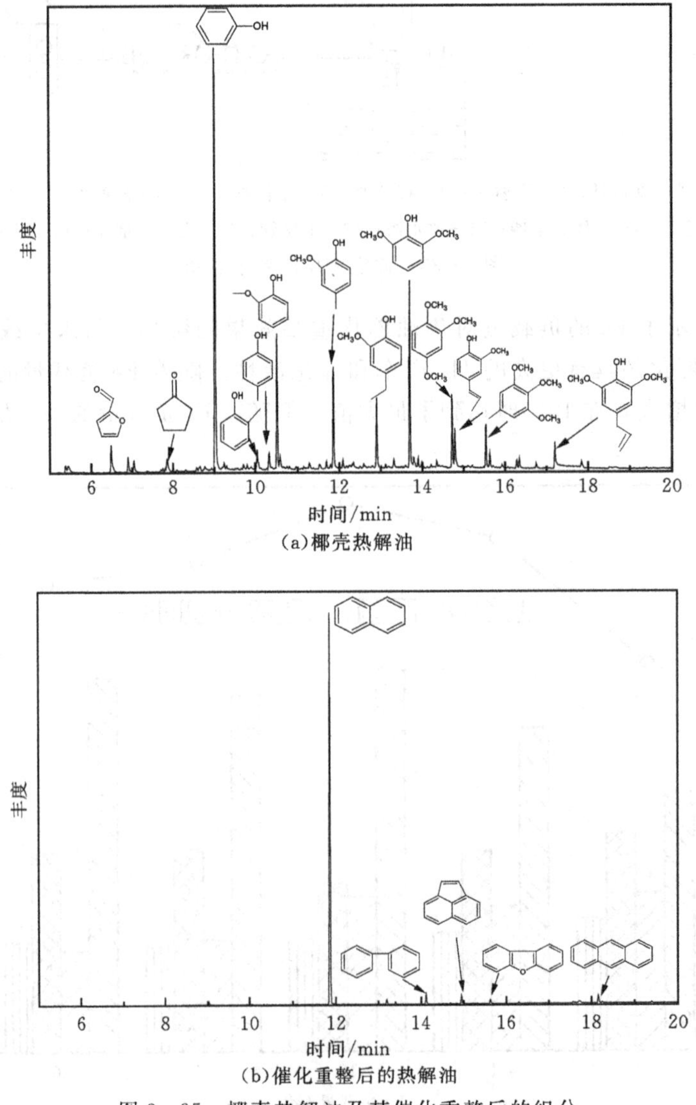

(a)椰壳热解油

(b)催化重整后的热解油

图 3-35　椰壳热解油及其催化重整后的组分

4. 生物质超临界转换制氢

超临界水是当温度和压力大于临界点时(374 ℃，22.1 MPa)的水，是水的第四种状态，如图 3－36 所示。超临界水的物理参数(例如密度、介电常数和电离度)随压力和温度的变化而变化，并且该参数在临界点附近变化最大。超临界水的氢键数和介电常数小于常温常压下水的这些物理参数，从而增加了有机物在超临界水中的溶解度，降低了无机盐等离子体化合物的溶解度，使得超临界水成为一种有效的有机溶剂。此外，高温高压使得超临界水中含有大量的羟基和氢自由基，这有利于促进碳氢化合物的分解，使有机物在较低的温度下即可发生反应，实现生物质废弃物的清洁高效利用。

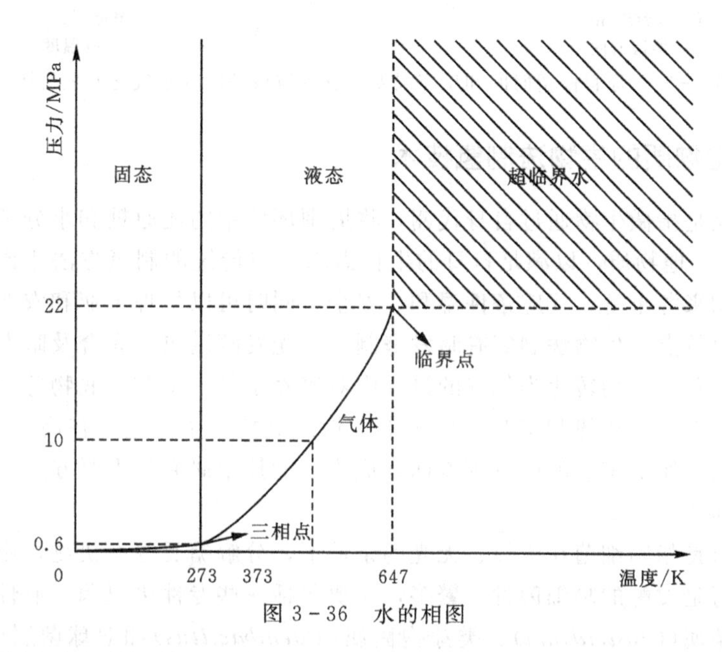

图 3－36　水的相图

生物质超临界转换制氢是以一定比例的水为原料，在超临界条件下转化制氢的方法。在超临界制氢过程中，较高的温度、低浓度及高的升温速率将有利于超临界水的气化产氢，但氢气产量受到原料停留时间、反应器大小、反应器的操作压力和反应温度等因素的影响，而且该方法对金属设备腐蚀很严重。

Su 等[19]研究了反应温度和原料停留时间对餐厨垃圾超临界水气化制氢的影响，结果如图 3－37 所示。随着停留时间的增加，CH_4 和 H_2 的产率相应地增加，这可能是由于较长的停留时间增强了热裂化反应，促进了气体的产生。当反应温度从 400 ℃升高到450 ℃时，H_2 的产率先降低后升高，而 CO_2 则相反。此外，CH_4 和总气体的产率也增加了。随着温度的升高，临界状态下的水密度降低，从而增加了离子产物并促进了自由基反应的发生，而自由基浓度的增加有利于生物质的分解。除此之外，水煤气变换反应是吸热反应，温度的升高及二氧化碳产量的降低促进了高温下水煤气变换反应的发生，进而促进了氢气的产生。

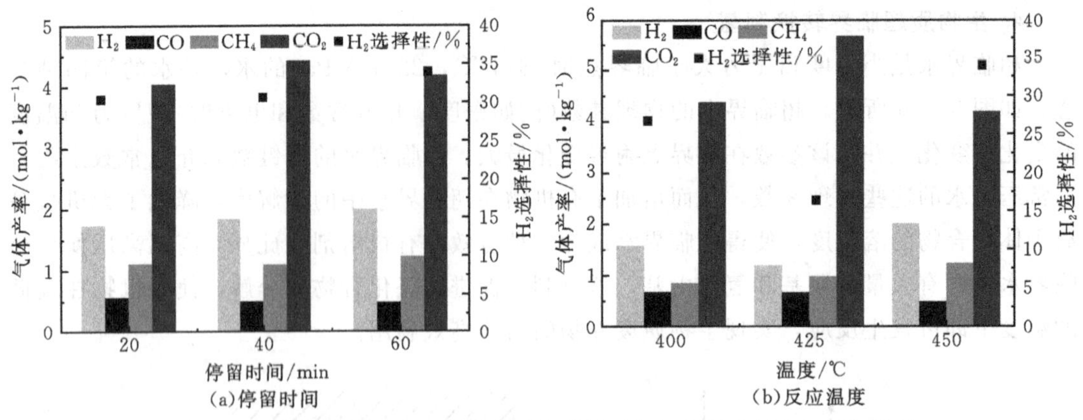

图 3-37 原料停留时间和反应温度对餐厨垃圾超临界水气化制氢的影响

3.5.3 生物质的生物法制氢技术

微生物制氢是指微生物通过自身代谢，将周围环境中的还原糖和小分子酸等碳水化合物转化成 H_2 和其他物质，以满足自身的生长需求。与传统的制氢方法相比，微生物制氢工艺简单，底物来源丰富，反应条件温和、安全，同时可以处理工业和农业废物，具有清洁、节能等突出特点。生物法制氢有暗发酵制氢、光发酵制氢、光合及暗发酵联合制氢等方式，由于微生物将底物转化为氢气的过程中对培养条件、工艺、底物等需求均不同，各个制氢途径均存在相对优势和劣势。近年来生物制氢技术主要集中在高产氢菌株的筛选、制氢机制的探索、制氢工艺的研发等方面，成为氢能技术研究的重要方向。

1. 暗发酵制氢

暗发酵制氢是指暗细菌在厌氧、无光的条件下，分解糖类等有机物，由氢酶调节产生氢气。能够进行暗发酵的暗细菌种类繁多，主要包括一些专性厌氧菌、兼性厌氧菌和少量好氧菌，如梭菌属(*Clostridium*)、类芽孢菌属(*Paenibacillus*)和双球菌属(*Diplococcus*)。目前，已知的暗发酵制氢途径包括甲酸分解制氢、丙酮酸脱羧制氢和烟酰胺腺嘌呤二核甘酸(NADH/NAD)平衡调节制氢 3 种。图 3-38 展示的是以葡萄糖为底物时的暗发酵制氢过程。首先，葡萄糖通过糖酵解途径生成丙酮酸、三磷酸腺苷(ATP)及 NADH；甲酸分解制氢途径：在丙酮酸甲酸裂解酶和甲酸氢解酶的作用下，丙酮酸分别被催化生成甲酸、CO_2 和 H_2；丙酮酸脱羧制氢：在丙酮酸铁氧还原蛋白酶的催化作用下，丙酮酸被转化为乙酰辅酶 A(Acetyl-CoA)、CO_2 和还原型铁氧还蛋白，氢酶接受铁氧还原酶传递的高能电子，还原质子生成氢气；NADH/NAD 平衡调节制氢途径：在烟酰胺腺嘌呤二核苷酸还原酶作用下，NADH 通过铁氧还原酶将高能电子传递给氢酶，还原质子生成氢气。暗发酵制氢途径均由 ATP 提供能量。另外，根据代谢副产物的不同，又可将暗发酵分为丙酸型发酵、丁酸型发酵和乙醇型发酵。NAD 为烟酰胺腺嘌呤二苷酸，NADH 为其还原态。

为了获得高制氢性能的微生物，提高暗发酵制氢量，国内外研究者们分离纯化了许多新菌株。Raghuveer 等[20] 基于嗜热菌(*Thermotoga Maritima*，海栖热袍菌)构建了突变株，结果表明降低麦芽糖的摄取率可提高产氢量至 5.7 mol H_2/葡萄糖。Jiang 等[21] 测试了 C. 丁基梭状芽胞杆菌细菌在不同底物条件下的制氢性能，其最大制氢量可达到 2.15 mol H_2/mol 己糖。Sivagurunathan 等[22] 采用混合微生物培养法在 pH 为 7.0、35 ℃的条件下研究

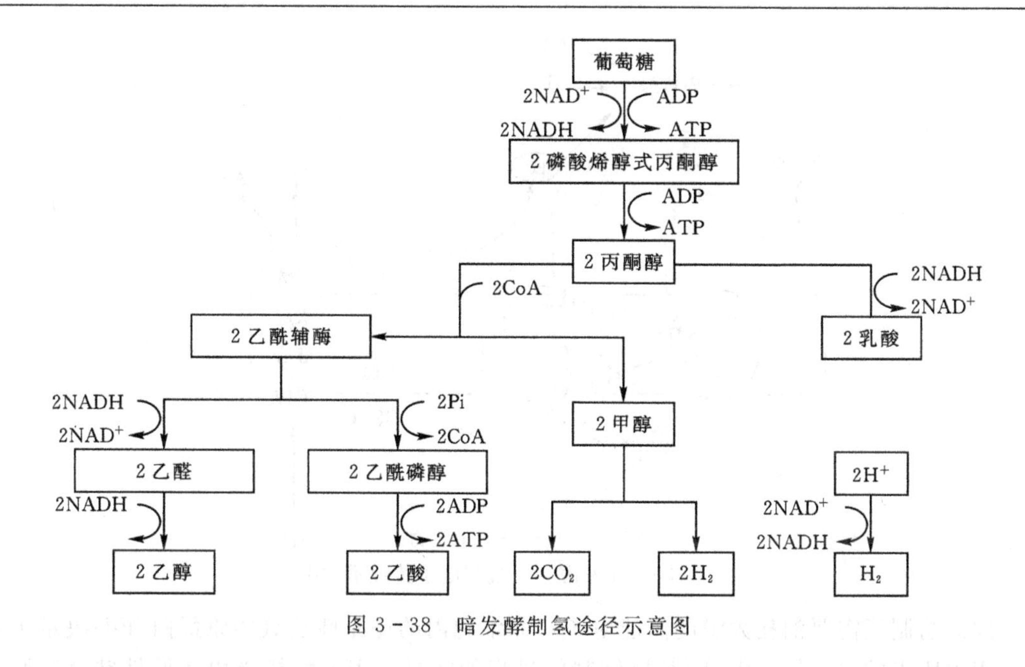

图 3 - 38　暗发酵制氢途径示意图

了混合菌源处理饮料废水(10 g COD/L)，获得了相当于 1.92 mol H_2/mol 葡萄糖的制氢量。Yang 等[23]以牛粪为接种物，利用处理后的玉米秸秆水解液作为暗发酵的底物进行制氢，其制氢量达到了 192.9 mL/g - TVS。

暗发酵的制氢速率较高，约是光发酵的十倍，并且可以有效地处理工业和农业废弃物，但由于发酵过程中有丁酸等挥发性酸的积累，使得制氢液酸化，导致制氢酶活性降低，严重抑制了其制氢活动，且底物转化率较低，导致目前没有被大规模推广应用于制氢。因此，未来暗发酵的研究可以从以下两个方面入手：①将暗发酵与光催化、光发酵、燃料电池等结合起来，既有效处理了暗发酵废液，解决了暗发酵的抑制作用，又能提高能量转化率；②筛选高效暗发酵制氢菌群，深入研究菌群之间相互协同的机理，提高暗发酵制氢性能。

2. 光发酵制氢

光发酵制氢是指光合细菌(photosynthetic bacteria，PSB)在厌氧、有光、缺乏氮源的条件下，由固氮酶调节产生氢气，并且制氢过程中不会放出氧气，因此无需分离氢气和氧气，与光水解制氢相比，产生的气体中氢气浓度高。由于光合细菌属于原核生物，只含有光合系统Ⅰ(PSⅠ)，因此制氢过程中不伴随氧气的生成。实验室常用的光合细菌包括荚膜红假单胞菌(R. Capsulatus)、球形红细菌(R. Sphaeroides)、沼泽红细菌(R. Palustris)和深红螺菌(R. Rubrum)等，广泛分布于自然界的土壤、水田、湖泊等处。

如图 3 - 39 所示，光合磷酸化过程提供光发酵制氢过程所需的三磷酸腺苷(ATP)，其能量来源不受限制，因此光发酵制氢效率要高于暗发酵制氢效率。光合细菌以有机底物作为氢供体和电子供体，细胞膜上的光捕获复合中心的色素吸收外界传递来的光子，将能量传递给光合作用中心，从而将周围环境中的电子转化为高能电子。由于细胞膜两侧存在质子浓度差，因此质子通过被动运输传递到细胞膜内参与制氢。

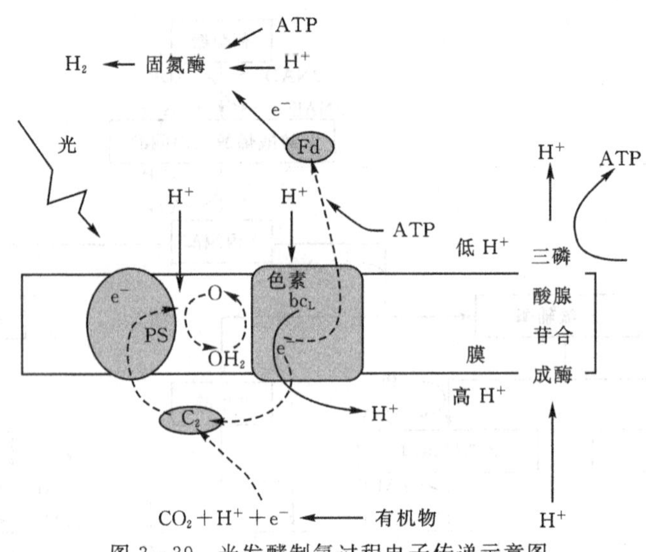

图 3-39 光发酵制氢过程电子传递示意图

固氮酶制氢需要消耗大量的高能电子，而细胞内的还原性铁氧还原蛋白(Fd)决定了制氢过程中所需的电子量，由 ATP 提供制氢过程的能量，固氮酶接受由还原性铁氧还原蛋白传递的高能电子后，将质子还原成 H_2，如公式(3-22)所示：

$$2H^+ + 2e^- + 4ATP \xlongequal{\text{固氮酶}} H_2 + 4ADP + 4Pi(\text{磷酸基}) \qquad (3-22)$$

目前对生物质光发酵制氢的研究主要集中于采用基因工程手段去除竞争途径的基因，或者增加与制氢相关的酶的同源表达、优化反应条件及反应器设计等方面。Zhang 等[23]对光合细菌中的 F0F1-ATPase(ATP 合成酶)的 f1 操纵子基因进行过表达，以研究其对球形红细菌 R. Sphaeroides HY01 的 ATP 含量、固氮酶活性及光发酵制氢性能的影响。实验结果表明，经过基因改造后，光合细菌体内的 ATP 含量增加了 40.7%，固氮酶活性提高了 32.3%，光发酵制氢量及最大制氢速率分别增加了 27.8%和 20.6%，说明 f1 操纵子基因的过表达可以显著提高球形红细菌 R. Sphaeroides HY01 的 ATP 含量及光发酵制氢性能。Wu 等[25]研究了固氮调控基因对 R. Palustris 光发酵制氢的影响，制氢实验表明，与野生型菌株相比，nifA draT2 和 nifA glnK2 双突变株对铵盐的耐受性分别提高了 25 倍和 10 倍，说明提高光合细菌耐铵性是提高制氢性能的有效途径之一。Zhang 等[26]优化了以玉米棒为底物的光发酵制氢条件，并获得了 589.21 mmol/L 的累计制氢量，底物转化率达到了 40.48%。Tawfik 等[27]以淀粉废水暗发酵后的废液为底物进行了光发酵连续制氢测试，得到 3.05 L H_2/d 的制氢速率，同时达到较高的 COD 去除率。

光发酵制氢过程底物转化率高、制氢量大、氢气浓度高，但是其光能转化效率低，制氢速率较低，约是暗发酵制氢速率的十分之一。未来光发酵的研究可以从以下三个方面入手：①通过基因工程等手段对现有的光合细菌进行基因改造，提高其对环境中不良因素的耐受性；②开发廉价底物预处理方法，降低预处理成本，以满足大规模应用的需求；③深入研究光合细菌与光反应器之间的匹配关系，提高光能转化效率。

3. 暗-光联合两步法制氢

暗-光联合两步法制氢则是目前生物法制氢研究的重点。首先，厌氧发酵菌把复杂的有机物转化成短链脂肪酸、氢气和二氧化碳。然后，光合细菌把发酵细菌产生的短链脂肪酸通过代谢生成氢气和二氧化碳。Nath 等[28]尝试将光合细菌球形红细菌和厌氧发酵菌阴沟肠杆菌进行两步法联合制氢，整个过程的氢产量比单一制氢过程要高。Liu 等[29]以葡萄糖为底物，通过使用游离的乙醇型发酵细菌和固定化光发酵细菌两步法制氢，其制氢量达到了 6.32 mol H_2/mol 葡萄糖。暗-光联合两步法制氢提高了生物制氢的产量和底物转化率，降低了生物制氢的成本[30]。除了一些糖类物质，工业有机废水及农业废料等生物质也是生物制氢可利用的有机底物。Eroglu 等[31]则利用暗-光联合两步法处理橄榄油厂废水，进行发酵制氢。而秸秆类生物质，由于其难降解性，在生活中常被废弃或燃烧，同时伴随着环境污染问题。农作物秸秆的主要成分是纤维素、半纤维素和木质素，通过一定的预处理过程，如微波加热、碱处理等，纤维素和半纤维素可以被水解成可发酵还原糖。许多学者用稻秆来发酵制取生物质能源燃料、酒精或者氢气[32-34]。

4. 暗-光混合制氢

在暗-光联合制氢的研究中，为了提高制氢效率，简化制氢工艺，提高制氢的稳定性，一些学者尝试用光合细菌和厌氧发酵菌混合培养的方式制氢。据报道 Yokoi 等[35]以淀粉为有机底物，将厌氧发酵菌丁酸梭菌和光合细菌球形红细菌混合培养，制氢量为每摩尔葡萄糖 6.6 摩尔氢气。有研究者将河弧菌、海红菌和普通变形杆菌混合培养，河弧菌和变形杆菌在厌氧发酵中将生物大分子分解成小分子，还产生了海红菌可以利用的小分子生物活性物质[36]。此外，Kawaguchi[37]将乳酸菌和光合细菌共培养，乳酸菌利用其自身的淀粉酶活性将藻类淀粉有效地降解成小分子乳酸，进而被光合细菌利用，释放氢气。该共培养体系的 pH 维持在中性，氢气的转化效率在 60%左右，但制氢速率较低。该培养体系存在较大的缺陷，首先厌氧发酵菌和光合细菌的最适生长条件不同，且两种菌的生长很难达到协调统一，而过量累积的有机酸来不及消耗亦会对光合细菌产生有害影响；另外培养液中过高的菌浓度会产生光屏蔽效应，阻碍光合细菌光能吸收效率，降低其制氢活性。

5. 生物法制氢过程的影响因素

1)暗发酵制氢机制及影响因素

厌氧发酵菌没有细胞色素系统或厌氧磷酸化途径，因此，在厌氧条件下，发酵菌则通过产生氢气的机制来调节代谢中的电子流动，消耗多余的电子，维持自身代谢平衡。

在暗发酵制氢发酵过程中，主要起制氢作用的核心酶是氢酶。氢酶有很多种，目前已经发现和确定的氢酶种类达到 40 多种，这些氢酶都含有 Fe，有些还含有 Ni、Se 等，共同组成活性中心，氢酶在电子受体铁氧还原蛋白、黄素蛋白等辅助下进行一系列的催化反应。按制氢酶系统分，制氢发酵主要有丙酮酸脱氢酶系和甲酸裂解酶系。制氢发酵反应首先通过糖酵解途径将有机物转化成丙酮酸，进一步将丙酮酸氧化成乙酰辅酶 A，同时生成二氧化碳或将甲酸转化成二氧化碳，释放两个电子，生成氢气。

在厌氧暗发酵制氢过程中，通常是将复杂的碳水化合物水解后生成单糖，单糖通过丙酮酸途径实现分解，产生氢气并产生一些低分子有机酸和醇类。由于大量的有机酸或醇类等副产物的产生，使得有机物通过暗发酵转化成氢气的理论转化率低，每摩尔葡萄糖转化成氢气的量为 2～4 mol 氢气。根据主要发酵产物的不同，可以将暗发酵制氢体系分为丁酸型发酵、丁醇型发酵、乙醇型发酵和混合型发酵等类型。其中梭菌属主要为丁酸型发酵，肠杆菌主要为混合型发酵，丙酮丁醇梭菌和拜氏梭菌主要为丁醇型发酵，梭菌属中部分细菌、瘤胃球菌属、拟杆菌属等主要为乙醇型发酵。

近年来，科学家通过基因工程手段对发酵菌的相关有机酸或醇代谢途径进行调控，达到了减弱代谢抑制、提高制氢效率的目的。然而基因改造的调控范围仍较窄，基因操纵的有效进行更依赖于对发酵代谢机制的把握。此外，厌氧发酵菌受环境因素的影响，如温度、pH 值、氢分压、代谢产物等，对其制氢及生长条件进行优化亦是提高代谢效率的有效途径之一。

(1)菌种。目前发现的暗发酵制氢菌有几十种，主要有严格厌氧菌，如梭状芽孢杆菌、产甲烷菌、古细菌等；兼性厌氧菌，如大肠杆菌、柠檬酸杆菌等。不同菌株的代谢途径相异，制氢性能亦存在差异。在实际应用中，用于发酵的有机废水等成分复杂，为了提高厌氧发酵的稳定性，一般接种混合菌群。目前作为厌氧发酵制氢系统的接种物主要来自活性污泥、有机废水、动物粪便等。这种天然混合菌群以群落结构的形式发挥降解作用，不同的菌利用的底物之间形成互补，并相互提供生长因子，一种菌的代谢产物可能是另一种菌的转化底物，通过这种相互作用进而形成一种稳定的、高耐受性的降解体系。因此，往往混菌比纯菌具有更高的制氢效率。

(2)环境条件。多数细菌都有其最适的 pH 值范围，在厌氧制氢的过程中 pH 值过高或过低对制氢途径都会发生抑制现象。另外，随着氢气的释放，当氢分压升高时，细胞内的代谢途径会发生改变，生成更多的如乳酸、乙醇、丙酮、丁醇或丙氨酸等还原性物质，进而减少氢气的产量[38]。常用的厌氧生物处理控制温度有两个反应温度区间，中温区为 20～45℃，称为中温消化区，另一为 45～70℃，称为高温消化区。中温消化具有较好的系统稳定性，且节省能源，而高温消化虽然反应速率较快，可缩短消化时间，但菌体对温度的骤变较为敏感，不易控制。从经济角度考虑，将系统控制在中温条件下比较适当。

(3)其他。对厌氧制氢系统来说，一切会抑制菌株生长和制氢酶活性的因素都会抑制制氢。主要包含氧气、氨氮、硫化物和重金属等。毒性物质会使制氢延迟、抑制甚至会对制氢微生物产生毒害作用，造成微生物死亡。Zheng 等[39]发现利用葡萄糖暗发酵制氢，由于系统中有铜和锌的存在，发酵菌制氢的延迟期变长。

2)光发酵制氢机制及其影响因素

光合细菌制氢的基本过程主要是在固氮酶的催化下，将光合磷酸化 ATP 的合成与还原性物质代谢(底物降解)相耦联，利用吸收的光能及代谢产生的还原力产生氢气。

光合系统的制氢系统在结构上主要由两个部分组成：光合单位(photosynthetic unit，PSU)、制氢酶(固氮酶与氢酶)[40]。制氢过程如图 3-40 所示。制氢机理如下。

(1)位于细胞膜上的光合单位吸收光量子，激发电子，通过电子传递并在细胞膜两侧形成电位差；

(2)质子电位差驱动 ATP 合成酶(ATPase)合成 ATP；

(3)底物代谢系统：小分子有机酸在三羧酸循环作用下分解生成 CO_2 和 H^+，为固氮酶制氢提供质子氢；

(4)固氮酶(N_2ase)利用(2)和(3)提供的 ATP 和 H^+ 催化产 H_2，而氢酶(H_2ase)在制氢系统中主要起吸氢作用，将 H_2 分解成质子和电子。

光合细菌制氢并不是固氮酶单独催化 H^+ 释氢的过程，而是与细胞内光合磷酸化、有机物 TCA(三羧酸)循环相关联的代谢途径。光合磷酸化过程将太阳能转化为化学能，为光合细菌制氢提供了 ATP 来源。而另一代谢途径为有机底物降解，为光合制氢提供质子和还原力。

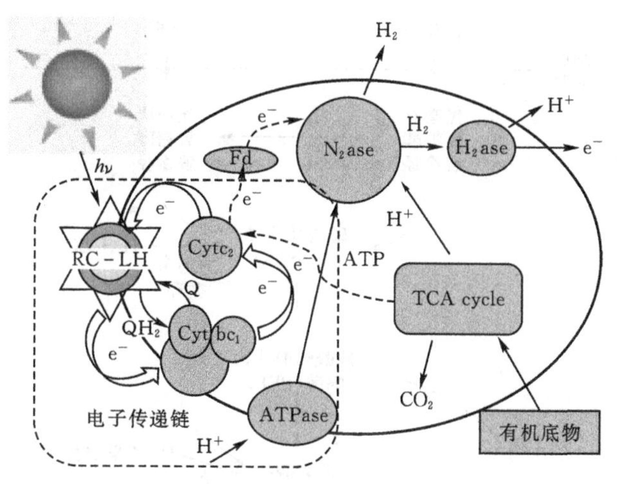

图 3-40　光合细菌制氢示意图
（RC-LH 为光反应中心）

光合细菌可利用的底物范围很广，如葡萄糖、蔗糖、果糖、丙酮酸、醋酸、乳酸、琥珀酸、丁酸、柠檬酸、谷氨酸、延胡索酸、苹果酸等。理论制氢量由下式计算所得[41]：

$$C_xH_yO_z+(2x-z)H_2O\longrightarrow\left(\frac{y}{2}+2x-z\right)H_2+xCO_2 \tag{3-23}$$

光细菌在不同底物条件下的制氢率及底物转化效率并不相同，这是由于不同底物在细菌体内的代谢途径不同。一般来说，一些有机酸盐如乳酸盐、TCA 循环的中间产物（如苹果酸盐、琥珀酸盐）等均是较好的制氢电子供体（见图 3-41）。光合细菌制氢是在厌氧光照下依赖于底物 TCA 代谢循环进行的，同时，制氢反应也是消耗 TCA 代谢所产生的还原力（NADH）的重要途径。当固氮酶活性受抑制时，TCA 循环也会受到限制，而其他代谢通路如聚合多糖的合成将会出现。当碳氮含量比较低时，会产生氨的累积并抑制制氢。故在适当的培养及营养条件下，光合细菌利用底物代谢提供电子及还原力，并吸收光合磷酸化过程合成的能量，在制氢酶的催化作用下释放氢气。

此外，由于光合细菌代谢方式的多样化，除了光合制氢，它还可以进行呼吸和发酵，能适应环境条件的变化而改变其获得能量的方式。当然其最佳的生长模式为厌氧光能异养生长，这也是其最优的制氢代谢方式。然而当制氢培养条件发生改变时，光合细菌也可以自动调整而进入其他的代谢模式如有氧呼吸、厌氧发酵和光能自养等，因此合理的运行条件是保证其进行光能异养生长和制氢的必要条件。但是完全避免其他代谢模式的出现是很困难的，比如由于反应器的设计，在中心部位，细菌只能获得较少的光能，进而会进行发酵型模式的代谢。此外，在制氢反应后期，随着碳源的消耗殆尽，细菌则会利用自身合成的有机物质进行内源呼吸生长。

近年来，为了提高光合制氢速率，筛选高性能的制氢菌株是研究的热点之一，但是筛选出的菌株数量仍有限，且筛菌过程困难重重。而通过基因改造以加强光合细菌的制氢过程，同时敲除竞争代谢途径，从而提高氢气的转化效率是一种行之有效的操作方式[43-44]。此外，影响光合制氢的外界因素有很多，如菌株、底物类型、光强、接种量、反应器类型等。制氢反应条件的优化是提高光合细菌制氢效率的有效途径之一。

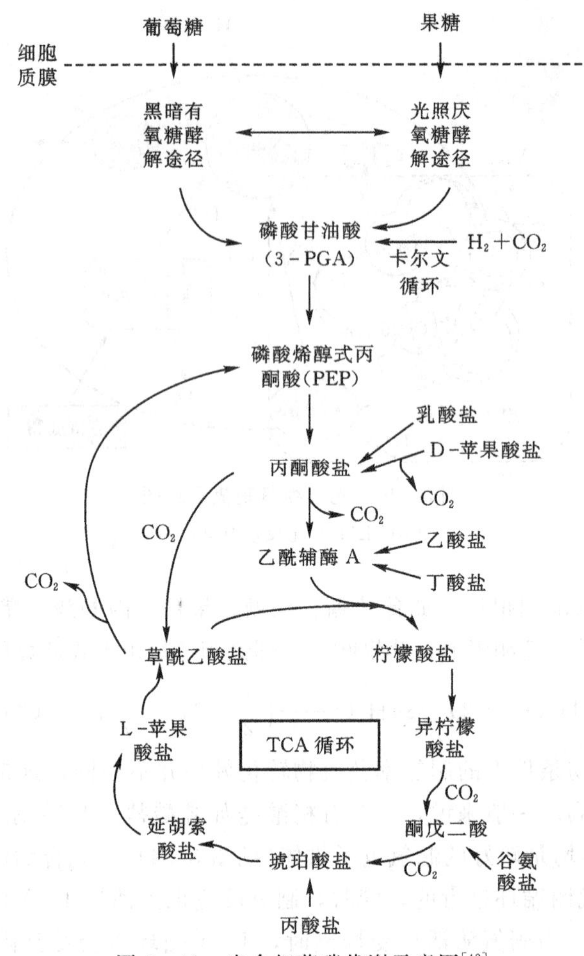

图 3-41 光合细菌碳代谢示意图[42]

(1)气氛条件。氧气对光合细菌制氢影响较大，制氢环境中的氧气会降低光合细菌固氮酶的活性，抑制制氢。一方面，由于固氮酶的组分均对氧气敏感，氧气能使固氮酶氧化失去活性；另一方面，氧气的存在还会抑制固氮酶的形成。因此，反应过程中要严格控制氧气含量，保证制氢反应在厌氧条件下进行。实际操作中，一般会用惰性气体氩气或氮气将反应器中的空气排净，以保证厌氧的环境。

(2)光强。光照条件对制氢影响较大，主要是由于光照强度增加不仅能提高固氮酶的催化活性还会加快光反应系统ATP的合成速率，进而提高光合细菌的制氢性能。在一定范围内，光合细菌的制氢速率与光照强度成正相关性。但当光照超过极限值，过高的光强可能会引起光合系统Ⅰ的过量激发，导致光合效率下降，制氢受抑制。Shi等[45]报道了R. Capsulata的适宜光照强度为3000 lx或更高。

不同菌株由于光合系统的差异，因此吸收光的波长不同，联合培养则是提高光合细菌光能利用率及制氢量的有效措施。Kondo等[46]利用R. sphaeroides RV及其突变株MTP4联合制氢，制氢速率和光能利用率均有提高，其中制氢速率达到3.64 L/(h · m^2)，光能转化率为2.18%，均高于两株菌分别单独制氢的速率及转化率。

(3)碳源。光合细菌可利用多种简单有机物来制氢，如低级脂肪酸、醇类、糖类、芳香族化合物等。光合细菌利用不同碳源制氢存在差异性。孙琦等[47]等对 *R. sphaeroides VM81* 及 *R. rubrum G－90BM* 的研究发现，葡萄糖的最适浓度为 38 mmol/L，而乳酸、乙酸和丁酸的最适浓度为 22～33.4 mmol/L。经过预处理的秸秆类生物质是光合发酵制氢的优良碳源。岳建芝等[48]利用超微粉碎技术对木质纤维素类生物质进行预处理，结果表明，经处理的超微秸秆具有良好的制氢能力。

(4)反应器类型。光合反应器的设计开发也是提高光能转化效率的重要研究内容之一。在光合生物制氢中，光反应器的形状、性能会直接影响到光的转化效率和光在反应器中的均匀性，从而影响到光合生物的制氢量和制氢速率。目前常用的光发酵反应器主要可分为圆柱状、管道式和平板式。平板式光生物反应器的光化学转化效率最高，其次是管道式光生物反应器，圆柱状光生物反应器转化效率最低[49]。研究人员在基本类型的基础上，改造出了不同的光发酵制氢反应器，用于光合放氢研究，并取得一定成效[50-51]。但至今，大规模光发酵生物反应器运行仍存在一定挑战。

(5)其他。光发酵制氢的性能还会受到环境温度、pH 值、接种物菌龄、接种量等因子的影响。光合细菌最适生长和制氢的温度范围为 30～35 ℃，最适 pH 值为中性条件。另外，菌种和接种量会直接影响菌株的生长状态及代谢过程，对制氢影响较大。菌龄不同，细菌具有的酶系统发育程度亦不同，对数期细胞分裂速度快、倍增时间短、代谢活动旺盛，故接种一般在对数期进行。接种量一般控制在 10%～20%，在一定范围内，光合细菌的制氢量随接种量的增加而增加，但菌体浓度过高不仅影响营养和制氢原料的供给，还会导致菌体的遮光效应影响深层细菌光能的获取，影响制氢效率。

6. 生物法制氢面临的问题及展望

微生物制氢发展前景广阔。目前，在制氢菌株的选育、培养条件优化、机理分析及制氢工艺设计等方面已取得了一些显著成果。然而微生物制氢技术无论是暗发酵还是光合制氢都仍存在相应的技术难题，微生物制氢技术目前仍处在实验室研究，技术攻关阶段，距离工业规模化推广仍有一段距离。首先用于制氢的高效混合菌群或纯菌的筛选、驯化及人工组配是进行工业化制氢的必要前提。但菌种的筛选目前仍是限制生物制氢的关键问题所在，如何选育及驯化得到高效、稳定的混菌系统，进而广泛利用有机废弃物，降低制氢成本，实现工业化是微生物工业化制氢的首要问题。此外，对于光合制氢来说，反应器的设计仍是其工业化推广的难题。因为在处理工业、餐厨有机废水时，水的色度、浊度及水中的铵、重金属等都会对光合细菌产生毒性作用，降低其制氢活性，因此，实际处理中，对废水进行脱色、去重金属等预处理是必要的。再者，在放大的反应器中，光源能耗、光源的连续稳定分布仍是重要的研究课题之一。降低光能损耗，提高光合细菌的光能利用率，使光合细菌高效、稳定制氢是光合制氢发展的重要方向。

3.5.4　生物质乙醇-水蒸气重整制氢

生物质发酵生产乙醇作为一种新的能源转换方式已经引起业界广泛的关注，由生物质转化生成的乙醇除了可以作为燃料直接驱动发动机外，乙醇经过重整过程制取氢气在近几年更是研究的热点之一。与天然气、汽油、甲醇等重整原料相比，乙醇重整制氢具有环境友好和氢气产率高等特点。由于乙醇可由生物质发酵制得，当乙醇作为初步能源载体被利用后所产生的 CO_2 和 H_2O 又被植物通过光合作用重新生成生物质，从而构成一个闭合循环，实现了 CO_2 的“零排放”，减少了大气污染和温室效应。而生物质发酵后的乙醇水溶液(8%～15% V/V)或粗蒸馏浓缩溶液(15%～50% V/V)可直接用于重整制氢反应，节省精蒸馏浓缩乙醇水溶液所需的能耗。近年来，随着发酵技术的提高，生物质发酵乙醇的价格不断降低，同时产量也大为提高，为生物质乙醇的大规模利用提供了基础。此外，乙醇的毒性很小，更容易运输和携带，在自然界中也更易于被生物降解。生物质乙醇重整还可以做成组装式或可移动式的制氢装置，操作方便、搬运灵活、使用方便。

乙醇可以通过以下三种反应途径制氢，反应式分别如下：

A. 乙醇-水蒸气重整：

$$CH_3CH_2OH + 3H_2O \longrightarrow 6H_2 + 2CO_2 \tag{3-24}$$

B. 乙醇部分氧化重整：

$$CH_3CH_2OH + 1.5O_2 \longrightarrow 3H_2 + 2CO_2 \tag{3-25}$$

C. 乙醇-水蒸气部分氧化混合重整：

$$CH_3CH_2OH + (3-(2\alpha))H_2O + \alpha O_2 \longrightarrow (6-(2\alpha))H_2 + 2CO_2 \tag{3-26}$$

目前国内外研究工作主要集中在乙醇-水蒸气重整制氢上。从原子经济角度来看，水蒸气重整是一个高效的反应，因为它不仅能从乙醇中提取氢原子，而且能有效地从水分子中提取氢原子。结合生物质乙醇的可再生性和环境友好性，乙醇-水蒸气重整制氢反应有很大的发展前景。催化剂对乙醇的转化率和氢气的选择性起决定性的作用，催化剂使用的活性组分主要是 Ni、Co 和 Cu 等过渡金属。Ni 基催化剂对甲烷重整反应和各种脱氢加氢反应具有良好的活性，而乙醇-水蒸气重整反应本质上也是个脱氢反应，所以很多工作是围绕 Ni 基催化剂展开的。然而，由于积碳等问题，Ni 基催化剂的活性和选择性会在反应过程中逐渐降低，因此研制出一种稳定性强、选择性好的催化剂是很有必要的。

Wang 等[52]分别以商用氧化钙及溶胶凝胶法制备的氧化钙为载体，采用浸渍法制备了 Ni/CaO 催化剂用于乙醇的水蒸气重整制氢，并在该过程中同时获得碳纳米管(CNTs)。研究结果表明，Ni/CaO 催化剂对于乙醇-水蒸气重整制氢具有良好的催化活性，且 H_2 产量会随着 Ni 负载量的增大而提高。如图 3-42 所示，相较于商业 CaO 载体催化剂，以溶胶凝胶法制备的 CaO 为载体的催化剂具有更好的催化活性及稳定性，且当 Ni 负载量为 10% 时 H_2 产量最大，达到了 76.8%。两种催化剂性质的差异可能与载体的结构有关，如表

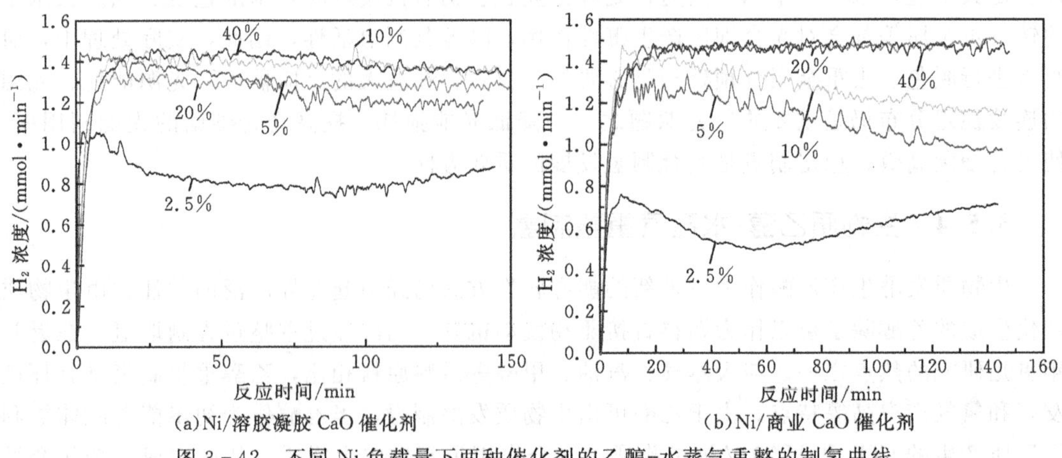

(a) Ni/溶胶凝胶 CaO 催化剂　　(b) Ni/商业 CaO 催化剂

图 3-42　不同 Ni 负载量下两种催化剂的乙醇-水蒸气重整的制氢曲线

3.5所示，溶胶凝胶法制备的 CaO 载体具有更大的比表面积及孔体积，因而使得其催化活性及稳定性更加有优异。无定形碳及丝状碳会沉积在重整反应后的催化剂表面，图 3-43 给出了重整反应后催化剂表面积碳的 TEM 图。与 Ni /商业 CaO 催化剂上的 CNTs 相比，Ni /溶胶凝胶法 CaO 催化剂上的 CNTs 直径较小，但长度更长。Ni 负载量为 10%的 Ni /溶胶凝胶法 CaO 催化剂可产生更高含量的丝状碳，且具有良好的 H_2 产率，是一种较理想的乙醇重整制氢催化剂。

表 3.5　商业 CaO 与溶胶凝胶 CaO 的性质比较

催化剂载体	总比表面积 S_{BET}/($m^2 \cdot g^{-1}$)	微孔比表面积 S_{mic}/($m^2 \cdot g^{-1}$)	介孔比表面积 S_{mes}/($m^2 \cdot g^{-1}$)	总孔体积 V_{tot}/($cm^3 \cdot g^{-1}$)	微孔体积 V_{mic}/($cm^3 \cdot g^{-1}$)	介孔体积 V_{mes}/($cm^3 \cdot g^{-1}$)	孔径 d_{ave}/nm
商业 CaO	20.96	3.70	17.26	0.0314	0.0014	0.0331	5.99
溶胶凝胶 CaO	38.51	8.51	30.01	0.1527	0.0035	0.1511	15.86

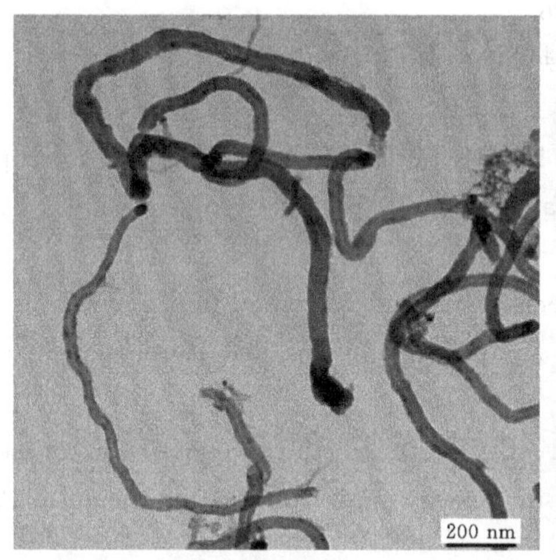

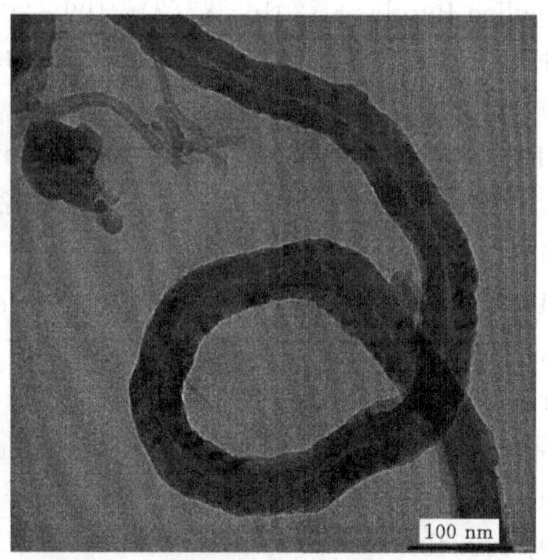

(a)溶胶-凝胶 CaO

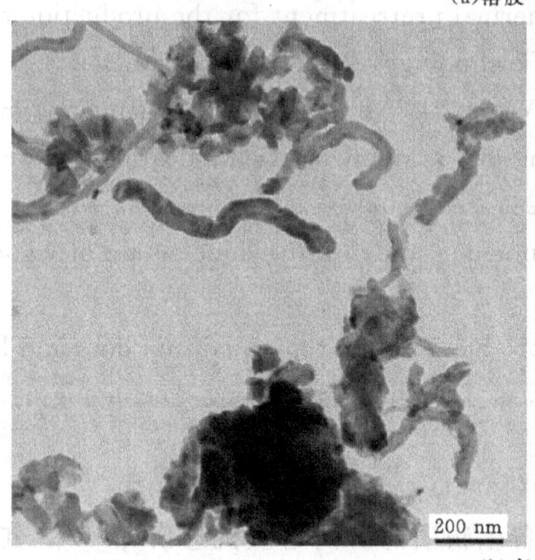

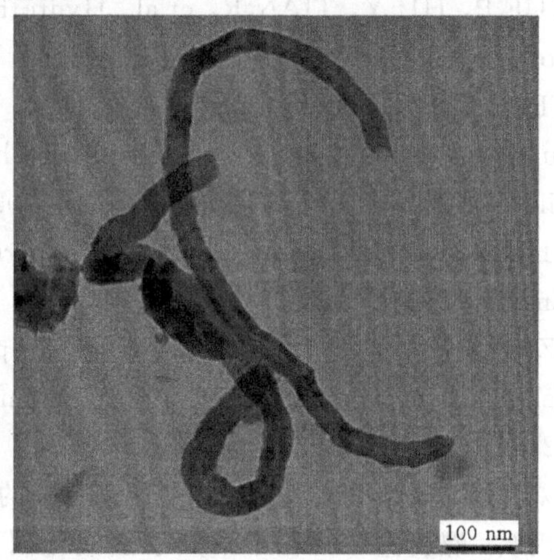

(b)商业 CaO

图 3-43　10%Ni/CaO 催化剂使用后表面积碳的 TEM 图

思考题：

(1)简述生物质的概念及常见的生物质转化技术。

(2)热解通常可分为慢速热解、快速热解和闪速热解，请简要说明其区别和应用场景。

(3)目前常用的焦油重整催化剂有哪些？并简述其优缺点。

(4)生物质气化过程中的主要反应包括哪些？

参考文献

[1]XU X, CHEN R, RAN R, et al. Pyrolysis kinetics thermodynamics, and volaties of representative prine wood with thermogravimetry-fourier transform infrared analysis [J]. Energy and Fuels, 2022, 34: 1859-1869.

[2]SHEN D K, GU S, BRIDGWATER A V. Study on the pyrolytic behaviour of xylan-based hemicellulose using TG-FTIR and Py-GC-FTIR[J]. Journal of Analytical and Applied Pyrolysis, 2010, 87(2): 199-206.

[3]付鹏，胡松，向军，等. 谷壳热解/气化的热重-红外联用分析[J]. 太阳能学报，2008，29(11)：1399-405.

[4]GREENWOOD P F, VAN HEEMST J D H, GUTHRIE E A, et al. Laser micropyrolysis GC-MS of lignin[J]. Journal of Analytical and Applied Pyrolysis, 2002, 62(2): 365-373.

[5]LIU Q, WANG S, ZHENG Y, et al. Mechanism study of wood lignin pyrolysis by using TG-FTIR analysis[J]. Journal of Analytical and Applied Pyrolysis, 2008, 82(1): 170-177.

[6]GAO N, KAMRAN K, QUAN C, et al. Thermochemical conversion of sewage sludge: A critical review[J]. Progress in Energy and Combustion Science, 2020, 79: 100843.

[7]YUE P, HU Y, TIAN R, et al. Hydrothermal pretreatment for the production of oligosaccharides: A review[J]. Bioresource Technology, 2022, 343: 126075.

[8]TROLARD F, DUVAL S, NITSCHKE W, et al. Mineralogy, geochemistry and occurrences of fougerite in a modern hydrothermal system and its implications for the origin of life[J]. Earth-Science Reviews, 2022, 225: 103910.

[9]ZHONG C, WEI X. A comparative experimental study on the liquefaction of wood[J]. Energy, 2004, 29(11): 1731-1741.

[10]ZHANG J, XIA A, ZHU X, et al. Co-production of carbon quantum dots and biofuels via hydrothermal conversion of biomass[J]. Fuel Processing Technology, 2022, 232: 107276.

[11]刘春泽. 藻类催化水热液化制备生物油的研究[D]. 华东师范大学，2019.

[12]冯欢. 螺旋藻和互花米草共水热液化制备生物油的协同增效机理研究[D]. 江苏大学，2019.

[13]赵旻枫. 水热液化制取生物油产物特性及反应机理研究[D]. 天津大学，2018.

[14]申瑞霞，赵立欣，冯晶，等. 生物质水热液化产物特性与利用研究进展[J]. 农业工程学报，2020，36(02)：266-274.

[15]王影娴，吴向阳，王猛，等. 厕所粪便与粗甘油共液化制备生物原油研究[J]. 农业工程学报，2019，35(22)：157-262.

[16]李长军. 沙柳水热转化制备生物油和生物碳的研究[D]. 复旦大学，2013.

[17]刘明，王小波，赵增立，等. 熔融盐-镍协同催化生物质热解制取富氢气体[J]. 农业工程学报，2018，34(19)：232-238.

[18]QUAN C, XU S, ZHOU C. Steam reforming of bio-oil from coconut shell pyrolysis over Fe/olivine catalyst[J]. Energy Conversion and Management, 2017, 141: 40-47.

[19]SU W, CAI C, LIU P, et al. Supercritical water gasification of food waste: Effect of parameters on hydrogen production[J]. International Journal of Hydrogen Energy, 2020, 45(29): 14744-14755.

[20]SINGH R, WHITE D, DEMIREL Y, et al. Uncoupling Fermentative Synthesis of Molecular Hydrogen from Biomass Formation in Thermotoga maritima[J]. Applied and Environmental Microbiology, 2018, 84(17): e00998-18.

[21]JIANG D, FANG Z, CHIN S X, et al. Biohydrogen Production from Hydrolysates of Selected Tropical Biomass Wastes with Clostridium Butyricum[J]. Scientific Reports, 2016, 6: 27205.

[22]SIVAGURUNATHAN P, SEN B, LIN C Y. Batch fermentative hydrogen production by enriched mixed culture: Combination strategy and their microbial composition[J]. Journal of Bioscience and Bioengineering, 2014, 117(2): 222-228.

[23]YANG H, SHI B, MA H, et al. Enhanced hydrogen production from cornstalk by dark- and photo-fermentation with diluted alkali-cellulase two-step hydrolysis[J]. International Journal of Hydrogen Energy, 2015, 40(36): 12193-12200.

[24]ZHANG Y, YANG H, FENG J, et al. Overexpressing F0/F1 operon of ATPase in Rhodobacter sphaeroides enhanced its photo-fermentative hydrogen production[J]. International Journal of Hydrogen Energy, 2016, 41(16): 6743-6751.

[25]WU X M, ZHU L Y, ZHU L Y, et al. Improved ammonium tolerance and hydrogen production in nifA mutant strains of Rhodopseudomonas palustris[J]. International Journal of Hydrogen Energy, 2016, 41(48): 22824-22830.

[26]ZHANG Z, WANG Y, HU J, et al. Influence of mixing method and hydraulic retention time on hydrogen production through photo-fermentation with mixed strains[J]. International Journal of Hydrogen Energy, 2015, 40(20): 6521-6529.

[27]TAWFIK A, EL-BERY H, KUMARI S, et al. Use of mixed culture bacteria for photofermentive hydrogen of dark fermentation effluent[J]. Bioresource Technology, 2014, 168: 119-126.

[28]NATH K, KUMAR A, DAS D. Hydrogen production by Rhodobacter sphaeroides strain O. U. 001 using spent media of Enterobacter cloacae strain DM11[J]. Applied Microbiology & Biotechnology, 2005, 68(4): 533-541.

[29]LIU B F, REN N Q, XING D F, et al. Hydrogen production by immobilized R. faecalis RLD - 53 using soluble metabolites from ethanol fermentation bacteria E. harbinense B49[J]. Bioresource Technology, 2009, 99(10): 2719 - 2723.

[30]MU Y, ZHENG X J, YU H Q, et al. Biological hydrogen production by anaerobic sludge at various temperatures[J]. International Journal of Hydrogen Energy, 2006, 31(6): 780 - 785.

[31]EROĞLU E, GÜNDÜZ U, YÜCEL M, et al. Photobiological hydrogen production by using olive mill wastewater as a sole substrate source[J]. International Journal of Hydrogen Energy, 2004, 29(2): 163 - 171.

[32]YOSWATHANA N, PHURIPHIPAT P, TREYAWUTTHIWAT P, et al. Bioethanol production from rice straw: An overview[J]. Bioresource Technology, 2010, 101(13): 4767 - 4774.

[33]ABEDINIFAR S, KARIMI K, KHANAHMADI M, et al. Ethanol production by Mucor indicus and Rhizopus oryzae from rice straw by separate hydrolysis and fermentation[J]. Biomass & Bioenergy, 2009, 33(5): 828 - 833.

[34]HUANG Y F, KUAN W H, LO S L, et al. Hydrogen-rich fuel gas from rice straw via microwave-induced pyrolysis[J]. Bioresource Technology, 2010, 101(6): 1968 - 1973.

[35]YOKOI H, MORI S, HIROSE J, et al. H_2 production from starch by a mixed culture of Clostridium butyricum and Rhodobacter sp. M[h]19[J]. Biotechnology Letters, 1998, 20(9): 895 - 899.

[36]IKE A, MURAKAWA T, KAWAGUCHI H, et al. Photoproduction of hydrogen from raw starch using a halophilic bacterial community[J]. Journal of Bioscience & Bioengineering, 1999, 88(1): 72 - 77.

[37]KAWAGUCHI H, HASHIMOTO K, HIRATA K, et al. H_2 production from algal biomass by a mixed culture of Rhodobium marinum A - 501 and Lactobacillus amylovorus[J]. Journal of Bioscience & Bioengineering, 2001, 91(3): 277 - 282.

[38]MANDAL B, NATH K, DAS D. Improvement of biohydrogen production under decreased partial pressure of H_2 by Enterobacter cloacae[J]. Biotechnology Letters, 2006, 28(11): 831 - 835.

[39]ZHENG X J, YU H Q. Biological hydrogen production by enriched anaerobic cultures in the presence of copper and zinc[J]. Journal of Environmental Science and Health, Part A. Toxic/hazardous substances and environmental engineering, 2004, 39(1): 89 - 101.

[40]KIM D H, KIM M S. Hydrogenases for biological hydrogen production[J]. Bioresource Technology, 2011, 102(18): 8423 - 8431.

[41]SASIKALA K, RAMANA C V, RAO P R, et al. Anoxygenic Phototrophic Bacteria: Physiology and Advances in Hydrogen Production Technology[J]. Advances in Applied Microbiology, 1993, 38: 211 - 295.

[42]KOKU H, EROĞLU İ, GÜNDÜZ U, et al. Aspects of the metabolism of hydrogen

production by Rhodobacter sphaeroides[J]. International Journal of Hydrogen Energy, 2002, 27(11): 1315-1329.

[43]WANG X, YANG H, ZHANG Y, et al. Remarkable enhancement on hydrogen production performance of Rhodobacter sphaeroides by disrupting spbA and hupSL genes [J]. International Journal of Hydrogen Energy, 2014, 39(27): 14633-14641.

[44]RYU M H, HULL N C, GOMELSKY M. Metabolic engineering of Rhodobacter sphaeroides for improved hydrogen production[J]. International Journal of Hydrogen Energy, 2014, 39(12): 6384-6390.

[45]SHI X Y, YU H Q. Response surface analysis on the effect of cell concentration and light intensity on hydrogen production by Rhodopseudomonas capsulata[J]. Process Biochemistry, 2005, 40(7): 2475-2481.

[46]KONDO T, ARAKAWA M, WAKAYAMA T, et al. Hydrogen production by combining two types of photosynthetic bacteria with different characteristics[J]. International Journal of Hydrogen Energy, 2002, 27(11): 1303-1308.

[47]孙琦，徐向阳，焦杨文. 光合细菌制氢条件的研究[J]. 微生物学报，1995，(1)：65-73.

[48]岳建芝，李刚，张全国. 促进木质纤维素类生物质酶解的预处理技术综述[J]. 江苏农业科学，2011，39(3)：340-343.

[49]AKKERMAN I, JANSSEN M, ROCHA J, et al. Photobiological hydrogen production: photochemical efficiency and bioreactor design[J]. International Journal of Hydrogen Energy, 2002, 27(11): 1195-1208.

[50]KONDO T, WAKAYAMA T, MIYAKE J. Efficient hydrogen production using a multi-layered photobioreactor and a photosynthetic bacterium mutant with reduced pigment[J]. International Journal of Hydrogen Energy, 2006, 31(11): 1522-1526.

[51]RUPPRECHT J, HANKAMER B, MUSSGNUG J H, et al. Perspectives and advances of biological H_2 production in microorganisms[J]. Applied Microbiology and Biotechnology, 2006, 72(3): 442-449.

[52]QUAN C, GAO N, WANG H, et al. Ethanol steam reforming on Ni/CaO catalysts for coproduction of hydrogen and carbon nanotubes[J]. International Journal of Energy Research, 2019, 43(3): 1255-1271.

第4章　废旧物资的资源化

4.1　废塑料的再生利用技术

4.1.1　废塑料回收的重要性

塑料制品满足了从服装、汽车到医疗设备和电子产品制造等各个领域的需求，在生产和生活中得到了非常广泛的使用。随着塑料使用量的增加，全球产生的废塑料量也随之增加。根据国家统计局数据显示，2019年废塑料产生量为6300万吨，而废塑料回收率仅为30%[1]。绝大部分的处理手段是填埋、焚烧。但是塑料密度小，填埋需要占用很大空间。另外，由于自然界中缺少分解塑料的微生物和酶，塑料在土壤里得不到降解，继续以大分子的形态存在，成为永久垃圾，会影响土壤中物质和热量的传递，抑制微生物的生长，改变土壤理化性质，同时塑料中的添加剂析出还会污染地下水。焚烧废塑料会产生各种有毒有害气体，如燃烧聚氯乙烯(PVC)会产生氯化氢(HCl)气体等，对环境造成二次污染。综上所述，这两种处理方法都不够绿色环保。

另一方面，塑料的原料主要是石油，是不可再生资源，在世界经济中有着举足轻重的战略地位，而我国的石油对外依存度达到60%左右，节约石油资源和回收再利用石油资源至关重要。日本废塑料回收利用的工作做得很好，主要是利用机械回收循环再造、化学循环再造和原料循环再造的方法。2008年日本废塑料排放总量为998万吨，回收利用废塑料758万吨，占排放总量的76%[1]。2011年，日本全国共产生废旧塑料952万吨，其中744万吨得到了有效利用，占总量的78%。我国2015年塑料制品产量共7560.9万吨，2016年达到7717.19万吨。因此，我国废塑料回收和再利用有巨大的市场潜力，其也是解决废旧塑料问题，实现塑料行业可持续发展的必经之路。

4.1.2　废塑料的分类回收标识

塑料制品回收标识，由美国塑料工业协会于1988年制定。这套标识将塑料材质辨识码印在容器或包装上，从1号到7号，让民众无需费心去学习各类塑料材质的异同，就可以简单地进行回收工作。根据此标识，每个塑料容器都有一个小小身份证——一个三角形的符号，一般就在塑料容器的底部。三角形里边有数字1～7中的一个，每个编号代表一种塑料容器，它们的制作材料不同，使用上、禁忌上也不同。

我国新国标GBT16 288—2008《塑料制品的标志》则参照了ISO11469—2000《塑料制品的标识和标志》的国际标准，对塑料制品所采用的包括通用塑料、工程塑料、功能性塑料、降解塑料、抗菌塑料、回收料等塑料原料都要进行标识，并加以标志。新国标还新增加了

200 多种塑料原料的标识和标志，增加了对食品包装用塑料、医用塑料的标识和标志要求，并特别对标志增加了功能性、补充性说明，并要求必须标出原料中回料的比例。特别值得一提的是，新国标要求的标识图案生动形象，更具人性化。比如，一种两个方向相反的箭头图案就代表该制品可以反复使用。类似图案只要有初级文化水平的人，就能够从这些具体而形象的标识判断出手中塑料产品的“出身”和“归宿”。这种简易明了的标识，解决了人们识别塑料材质的困难，既可促进废弃塑料分类投放及分类收集，又可节约分选归类所需的人力、物力及财力，对减轻生活垃圾的处理量、消除“白色污染”具有深远意义。表 4.1 汇总了塑料回收标志及其适用范围。

表 4.1　塑料回收标志及其适用范围

序号	标志名称	标志图形	适用范围
1	可重复使用塑料		成型后制品可以多次重复使用，且性能满足相关规定要求的塑料
2	可回收再生利用塑料		废弃后，允许被回收，并经过一定处理后，可再加工利用的一类塑料
3	不可回收再生利用塑料		废弃后，不允许被回收再加工利用的一类塑料
4	再生塑料		经工厂模塑、挤塑等预先加工后，用边角料或不合格模制品在二次加工厂再加工制备的热塑性塑料
5	再加工塑料		由非原加工者用废弃的工业塑料制备的热塑性塑料
6	医用塑料		用于医药的塑料
7	食品包装用塑料	S	用于食品包装的塑料

4.1.3 废塑料的简单再生技术

简单再生技术就是将废塑料经过分选、清洗、破碎、造粒后直接加工的方法，该方法目前已经广泛应用于农业、渔业、建筑业和工业等领域。

日本通过简单再生技术，大规模地对各类塑料制品进行回收。如家庭丢弃的废旧PET(聚对苯二甲酸乙二醇酯)瓶，通过收集、捆扎、运输到循环再造工场；接着以人工或机器筛选的方法，去除PET瓶以外的杂质；然后通过清洗、破裂、塑化的方法，制出片状或颗粒状的再生料。再生料可以运输至纤维工厂或者塑料薄膜制造厂，再次熔融制成各种塑料制品。塑料瓶类的废旧产品可以再生制造出服装、文具和家庭用品。如PVC废旧硬质管、板材等经过清洗、破碎、造粒等步骤后可以直接挤出相应的型材，用于建筑物中的电线套管和装潢材料等。法国罗维尔公司利用简单再生技术对塑料瓶进行再造，可制成质地柔软的纺织材料[2]。

简单再生技术优点在于操作简单、成本低，但此技术生产的产品力学性能较差，产品附加值不高，不适合制作高档次制品。

4.1.4 废塑料的物理再生利用

物理改性是指将废塑料和其他填料通过混合、混炼，制成性能突出的改性材料。物理改性分为填充改性、增强改性和增韧改性。填充改性可以提高制品的收缩性和耐热性，可通过将废塑料和填充剂混合的方法使之获得填充剂的性能。例如，可向废塑料中加入粉煤灰、碳酸钙、石墨等填充物制成建筑瓦料，可以降低瓦料的生产成本，提高瓦料的硬度，增强瓦料的耐热性和稳定性。增强改性是通过加入玻璃纤维、合成纤维和天然纤维的方式进行的，例如把短的玻璃纤维按照10%～40%的比例加入废PP(聚丙烯)中，可以显著提升其拉伸强度，并广泛应用于汽车配件中。增韧改性是通过弹性体和回收料共混而获得更强的韧性，增韧改性添加弹性体的传统方法是添加橡胶颗粒，现在发展到添加各种新型弹性体。

在将再生材料实际再加工成新产品之前，需要进行从废料到新原料的转化。在收集废塑料过程之后开始的转化过程，通常包括以下步骤：

(1)分离和分选：基于形状、密度、大小、颜色或化学成分对其进行分离和分选。

(2)打包：如果塑料在分拣的地方没有办法进行加工，通常会在分拣地和加工地之间进行打包以便运输。

(3)洗涤：去除污染物(主要是有机成分)。

(4)研磨：使废塑料尺寸减小。

(5)复合和造粒：选择性地将薄片再加工成颗粒，这会使材料比片状废塑料更易于再生。

在塑料废物活化后加入一定量的无机填料，同时还应配以较好的表面活性剂，以增加填料与再生塑料材料之间的亲和性。废塑料再生后存在一大问题，即力学性能较差，在加工的同时可对再生材料进行增韧改性，即加入弹性体或共混热塑弹性体，如将聚合物与橡胶、热塑性塑料、热固性树脂等进行共混或共聚。近年又出现了采用刚性粒子增韧改性的方法，刚性粒子主要包括刚性有机粒子和刚性无机粒子。常用的刚性有机粒子有聚甲基丙烯酸甲酯(PMMA，亚克力)、聚苯乙烯(PS)等。简单物理再生利用处理流程如图 4 - 1 所示。

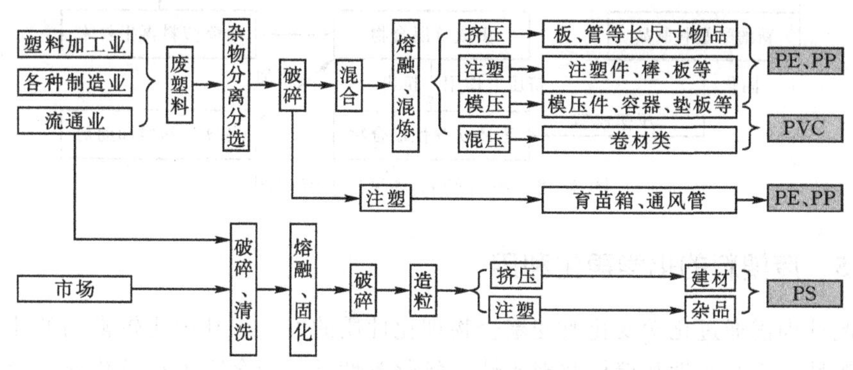

图 4 - 1　简单物理再生利用处理流程图

使用纤维进行增强改性是高分子复合材料领域中的开发热点，它可将通用型树脂改性成工程塑料和结构材料。回收的热塑性塑料(如 PP(聚丙烯)、PVC、PE(聚乙烯)等)用纤维增强改性后其各方面的性能将大大提高，强度、模量均会超过原废旧塑料的值。其耐热性、抗蠕变性、抗疲劳性均有提高，但制品脆性会有所增大，即拉断力增大，而断裂深长率会大大减小。纤维增强改性具有较大发展前景，拓宽了再生利用废塑料的途径。

“合金化”是改善聚合物性能的重要途径，是将未经分类的废塑料拆解后磨碎，加入增强剂、增溶剂与添加剂混炼合金化，再挤压成型，可制成具有某种特性的聚合物合金，如各种“塑料木材”产品，耐潮、耐腐蚀。

机械力化学学科把机械力化学反应定义为：“物质受到机械力作用而发生化学反应或物理化学变化的现象。”从能量转换的观点可以理解为机械能转变为化学能的过程，即由机械力激发的化学反应。机械力化学理论及方法多用于新材料的制备和改性，即利用机械物理作用发生的物理化学反应及机械力化学效应来回收再生废旧热固性塑料。其本质是在强烈的多种机械力及摩擦热的综合作用下，热固性塑料内部分子链断裂，生成机械力活化原子基团，即自由基；网状交联大分子聚合物随着分子链的断裂，形成更小的网状交联单元；交联密度下降，产生低度交联的高聚物。废旧热固性塑料逐步再生，在一定程度上提高了材料的塑性成形能力，实现了热固性塑料的再生回收和循环再利用率。机械力再生的主要目的是改善回收材料的可塑性，只有可塑性得到改善，热固性塑料再次塑性成形才有可能，废旧热固性塑料才具有回收再利用的价值。

废旧热固性塑料的机械物理法再生工艺，一般经过粗粉碎、细粉碎和筛分、再生、混合搅拌、挤出和压塑成型六个工艺步骤，其流程如图 4 - 2 所示。首先将废旧的热固性塑料放入粉碎装置中，对其进行粗粉碎；而后进行二次粉碎，即细粉碎和筛分工艺，获得粒度直径大于 20 目(0.83 mm)的粉末；二次粉碎后的粉末被送入降解和再生装置，通过微细化再生处理，获得粒度直径大于 200 目(7.5 mm)的可塑性再生粉末，再生粉末可以直接压塑成型获得新的酚醛再生塑料制品，不过由于再生制品的力学性能较差、再利用价值不高，所以一般还要进行改善力学性能的工艺。接下来向再生粉末中加入热塑性 PVC 塑料及各种助剂(抗氧化剂、润滑剂等)并搅拌混合，而后利用同向双螺杆挤出机将多成分混合物挤出，获得面团状弹性混合物，最后通过压塑成型获得力学性能较好的再生塑料制品。

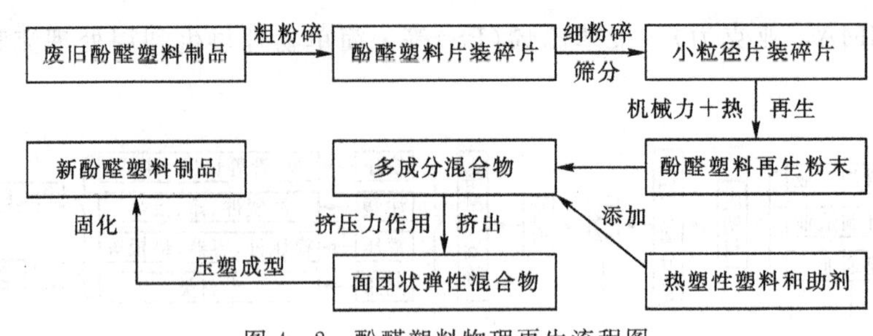

图 4-2　酚醛塑料物理再生流程图

4.1.5　废塑料的化学再生利用

化学改性即需通过化学变化改变聚合物理化性质的方法，其中比较常用的化学改性方法有氯化改性、交联改性和接枝共聚改性。氯化改性是对聚合物进行氯化获得含氯量不同而有不同特性的氯化聚合物，如废旧聚烯烃可以通过氯化获得阻燃、耐油的特性。交联改性是指通过化学键的形式将线型的聚合物大分子连接在一起，从而获得较好的拉伸性、耐热性、尺寸稳定性、耐磨性等。接枝共聚改性是指在废旧塑料中接枝、嵌段入实用性较强的链段，如聚苯乙烯的链段刚性太强，可嵌入聚乙烯软链段，增加韧性。

化学回收是一种公认的回收方法，其遵循可持续发展的原则。化学改性的主要优势是可以拓宽废旧塑料的应用范围，提高经济利用效益。化学回收方法正在开辟新的途径以将废物用作各种工业和商业生产纯增值产品的前体。然而，必须强调的是，由于原材料成本高、资金投入大和操作规模大，化学再循环聚合物比原始材料更昂贵。

塑料废物似乎是生产有价值的化学品和燃料的非常有前途的原料。目前人们的兴趣不仅在于回收其能量或机械回收，而且在于用其生产有价值的产品，例如单体或石化原料。对于某些原料，如 PET、PUR(聚氨酯)和尼龙，可进行化学回收选择。越来越多的研究将它们作为原料来生产一些化工产品，因为它们与常规石油馏分密切相关并且具有高烃含量。同时与生物质、塑料废物，特别是聚烯烃废物相比较有一个很大的优点，就是含氧量低。因此，可以得到更高的碳产率，从而提高毛利率。

对于难以进行物理回收，且焚烧和填埋处理危害过大的塑料的处理处置上，如混合 PE/PP/PS、多层包装、纤维增强复合材料等，热解是一种较适合的处理技术，特别是这些新型多层薄膜比它们所取代的金属、纸张和玻璃容器更难回收。人们可以立即看到解聚或机械回收不再是合适的回收选择，需要采用更加严格的方法，这里热解就会发挥作用。与机械回收不同，该技术可以处理高度污染的物质，例如汽车粉碎残留物，以及高度异质的塑料混合物，从而提高原料的灵活性。

热解过程的关键难点在于发生反应的复杂性，尤其是在处理混合流时。根据它们的主要分解途径，不同的聚合物会产生完全不同的产物。甚至某些杂质的存在也会显著影响产物分布并使得所得产物失去其价值的很大一部分，例如导致形成甲醇或甲醛的某些含氧化合物。PE 和 PP 具有随机碎裂的趋势，而聚四氟乙烯(PTFE)、PA、PS 和 PMMA 可以热解成主要含有其各自单体的产品。例如，PMMA 热解具有接近 98%的显著单体产率。这些聚合物可以解聚，因此从经济和环境的角度来看，这是对这些废物流进行增值的最有效的途径。由于这些树脂的随机碎裂机制，因此，需要进一步加工，最终得到石油化学原料，例如石油或柴油。

1. 油化

热分解油化工艺的特点是分解出油类物质，另外还有一些可利用的气体和残渣。此种工艺可以处理多种塑料废物，如 PE、PS、PMMA、PVC 等。高温裂解回收原料油的方法由于需要在高温下进行反应，设备投资较大、回收成本高，并且在反应过程中有结焦现象，因此限制了它的应用。

日本富士生态循环公司使用将废塑料转化为汽油、煤油和柴油的技术，采用 ZSM-5 催化剂，通过两台反应器进行转化反应将塑料裂解为燃料。每千克塑料可生成 0.5 L 汽油、0.5 L 煤油和柴油。我国研究开发了废塑料催化裂解一次转化成汽油、柴油的中试装置，可日产汽油柴油 2 t，能够实现汽油、柴油分离和排渣的连续化操作。此裂解反应器具有传热效果好、生产能力大的特点。其催化剂加入量为 1%～3%，反应温度为 350～380 ℃，汽油和柴油的总收率可达到 70%，由废聚乙烯、聚丙烯和聚苯乙烯制得的汽油辛烷值分别为 72、77 和 86，柴油的凝固点分别为 3 ℃、−11 ℃、−22 ℃，该工艺操作安全，无三废排放。

2. 高炉喷吹

高炉喷吹废塑料技术利用喷吹进高炉的废塑料颗粒在炉内高温和还原气氛下气化形成 H_2 和 CO，将其作为还原剂，将铁矿石还原成铁，同时利用废塑料燃烧放热熔化铁矿石，使反应物达到还原所需温度。因为废塑料的主要成分是碳氢聚合物，所以具有较高的热值和良好的燃烧性能。

还原反应的反应式为：

风口区：
$$C_nH_m + n/2O_2 \longrightarrow nCO + m/2H_2 + Q_1 \tag{4-1}$$

气体上升过程：
$$Fe_2O_3 + CO + 2H_2 \longrightarrow 2Fe + CO_2 + 2H_2O + Q_2 \tag{4-2}$$

燃烧反应的反应式为：
$$C_nH_m + n/2O_2 \longrightarrow nCO + m/2H_2 + Q_3 \tag{4-3}$$

$$C_nH_m + \left(n + \frac{m}{4}\right)O_2 \longrightarrow nCO_2 + m/2H_2O + Q_4 \tag{4-4}$$

喷吹时，废塑料颗粒在风口气化成 H_2 和 CO，形成温度高达 2000 ℃以上的煤气。在煤气上升过程中将铁矿石还原，而从高炉出来的煤气还可以用来预热空气或送至发电厂发电。

高炉喷吹技术的步骤分为：①不同种类塑料的人工、机械分选；②废塑料的造粒；③废塑料在高炉中的反应。主要造粒方法有两大类：冷态法和热态法。冷态造粒就是将分选好的废塑料进行机械加工、挤压、切削制成适合高炉喷吹的粒度。另一种冷态造粒方法是环型冲模造粒法，废塑料在高速旋转的环型冲模和转筒之间挤压，从环型冲模周围的小孔出来，在环型冲模的外圆的边缘装有切削刀具，旋转过程中将小孔中出来的废塑料切削成细粒。所谓热态造粒是废塑料在熔融造粒机中，由高速回转的刀具将废塑料切断，摩擦生热或加热使废塑料熔融，然后喷水急速冷却冲击成粒。

废塑料在高炉内的能量利用率分两部分：还原剂利用率＝参与还原反应的碳氢量/废塑料中的碳氢量＝19.3/38.1＝51%，未参与还原反应的碳、氢作为燃料利用，一般燃料的能量利用率为 50%～60%，按此计算燃料部分的能量利用率约为 25%～29%，故废塑料在高炉内的总能量利用率可达 76%～80%[3]。

4.1.6 废塑料的裂解技术

裂解技术是将废旧塑料中的大分子链分解，使其成为低分子量状态，从而获得经济价值较高的油气产品。裂解技术又可以分为热裂解和催化裂解。

热裂解在500～700 ℃的条件下进行，是利用废塑料热裂解温度差异的特性采用分段裂解分离回收产物。如可在低温阶段对聚苯乙烯进行热裂解，回收经济价值较高的苯乙烯单体和轻质燃料油，高温阶段回收重燃料油。但由于条件苛刻，设备投资较大并存在结焦现象，这一技术的应用受到了限制。表4.2总结了常见塑料材料的常见热裂解温度。

表 4.2　使用热重法(TGA)进行的常见塑料材料的热裂解温度研究

塑料类型	热裂解温度/℃	注意
聚酰胺纤维6	200	在氦气中，室温至800 ℃之间的加热速率为1～20 K/min
HDPE	325	使用20 mg重量的样品，室温至600 ℃之间的加热速率为10 K/min
聚酰胺纤维6+10% H_3PO_4	200	使用20 mg重量的样品，在室温至500 ℃之间以10 K/min的速率加热，使用两种催化剂可降低裂解温度
聚酰胺纤维6+KOH/NaOH	200	—
PET	375	PET纤维布热裂解速率为5～20 K/min。初始损耗始于225 ℃左右
PET	350	PET纤维布热裂解速率为5～20 K/min。初始损耗始于200 ℃左右
HDPE	378	加热速度为10～50 ℃/min
PVC	275	PVC粉末的加热速率为5～20 K/min
HDPE	400	加热速度为5～100 ℃/min
PVC	260	观察到第二裂解温度范围为385～520 ℃
聚酯-丙烯酸酯-玻纤(PET/PMMA)	327	5～20 K/min的加热速率确定了TGA中的两个起始温度，这促进了塑料共混物分析溶液模型的开发

可以注意到，高密度聚乙烯(HDPE)在高于325 ℃的温度下开始裂解，并在高于467 ℃的温度下表现出完全裂解[1-2]。较高的加热速率也加速了裂解过程，因此提高了反应速率。这与低密度聚乙烯(LDPE)不同，LDPE在360 ℃的温度下开始裂解[2]。Jung等[3]报道了在低于400 ℃的温度下PP的裂解，表明其裂解程度通常低于PE。然而，已知PS在300 ℃左右的普通塑料中以最低温度开始裂解[4]，甚至比PET的初始裂解温度还要低。因此，可以得出结论，碳链的断裂在很大程度上受热裂解温度的诱导和控制。热裂解反应器通常还基于可覆盖塑料的普通原料的温度范围来设计，该温度范围可承受用于其用途的热裂解温度。

催化裂解一般在低于450 ℃的条件下就可以进行，因此这一技术得到了较多发展。如

可以结合 TiO_2 催化剂和 ZnO 催化剂提高附加值较高的产品的产量。利用大孔径分子筛催化剂，可以在较低的催化温度下，获得较高的汽油组成，具有成本低、催化剂可多次循环使用的优点。

催化裂解比单独的热裂解更具吸引力，因为它的裂解速度更快，需要更低的温度，从而大大降低了能源需求。此外，使用催化剂(如沸石)的催化裂解可产生一系列范围广泛的发动机燃料。由于其产品需要更多的升级，因此热裂解法仅限于现有炼油厂的区域。使用催化剂可降低所需的热裂解温度，缩短反应时间，生产柴油组分的最佳沸点范围约为 390～425 ℃，提高了对汽油的选择性并刺激了异构化的发生[5]。热裂解反应本质上是吸热的，催化剂的使用通常通过降低热裂解温度来降低能量需求。在本节中，将讨论催化剂的类型及其对塑料热裂解的影响，以指出其应用的主要优点和缺点。

通常，催化剂分为均相的或非均相的。前者涉及单相(通常为液体溶液)，而后者则为固体催化剂。氯化铝($AlCl_3$)催化剂是塑料固体废物(PSW)热裂解中最常用的均相催化剂类型。然而，由于流体产物可以容易地与固体催化剂分离，在 PSW 的热解中使用的最多的催化剂类型是非均相的。最常见的是纳米晶沸石[6]，其为常规酸固体，介孔结构催化剂，负载在碳上的金属和碱性氧化物上[7]。据报道，多相催化剂可以承受高达 1300 ℃和 35 MPa 的苛刻反应条件，并且通常可以很容易地与气体/液体反应物及产物分离[5]。

4.2　废电池的回收与综合利用

电池是指将化学能转化为电能的换能装置，也可以泛指为可以产生电能的装置。如图 4-3 所示，电池可按照能量来源进行分类。常见的一次电池是指无法再次充放电的电池，即电池内的活性物质只能使用一次，被广泛应用于手表、计算器、便携式电器等。二次电池又称充电电池，如镍氢电池、锂离子电池、燃料电池，是指可以反复充放电使用的电池，常用于通信、交通、电路等多个领域。此外，太阳能电池的相关研究近年快速发展，其中多晶硅电池以光电效应为原理，是目前太阳能电池发展的主流，而以光化学效应工作的薄膜电池正处于萌芽阶段，具有很大的发展空间。

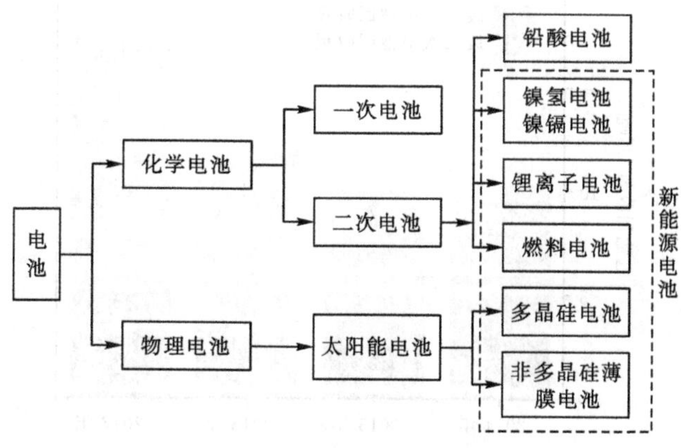

图 4-3　电池的基本类型

电池行业的发展导致大量废电池的产生。废电池中存在重金属、化学试剂等污染物，处理不当会造成环境污染，也是资源的浪费。因此，废电池的回收与综合利用势在必行。

4.2.1 废电池的危害及其回收意义

据《中国再生资源回收行业发展报告》统计，截至 2017 年我国电池生产总量达到 536.75 亿块，比 2016 年增长了 5.66%，与 2014 年相比增长了 12.57%。图 4-4 展示了我国 2014 年至 2017 年间电池的生产情况，由图可知，2014 年至 2017 年间电池的生产总量有着明显的增加趋势，同时意味着废电池总量持续增长。

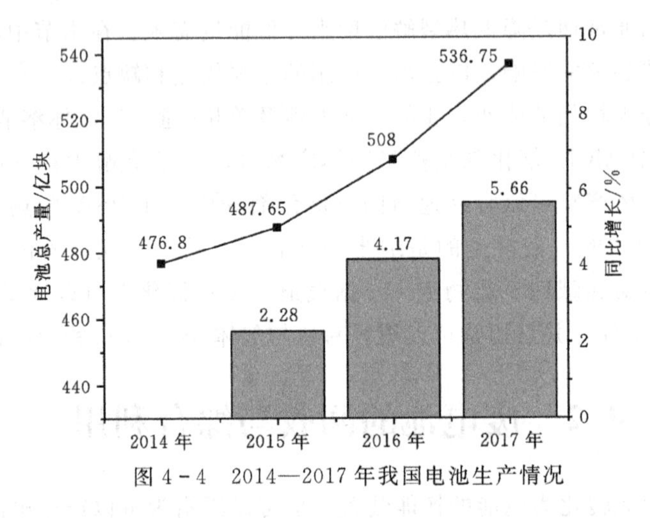

图 4-4　2014—2017 年我国电池生产情况

我国废电池(铅酸除外)回收结构变化趋势如图 4-5 所示，2017 年废电池整体回收结构发生了较大的变化。其中废一次电池回收量与前几年相比并无太大变化。这是由于一次电池消费量基本稳定，且环境保护部于 2016 年 12 月修订发布的《废电池污染防治技术政策》中规定“目前，在缺乏有效回收的技术经济条件下，不鼓励集中收集已达到国家低汞或无汞要求的废一次性电池”。废二次电池回收量与 2016 年相比增长了 46.7%，占总回收比例也增至 83%，与二次电池使用量的增加有密切关系。

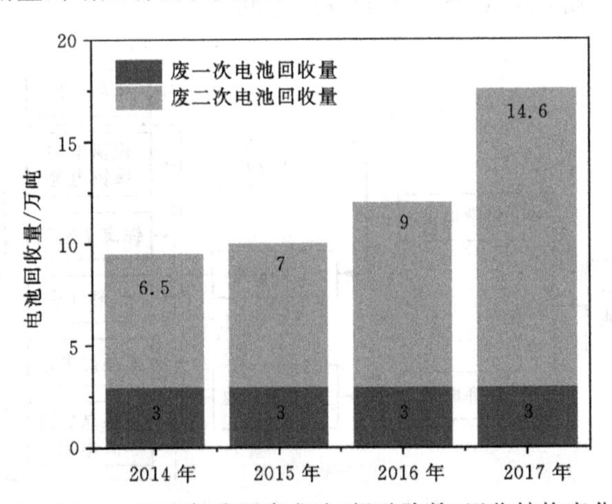

图 4-5　2014—2017 年我国废电池(铅酸除外)回收结构变化趋势

废旧电池中含有多种重金属和酸、碱等有害物质，随意丢弃会对公共健康产生较大危害。以锂离子电池为例，由于锂离子电压高、能量密度高、自放电效率低且对环境危害相对较小，被认为是比其他电池更加环保和清洁的能源装置。然而，其来自阴极、电解液和黏合剂的有害有机材料仍然会对环境和人类健康构成威胁，如表 4.3 所示。

表 4.3　锂离子电池的环境危害

组分	材料	危害
阴极	$LiNiO_2$、$LiMn_2O_4$、$LiCoO_2$、$LiFePO_4$	Ni、Co 等重金属对环境和人类健康构成威胁
电解液	$LiClO_4$、$LiPF_6$、$LiBF_4$、DMSO、PC、DEC	具有腐蚀性，且燃烧时会产生 HF、氯气(Cl_2)、二氧化碳(CO_2)和一氧化碳(CO)等有害气体
黏合剂	聚偏二氟乙烯（PVDF），聚四氟乙烯（PTFE）	加热时产生 HF

电池中含有大量的镍、锰、铝、钴、锌、铜等有价金属，且平均含量远高于原生矿石中的含量，具有非常高的回收价值。若不对废电池加以回收利用，会对环境造成严重的二次污染。此外，目前我国有色金属矿产资源日渐枯竭，重金属的价格居高不下，在这样的背景下，对废电池中有价值的金属材料进行回收再利用将会产生巨大的经济、社会和环境效益。

4.2.2　废电池回收与综合利用现状

1. 国内外废电池回收对比

废电池回收处理是一个世界性的课题，日本、德国、美国等发达国家在废电池回收处理立法和管理方面已开展了较多的工作(见表 4.4)，都有一套完整的回收再利用管理体系，大多数废电池可以被妥善处理。

表 4.4　国外废电池处理情况

国家	回收政策	处理方法	示范企业
德国	—	湿法/火法冶金	马格德堡阿尔特公司
瑞士	征收环保税	干法回收	巴特列克公司
日本	限定生产厂家回收率	干法/湿法冶金	伊藤木加矿业 TDK 公司
美国	以旧换新	干法回收	国际金属回收公司 Inmetco

日本在废电池的收集和回收处理方面一直走在世界前列，除了制定《资源有效利用促进法》《节能法》《再生资源法》等一系列相关法律外，其对废电池的回收处理已实现产业化。其规定对所有电池进行回收，93%由社团进行，7%由生产厂家收集，政府提供 100%的回收补贴；针对铅蓄电池的回收处理，也早已实现 100%的回收，并保证再生铅和原生铅的比例达到 59∶41。德国通过制定《废干电池及蓄电池管理法》，设置专门的废电池回收箱等措施，目前废电池回收率已高于 95%。对美国来说，废电池回收管理立法方面的特点是允许不同州制定适合本州的相关法律规定，通过多年的实行，当前废电池的回收率也高于 98%。

近年来由于国家对环保工作的重视和群众环保意识的提高，我国制定了一系列相关政策，如《关于限制电池中汞含量的规定》《关于对进出口电池产品汞含量实施强制检验的通知》《新能源汽车动力蓄电池回收利用管理暂行办法》等，可以预见我国将废电池纳入法治化管理机制指日可待。

我国废电池回收方面存在的问题如下：①宣传教育不足，居民对废电池危害性认识不足，环境保护参与积极性低；②回收制度的缺失，发达国家制定相关回收处理政策的核心是注重可持续发展和环境保护，而我国现有的政策重点仍在电池的开发和供给上，电池制造业还处于粗放型发展模式；③回收承担主体缺失，完善的废电池回收体系是在生产厂商、用户、回收商及再生产厂商之间形成良性闭路循环，然而在我国真正参与到回收这一环节中的电池生产厂商非常少，回收体系是不完善的；④对于回收的废电池还没有专门的处理方案和技术，因此许多电池回收后只是集中堆放，不能进行有效处理，失去了电池回收的意义。

2. 废电池回收与利用技术

对于生活中常用的一次电池，《废电池污染防治技术政策》规定从 2005 年起停止生产含汞量大于 0.0001%的碱性锌锰电池，并规定“目前，在缺乏有效回收的技术经济条件下，不鼓励集中收集已达到国家低汞或无汞要求的废一次性电池”。如今，随着技术进步和生产工艺的更新，大多数干电池主要含铁、锌、锰等元素，已不再含汞、铅等重金属。因此，家庭常用的废镍铬电池、氧化汞电池可以不按照危险废物进行管理。

对于铅酸电池、纽扣电池、锂离子电池等含有大量重金属的电池，则需要回收再利用。常用的废电池回收利用技术如表 4.5 所示。人工分选回收利用技术主要针对废干电池，利用简单的机械将电池剖开后，人工分选出塑料盖，送塑料厂再生利用；铁壳商标送冶炼厂回收铁；锌皮送入电炉铸成锌锭。该法简单易行，但占用劳动力较多，效率较低。干法回收利用技术是在高温下使废旧干电池中的金属和化合物氧化、分解、挥发、冷凝。该方法虽然花费较高，但不引进新杂质，回收产品纯度高，日本、瑞士、美国等国家应用较多。火法回收利用技术与干法回收处理相似，但引入杂质较多，产品纯度较低。湿法回收利用技术利用废电池中的重金属易与酸发生反应的特点生成各种可溶性盐，可溶性盐进入溶液后，再分离提纯所需金属，荷兰、德国、奥地利等国家。

表 4.5 常用的废电池回收利用技术的比较

处理方法	技术要点	优点	缺点
人工分选回收利用技术	机械将干电池剖开后，人工分选出塑料壳、铁壳、碳棒、锌皮	简单易行、分类精确	占用劳动力多、效率较低、经济效益较小
干法回收利用技术	高温下使电池中的金属和化合物氧化、还原、分解、挥发和冷凝	过程不引进新的杂质，回收产品纯度较高、除汞效果好	耗能大，设备费用高
火法回收利用技术	直接采用高温处理破除金属外壳，使用浮选、沉淀等方法得到金属化合物	反应速度快、处理效率高、物料通过量大	能耗较高、温度高、对设备要求严格、会产生大量废气、纯度较低
湿法回收利用技术	重金属盐与酸反应进入溶液后，利用电解法进行分离提纯	化学反应选择多、产品纯度高、能够合理控制投料、对空气纯度无影响	反应速率慢、物料通过量小、存在填埋和废水等环境问题

4.2.3　案例——废锂离子电池回收与综合利用技术

相较于其他商用储能设备，锂离子电池具有能量密度高、寿命长、自放电低及便携性好等特点，自 20 世纪 90 年代被索尼成功商业化以来，已成为消费类电子产品最主要的电源。如今，随着微处理器技术的快速发展和升级，电子产品更新周期大大缩短，导致大量电子产品的淘汰，并伴随着废锂离子电池的持续产生。

通常情况下，锂离子电池是由阴极、阳极、分离器、电解液、外壳和密封部件组成的，具体结构如图 4－6 所示[8]。根据阴极材料的不同，锂离子电池有五种类型：$LiMn_2O_4$ 系列、$LiCoO_2$ 系列、$Li(NiCoMn)O_2$ 系列（NCM）、$Li(NiCoAl)O_2$ 系列（NCA）及 $LiFePO_4$ 系列。其中以 $LiCoO_2$ 和 NCM 电极材料为代表的含钴阴极材料系列占据着超过一半的商用锂离子电池市场。以钴酸锂等作阴极材料的锂离子电池具有较高的能量密度，但是存在安全隐患。另外，金属钴是稀缺资源，成本较高，尤其在 90％以上的钴依赖于进口的中国 。因此，使用镍、锰、铁等低值过渡金属代替部分或全部的钴是目前的发展趋势。过渡金属的引入，提高了废电池填埋处理的重金属污染风险。废锂离子电池还包含一定量的有机电解质及黏合剂，焚烧处理会导致有害气体（如 HF 等）的释放。据报道，4000 吨废电池中含有 1100 吨重金属，200 多吨有毒电解液[9]。与此同时，废锂离子具有很高的经济价值，因为它们含有大量的贵重金属，有些甚至比天然矿石中的金属品位还要高。通常，废锂离子电池通常含有 5％～20％的钴、5％～10％的镍、5％～7％的锂、5％～10％的其他金属（铜、铝、铁等）、15％的有机化合物和 7％的塑料等[14]。尽管不同厂商制备的电池各金属含量不尽相同，但是如果可以从废电池中回收贵重金属，如镍、钴、锰和锂等，则可以获得显著的经济效益。

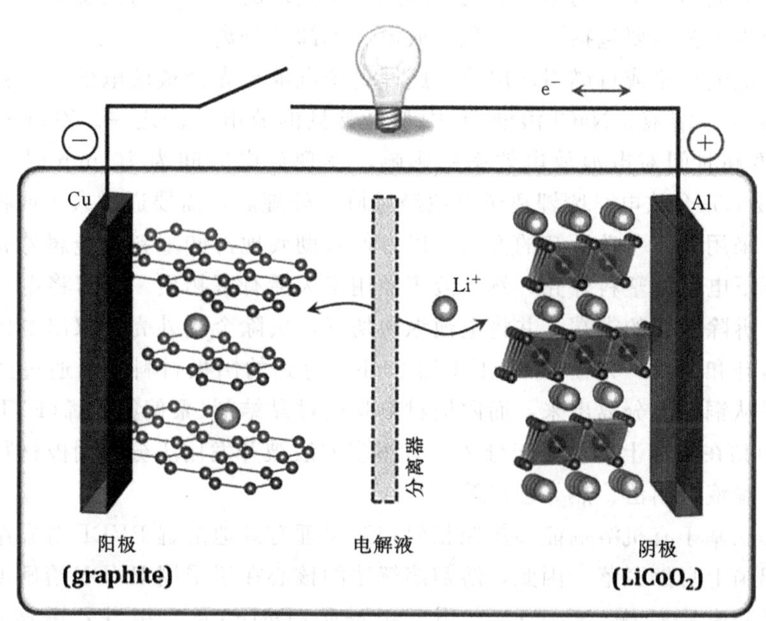

图 4－6　第一个锂离子电池（$LiCoO_2$/Li＋电解质/石墨）示意图

受经济利益的导向，废锂离子电池的回收主要集中在回收阴极材料中的 Co、Li、Ni 等贵重金属上。同时，通常作为阳极材料的石墨因其优异的电化学性能也得到了研究人员的关注。但是，成分复杂的电解液的回收却很少被报道。由于废锂离子电池组成复杂且电极材料多样，很难统一使用一种回收工艺进行金属回收。废锂离子电池回收工艺可以分为三部分，分别是前处理工艺、金属回收工艺和阴极再生工艺，如图 4-7 所示。值得注意的是，金属回收工艺是整个废锂离子电池回收工艺中的核心部分。

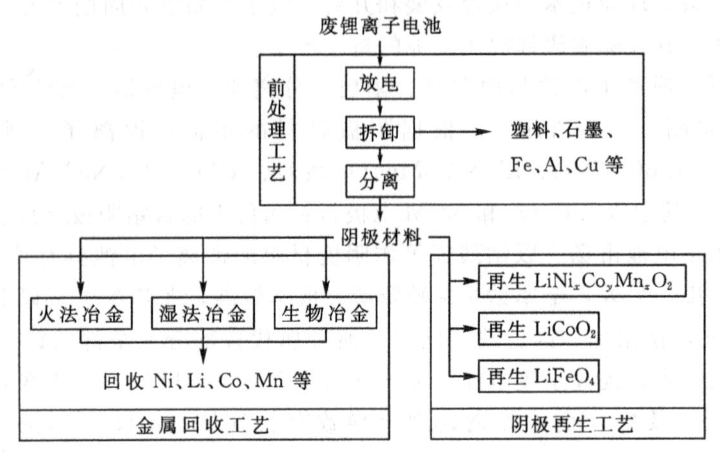

图 4-7　废锂离子电池回收工艺

1. 前处理工艺

在废锂离子电池回收过程中，通常会对废锂离子电池进行预处理，以减少废物体积，达到分离和富集有价值的部件(如阴极材料中所含的贵金属等)的目的。前处理工艺能提高回收效率，同时降低后续回收过程的能源消耗。然而，前处理过程中因电池短路、自燃或电解液降解等造成的安全问题不容忽视。因此，预处理的主要目的是安全有效地分离不同的成分。预处理工艺主要包括三个过程：放电、拆卸及分离。

为了防止电池短路或自燃引起爆炸，废锂离子电池首先会被放电处理。将电池浸泡在盐溶液(如 Na_2SO_4 溶液、NaCl 溶液等)中是最常见的放电方法之一。Zhang 等[10]研究了 NaCl 溶液浓度和时间对电池放电效率的影响，发现放电时间为 70 min 时，电池可以在 1% NaCl 溶液中完全放电。废锂离子电池经过放电处理后，需要通过人工或机械等方式进行拆卸。通常采用人工手动拆卸的方法，以方便和彻底地拆卸塑料和金属外壳，过程大致如下：首先拆下电池的塑料外壳，然后液氮被用来灭活有害物质。接着将电池固定在车床上，使用锯子拆除外壳的末端，并将电池纵向切开，去除金属外壳，取出电极材料。最后将电极材料展开和分离，并在 60 ℃下干燥 24 h。得到的阳极材料可以通过简单的物理分离方法将石墨从铜片上分离出来，而阴极材料是通过黏结剂(聚偏氟乙烯(PVDF)或聚四氟乙烯(PTFE))粘在铝箔上的，难于分离。有很多方法被开发用于分离阴极材料和铝箔，如溶剂溶解法、碱液溶出法、热处理法等。

溶剂溶解法基于有机溶剂能够按照相似相溶原理有效地溶解 PVDF 等黏结剂，从而使阴极材料从铝箔上自然脱落。因此，溶剂溶解法的核心在于采用 PVDF 溶解度高的有机溶剂，如 N-甲基吡咯烷酮(NMP)、二甲基甲酰胺(DMF)及二甲基乙酰胺(DMAC)等。Contestabile 等[11]开发了一种使用 N-甲基吡咯烷酮(NMP)溶液加热处理电极材料的方法，100℃下溶解 1 h，能使 $LiCoO_2$ 和石墨有效地从集流体中分离出来，同时铜和铝仍以金属形态存在。He 等[12]以 NMP 作为溶剂，同时用 240 W 的超声波辅助处理，发现在

70 ℃下能够使阴极材料的去皮效率接近99%。但是，此方法的局限在于受黏结剂种类影响及投入费用高。与之相比，以DMF及DMAC作为溶剂更可取，即使分离效果不如NMP，但是有机溶剂具有挥发性和毒性，环保性能较低。

针对溶剂溶解法中有机溶剂成本高、有机废水排放量大的问题，研究人员开发了碱液溶出法，即根据铝的两性特性，使用碱性溶液(如NaOH)溶解铝箔使阴极材料分离出来。用氢氧化钠溶液溶解阴极的铝箔时，会溶解两种物质：覆盖在集电极表面的保护层(Al_2O_3)和铝[13]。

$$Al_2O_3 + 2NaOH + 3H_2O \longrightarrow 2Na[Al(OH)_4] \quad (4-5)$$

$$2Al + 2NaOH + 6H_2O \longrightarrow 2Na[Al(OH)_4] + 3H_2 \quad (4-6)$$

Nan等[14]用氢氧化钠溶液实现了阴极材料与铝箔的分离。在最佳工作条件(室温、10%氢氧化钠溶液(质量比)、100 g/L的固液比(S/L比)及5 h的反应时间)下，约98%的铝箔被溶解。通过过滤收集固体残留物，然后在一个相对较低的温度范围内(400～650 ℃)煅烧，去除PVDF黏合剂，得到阴极材料。

此方法优点在于操作简单、分离效率高。但是，碱液溶出法会导致铝完全溶于溶液以离子的形式存在，造成铝的回收困难，同时氢氧化钠溶液对环境危害大。

热处理法采用高温使黏结剂分解，降低阴极材料与铝箔间的结合力，使阴极材料易于脱离。PVDF黏结剂一般的分解温度大于350 ℃，而其他组件(如乙炔黑、导电碳等)一般的分解温度大于600 ℃。Sun等[15]提出了一种新型的阴极材料分离方法——真空闪热解。在热解过程中，电解液和黏结剂被蒸发或分解，降低了阴极材料与铝箔之间的结合力，从而可以通过简单的筛分等方式实现分离。Yang等[16]提出了一种还原热处理工艺，实现了阴极材料与铝箔的分离。结果表明，控制还原反应温度可以使阴极材料与铝箔有效分离，同时热处理可以改变阴极材料的结构，有利于后续金属的浸出。然而，加热处理会导致电解质或黏结剂分解挥发，产生有毒有害气体。

表4.6总结了不同阴极材料分离工艺的优缺点。溶剂溶解法是利用有机溶剂对黏结剂的溶解性使铝箔与阴极材料分离，但有机溶剂的使用增加了工艺的成本，同时产生极具污染性的有机废水。在此基础上，利用碱液溶解铝箔分离阴极材料的碱液溶出法得以发展，其在保证分离效率的同时，降低了工艺成本，但是由于铝箔的溶解，导致金属铝的回收难度增加。为实现简化工艺、简便操作，对阴极进行热处理分离也是一种可替代的方法，但高温下黏结剂的挥发等限制了热处理工艺的实际应用。

表4.6 不同阴极材料分离工艺的优缺点

前处理工艺	优点	缺点
溶剂溶解法	分离效率高	溶剂成本高，排放有机废水
碱液溶出法	分离效率高，成本低	铝回收困难
热处理法	操作简单，无化学试剂	高能耗，排放有毒气体

2. 金属回收工艺

金属回收工艺是整个回收过程的重要组成部分，其主要是将废锂离子电池中的固体金属转化为合金形态或溶液状态，促进金属组分的分离和回收。金属回收工艺主要包括火法冶金、湿法冶金、生物冶金等。在这些方法中，湿法冶金因其良好的回收率和较高的产品纯度被认为是一种很有潜力的方法。

从废锂离子电池中回收有价金属的典型火法冶金工艺简化流程如图 4-8 所示。经过处理后，电池中有价金属被还原，然后以合金形式被回收。废锂离子电池中有价金属在高温条件下，化学转化速率快、回收流程短、物料适应性强，易于实现工业应用，相关技术成为废锂离子电池资源化研究热点之一。目前，已有工厂将火法冶金工艺商业化并用于回收钴等贵金属。例如，比利时优美科(Umicore)集团开发了一种焦化处理工艺，将废锂离子电池视作天然矿石进行处理[17]：废锂离子电池直接投放进入熔炼炉，无需预处理，电池中的塑料、有机溶剂和石墨在燃烧过程中提供热量，而金属成分则被还原并转化为合金。但是，典型的火法冶金工艺只能回收镍、钴、锰及部分铁等，而锂等金属资源随废渣和粉尘的固化填埋而被废弃，未能被回收利用。

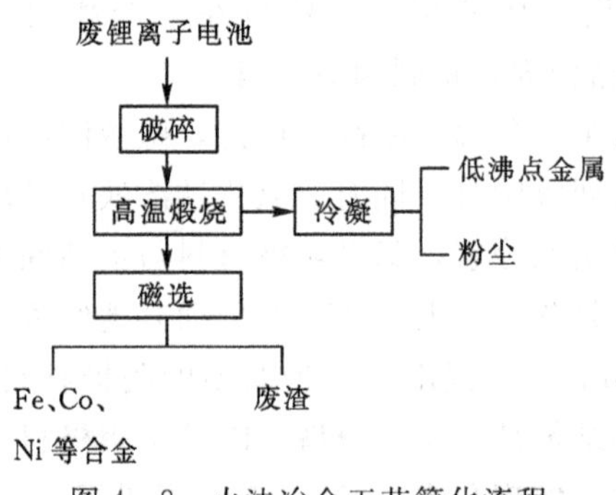

图 4-8 火法冶金工艺简化流程

湿法冶金是废锂离子电池回收技术中最主要的方法，已报道的技术中超过一半都是湿法冶金工艺。湿法冶金工艺包括两大步骤：浸出和回收(如溶剂萃取、化学沉淀、电化学沉积等)。无机酸和有机酸都是湿法冶金工艺中典型的浸出剂。

无机酸中盐酸(HCl)、硫酸(H_2SO_4)、硝酸(HNO_3)及磷酸(H_3PO_4)等通常作为从废锂离子电池中回收金属的浸出剂。浸出过程受温度、反应时间、浸出剂浓度、固液(S/L)比、还原剂浓度等因素影响。与火法冶金相比，由于阴极材料在酸性溶液中溶解度高，湿法冶金具有更高的回收效率。

$LiCoO_2$ 阴极材料在盐酸中的反应如式(4-7)所示，$LiCoO_2$ 粉体中的Co(Ⅲ)可还原为Co(Ⅱ)，易溶于水相。因此，盐酸是一种高效的用于浸出钴的浸出剂。然而，盐酸酸浸工艺存在一个巨大的缺陷，会产生强腐蚀性有害的氯气。针对这个问题，研究人员提出使用硝酸或硫酸代替盐酸，浸出反应可以用式(4-8)表示。例如，Lee 等[18]采用 1 mol/L 的硝酸，同时以 H_2O_2 作为还原剂，对 $LiCoO_2$ 电极材料进行金属浸出。结果表明，在没有 H_2O_2 的情况下，Li 和 Co 的浸出效率分别只有 75%和 40%。而当 H_2O_2 含量为 1.7%时，Co 和 Li 的浸出率均超过 99%。主要是因为 H_2O_2 的出现，将不溶性的 Co^{3+} 还原为可溶性的 Co^{2+}，从而提高了浸出效率。Chen 等[19]以 H_2SO_4 为浸出剂，H_2O_2 为还原剂处理电极材料，发现在最佳条件下 Co 和 Li 的浸出率分别为 95%和 96%。然后，用草酸铵($(NH_4)_2C_2O_4$)沉淀回收金属钴，得到纯度超过 99%的草酸钴。磷酸被证明可以同时沉淀和分离 Co 和 Li[56]。在磷酸浸出过程中，Co 能直接转化为磷酸钴($Co_3(PO_4)_2$)沉淀，而 Li

存留在浸出液中，实现直接分离。

$$2LiCoO_2+8HCl \longrightarrow 2CoCl_2+Cl_2+2LiCl+4H_2O \qquad (4-7)$$

$$2LiCoO_2+6H^+ +H_2O_2 \longrightarrow 2Li^+ +2Co^{2+} +4H_2O+O_2 \qquad (4-8)$$

无机酸浸出技术能较容易地实现高浸出效率，但也伴随着一系列问题，如产生酸性废水及有害气体(Cl_2、NO_x等)。因此，环境友好的有机酸开始被用作湿法冶金工艺中的浸出剂，常用的有柠檬酸、抗坏血酸、草酸、甲酸、乙酸及苯磺酸等。Li 等[21]开发了一套联合工艺(包括超声波清洗、焙烧和有机酸浸出)用于回收废锂离子电池中有价值的金属。抗坏血酸同时扮演着浸出剂和还原剂的角色，浸出反应如式(4-9)。结果表明，在最佳条件下，Li 和 Co 的浸出效率分别达到 98.5%和 94.8%。

$$2LiCoO_2+4C_6H_8O_6 \longrightarrow C_2H_6O_6Li_2+2C_2H_6O_6Co+C_6H_6O_6+4H_2O \qquad (4-9)$$

Gao 等[22-23]先后选取甲酸和乙酸作为浸出剂回收废锂离子电池中的贵金属，发现几乎所有的 Co、Li、Mn 和 Ni 都能被有效浸出回收，而 Al 以金属形态存在于残渣中。同时对浸出动力学进行评价，结果表明还原剂的加入改变了浸出反应的速率控制步骤，使浸出反应从残留层的离子扩散向表面化学反应转变。

有毒物质的排放、高耗能和高成本及复杂的工业要求，使得传统的火法冶金和湿法冶金在技术选择上不再是首选。生物冶金因其生产成本低、环境友好等优点，正在逐渐被人们所接受，被认为是最有潜力替代传统湿法冶金的工艺之一。在生物冶金工艺中，微生物活动产生的无机酸或有机酸促进了有价金属的回收。氧化亚铁硫杆菌(acidithiobacillus ferrooxidans)因其对硫化金属矿石的氧化能力而被广泛研究。Mishra 等[24]引入了这种细菌从废锂离子电池回收金属 Li 和 Co，研究发现在氧化亚铁硫杆菌的参与下，Co 的浸出速率比 Li 的快，但是，纵使在最优条件下，金属 Co 和 Li 的溶出速率都比较慢。生物浸出工艺中使用的是活体微生物，导致浸出过程难以控制。例如，Xin 等[58]使用不同能量来源混合培养硫氧细菌和铁氧细菌，研究了生物浸出机理。结果表明，Li 的释放是酸溶解作用的结果，与能量来源类型无关，但是，Co 的浸出机理因能源类型的不同而不同。在 S 体系中，Co 的浸出机理是酸溶解作用。在 FeS_2 或 FeS_2+S 体系中，Co 的溶出受酸溶解作用和 Fe^{2+} 催化还原作用的共同影响。

火法冶金工艺操作相对简单，处理能力大，已在工业上应用于废锂离子电池的回收。然而，这些工艺由于成本高、能耗高、金属损耗大而受到限制。湿法冶金具有金属回收率高、产品纯度高等优点，是一种很有前途的金属回收方法。同时，回收过程需要消耗大量的化学试剂，增加了成本及环境污染风险。相较于传统的火法及湿法冶金，生物冶金具有能耗低、成本低及环保的优点，但细菌不易培养，容易被污染。表 4.7 总结了上述金属回收过程中使用的主要方法的优缺点。

表 4.7　不同金属回收工艺的优缺点

工艺	优点	缺点
火法冶金	处理量大、操作简单	能耗高、金属回收率低
湿法冶金	金属回收率高、产品纯度高	工业要求高、溶剂成本高
生物冶金	效率高、成本低、工业要求低	反应时间长、细菌不易培养

3. 阴极再生工艺

已有大量文献报道了多种废锂电池回收技术，包括火法冶金、湿法冶金及生物冶金等。然而，对于上述所有技术，从阴极材料中分离和回收具有类似化学性质的目标金属，如 Co、Ni 和 Mn 等，是一个复杂而昂贵的过程。为了避免复杂的分离过程，研究人员提出了一种直接再生阴极材料的新策略，可最大限度地重复利用废锂离子电池中的金属元素[26-27]。常用的阴极材料(如 $LiNi_xCo_yMn_zO_2$、$LiCoO_2$、$LiFePO_4$)都可以直接从用过的锂离子电池中再生出来，再利用这些阴极材料生产新的电池。在废锂电池阴极材料再生过程中，预处理回收的阴极粉末可直接采用固相法、水热法、共沉淀法和溶胶凝胶法等再生成新阴极材料。

为减少从渗滤液中分离镍、钴和锰的复杂步骤和成本，Sa 等[26]证实了可以用锂离子电池浸出液通过典型的共沉淀法合成高性能的 $Ni_{1/3}Mn_{1/3}Co_{1/3}(OH)_2$ 前体和 $LiNi_{1/3}Mn_{1/3}Co_{1/3}O_2$ 阴极材料，并测试了其电化学性能，包括速率、容量和循环寿命，以评估最终产品。结果表明，以废锂离子电池浸出液为原料合成的阴极材料，库伦速率为 0.1 C 时第一循环放电容量为 158 mAh/g，库伦速率为 0.5 C 时的第一循环放电容量为 139 mAh/g。在 100 次和 200 次充电放电循环之后，放电容量仍然分别保留了 80%和 65%。

Liu 等[28]首先提出了关于 LCO($LiCoO_2$)阴极再生的固相反应法。他们在经历前处理步骤回收的阴极粉末中加入 Li_2CO_3，调整 Li/Co 的摩尔比为 1，在 850 ℃下煅烧 12 h 合成了不含 Co_3O_4 的结晶良好的单相 $LiCoO_2$。再生合成的 $LiCoO_2$ 粉体具有良好的充放电能力(151 mAh/g)。

除了能再生成新阴极材料，废电池还可以再利用来制造其他功能材料，比如超级电容器、光催化剂、吸附剂及一般催化剂等。例如，Guo 等[29]利用废三元锂电池合成了锰基多氧化物作为 VOCs 氧化的高效催化剂。

未来电池回收过程的重点应放在对回收材料开发合适的应用上，以达到回收的目的。此外，目前大量的研究集中在高值阴极材料的再生上，而对废锂离子电池中其他组分的回收却鲜有讨论，因此未来仍然需要更多的努力来回收和再利用废电池的其他部分。

4.3　废轮胎的回收与利用

4.3.1　废轮胎回收的意义

汽车行业及交通运输业的快速发展导致废轮胎的年产生量急剧增加。2018 年我国废轮胎总量达到 7.65 亿条，重达 1500 万吨。但目前我国废轮胎的回收利用率低于 50%。废轮胎根据种类不同，其主要成分通常包括天然和合成橡胶、填充物(炭黑、二氧化硅、粉笔或碳)、增强材料(金属和纺织品)、增塑剂(油和树脂)和硫化剂(硫和氧化锌)等添加剂物质。表 4.8 给出了乘用车和卡车轮胎的典型组成，其中橡胶包括许多不同的合成橡胶和天然橡胶的混合物，例如丁苯橡胶、天然橡胶(聚异戊二烯)、丁腈橡胶、氯丁橡胶和聚丁二烯橡胶；炭黑是准石墨结构的无定形碳，主要通过化石碳氢化合物的部分燃烧产生，用于增强橡胶的耐磨性；纺织品用于加固；氧化锌用于控制硫化过程并增强橡胶的物理性能；硫用于橡胶聚合物链的交联，在高温下使其硬化并防止其过度变形。废轮胎截面结构示意图如图 4-9 所示。

表 4.8　乘用车和卡车轮胎的典型组成

轮胎	橡胶 占比/%	炭黑 占比/%	金属 占比/%	纺织品 占比/%	氧化锌 占比/%	硫 占比/%	添加剂 占比/%
乘用车轮胎	47	21.5	16.5	5.5	1	1	7.5
卡车轮胎	45	22	21.5	0	2	1	5

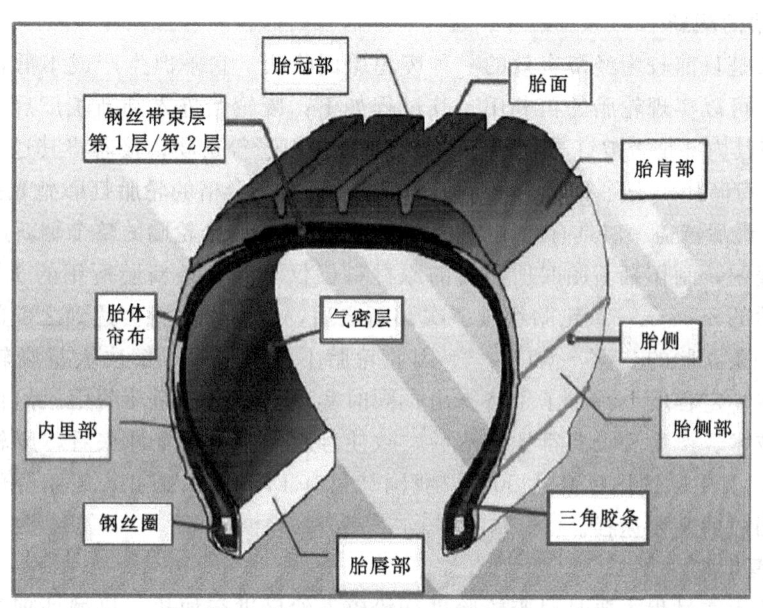

图 4-9　废轮胎截面结构示意图

废轮胎是由 20 多种复杂化合物组成的热固性聚合物材料，具有热稳定性高、生物降解性差和机械强度高的特点，属于难以降解的不溶或难溶的高分子复合材料，并且废轮胎中含有许多有害物质，如果得不到有效处理会对人类健康和自然环境产生极大危害。大量废轮胎长期露天堆放，不仅占用了大量土地资源，且易滋生蚊虫，同时因热量难以散发而容易引发火灾。我国、加拿大、美国、日本等国都曾因废轮胎引起的火灾蒙受巨大损失。2000 年在美国北加州的斯坦尼斯劳斯县，堆积 700 万条废轮胎的堆场自燃起火，熔化出的 30 多万升油脂流进附近水塘，数百吨污染物飘落到 100 km 外的旧金山和萨克拉门托，附近城市刮风时下起了黑雨，据统计，这次火灾释放了 3600 多吨有害物质，其中包括 120 多吨致癌物质，对环境造成严重污染；2008 年美国卡莱尔轮胎与轮毂有限公司 Bowdon 轮胎厂被一场无名大火焚毁，直接损失达 100 多万美元。因此，寻求适合处理处置废轮胎的方法是解决因废轮胎造成的环境污染和社会问题的关键。目前，废轮胎的处理方式主要有原型利用、轮胎翻新、生产再生胶和胶粉、热解、焚烧利用等途径。2010 年我国工业和信息化部编制的《废旧轮胎综合利用指导意见》提出推进废轮胎热解，开拓热解产品应用市场。我国在 2020 年 6 月实施的《废旧轮胎综合利用行业规范条件》和《废旧轮胎综合利用行业规范公告管理暂行办法》中也鼓励开展废轮胎综合利用，通过废轮胎翻新、废轮胎生产再生橡胶、热裂解等实现废轮胎的资源化利用。

4.3.2 废轮胎的回收与再利用

1. 废轮胎的直接利用

废轮胎直接利用主要是将废轮胎直接用于生活的各个方面或者在其原型上进行改造加工，制成生活中的各种工艺品和工具填料等。橡胶的抗机械性可使其用于码头护具，防止船舶靠岸时产生猛烈撞击。该用法是轮胎回收利用中最为简便快捷的方法，并且操作简单，但是用量非常小。

2. 废轮胎的翻新

轮胎翻新是目前较为经济有效的一种废轮胎回收法。它不但生产成本低，还具有很高的利用价值，可以实现轮胎的再利用。其过程如下：废轮胎进入翻新工厂后，首先进行初步检测，检测其内部是否被钉子等穿透，若有则取出钉子等杂物；接着将其送入专业检测仪器中检查是否有暗病，去除不适合翻新的胎，随后对检测合格的轮胎打磨抛光并用特定黏合剂填补缺口，最后覆盖一层具有胎纹的新胎面，从而完成一个轮胎的整个翻新过程。

有研究表明，制作翻新胎时所需要的原材料仅仅不到一条新胎所用的1/3，寿命却可以达到新轮胎的80％，一条轮胎经过多次翻新之后，总体寿命将会达到之前的一倍多，价格却只占了一条新胎的20％～50％[30]。因此轮胎不断翻新可以解决大量废轮胎无法处理的问题，还在一定程度上减少了经济支出，同时实现了资源的循环利用。但目前我国国内的轮胎翻新技术、产量和设备都比较落后，致使翻新率低。从全球来看，废轮胎平均翻新率可达60％，其中欧盟国家高达90％，我国却只有15％[31]。因此，轮胎翻新暂时无法成为国内轮胎回收的主要途径。

3. 生产再生胶

再生胶的生产过程主要是对废轮胎进行粉碎，然后进行加热、机械处理等，最后进行硫化使其形成具有一定弹性的再生胶。再生胶的生产过程主要有粉碎、滤选、分离、脱硫和精炼下片等多道工序。

粉碎阶段主要将回收的废轮胎进行分类清洗，然后通过轮胎粉碎设备将其粉碎成胶粉。生成的胶粉进入滤选、分离区域，根据不同的性能指标(主要是粒度)进行分离，并在不同大小的筛孔下进行过网筛选，分离出不合格的胶粉及各种铁丝等杂质，这也是控制再生胶质量的一个重要步骤。过筛后的胶粉通过油法和水油法进行脱硫，该过程主要是利用一定的热能和机械能破坏橡胶分子内部原本的网状结构，使硫化后的橡胶分子具有一定的弹性和可塑性。脱硫后的胶粉被送去精炼下片，经过反复的过薄、捏炼后，形成片状的再生胶，涂以隔离剂保存。

据统计，2017年，我国的再生胶产量高达442万吨，占当年再生利用总量的93％，约占全球再生胶产量的70％。但是利用废轮胎进行再生胶的生产仍面临很多问题，比如再生胶质量浮动大，脱硫过程中温度难以控制，并且会产生H_2S等物质，对环境造成二次污染[32]。

4. 生产胶粉

胶粉的生产过程主要是将废轮胎粉碎成胶粒状，并去除其中的铁丝等杂质，最后研磨制成硫化胶粉。胶粉的生产可以大致分为两部分，首先是破碎阶段，即利用切圈机、切条机、切块机、破胶机等仪器将废轮胎粉碎成胶粒。其次是将产生的胶粒送入筛分磁选机组，在该阶段，胶块首先进入辊筒粉碎后，再先后通过粗细筛网过筛，通过两级磁选去除钢丝铁屑等杂质后，得到合格胶粉再进行装袋。

与再生胶的生产过程相比，胶粉的生产工艺操作简单，并且整个过程中不会产生废气、废水等污染物，具有一定的环境友好性能。再生的胶粉可以用于橡胶地面、塑胶跑道、飞机跑道及沥青路面等。其中，用再生胶粉做成的改性沥青具有很好的性能。有研究表明胶粉制成的改性沥青路面与普通路面相比厚度可以减少一半，使用寿命提高一倍，并且有防湿滑、碎冰雪的效果[30]。但是废轮胎生产胶粉的整个过程设备复杂、能源消耗比较大，有数据显示，胶粉制备过程能耗可占到全球能耗的 3%～4%，因此在我国目前能源匮乏的现状下不能将其用作主要的回收途径。

4.3.3　废轮胎的燃烧利用

通过燃烧利用途径回收废轮胎就是将其用作轮胎衍生燃料(tire derived fuel，TDF)。该方法主要是利用轮胎燃烧时会产生高热值的特点，使其在工业锅炉、造纸厂和水泥窑中燃烧，利用其产生的热能。

表 4.9 为单位质量的轮胎衍生燃料和煤所含组分及热值的比较。单位质量 TDF 燃烧产生的热值比煤高出 5006 kJ，同时，TDF 中的碳含量比煤高，而氮含量和灰分却比煤低。相对于煤来说，同等质量的 TDF 燃烧时会获得更高的热值，同时产生更少的氮氧化物。因此，利用废轮胎制成 TDF 已成为国外一些发达国家处理废轮胎的主要方式，TDF 应用市场主要有三个方向：水泥窑、发电厂锅炉、纸浆和造纸厂锅炉。有数据统计，日本国内的水泥窑和发电厂锅炉所使用的燃料中有 55 %左右为 TDF。

表 4.9　单位质量的轮胎衍生燃料与煤的组分及热值比较

燃料	组分/%(质量百分比)							热值
	C	H	O	N	S	灰分	水分	/(kJ · kg^{-1})
TDF	83.87	7.09	2.17	0.24	1.23	4.78	0.62	36023
煤	73.92	4.85	6.41	1.76	1.59	6.23	5.24	31017

该方法不但可以缓解废轮胎堆积对环境造成的压力，还能减少化石燃料的使用，在一定程度上缓解了资源紧缺问题。但是有研究表明，用 TDF(废轮胎替代率为 20 %)供热的水泥窑中二噁英、呋喃、多环芳烃等有机污染物有不同程度的增多，其中多环芳烃最多增加了 22.30 %。因此，TDF 的使用过程中需要做好后续尾气处理工作，避免对环境造成二次污染。目前，由于该方法使用前期投资高且灰分难处理，所以在发展中国家应用较少。

4.3.4　废轮胎的热解特性

废轮胎热解是指将橡胶高分子置于缺氧或惰性气体环境中，在合适的温度(一般为高温)下热解，橡胶分子内部的大分子链断裂得到小分子结构的油气混合物，经过进一步的冷凝分离，得到热解气、热解油和热解炭黑。这三种产物通过一定的加工生产可成为具有高利用价值的资源，因此热解也为废轮胎回收提供了一条环境友好的途径。废轮胎热解的主流技术主要有低温真空热解、微波热解、加氢热解、共热解、催化热解等[86-88]。

废轮胎不同位置的橡胶热解行为有差异。图 4-10 显示了胎侧胶(SWR)和胎面胶(TTR)在氮气氛围下(75 mL/min)从室温到 900 ℃的恒定加热速率(30 ℃/min)下的热重和微分热重曲线图。TTR 和 SWR 的重量损失曲线相似。热分解始于 230 ℃，在 600 ℃几乎完成分解。对于 SWR，在 600 ℃下的固体残余物收率为 33.67%，对于 TTR 而言为 37.76%，这种差异与它们的不同组成有关。可以很容易地在 TTR 和 SWR 的 DTG 曲线中观察到不同的降解步骤。在 TTR 的 DTG 曲线上，在 470 ℃(1.996 mg/min)时有一个明显的失重峰，失重率为 46.97%。SWR 的 DTG 曲线上有两个尖锐的失重峰，分别出现在 402.20 ℃(1.981 mg/min)和 478 ℃(1.996 mg/min)处，失重率分别为 53.69%和 19.93%。

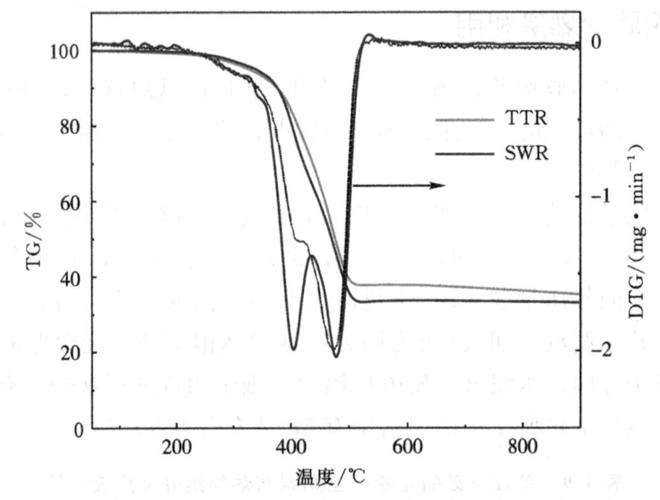

图 4-10　SWR 和 TTR 在 30 ℃/min 升温速率下的 TG/DTG 曲线图

图 4-11 显示了 SWR 和 TTR 在 30 ℃/min 的条件下的 FT-IR 曲线图。由于烷烃($—CH_3$，$—CH_2$ 和 C—H)的存在，所有样品的峰均在 2800～3000 cm^{-1}范围内。所有样品在 3020～3100 cm^{-1}、1620～1670 cm^{-1} 附近均具有尖峰，表明有烯烃($C═CH_2$ 和 C═CH)的存在。要注意的是，SWR 比 TTR 具有更多的烷烃。在两个样品中，在 3000～3100 cm^{-1}范围内都观察到三个弱峰，这些峰表示在 SWR 和 TTR 中存在芳烃。醇与酚具有相同的羟基，O—H 和 C—O 的振动频率是它们的特征吸收。O—H 的峰通常在 3200～3670 cm^{-1}范围内，可以在两图中找到。在两个样品中，在 1050 cm^{-1}和 1200 cm^{-1}处都观察到两个峰，根据这些特征峰，可判定 SWR 和 TTR 的热解挥发物中存在醇和酚。由于 C═O 的诱导作用，在共轭模式下 1680 cm^{-1}和 1750 cm^{-1}之间的强峰表示在所有样品中都存在醛或酮。在 2720～2820 cm^{-1}范围内的不同谱带上显示了两个不同的峰，这进一步确定了热解挥发物中醛的存在。在 SWR 和 TTR 的热解挥发物中，在 1650～1690 cm^{-1}、1420～1400 cm^{-1}范围内都发现了峰，表明存在酰胺[30]。在 1300～1400 cm^{-1}范围内的弱峰被指定为源自挥发性的二氧化硫(SO_2)。在 670 cm^{-1}和 810 cm^{-1}之间(S—O 拉伸振动)、1340～1385 cm^{-1}范围内($—SO_2—$不对称拉伸振动)显示了两个显著的峰，这表明热解产物中存在磺酸。简而言之，在 2200～2400 cm^{-1}范围内的强峰表明产品中存在 CO_2。在 2050～2200 cm^{-1}范围内的 CO_2 峰旁边有两个弱峰，证明 CO 存在于热解产物中。功能组

中的元素与元素分析的结果一致。FT-IR 曲线表明，由于 TTR 包含更容易热解的成分(如酰胺和有机硫)，因此 TTR 比 SWR 易于热解。SWR 和 TTR 样品中的 CO_2 和 CO 逸出开始于大约245 ℃。随着温度的升高，由于更稳定的醚的分解，CO_2 和 CO 逐渐升高并形成一个高强度峰。SWR 的 CO_2 强度峰值比 TTR 的(约 730 ℃)低 700 ℃，因为 TTR 的热解物中氧气含量比 SWR 的多。两个样品中的 CH_4 释放均始于约 340 ℃，CH_4 强度约为 500 ℃时达到峰值。CH_4 的释放主要来自橡胶的分解。大约 500 ℃，SWR 的 CH_4 显著峰高于 TTR 的。两个样品中磺酸的释放均约为 330 ℃。TTR 中磺酸的峰面积高于 SWR 中磺酸的峰面积。

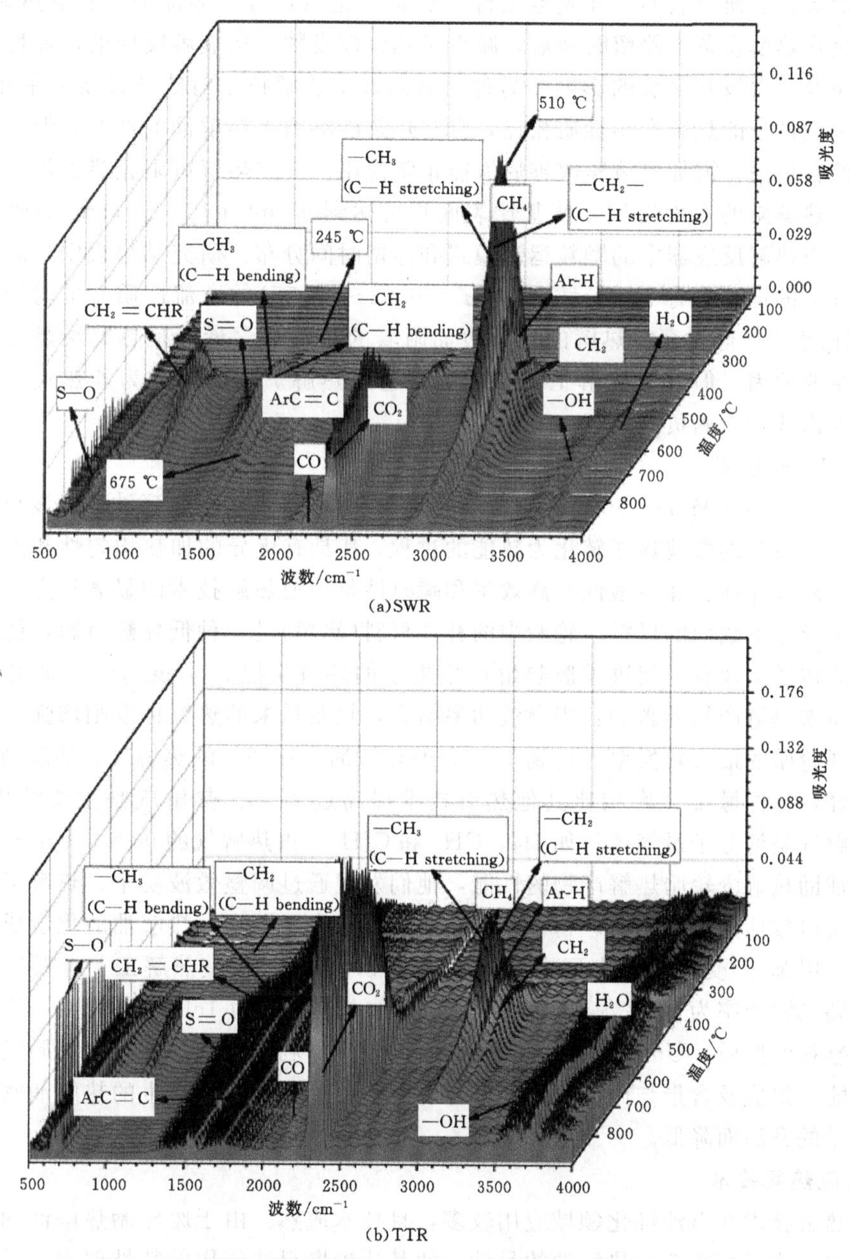

图 4－11　SWR 和 TTR 在 30 ℃/min 的条件下的 FT-IR 曲线图
(stretching 表示拉伸振动，berding 表示弯曲振动)

4.3.5 废轮胎的热解资源化方法

目前，废轮胎的热解资源化方法主要有真空裂解、微波热解、加氢热解、催化裂解、自热热解和等离子体热解等，具体如下。

1. 低温真空热解技术

真空热解技术是在真空条件下使橡胶碎片进行裂解。低温真空热解技术发展较成熟，已广泛应用于废弃秸秆、含油污泥等物质的处理，如热解生物质制生物质油、热解含油污泥回收原油等。有研究表明，在真空条件下热解废轮胎具有许多优势。真空热解温度低，热解挥发物在热解设备中停留时间短，减少了热解挥发物二次裂解反应的可能性，对热解产物的分布及产率没有显著的影响。另外，低温真空热解技术对热解设备要求相对较低。与空气氛围条件下的热解产物性质相比，真空热解能够增大热解油的产率，但热解油中的芳烃和硫的含量高，需加氢重整改善后方能正常使用。真空热解可阻止热解炭黑的小孔被堵塞，改善热解炭的表面性质，使其比表面积可达到 90 m^2/g[32-33]。Yang 等研究了废轮胎颗粒在真空热解反应器中的颗粒运动模式和停留时间分布。研究结果表明，废轮胎颗粒在真空条件下的运动具有中间分散(方差 $\sigma^2=0.02\sim0.055$)的塞流性质，平均停留时间取决于进料速度[34]。低温真空热解的炭黑表面附着的热解油含量低是热解炭黑表面性质得到改善的主要原因。但真空热解工艺存在的问题是热解炉加热方式为外热式，传热效率低，需增大供热才能满负荷运行。

2. 微波热解技术

微波，是指 300 MHz～300 GHz 频率、0.1～100 cm 波长的电磁波。微波热解是物料在电磁场中将吸收的微波热能转化为热能的过程，其具有优异的加热均匀性和独特的传热传质规律。高选择性、强渗透性、高效率和瞬时性是微波热解技术的显著特点。微波热解技术适用于导热系数低的材料。轮胎中的补强材料(炭黑)是一种低导热材料，能够将吸收的微波热能传递给橡胶，促进橡胶热解产生更多的热解炭黑。Song 等[35-36]研究了微波功率对轮胎粉末热解产物的影响：当微波功率增大，轮胎粉末的热解程度则增强，在 500 W 时，可实现轮胎的最大转换率，得到 45.0%的热解油、18.5%的热解气。热解油中含有大量的芳香烃，且柠檬烯产率相比其他热解技术提高近 10%。热解气是主要的热解产物，80%的热解气是低分子量气体，如 H_2、CH_4 和 C_2H_4，占热解气的 90%。Undri 等[37-38]研究了微波辅助热解废轮胎热解产物的性能，他们发现通过调整微波功率、热解工艺等实验条件，可获得较佳的热解品质产物，他们在研究过程中还发现，热解油的化学成分(芳烃、烯烃、苯、甲苯等)受热解工艺及装置的影响较大，并通过调整热解工艺、对比热解产物品性，得到热解产率为 27.8%，密度为 0.86 g/cm^3，黏度为 1cP 的热解油，其产品特性接近商业燃料的性质。Undri 等[38]在氮气存在的条件下利用微波热解废旧轮胎发现，热解产物的性能、组成及含量与微波数值的平方有一定关系。其中，产生的热解油密度都会随着微波能量的升高而降低。

3. 加氢热解技术

加氢热解技术在石油炼化领域应用较多，且技术成熟。由于废轮胎热解油的品质与石油品质相似，为提高废轮胎热解油的品性，使其达到燃料油应用的特性要求，部分学者研究了废轮胎加氢热解重组产物的特性及其应用的可行性。废轮胎加氢热解主要影响液相

(将重油变为轻油)和气相(CH_4 等非冷凝气体产量增大)产物，对热解炭黑的产率影响不显著。相比于直接热解废轮胎，加氢热解废轮胎具有降低热解能耗、减少二次凝结和聚合反应的优点，能够增大热解油和热解气的产量，减少焦炭产量。Murena 等[39]研究了废轮胎加氢热解气化工艺对产物的影响。他们发现提高热解反应温度，链烷烃馏分增加且烃混合物的平均分子量降低，400 ℃时，氢化热解可得到最大气态化合物产量。说明氢供体的存在降低了热解温度，并得到最大产气量。Mastral 等[40]采用固定床反应器，通过调整热解工艺，研究废轮胎加氢热解产物的变化。他们发现氢气压力是影响热解油成分变化的主要因素，随着氢气压力的增大，热解油由重油变为轻油，重油产率下降、轻油产率增大。加氢热解技术不仅能够调节废轮胎热解产物(热解油、热解气和热解炭)的产率及品性，而且是废轮胎热解清洁转化的简单有效方法。

4. 共热解技术

废轮胎与煤、生物质等物质共热解的协同促进作用已被学者们广泛研究。由于废轮胎富含氢元素，与煤、生物质等物质共热解时，废轮胎作为氢供体可提升热解挥发性产物的品质，增大热解油的产率。废轮胎与煤、生物质等共热解所得生物油可缓解因石化燃料不足引起的能源危机。由于热解油具有高含水率、高含氧量，具有腐蚀性和化学不稳定性的特点，因此其不能直接作为燃料油使用。通过对共热解产物的组成及产率分析表明废轮胎与其他物质共热解技术具有协同效应。在热解过程的初始和最后阶段，生物质作为废轮胎分解的激活剂促进废轮胎热分解，协同效应显著。废轮胎与生物质(棉杆)共热解的热解油产率提高、含水率下降，热解油中的碳含量增加、氧含量降低，热值达到41 MJ/kg，黏度与柴油黏度范围相同。Onay 等[41]利用固定床反应器，在不同热解温度和物料比例(废轮胎：褐煤)下，研究了褐煤与废轮胎共热解对热解产物的影响。他们发现加入 10%的褐煤对废轮胎热解的协同作用最大，可促进废轮胎热解产生较多的沥青质和芳香族化合物，热解油产率增大 11.8 %，品质得到改善。Bicakova 等[42]通过比较两种不同性质的烟煤与废轮胎共热解产物性能，得知煤与废轮胎共热解具有协同促进作用：最佳工艺条件下，氢气产量超过 60%，甲烷产量大于 20%，热解油沥青质中芳香烃含量低。Ozonoh 等[43]将煤与废轮胎共热解气化用于发电，每年可节约 1868.81 t 原料，使用 1：1 的混合比(煤：废轮胎)分别可使 CO、CO_2、SO_2 和 NO_x 的排放减少 3.4%、23.28%、22.9%和 0.55%。煤与废轮胎共热解，为废轮胎处理找到较佳工艺提供了技术与理论支持。Ahmed 等[44]研究了废轮胎与甘蔗渣共热解过程及热解产物性能，发现热解油产率随着热解物中废轮胎比例的增加而增加。当添加 75 %的轮胎时，热解油产率最高，油中氧含量远低于甘蔗油或废轮胎油中的氧含量。共热解过程显著改善了甘蔗热解油的性能(热值、黏度等特性)。生物质在热解过程中，通过氧化反应放出的热量弥补了轮胎单独热解热能的不足。废轮胎与生物质共热解产生的热解炭黑，由于组分不纯净，灰分多的原因，碳的相对含量低。

5. 催化热解技术

催化热解主要是利用催化剂降低反应所需要的活化能，从而降低热解温度，提高整体反应速率。研究发现，一些催化剂能够使热解产物产量增大，改变热解产物成分，提升热解产物品质，继而获得更有价值的化学产品。根据催化剂的选择性，可通过添加不同催化剂改善产物性能，比如提高热解油质量和热解气中特定气体含量。但是由于反应温度过高，可能存在催化剂高温下结焦甚至失活的情况。常用的催化剂主要有分子筛、碱性化合物、沸石、凹凸棒土和矿石等。分子筛催化剂能够促进废轮胎热解油中单环芳烃(如苯、甲苯、乙苯)的生成，但分子筛催化剂的价格高、易烧焦失活等缺点限制了其的广泛应用。碱性化合物和矿石，具有加氢和脱氧的效果，但对热解油的催化效果没有分子筛的效果佳。沸石的强酸性可促使废轮胎热解得更彻底，使热解挥发分产率增大，部分热解油转化为热解气，促进单环芳烃化合物的生成，降低热解油中总芳烃含量。沸石催化热解废轮胎的热解渣产率低、碳含量高、灰分少、热解效率高。催化剂不仅有利于将重油转变为轻油，增大非冷凝气的产率，且有利于热解炭黑化学结构的重组，降低炭黑表面杂质官能团的含量。使用 Ru-MCM-41 作为催化剂，热解气产率急剧上升，而热解油产率下降，其中热解气中轻质烯烃含量增多，是普通热解的 4 倍，同时热解油中轻质组分增多。

表 4.10 总结了废轮胎热解技术的优缺点。废轮胎热解技术发展较快且相对成熟，它为废轮胎资源化提供了一条高附加值且环境友好的有效途径。根据热解目标产物，准确选取合适的热解技术，可节约资源，减少能耗及二次污染。单独的热解技术存在不同优缺点，热解产物品质很难进一步得到改善提升，已经不能满足废轮胎处理的需求。一些学者将废轮胎热解技术杂糅、混合联用以优化热解工艺，降低投资成本，提升热解产物品质。废轮胎热解技术的可行性及经济性，取决于热解产物的综合利用。废轮胎热解油气具有高热值，可作为燃料油气加以利用。热解炭黑具有粒径小、分布较均匀、比表面积大等特点，可作为橡胶补强剂、吸附剂等使用，其产率一般为 30%～37%[45]，是废轮胎热解的关键产物，很大程度上决定了废轮胎热解工艺的经济可行性。因此，在废轮胎热解处理过程中，必须考虑市场需求，研发出快速提高热解炭黑品性的技术工艺，提高热解炭黑的价值。

表 4.10　废轮胎热解技术优缺点比较

热解技术	优点	缺点	热解产物特点		
			油	气	渣
低温真空热解技术	对热解设备影响小，热解炭黑较纯净	热解炉为外热式，传热效率低，需增大供热	产率高	—	比表面积可达 90 m^2/g
微波热解技术	选择性高、渗透性强、效率高	热解产物受热解反应器影响较大	产率低	产率高	产率高
加氢热解技术	能减少二次再凝结和聚合反应，降低能耗	氢气压力的变化对热解产物的分布影响大	轻油产率增大	产率低	产率低
共热解技术	热解油品质得到改善，弥补轮胎热解耗能高的缺点	热解产物受升温速率影响大，热解炭黑灰分含量高	产率大、品质好	氢气产率增大	热解炭黑组成不纯
催化热解技术	增大目标产物产率，降低活化能，缩短反应时间，降低能耗	催化剂用量大，易烧结，热解炭黑灰分含量高	品质好	产率大、热值高	碳纯度低

4.3.6　废轮胎的热解资源化装备

废轮胎热解技术应用范围广，主要的热解设备有固定床、流化床、锥形床和回转窑热解反应器。反应器的结构、受热方式对热解产物的组成与分布有一定的影响。

1. 固定床

固定床又称作填充床，主要用于气固相或液固相反应，床层装填固体催化剂或固体反应物，可实现多相反应过程。固定床用于催化热解废轮胎的优点有：①返混小，流体同催化剂可进行有效解除；②催化剂机械损耗小；③结构简单。固定床热解废轮胎可以根据需要增加固定层，并在固定床层上负载不同的催化剂以达到热解目的。Kordoghli 等[122]研究了单层和双层固定床对废轮胎热解产物的影响，发现在固定床层上加入催化剂，气体产量比传统热解产量高 45%；使用双层催化床，改变第二层床的位置，转换效果未改善且增加了固定床热解设备的成本，但第二层床有助于热解气产量增大，其带来的经济效益可抵消工厂设备投资成本；热解挥发物与固定床层中催化剂的接触，可改变液相和气相的产物产率及化学组成。固定床有助于废轮胎热解油产率的增大，而载气在固定床的停留时间较短，热解挥发物二次反应概率小，热解油芳香烃中的氧含量较高。由于床层限制，采用固定床热解废轮胎，只能批量进料热解，可避免连续进料系统带来的进料问题。但批次进料会造成热解启停时间长、能量浪费、工作效率低等问题。启停阶段与中间热解阶段的温度不同是造成热解产物分布不均的主要原因。

2. 流化床

在流化床热解过程中，细小的废轮胎固体颗粒(胶粒)悬浮于运动的流体之中，使胶粒混合充分并具有流体的某些特征。流化床有加热速率快、反应迅速、气体停留时间短、热利用效率高、减少二次反应发生、热解油产率高的优点，但存在耗能大、热解油冷却慢等问题，且废轮胎中的钢丝对设备磨损相对较严重。在传热、温度及气固相接触方面，流化床属于快速热解工艺，与回转窑有很大的差异。Karatas 等[46-47]利用流化床在空气氛围下热解废轮胎，研究了空气当量比、温度和橡胶粒径对热解产物的影响，发现适当地降低空气当量比值，所得热解气中 CO_2 浓度较低，CH_4 和 H_2 浓度较高，低位热值(LHV)较高。在不同的空气当量比范围内，低位热值(LHV)与空气当量比之间的关系有所不同。轮胎中的硫转化为硫化氢(H_2S)，空气中的氮气转化为含氮化合物(NO、NO_2、NH_3 等)存在于热解气中，流化床的热解终温升高，热解油的产量增大。Kaewluan 等[48]研究了废轮胎在流化床中的热解条件对热解产物的影响，发现合成气的热值随着废橡胶添加量的增加和空气当量比的减少而增加，空气当量比减小，产生更多的 CO 和 CO_2，低位热值(LHV)较小。

3. 锥形床

锥形床(锥形喷动反应器)是传统(鼓泡)流化床的替代品，在处理黏性和不规则性物体(如废轮胎)方面具有优异的性能。气体在锥形床中高速运动，产生剧烈的气固相接触，可增强气相与固相之间的传热和传质，提高固体的加热速率。图 4－12 显示了废轮胎热解的锥形床示意图。Gartzen 等[32]研究了废轮胎在锥形床中真空热解的性能，发现真空条件下可维持锥形床的良好性能，降低加热惰性气体和冷凝部分的能量需求；锥形床热解废轮胎的残留炭黑空隙被堵塞，是其比表面积减少的主要原因。Gartzen 等[49]研究了废轮胎在锥形床中的连续热解性能，发现与固定床批量进料的热解结果相比，连续式热解产物中轻质芳烃含量高，而批量进料热解产物中重质馏分和焦油的产量较高，锥形床热解所得热解油需进行氢化改性重组之后才能用作燃料。锥形床的几何形状结构特征使床体非常适用于高气体运行，产生剧烈的气固相接触，增强两相物之间的传热和传质，增大固体的加热速率，即使是非常黏稠的物料，亦可避免颗粒物聚集造成的床内流体化。锥形床最大的优点是操作条件灵活，从反应器中可连续除去热解残余炭黑。

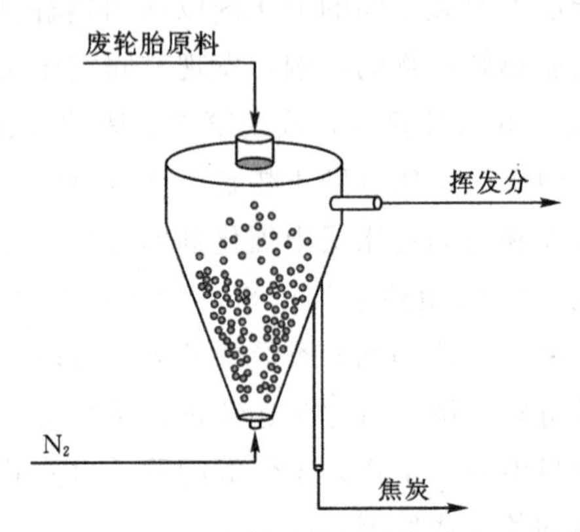

图 4-12　用于废轮胎热解的锥形床示意图

4. 回转窑

回转窑能够处理各种各样的固体废物，适用性广，对给料尺寸几乎无要求，广泛应用于固体废物的热处理。根据加热方式，回转窑分为外热式和内热式两种。废轮胎在回转窑中热解，可获得更多的热解气、轻质油、重质油、蜡产品和较少的炭黑。热解产生的重油和轻油的密度、黏度、热值、FT-IR 特征与标准石油燃料相似。但是，热解油中硫含量高、闪点低，在使用前需进行改善。部分学者利用回转窑热解废轮胎，探索进料比、物料粒径、回转窑转速、温度等对热解产物的组成及产量的影响。Nielsen 等[50]利用回转窑对当量直径为 10 mm 至 26 mm 的轮胎橡胶与松木颗粒进行了中式规模的实验研究，发现回转窑的转速对热解产物只有轻微影响，废轮胎和松木的挥发分主要受温度和燃料颗粒粒径的影响。Donatelli 等[51]通过实验对回转窑热解过程的性能和气体特征进行了评估，发现随着进料比的增大，气体产量及能量增大，当进料比达到 0.33 时，产生的氢气量达到 52.7 %(不含氮气)，气体低热值(LHV)达到 29.5 MJ/kg；较高的进料比，不能促使气体产量增大，反而需要更多的热能将大气加热到热解温度。采用外热式回转窑热解废轮胎，可促使胶粒连续热解，但热量由外而内传递，热损失大，温度分布不均且滞后等问题较明显。

表 4.11 总结了热解设备热解废轮胎的优缺点。热解设备各有不同的优缺点，适用范围亦不同，且其传热、传质的方式对热解产物的分布有一定的影响。在废轮胎热解过程中，根据目标选择合适的热解设备，不仅能够降低投资成本，并且能够快速处理废轮胎。

表4.11　热解设备热解废轮胎的优缺点

热解设备	优点	缺点	热解产物特点		
			油	气	渣
固定床	返混小、结构简单、催化剂机械损耗小、可实现多相反应过程，利于提高目标产物	启停耗时久、能耗大、工作效率低、热解产物分布不均	产率大	产率低	品质差
流化床	加热速率快、气体停留时间短、热利用率高、二次反应小、易工业放大	能耗大、热解油冷却慢，要求原料尺寸小，原料加工成本大	产率高	热值低	—
锥形床	可处理黏性高、不规则物料。操作条件灵活，可连续除去热解炭黑。工艺设计简单，可大规模连续操作	热解炭黑比表面积小，固体颗粒迅速循环和气泡搅动造成固体颗粒停留时间分布不均	油中高价值的化工产品多	产率低	比表面积小，品质差
回转窑	对物料形状、形态及尺寸适应性广	温度分布不均匀、滞后，热损失大，热解油中硫含量高，闪点低	产率高、品质好	产率低、热值低	产率低、品质好

4.3.7　废轮胎热解产物的影响因素

废轮胎热解过程复杂，影响因素较多。废轮胎热解产物的产率及成分除受到热解技术及设备的影响之外，还受温度、压力、气氛、催化剂种类等因素的影响。

1. 温度对热解产物的影响

在废轮胎热解工艺过程中，温度是热解产物产量及组成分布最重要的影响因素之一。无论是轮胎热解过程还是热解产物的制取，热解温度都起到至关重要的作用。①在一定温度范围内，温度越高，热解速率越大，热解所需时间越短；②在500 ℃内，热解终温越高，热解油的产率越大；大于500 ℃，热解油的产率下降，热解气产率增大；热解温度在400～500 ℃范围内时，可产生最大的二戊烯产率。Nisar等[52]研究了温度对热解产物的影响，发现在初始升温阶段，液体产量随着温度的升高而增加；当温度达到570 ℃时，热解油产量达到最大，之后开始减少；随着温度的升高，热解气的产量增大，热解油中的轻质组分(乙烯、乙烷、丙烯等)产量增大；当温度升高到500～700 ℃时，焦炭产量随着温度的升高而减少。

图4-13(a)所示为理想情况下，废轮胎仅发生一次热解，即不进行二次反应时热解产物产量随温度的变化情况。在反应初始阶段，热解气和炭黑产量增加，而热解油的产量随温度升高而下降。反应后期三相产量基本保持稳定，不受温度影响。在低于500 ℃和500～800 ℃两种温度下进行轮胎热解实验，实验结果表明，得到的热解产物产量相近。

图 4－13(b)为发生二次反应时轮胎热解产物产量随温度的变化情况。在反应后期，热解炭黑产量稳定，不受温度影响，而热解油产量急剧下降，热解气产量快速上升，也就是发生了热解油向热解气转换的现象。可见，在热解过程中，二次反应是影响热解产物及其产率的决定性环节。

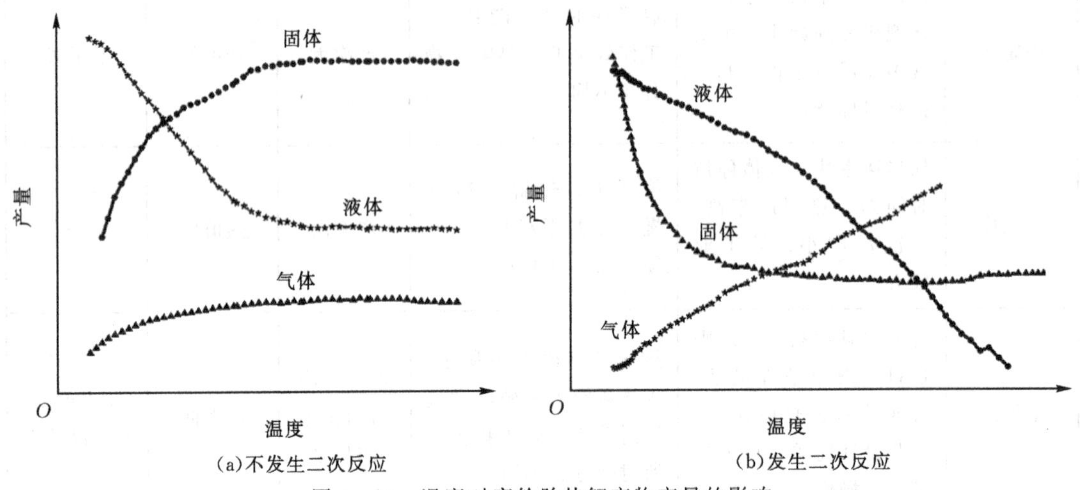

(a)不发生二次反应　(b)发生二次反应

图 4－13　温度对废轮胎热解产物产量的影响

2. 压力对热解产物的影响

废轮胎热解过程中，压力对热解产物的产率及品质有一定的影响，其也是通过影响裂解的二次反应过程来影响裂解产物的质量的，其中受影响最大的就是热解炭黑。压力增大，热解挥发物二次反应概率增大，有助于将大分子有机物裂解为小分子有机化合物。压力减小，缩短了挥发分的停留时间，二次反应受阻，减少了碳质物质在裂解炭黑表面沉积，表面活性位数量增加，热解气的产率增大。真空条件下热解废轮胎，挥发物停留时间较短，能够减少挥发相的二次反应，与大气压下的热解相反。与大气压条件相比，在真空条件下热解废轮胎，热解油产率增大，热解炭黑和热解气的产率减小。在真空压力操作下，异戊二烯的产率可增大 7%(质量百分比)，热解炭黑的比表面积得到了改善。常压热解，热解挥发物在反应器中的停留时间较长、二次反应概率大、热解油产率低、热解气产率比真空条件下高。

3. 热解器内气体氛围对热解产物的影响

热解反应通常使用惰性气体作为载气。载气的存在会阻碍二次反应的发生，比如重聚、脱氢缩合等，载气流的流速过大时，挥发分的停留时间短，气体物质迅速排出，整个反应停留在一次反应阶段，热解油含量增加，相反地，低速的载气流会增加热解气的含量，从而可以控制裂解产物的产量和质量。在废轮胎热解过程中，热解炉内的气氛对热解产物的组成影响较大。向热解炉内通入惰性气体对反应物及热解挥发物进行吹扫，可减少挥发性物质与固体反应物的接触及在热解反应器中的停留时间，增大热解反应速度并且抑制挥发物的二次分解，提高热解油的产率。当热解炉中混入空气，热解产物被氧化，热解气中 CO_2 产量增加，热解油中氧含量增大。加氢热解技术有利于热解油中硫的析出，减少热解油中硫的含量，热解油中轻质油产率增大，油品质得到改善。空气氛围下热解废轮胎，其空气当量比对热解气的组成及产率影响较大。当空气当量比较大时，热解气中 CO、

CO_2、SO_2 和 NO_x 的产率较大，热解气低位热值(LHV)较小，且会造成空气污染。

4. 催化剂种类对热解产物的影响

废轮胎单独热解需要较高的反应温度，持续时间长、耗能大。在废轮胎热解过程中，添加催化剂可以促进废轮胎快速热解，影响热解产物的组成和分布。与无催化剂热解技术相比，催化热解技术的主要优点是提高热解效率、降低热解反应能和活化能、改善热解产物品质。表 4.12 展示了催化剂对热解油的影响。Hijazi 等[53]利用太阳能在 550～570 ℃温度下热解废轮胎，研究了催化剂种类对废轮胎热解产物分布的影响。研究发现非催化太阳能热解产生的气体产率为 20%，而使用 TiO_2 催化剂可使气体产率提高到 27%；用贵金属和 Bi_2O_3/SiO_2 金属氧化物掺杂 TiO_2 制备的催化剂，可进一步提高催化剂的催化裂化能力，使热解气产率达到 32%，与 Pd-Pt/TiO_2 和 PCl/TiO_2 催化剂相比，二者最高气体产率分别达到 40%和 41%；Pd 和 Bi 均可影响 TiO_2 的光催化性能，改善废橡胶热解过程中的活性。Miandad 等[54]学者通过小型规模的废轮胎热解试验研究了催化剂对废轮胎热解油的影响，并通过 GC-MS、FT-IR 分析表征手段，证实了热解油中芳香族化合物和脂肪族烃类化合物的存在。如表 4.12 所示，在废轮胎热解过程中，四种催化剂的加入，热解油产率降低，热解油中芳香族化合物的转化率增大。Zhang 等[55]研究了镍催化剂对废轮胎热解气及催化剂的影响，发现镍作为催化剂，能促进热解油二次热解，总气体产率和氢气产率增大；三氧化二铝和二氧化硅作为催化剂载体，三氧化二铝的比例增加到 67%时，催化剂焦炭含量从 19.0%降低到 13.0%(质量百分比)，且超过 95%的焦炭是丝状。

表 4.12　催化剂对热解油的影响

项目	催化剂种类				
	无	Al_2O_3	$Ca(OH)_2$	天然沸石	合成沸石
热解油产率/%	40	32	26	22	20
芳香族化合物含量/%	93.3	60.9	71.0	84.6	93.7

注：表中占比为质量百分比。

4.3.8　废轮胎热解产物的应用

废轮胎热解技术主要在 400～600 ℃范围内进行，其热解产物主要有热解挥发分(可冷凝的热解油、不可冷凝的热解气)和热解固体(热解炭黑)，热解产物的产率主要受其来源、热解工艺和热解设备的影响。

1. 热解油的应用

废轮胎热解油占热解产物的 40%～50%，黑色，具有独特的、令人不愉悦和强烈的刺激性气味，成分复杂，主要由芳香族化合物和烯烃类组成。其热值高(＞40 MJ/kg)、闪点低(＜32 ℃)、灰分低、沸点宽、黏度低、残炭值低，含有 S、N 等元素，不饱和烃和芳香烃的含量较高，沥青质含量较低。由于废轮胎热解油的品性与石油相似，热值高于汽油和柴油，可用作燃料油。但由于 S、N 等元素及重质芳香烃等物质的存在，若将其直接作为燃料油使用，会产生 SO_x、NO_x、PAH 等污染物质。因此，废轮胎热解油需通过精馏、重整等方法进行分馏或改性以达到燃料油使用标准。废轮胎热解油沸点宽，通过精馏可得到轻质油、中质油和重质油等不同馏分的油品，可分别对其进行利用。轻质油中主要以烯烃和芳香烃为主，可提取化工原料苯、甲苯、二甲苯、柠檬烯等高价值的化学品。中质油可用作橡胶操作油和工业芳香油。重质油可用作铺路沥青的黏合剂和改性剂，或与石油沥青混合使用，重质油进行延迟焦化可制取优质焦炭和重柴油。Umeki 等[144]研究了废轮胎热解油作为燃料油的性能，发现轮胎热解油的辛烷值与高级汽油辛烷值相似，具有更高的抗爆燃性。Elbaba 等[57]使用两级热解-气化反应器将废轮胎直接热解催化制氢气。实验在 500 ℃的热解温度和 800 ℃的气化温度下进行，此过程有助于其他气体和氢气产率的增加。当加入催化剂 Ni/Mg/Al 时，H_2 和 CO 浓度显著增加，随后 CH_4 和烯烃浓度降低，氢气产率从 0.68%增加到 5.43%。

2. 热解炭黑的应用

废轮胎热解炭黑占热解产物的 30%～37%，其中炭黑中的灰分为 15%左右。图 4-14 为热解炭黑的扫描电镜图。由于轮胎来源及热解工艺不同，热解炭黑的比表面积、孔径大小等表面性质和灰分含量也不同。废轮胎热解炭黑具有孔隙小和发达的多孔特性，但其比表面积较小，不能达到商业炭黑的应用要求，经济价值低。如何有效地提高热解炭黑的附加值，一直是一个值得关注的问题。目前，热解炭黑的应用比较广，主要用途：将热解炭黑改性制备活性炭吸附剂、橡胶补强材料(商业炭黑)、涂料(油墨)和沥青等。Zhang 等[58]在超声波下，利用盐酸和氢氟酸对废轮胎热解炭黑进行改性，研究热解炭黑中灰分和硫的去除率。他们对改性后的热解炭黑与商业炭黑对比发现，废轮胎热解炭黑中的碳主要来自于废轮胎制造过程中添加的商业炭黑，并非来自于纯橡胶的热解。热解炭黑中的灰分主要由金属氧化物、硫化物和二氧化硅组成。改性后的热解炭黑与商业炭黑的表面性质、孔隙率和形态接近，可以替代 N326 用于轮胎制造，成功地将热解炭黑升级为商业炭黑。Guerrero-Esparza 等[59]通过对热解工艺的调整及热解炭黑的改性研究废轮胎热解炭黑对水中 Fe 离子的吸附性能，发现热解炭黑总表面积是影响吸附 Fe 离子的主要的因素，热解炭黑的结构对吸附性能影响较大。Heras 等[60]通过循环氧化活化法处理废轮胎热解炭黑，发现硝酸(HNO_3)作为循环活化氧化剂，可使热解炭黑的比表面积增大到 750 m^2/g，这可为热解炭黑活化技术提供参考。

图 4-14 热解炭黑扫描电镜图

3. 热解气的应用

废轮胎在热解过程中，因为热解设备及工艺的不同，部分橡胶会气化产生热解气。热解气主要是废轮胎在热解过程中产生的不可冷凝的热解挥发物，热值接近天然气热值，是一种高热值的能源。废轮胎热解气产率为 8%～12%，其主要取决于废轮胎的种类、数量及热解工艺。废轮胎热解气主要有 H_2、CO、CO_2、CH_4、C_2～C_4、H_2S、NH_3 等。由于热解气的产率相对较小、收集困难，热解气收集储存罐设备昂贵，会增大企业投资成本。2012 年，我国工业和信息化部发布《废轮胎综合利用行业准入条件》：废轮胎热解加工综合能耗低于 300 kW · h/t。目前，我国废轮胎热解主要采用电或燃料加热的方式，能耗较高。由于废轮胎热解气具有较高的热值，利用热解气作为辅助燃料为热解过程提供部分能量，可以大幅降低废轮胎热解单位能耗。通过控制气体压力，可使热解气达到焚烧条件。热解气中含量相对较高的 H_2S 在焚烧过程中被氧化为 SO_2。焚烧尾气自下而上进入装有脱硫材料的脱硫系统，烟气中的 SO_2 被脱硫材料充分吸收，净化后的烟气可达到烟气排放标准。热解气是高价值的副产物，经过合理的工艺进行处理及应用，不仅可利用其高热值减少能耗，亦可解决废轮胎热解造成的二次污染问题。

4.4　电子废物资源化技术

4.4.1　电子废物简介

电子废物(waste electrical and electronic equipment，WEEE)俗称“电子垃圾”，是指被废弃的不再使用的电器或电子设备，主要包括电冰箱、空调、洗衣机、电视机等家用电器和计算机等通讯电子产品的淘汰品。随着信息社会和数字经济的飞速发展，全球电子设备的产量不断增长；另外，信息和通信技术领域的快速发展也使电子设备更新迭代速度加快，导致电子设备淘汰速度加快，因此电子废物已成为增长最快的废物之一。据国家生态环境部统计，目前我国电子废物年产量约为 200 万吨。有研究报告显示，预计到 2030 年，我国电子产品废弃量将超过 2700 万吨。与此同时，废弃电脑和手机的电路板中可回收金属的总价值将达到 1600 亿元[61]。联合国发布的《2020 年全球电子废弃物监测》报告显示，2019 年全球电子废物总量达到了创纪录的 5360 万吨，仅仅五年就增长了 21%，并预计到 2030 年这个数据将达到 7400 万吨。

电子废物种类繁多，大致可分为两类：一类是所含材料比较简单，对环境危害较轻的废旧电子产品，如电冰箱、洗衣机、空调等家用电器及医疗、科研电器等，这类产品的拆解和处理相对比较简单；另一类是所含材料比较复杂，对环境危害比较大的废旧电子产品，如电脑、电视机显像管内的铅，电脑元件中含有的砷、汞和其他有害物质，手机原材料中的砷、镉、铅及其他多种持久性和生物累积性的有毒物质等。

电子废物的两个基本特征，即种类繁多且有害和高价值性，构成了电子废物有两个相互依存的属性：资源性与污染性。一方面，电子废物中含有大量有价值的材料，材料属性与报废或淘汰之前没有太大的差别。另一方面，电子废物的随意丢弃或不当处置，将会造成严重的环境污染。电子废物是一类特殊的固体废物，在日常生活中，人们只关注电子废物在回收有色金属(铜、铅、锌、镍)、贵金属(如金、银、钯和铂)和稀土元素(如钐、铕和钇)等方面的商机，而忽视其对人类健康和环境的危害。如何解决电子废物资源性和污染性之间的矛盾，对电子废物进行科学合理的处理处置已经成为一个亟待解决的社会问题。

4.4.2　电子废物的利用价值

电子产品在报废后虽然整体功能已经丧失，但是一些部件和零件还是可以回收后重新使用的。若对这些部件和零件进行回收处理，不仅可以减少电子废物的环境污染风险，而且还可以带来经济效益。电子废物中的有色金属、黑色金属、稀有金属及各种高分子材料和玻璃等绝大部分材料可以再生利用，且再生利用的成本大大低于直接从矿石、原油等矿产资源中获取材料的成本，节能减排效益巨大。例如，1 t 废旧手机可回收 100 g 黄金，而一般的金矿石，每吨只能提炼出几克黄金。此外，废旧印刷电路板中，铜的含量最高，还含有金、铝、镍、铅、硅及稀贵金属等物质。有统计数据显示，每吨废旧印刷电路板中含金量达到 1 kg 左右，目前从每吨废旧印刷电路板中最高可提炼出 300 g 黄金[62]。由此可见，如果将电子废物中含有的金、银、铜、锡、铬、铂、钯等贵重金属“拆”出来，将是一笔不可估量的财富。此外，回收利用电子废物可以减少矿产能源的开采，改善环境状况。美国环保局的研究表明，通过用从废家电中回收的钢材代替传统冶炼得到的新钢材，可减少 97％的矿废物，86％的空气污染、76％的水污染，40％的用水量，节约 90％的原材料、74％的能源，而且废钢材与新钢材的性能基本相同[63]。目前，具有高回收价值的电子废物主要包括废弃手机、废弃电视机及废弃计算机等。表 4.13 给出了我国常见电子产品主要组成成分质量分数[64]。

表 4.13　我国常见电子产品主要组成成分质量分数　　单位：％

种类	铁	铜	其他金属	玻璃和陶瓷	阻燃塑料	易燃塑料
大型室内电器	60	6	2	10	—	12
电动工具	30	9	9	15	12	12
办公电器	27	8	6	15	12	12
收音机和通信电器	50	10	4	—	12	14
电动厨具	24	5	8	10	—	38
其他	10	9	45	—	14	12

通过回收利用电子废物中的各种物质不仅可以在一定程度上缓解我国矿产资源短缺的状况，从而减少对进口矿产的依赖度，还可以减少在矿产冶炼过程中对环境造成的危害，符合可持续发展理念的要求。联合国发布的《2020 年全球电子废弃物监测》报告显示，2019 年只有 17.4％的电子废物被收集和回收。这意味着电子废物中黄金、白银、铜、铂和其他高价值、可回收材料大多被倾倒或焚烧。据保守估计，这些未回收的电子废物价值可达 570 亿美元，超过了大多数国家的国内生产总值[61]。因此，如何对电子废物进行回收、利用及处理已成为社会亟待解决的问题。

4.4.3　电子废物的拆解技术

电子废物的再生利用主要是通过拆解、破碎、能量回收、污染物处理处置及资源循环来完成的。电子废物的拆解就是将整台电器设备解体为易于后续处理的器件，并将物料按照不同材质进行分类。拆解技术不仅降低了新产品的生产成本，还保留了元器件中原有的附加值，属于“高级循环”的方式。拆解主要分为分类拆解和元器件拆解。

1. 分类拆解

分类拆解适用于常规大中型电子产品的整机解体，如打印机、电脑、扫描仪、复印机、微波炉、电视机等，拆解产物类型有塑料、机壳、金属机壳、玻璃、印制电路板、电线、电缆、显像管、其他零部件等。分类拆解的主要任务是将整台的电脑主机、打印机、扫描仪等大件物料拆分为易于后续处理的器件，同时将物料的外壳、内部零件进行分类，并将电子废物中含有的危险废物拆出以降低处理过程中对环境造成污染的可能性。表 4.14 列出了照相机、扫描仪、硒鼓、电脑 4 种办公设备经分类拆解后主要产物重量及比重[65]。不同电子产品拆解产物种类和对应比例有明显差异，但整体而言，塑料和金属占电子废物总重的比例很高，其中还未包括电路板裸板中金属和塑料的含量，这说明了电子废物拆解产物的可再利用率较高，能给回收企业带来较高的收入。

表 4.14　照相机、扫描仪、硒鼓、电脑的分类拆解产物重量及比重

项目	照相机	扫描仪	硒鼓	电脑
总重量	200 g(100%)	5000 g(100%)	2362 g(100%)	29000 g(100%)
塑料	100 g(50%)	2000 g(40%)	1172 g(49.6%)	6800 g(23.4%)
铁	30 g(15%)	500 g(10%)	730 g(30.9%)	9000 g(31.0%)
铝	—	—	30 g(1.3%)	—
铜	—	500 g(10%)	5 g(0.2%)	300 g(1.1%)
玻璃	—	1000 g(20%)	—	7000 g(24.1%)
电路板	20 g(10%)	500 g(10%)	—	5400 g(18.7%)
墨粉	—	—	425 g(18.0%)	—
镜头	50 g(25%)	—	—	—
风扇	—	—	—	500 g(1.7%)
喇叭	—	500 g(10%)	—	—

2. 元器件拆解

元器件拆解主要指印刷电路板上元器件的拆除，此外也包括小型电子产品的整机解体，如收录机、照相机、电话机等。拆解产物类型有塑料机壳、金属机壳、玻璃、印制电路板裸板、电线、电缆、各种电子元器件、其他零部件等。在操作过程中，通常用电动螺丝刀将电路板上的各类散热器和电池拆除，再将印制电路板上的固定支架拆下。接着将电路板中可直接拔下来的电子元器件拆除，如集成电路等。由于电子元器件是用焊锡焊接在电路板上的，所以可用热风枪或锡缸等工具将电子元器件从电路板上取下。

拆解下来的这些电子元器件是由不同种类的材料所组成，为了提高下一步处理的效率，应进行分类。其按照功能分为电阻、电感、电容器、集成电路、半导体三极管、半导体二极管和废电路裸板等几大类后，再通过人工辨认各类元器件表面标注的符号将它们细分为不同型号，例如：电容器可细分为电解电容器、钽电容器、陶瓷电容器等；集成电路可细分为发射极耦合逻辑电路(emitter coupled logic，ECL)、晶体管-晶体管逻辑电路(transistor transistor logic，TTL)、互补金属氧化物半导体(complementary metal oxide semicomductor，CMOS)等，这种细分能够提高二手电子元器件商品化过程中的附加值。能通过可靠性检测重新使用的电子元器件可由个人直接收购或由网络销售给需要的厂家降级使用。无法降级使用的元器件连同分类后得到的废电路裸板及各类扩展槽经过破碎、分选后需进一步处理。电子废物的拆解流程图如图 4－15 所示。目前，电子废物的拆解主要通过人工进行，生产效率低，并且工人长期近距离接触各类含重金属的电子废物，对工人和环境都会造成损害。因此，开发高效绿色且自动化的拆解设备是电子废物拆解领域的必然趋势。

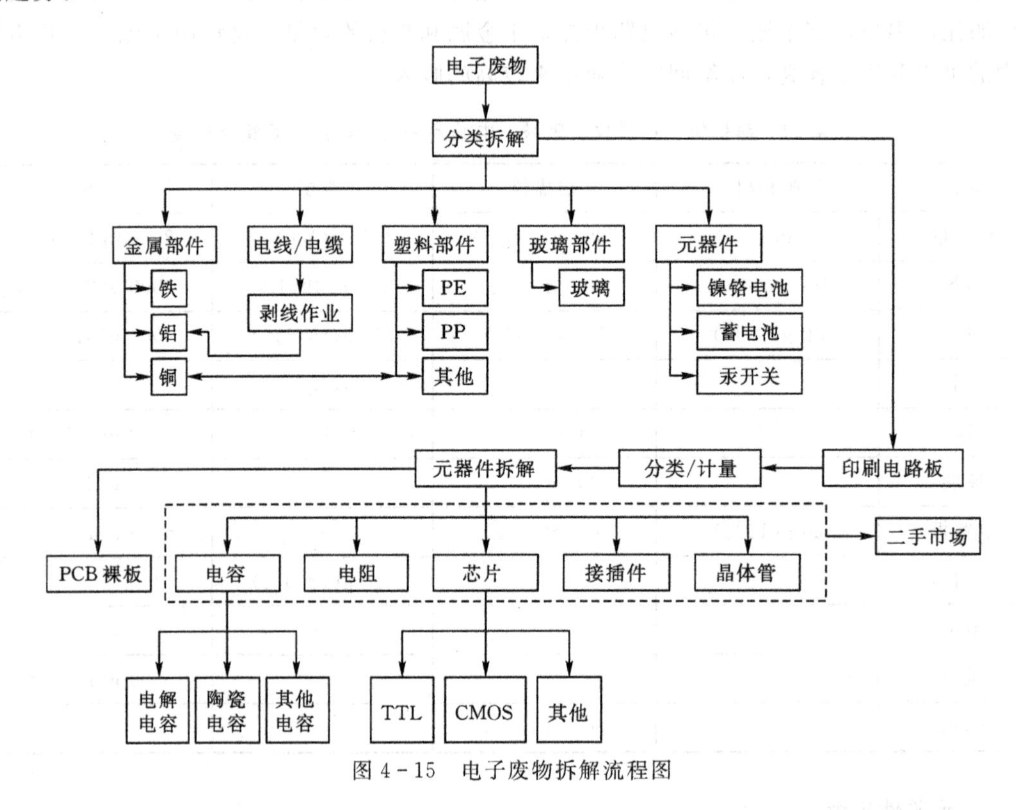

图 4－15　电子废物拆解流程图

4.4.4　电子废物资源化技术

电子废物一般可拆分为金属部件、塑料部件、玻璃部件、电线/电缆及印制电路板等，再根据这几个部分的特点进行分类处理。其中，印制电路板的材料组成和结合方式比较复杂，其回收处理一直存在很大的问题。20 世纪 70 年代以前，废电路板的回收技术主要倾向于回收贵金属。但随着科技的进步和资源回收利用的需要，慢慢地形成了对铁磁体、有色金属、贵金属和有机物质等的全面回收利用。目前，应用最多的处理技术为机械处理技术、湿法冶金技术、生物冶金技术、低温碱性熔炼技术及火法冶金技术等。

1. 机械处理技术

机械处理技术即物理分选，是根据电子废物中重金属、贵金属、硅和树脂等各物质之间的密度、比重、导电性、磁性和韧性等存在的差异，通过冲击、挤压、剪切等方式使电子废物中各组分充分解离，然后采用质选、磁选、电选、涡流分选及浮选等技术来进行各个组分的分离富集，得到高度分离的非金属有机组分、含铁镍的磁性组分及多金属富集粉末的一种处理技术。机械处理技术最早始于20世纪70年代末美国矿务局(United States Bureau of Mines，USBM)采用物理方法处理军用电子废物的尝试，20世纪90年代以后，在欧美等发达国家得以广泛应用，同时日本和新加坡开始研究并用此技术进行了电子废物工业规模的回收利用。图4－16给出了机械处理技术处理电子废物的基本流程。

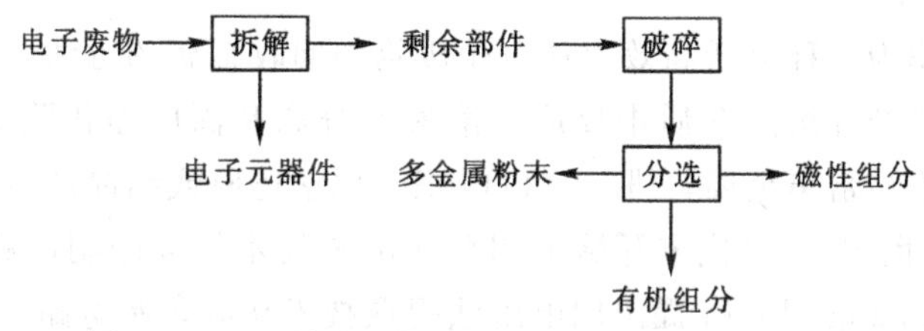

图4－16　机械处理技术处理电子废物的基本流程

对于机械破碎分选技术来说，各种材料尽可能充分地单体解离是高效率分选的前提。破碎是很关键的一个环节，选择哪种破碎程度是破碎的关键点，破碎程度的选择不仅会影响到破碎设备的能源消耗，还将影响到后续的分选效率。破碎的目的主要是为了实现金属与非金属的解离，以提高物料的分选效率，同时也便于物料的打包和运输。按所消耗的能量形式，破碎可分为机械能破碎和非机械能破碎两种方式。机械能破碎是利用破碎工具如破碎机的齿板、锤子和球磨机的钢球等对固体废物实施作用力而将其破碎。非机械能破碎是利用电能、热能等对固体废物进行破碎的方式，如低温破碎、热力破碎、低压破碎和超声波破碎等。常用的破碎设备有6种，分别为颚式破碎机、辊式破碎机、冲击式破碎机、锤式破碎机、反击式破碎机和剪切式破碎机。电子废物的破碎路线与设备可根据电子废物本身的特点决定。例如，对于热塑性外壳来说，普通的冲击式破碎机即可将其中的塑料和金属解离；而对于结构和组成特殊的废弃电路板来说，由于拆除元器件后的电路板主要由强化树脂板和附着其上的铜线等金属组成，硬度较高、韧性较强，采用具有剪切作用的破碎设备可以达到比较好的解离效果，如旋转式破碎机和切碎机。

分选是依据废电路板中材料的磁性、电性和密度等物理性质的差异来实现不同组分的分离。电子废物处理处置与回收利用之前必须进行分选，继而将有用的成分分选出来加以利用，并将有害的成分分离出来。电子废物的分选是回收利用的关键步骤和瓶颈环节，其主要包括机械分选和人工分选。机械分选是根据废物的粒度、密度、磁性、导电性、摩擦性、弹性、表面润湿性、颜色等物理性质的不同进行分选，可分为筛分、重力分选、磁力分选、电力分选、摩擦与弹跳分选、浮选、光电分选和涡电流分选等。人工分选是在分类收集的基础上，利用人工从电子废物中回收金属、玻璃、电线/电缆、塑料等物品的过程。其中人工分选是最简单的分选方法，虽然人工分选效率低下，但尚无法完全被机械分选代替。如果人工分选遇到难以分辨的制品，可用其他的鉴别方法。分选设备根据作用特性的差异，主要有涡流分选机、静电分选机、风力分选机、旋风分离器和风力摇床等。涡流分选机和静电分选机主要用来分选非铁金属和塑料，风力分选机和旋风分离器主要用来分选塑料和金属。分选是材料再循环的关键工艺，针对不同的材料，选择相应的分选方法及其装置，可更加有效地将混合物质分离开来。

电子废物通过机械处理技术可以使其金属和非金属达到很好的分离效果，具有成本低、操作简单、不易造成二次污染等优点。但该法对金属成分的分离效果仍不能满足工业生产所需要的纯度，故机械处理技术一般在电子废物回收中起到预处理的作用。此外，现有的机械破碎分选法着重回收废电路板金属，没有全面涉及其中的有机树脂、玻璃纤维等材料的无害化资源化处理。

2. 湿法冶金技术

湿法冶金技术作为一种灵活高效地从电子废物中回收金属的方法，是将破碎后的电子废物颗粒置于酸性或碱性溶液介质中反应，溶液经分离和深度净化除杂，通过溶剂萃取、吸附或离子交换等浓缩富集金属，进一步以电积、化学还原或结晶的方式回收金属。英国的 Melchiorre 在 20 世纪 70 年代末开始采用湿法冶金技术从废印制电路板中回收贵金属；英国利物浦大学的 Zhang Shunli 提出用电解法提取技术从废印制电路板中提取贵金属，并得到了广泛的应用[66]。目前，湿法冶金技术作为一种使用十分广泛的电子垃圾处理技术，已经在很多国家投入使用。湿法冶金技术的具体工艺流程如图 4－17 所示。

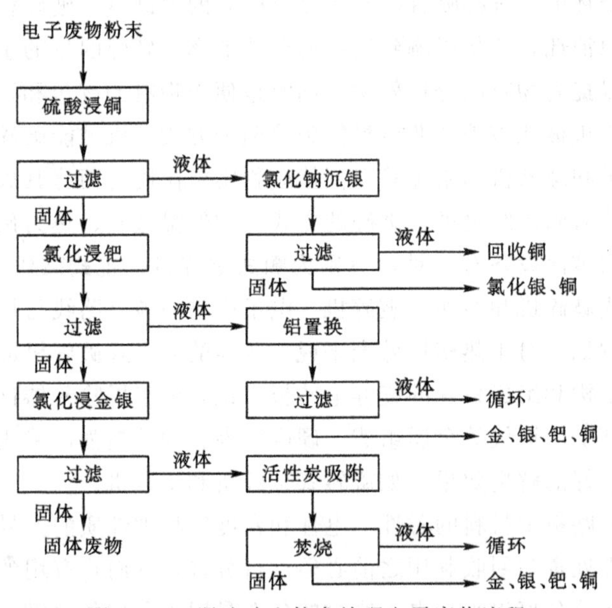

图 4－17 湿法冶金技术处理电子废物流程

湿法冶金的主要步骤包括：①原料的预处理，通过粉碎、预活化、预分解等过程改变原料的物理化学性质，为后续的浸出过程创造良好的热力学或动力学条件，或预先除去某些有害杂质；②浸出，利用浸出剂与原料的作用，使其中的有价元素变为可溶性化合物进入水相，并与进入渣相的伴生元素初步分离，浸出过程用于浸出物料中的某些有害杂质，而将有价元素保留在固相，实现两者的分离，浸出可以分为酸性浸出、碱性浸出和氨浸出；③溶液的净化和相似元素分离，利用化学沉淀、离子交换、萃取等方法除去溶液中的有害杂质，同时，也可将其中相似元素例如稀土元素彼此分离；④析出化合物或金属，从溶液中析出具有一定化学成分和物理形态的化合物或金属。

电子废物的湿法冶金技术主要包括浸取法、电解沉积法、有机溶剂萃取法和离子交换法等。

1)浸取法

浸取法可分为酸浸法和氨浸法。酸浸法是固体废物浸出法中应用最广泛的一种方法，具体采用何种酸进行浸取须根据固体废物的性质而定。如对废旧家电的处理而言，硫酸是一种最有效的浸取试剂，因其具有价格便宜、挥发性小、不易分解等特点而被广泛使用，且硫酸对铜、镍的浸出率可达 95%～100%，而在电解法回收过程中，二者的回收率也高达 94%～99%。也可用其他酸性提取剂(如酸性硫脲)来浸取重金属。常用的浸取法处理工艺主要有硝酸-王水湿法工艺、双氧水-硫酸湿法工艺、鼓氧氰化法工艺、氨浸法工艺等。

①硝酸-王水湿法工艺。将经过预处理工序后的板卡等部件浸泡在约 9 mol/L 的硝酸中并适当加热，可使这些部件中的 Ag、贱金属和 Al_2O_3、CuO、CdO、ZnO、TiO_2、NiO 等氧化物溶解，经过过滤，得到含银及其他有色金属的硝酸盐溶液，用电解或化学方法回收银。金、钯、铂等贵金属不溶于硝酸，仍留在板卡等部件上。将此时不溶的部件浸泡在王水中，加热至微沸状态，使金、钯、铂等贵金属溶解而进入溶液，过滤并将滤液蒸发浓缩至一定体积并分批加入少量盐酸赶硝，加入适量水将溶液中的贵金属稀释到一定的浓度，用亚硫酸钠或草酸、甲酸、水合肼、硫酸亚铁、甲醛等还原试剂将溶液中的金还原成金属颗粒沉淀下来。钯、铂则以配合物的形式留在溶液中，最后用萃取方法或氨水沉淀铂、钯而得到回收。

②双氧水-硫酸湿法工艺。将经过拆解和挑拣后在 400 ℃左右加热及粉碎至约 200 目(0.075 mm)的废电脑部件置于耐酸反应器中，加入一定量的水、H_2O_2 和稀硫酸浸泡一段时间。待反应平衡后，进行固液分离，不溶的固体物质为金等贵金属、部分氧化物及少量的高分子物质，液体为铜、镍、铁、锡等金属的硫酸盐溶液。把取出的已剥离完的废料用王水溶解，过滤得到含金王水溶液。用硫酸亚铁或草酸在加热条件下进行还原，得到粗金粉。再经过湿法或电解处理得到高纯度金粉或金锭。

③鼓氧氰化法工艺。氰化溶解法是回收废电脑中金的另一湿法冶金技术。其原理是利用碱金属氰化物将板卡等部件表面的金银溶解而进入溶液，与板卡等部件中的大部分物料分离，再通过还原方法使氰化溶液中的金银还原出来。

④氨浸法工艺。氨浸法一般采用氨水溶液作浸取剂。采用氨络合分组浸出—蒸氨—水解渣硫酸浸出—溶剂萃取—金属盐结晶回收工艺，可从电子废物中回收绝大部分铜、锌、镍、铬、铁等有价金属。

2)电解沉积法

电解沉积法是利用直流电的作用使含贵金属废水中的简单贵金属离子或配位贵金属离子在阴极得到电子变成单质的贵金属的回收方法，其在技术上和经济上均显示出许多优越性。世界各国对此进行了较多的研究，基于此改进并研制出了许多形式的电解槽、电解装置或贵金属提取机。

3)有机溶剂萃取法

有机溶剂萃取法的基本原理是利用含贵金属废水中的贵金属配合物在某些有机溶剂中的溶解度大于在水相中的溶解度而将含贵金属配合物萃取到有机相中进行富集，再处理有机相得到粗贵金属。以有机溶剂萃取法提金为例，可用于萃取金的有机溶剂有许多种，如乙酸乙酯、醚、二丁基卡必醇、磷酸三丁酯(TBP)、甲基异丁基酮(MIBK)、三辛基磷氧化物(TOPO)和三辛基甲基铵盐等都可以从含金溶液中萃取金。

4)离子交换法

由于含贵金属废水中部分贵金属以离子的形式存在，因此可以选用适当的离子交换剂从废液中提取贵金属，再用适当的溶液将贵金属离子从离子交换剂上洗脱下来。

湿法冶金技术的特点是灵活高效，基本不会有废气产生，金属提取后的残渣处理较为方便，能产生较大的经济效益，工艺比较简单，在贵金属提取领域比火法冶金有较大的优势。但是该技术也有很大的不足：①浸出金属的工艺过程较复杂；②只能处理相对简单的电子废物；③表面被有杂物包裹的金属无法浸出；④浸出液及残渣有毒性，未合理处理易产生二次污染；⑤回收金属单一，目前能回收的金属只有贵金属及铜，其他金属和非金属则不能回收。

3. 生物冶金技术

生物冶金技术是指在相关微生物存在时，利用生物的催化氧化作用，将矿物中有价金属以离子形式溶解到浸出液中加以回收，或将矿物中有害元素溶解并去除的方法。生物冶金是微生物(主要为细菌)作用与湿法冶金技术相结合的一种新工艺。目前，生物冶金处理电子废物的研究主要集中在生物浸出和生物吸附两个方面。

生物浸出法的主要原理是利用化能自养型嗜酸性硫杆菌的生物产酸作用，将难溶性的重金属从固相溶出而进入液相成为可溶性的金属离子，再采用适当的方法从浸取液中加以回收，作用机理比较复杂，包括微生物的生长代谢、吸附及转化等。生物浸出因其投资少、能耗低、试剂消耗少，可用于处理现有的冶金方法不能经济地处理或无法处理的物料等优势而被广泛关注。但是，电子废物中高含量的重金属对微生物的毒害作用大大限制了该技术在这一领域的应用。因此，如何降低电子废物中高含量的重金属对微生物的毒害作用，以及如何培养出适应性强、治废效率高的菌种，是生物浸出法所面临的一大难题，也是解决该技术在电子废物领域应用的关键。

生物吸附法主要是利用生物对电子废物浸出液中的贵金属离子的吸附作用来处理电子废物。生物吸附贵金属的过程十分复杂，包括在细胞壁、细胞质中金属的物理化学吸附，并与细胞的新陈代谢有关。溶液中的贵金属吸附可分为化学吸附和物理吸附。化学吸附包括络合、螯合、微沉和微生物还原，而物理吸附通常包括静电吸附和离子交换。生物吸附剂多数来源于细菌、真菌、藻类和自然物的废物。表 4.15 列出了国内外已报道的用于贵金属吸附的生物吸附剂。生物吸附过程受许多因素影响，如生物吸附剂类型、被吸附金属离子类型、pH 值、温度、竞争离子及固液比等，其中影响最大的是 pH 值、温度及竞争离子的数量和类型。目前，国内外对贵金属生物吸附的大部分研究集中在回收金、铂、钯上。

生物冶金技术具有工艺简单、操作方便、环境污染小、成本低等优势，虽存在浸出时间长，浸出速率低的问题，但在经济上具有较强的竞争力。

表 4.15　吸附贵金属的主要生物吸附剂

种类	生物吸附剂
细菌	赤链霉菌、螺旋藻、脱硫弧菌、脱硫艾叶、青霉、枯草芽孢杆菌等
真菌	酿酒酵母、孢枝孢菌、黑曲霉、少根根霉、聚乙烯醇固定化生物等
藻类	普通小球藻、马尾藻、泡叶藻、马尾藻苔等
蛋白质	母鸡蛋壳膜、溶解酵素、牛血清蛋白、卵清蛋白等
苜蓿	苜蓿、浓缩单宁凝胶、二硫代草酰胺衍生物、壳聚糖衍生物等

4. 低温碱性熔炼技术

低温碱性熔炼技术由科学家谢里科会母于 1948 年提出，是指以碱性熔盐为介质，在远低于传统火法冶金冶炼温度下(一般不超过 900 ℃)熔炼金属资源，得到相应的金属单质或可熔盐的过程。低温碱性熔炼技术是一种有色冶金的高效清洁生产方法，可有效处理电子废物。根据熔炼体系的不同，低温碱性熔炼技术可分为直接熔炼法、还原熔炼法、氧化熔炼法。

低温碱性直接熔炼利用了两性金属氧化物及 SiO_2 与碱反应生成可熔性钠盐的性质，实现了从成分复杂的原料中选择性提取两性金属氧化物和 SiO_2 的目的。采用碱性熔炼的方法，可在较低温度下破坏复杂矿物结构，实现矿相重构，同时避免引入杂质金属，使制备得到的材料具有高纯度。未参与反应的其他成分，如 Fe_2O_3、MgO 等，从复杂的结构中被释放，简化了后续提取工艺，易于实现综合利用。

低温碱性氧化熔炼主要用于处理废电路板等单质、合金、氧化物型原料，低温碱性熔炼处理废电路板多金属富集粉末的基本原理如下：

$$Me+NaOH+NaNO_3 \longrightarrow N_2+NaMeO_3+H_2O \qquad (4-10)$$

低温碱性氧化熔炼处理电子废物的反应温度低于 500 ℃，在氧化气氛下，电子废物中两性金属(Pb、Sn、Zn、Al 等)与熔盐接触反应生成可熔钠盐，铜及贵金属因不与碱反应而以固态渣形式存在。最后通过水浸得以将两性金属和铜及贵金属有效分离。浸出液中两性金属通过化学沉淀进行回收，铜及贵金属富集的固态渣则通过酸法工艺回收。该技术工艺流程短、投入成本较低，同时很难处理的两性金属也得到了回收。

低温碱性还原熔炼不仅可以处理 Pb、Bi、Zn、Cd、Sn、Sb 等低熔点重金属精矿，对于 Cu、Ni、Co 等高熔点金属的硫化物原料亦可进行分离和富集。该过程可采用 NaOH 为熔炼介质，也可采用更廉价的 Na_2CO_3 作为介质，熔炼过程中，金属元素被 S^{2-} 还原成液态纯金属或合金，同时捕集贵金属，硫以 Na_2S、Na_2SO_4 形态得以固定，消除了低浓度 SO_2 的排放问题。低温碱性还原熔炼可用于铅酸蓄电池及硫化物、氧化物、硫酸盐型原料的处理。其以 PbS 或其他硫化物为还原剂，可以将含铅电子废物中的 PbO、PbO_2、$PbSO_4$ 等还原成金属铅，继而在 600～700 ℃熔炼得到再生铅[67]。

目前，直接熔炼主要被用于从复杂资源中提取高纯材料，如 SiO_2、ZnO、Al_2O_3 等；氧化熔炼研究集中在铝灰、废电路板等含金属氧化物或单质的二次资源的回收利用方面；还原熔炼则主要用于处理铋精矿、锑精矿、铅精矿等原生硫化矿或多金属复杂矿物。低温碱性熔炼技术具有处理速度快、基建投资少、两性金属处理效果好等优点。

5. 火法冶金技术

火法冶金技术是应用最广泛的电子废物处理方法，其传统工艺是利用焚烧、热解、熔炼等高温的手段去除电子废物中的塑料及其他有机物，从而达到金属富集的目的。火法冶金的基本原理是利用冶金炉高温加热剥离非金属物质，其中的贵金属则熔融于其他金属熔炼物料或熔盐中被分离出来。非金属物质主要是印制电路板上的有机材料，一般呈浮渣状被分离去除，而贵金属与其他金属呈合金态流出，再被精炼或电解处理。火法冶金提取贵金属具有流程简单、操作方便和回收率高的特点。但是，电子废物(印刷电路板)上的黏结剂和其他有机物等经焚烧会产生大量有害气体，如二噁英；同时大量的非金属成分，如塑料等，会在焚烧过程中损失；废旧印制电路板中的陶瓷及玻璃成分会使熔炼炉的炉渣量增加，易造成某些金属损失于其中而无法回收。因此，火法处理易对环境造成危害，从资源回收、生态环境保护等方面难以推广。

我国江西某公司自主研发了稀贵金属再生资源火法冶金炉(NRTS 炉)，其工艺系统主要由原料配料系统、NRTS 炉熔炼系统、余热回收系统、烟气处理系统等组成。原料配料系统主要负责电子废料、工业废渣、低品位杂铜等原料和造渣熔剂及还原剂的上料作业，原料通过皮带传输进入炉内。NRTS 炉熔炼系统主要负责原料的熔炼及产品的产出，其作业过程分为熔炼作业、还原作业、沉降分离作业以及排放浇铸作业四个阶段。烟气处理系统主要负责遏制二噁英的产生、对烟气进行收尘及对烟气成分进行处理，使其最终满足环保排放要求。未充分燃烧的烟气经过二次燃烧室进行充分燃烧，当烟气经过烟气处理系统时，通过对烟气降温过程温度节点及烟气冷却时间的有效控制，可避免二噁英的产生。同时在急冷塔出口设置了喷射系统，能有效吸附含恶臭性气味气体，随后，通过布袋收尘和脱硫脱硝工序，使烟气达到排放标准[67]。

图 4-18 为 NRTS 炉处理电子废物的基本流程。NRTS 炉生产工艺的目的是将低品位废杂铜、电子废料和工业废渣等含铜物料，在块煤作为辅助燃料与还原剂，石灰石和石英石作为熔剂的条件下，通过分散控制系统控制喷枪导入天然气、氧气和工艺风，从而控制炉内发生氧化反应、还原反应、造渣反应，继而产出粗铜、炉渣、烟气。

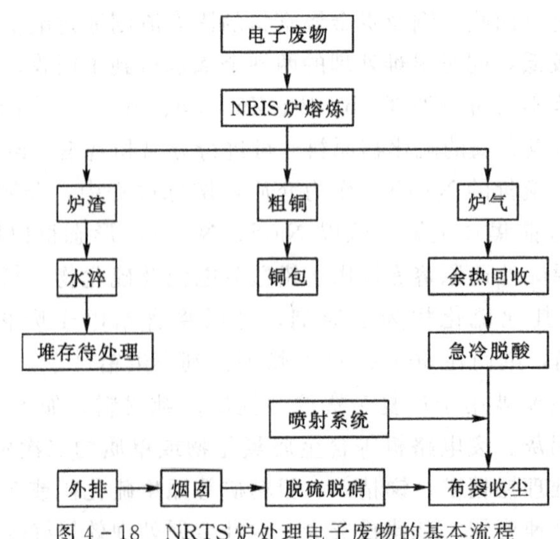

图 4-18　NRTS 炉处理电子废物的基本流程

4.5　废催化剂的资源化

4.5.1　废催化剂的来源

根据国际纯粹化学与应用化学联合会(International Union of Pure and Applied Chemistry，IUPAC)1981 年的定义：催化剂是一种改变反应速率但不改变反应总标准吉布斯自由能的物质。一般来说，催化剂是指参与化学反应中间历程的，又能选择性地改变化学反应速率，而其本身的数量和化学性质在反应前后基本保持不变的物质。通常把催化剂加速化学反应，使反应尽快达到化学平衡的作用叫作催化作用。

在现代化学工业中，绝大多数的化工产品是借助催化剂生产出来的。催化剂一般都是由多种成分组合而成的混合体，按各种成分所起的作用，大致可将催化剂分为三个部分：载体、活性组分、助催化剂。

载体通常是具有较高机械强度和热稳定性的多孔性物质，其能够通过与活性组分的相互作用促进催化反应的反应速率。载体种类繁多，常用的催化剂载体包括 Al_2O_3、SiO_2、分子筛、半焦、活性炭、泡沫陶瓷、橄榄石、白云石等。

活性组分在催化反应中起着重要作用，通常是以镍、钼、钴、铁等有价金属或银、钯、铂、铼等贵金属充当，活性组分金属原子形成的金属活性键使得催化剂具有很高的催化活性。

助催化剂是催化剂中具有提高活性组分的活性和选择性，改善催化剂的耐热、抗毒、机械强度和寿命等性能的组分。一般来说，助催化剂本身没有催化活性，但只要添加少量即可改进催化性能。如焦油催化重整 Ni 基催化剂时，通过添加助催化剂 Ce 能显著提升 Ni 基催化剂的抗积碳性能。此外，Mg 和 Ca 作为常见的碱土金属能够分别提升 Ni 基催化剂的抗积碳和抗硫中毒能力。

表 4.16 给出了催化加氢、催化氧化、催化裂化等反应单元所用催化剂。

表 4.16　某些重要的反应单元及其所用催化剂

反应类型	常用催化剂	反应类型	常用催化剂
加氢	Ni、Pt、Pd、Cu、NiO、MoS_2、WS_2、$Co(CN)_6^{3-}$	卤化	$AlCl_3$、$FeCl_3$、$CuCl_2$、$HgCl_2$
脱氢	Cr_2O_3、Fe_2O_3、ZnO、Ni、Pt、Pd	裂解	SiO_2-Al_2O_3、SiO_2-MgO、沸石分子筛、活性白土
氧化	V_2O_5、MoO_3、CuO、Co_2O_4、Ag、Pd、Pt、$PdCl_2$	水合	H_2SO_4、H_3PO_4、$HgSO_4$、分子筛、离子交换树脂
羰基化	$Co_2(CO)_8$、$Ni(CO)_4$、$RhCl(PPh_3$①$)_3$、	烷基化、异构化	H_3PO_4/硅藻土、$AlCl_3$、BF_3、SiO_2-Al_2O_3、沸石分子筛
聚合	CrO_3、MoO_2、$TiCl_4$-$Al(C_2H_5)_3$		

注：①PPh_3 为三苯基磷。

催化剂常见的制备方法有沉淀法、浸渍法和离子交换法。

1. 沉淀法

沉淀法即用沉淀剂将可溶性的催化剂组分转化为难溶或不溶化合物，经分离、洗涤、干燥、煅烧、成型或还原等工序，制得成品催化剂。此法广泛用于高含量的非贵金属、金属氧化物、金属盐催化剂或催化剂载体的制备。沉淀法又可分为共沉淀法、均匀沉淀法和超均匀沉淀法。

共沉淀法是将催化剂所需的两个或两个以上的组分同时沉淀的一种方法。其特点是一次操作可以同时得到几个组分，而且各个组分的分布比较均匀。如果组分之间形成固体溶液，那么分散度更为理想。为了避免各个组分的分步沉淀，各金属盐的浓度、沉淀剂的浓度、介质的 pH 值及其他条件都须满足各个组分一起沉淀的要求。

均匀沉淀法：首先使待沉淀金属盐溶液与沉淀剂母体充分混合，形成一个十分均匀的体系，然后调节沉淀操作的温度等条件，进而改变沉淀体系中的 pH 值，在沉淀体系中逐渐生成沉淀，使沉淀缓慢进行，便可制取颗粒十分均匀而比较纯净的沉淀物。例如，在铝盐溶液中加入尿素，混合均匀后加热升温至 90～100 ℃，此时体系中各处的尿素同时水解，放出 OH^-，于是氢氧化铝沉淀便可在整个体系中均匀地同步形成。

超均匀沉淀法是用缓冲剂将两种反应物暂时隔开，然后迅速混合，在瞬间内使整个体系在各处同时形成一个均匀的过饱和溶液，继而可使沉淀颗粒大小一致，组分分布均匀。

2. 浸渍法

浸渍法是负载型催化剂最常用的制备方法之一。浸渍法的原理是多孔性固体的孔隙与液体接触时的毛细管现象和催化剂活性组分在多孔性载体表面的吸附作用。浸渍法中常采用的多孔载体有氧化铝、氧化硅、活性炭、分子筛等，它们大多都很容易被水溶液浸湿，在浸渍过程中，毛细管力可确保浸渍液体被吸入到整个多孔载体的孔中，从而将活性组分均匀分布在载体表面。

影响浸渍效果的因素有浸渍溶液本身的性质、载体的结构、浸渍过程的操作条件等。浸渍方法：①超孔容浸渍法，浸渍溶液体积超过载体微孔能容纳的体积，常在弱吸附的情况下使用；②等孔容浸渍法，浸渍溶液体积与载体有效微孔容积相等，无多余废液，可省略过滤，便于控制负载量和连续操作；③多次浸渍法，浸渍、干燥、煅烧反复进行多次，直至负载量足够为止，适用于浸渍组分的溶解度不大的情况，也可用来依次浸渍若干组分，以回避组分间的竞争吸附；④流化喷洒浸渍法，浸渍溶液直接喷洒到反应器中处在流化状态的载体颗粒上，制备完毕可直接转入使用，无需专用的催化剂制备设备；⑤蒸气相浸渍法，借助浸渍化合物的挥发性，以蒸气相的形式将其负载到载体表面上。

3. 离子交换法

离子交换法是用离子交换剂作载体，经离子交换反应将催化剂活性组分引入离子交换剂表面，制备高分散、大表面的负载型金属或金属离子催化剂，尤其适用于低含量、高利用率的贵金属催化剂的制备，也是均相催化剂多相化和沸石分子筛改性的常用方法。

图 4－19 给出了采用沉淀法制备的用于焦油催化重整的泡沫陶瓷基 Ni-Co 双金属催化剂的 SEM-EDX 扫描电镜-能量色散 X 射线分析图[68]。目前催化剂已广泛应用于石油炼制、石油化工、精细化工、合成材料、环境催化等领域。在理想状态下，催化剂可以长期使用，但在实际运行中，各种原因都可能导致催化剂活性降低，寿命缩短，需要更换新鲜催化剂，导致大量废催化剂的产生。

图 4 - 19　泡沫陶瓷基 Ni-Co 双金属催化剂的 SEM-EDX 图(Ni∶Co=5∶5)

根据《国家危险废物名录》(2016 版)，废催化剂(HW50)来源于精炼石油产品制造、基础化学原料制造、农药制造、化学药品原料药制造、兽用药品制造、生物药品制造、环境治理等行业，主要包括石油产品催化裂化过程中产生的废催化剂；树脂、乳胶、增塑剂、胶水/胶合剂生产过程中合成、酯化、缩合等工序产生的废催化剂；有机溶剂生产过程中产生的废催化剂；化学原料制备过程中产生的废催化剂及废汽车尾气净化催化剂等。

废催化剂对生态环境和人体健康具有巨大的危害。部分新鲜催化剂本身就含有一些有毒有害成分。在生产过程中，与催化剂接触的物料中的有毒有害成分也会进入到催化剂中。如对于 SCR 脱销催化剂其本身就含有五氧化二钒、氧化钨、二氧化钛及其他金属化合物，若在燃煤烟气脱硝过程中进行使用，催化剂表面会富集大量的铅、汞、镉等金属化合物。若将废催化剂随意处置，其中的有毒有害成分会随着雨水的冲刷进入水体和土壤，对水体和土壤及植被和生物等造成危害，并通过食物链危及人体健康。此外，部分废催化剂，如催化裂化废催化剂的粒径很小，极易被人吸入，从而危害人体健康。

4.5.2　催化剂失活的原因

催化剂失活是指催化剂在使用一段时间后，其活性、机械强度及选择性等性能指标逐渐下降，甚至失去继续使用的价值。催化剂失活是一个复杂的物理和化学过程，催化剂的失活通常可以总结为三大类，分别是中毒失活、结焦和堵塞失活、烧结和热失活。

1. 中毒失活

催化剂的活性和选择性由于某些有害物质的影响而下降或丧失的过程称为催化剂中毒。中毒分为暂时中毒、永久中毒和选择性中毒。毒物在活性中心上吸附或化合时，生成的键的强度相对较弱，因此可以采取适当的方法除去毒物，使催化剂活性恢复而不会影响催化剂的性质，这种中毒叫作可逆中毒或暂时中毒；毒物与催化剂活性组分相互作用，形成很强的化学键，难以用一般的方法将毒物除去，从而使催化剂永久性地丧失部分或全部活性，这种中毒叫作不可逆中毒或永久中毒；催化剂中毒之后可能失去对某一反应的催化能力，但对别的反应仍有催化活性，这种现象称为选择中毒。

在选择性催化还原法(selective catalytic reduction，SCR)催化脱硝过程中，碱金属/碱土金属、二氧化硫、砷等均会引起 SCR 脱硝催化剂的中毒失活。

1）碱金属与碱土金属中毒

碱金属元素的氧化物、硫酸盐和氯化物等被认为是对催化剂中毒危害最大的一大类元素。在烟气中（特别是生物质燃料电厂），一般 K 元素的含量较高，K 元素造成的催化剂失活也就尤为显著。K 可与催化剂表面的活性位点 V—OH 酸位点发生反应，生成 V—OK，减少催化剂表面的硼酸位的数量，导致催化剂的 NH_3 吸附能力下降，造成催化剂的化学中毒。

2）砷、磷和汞中毒

大多数煤种中均存在砷。燃煤烟气中，砷的形态一般是以 As_2O_3 的形态存在，As_2O_3 会与催化剂的活性位点的 V—O 键发生络合而引起中毒。磷元素的一些化合物如五氧化二磷、磷酸和磷酸盐也会对 SCR 脱硝催化剂有钝化作用。

3）二氧化硫中毒

烟气中的二氧化硫在钒基催化剂作用下被催化氧化为三氧化硫，与烟气中的蒸汽及氨反应，生成铵盐硫酸铵和硫酸氢铵，导致催化剂的活性位被覆盖。此外，二氧化硫与催化剂中的金属活性成分发生反应，生成金属硫酸盐导致催化剂失活。

2. 结焦和堵塞失活

催化剂表面的含碳沉积物称为结焦（积碳）。积碳是反应物在催化剂表面反应时产生的重质副产物，随着反应时间的延长，催化剂表面覆盖的积碳量也随之增加，积碳会覆盖催化剂的活性位点，堵塞载体孔道，使反应物无法与催化剂的活性中心接触，从而使催化剂的活性降低。通常含碳沉积物可与水蒸气、二氧化碳等作用经气化除去，所以积碳失活是个可逆过程。图 4-20 给出了用于乙醇水蒸气重整后的 Ni/sol-gel CaO 催化剂上积碳的形貌图[69]。按照催化剂积碳的外表和微观结构，通常可以将其分为无定形碳和碳纤维两类。采用程序升温氧化，可测定催化剂上不同积碳的含量，如图 4-21 所示。从图 4-21(a)中可以看出，反应后 Ni/sol-gel CaO 催化剂上的程序升温氧化曲线上出现两个失重峰，表明存在两种不同类型的积碳，由于无定型碳较易被氧化，因此低温段的失重峰属于无定形碳的氧化失重，高温段的失重峰属于碳纤维的氧化失重。通过分析失重量，可以获得催化剂上不同类型积碳的量。从图 4-21(b)可以看出，经乙醇水蒸气重整反应后，该 Ni/sol-gel

(a)SEM图

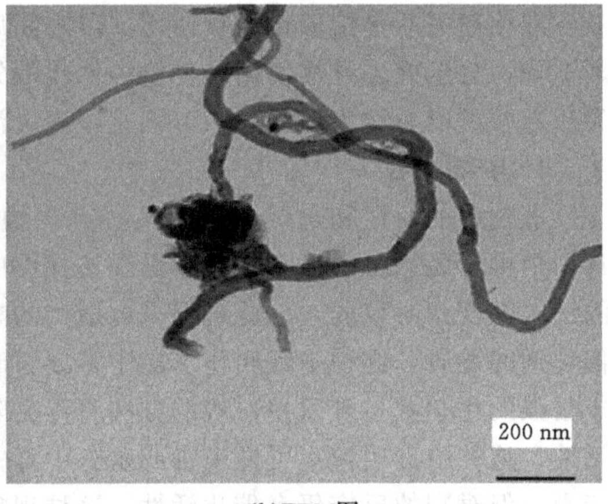

(b)TEM图

图 4-20 用于乙醇水蒸气重整后的 Ni/sol-gel CaO 催化剂上的积碳形貌

CaO 催化剂上的积碳以碳纤维为主。目前有很多研究表明，催化剂上的碳纤维状积碳主要以碳纳米管的形式存在。因此，很多研究者开展了焦油重整、废塑料热解等制氢耦合制备碳纳米管的研究。

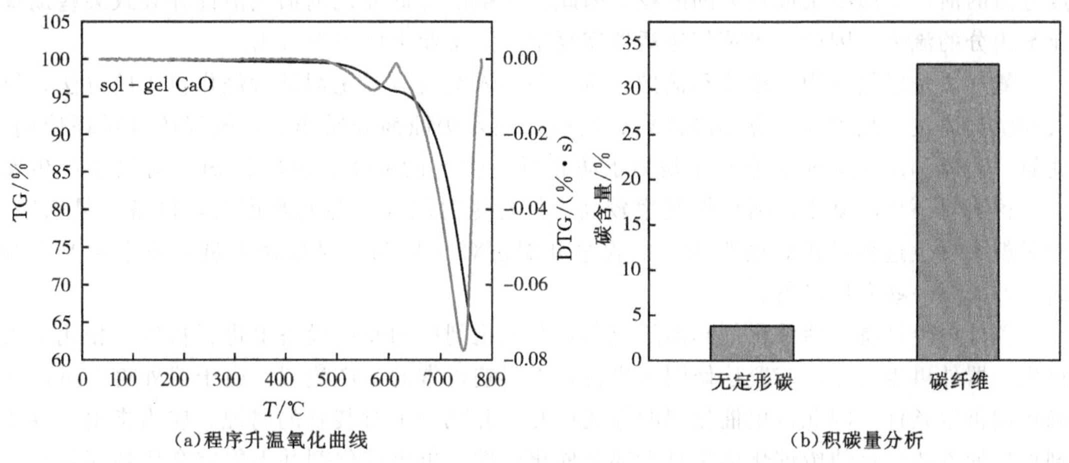

(a)程序升温氧化曲线　　(b)积碳量分析

图 4－21　反应后 Ni/sol-gel CaO 催化剂上的积碳量分析

（图(a)中为质量百分比）

除积碳引起的失活外，如反应物中含有飞灰等颗粒物，也会引起催化剂孔道堵塞。如在 SCR 脱硝催化过程中，大量各种粒径大小不同的飞灰存在于烟气中。由于气流的存在，有些飞灰聚集在催化剂的表面，从而使得催化剂的有效活性表面被覆盖；有些飞灰颗粒搭桥形成大的颗粒，使得催化剂的宏观孔堵塞；也有不少细微的飞灰颗粒进入催化剂的孔道中，使得孔道堵塞。这些都会导致催化剂活性的降低。

3. 烧结和热失活

催化剂的烧结和热失活是指由高温引起的催化剂结构和性能的变化。烧结是引起催化剂失活，特别是负载型金属催化剂失活的主要原因。高温除了引起催化剂的烧结外，还会引起其他变化，主要包括：化学组成和相组成的变化、半熔、晶粒长大、活性组分被载体包埋、活性组分由于生成挥发性物质或可升华的物质而流失等。事实上，在高温下所有的催化剂都将逐渐发生不可逆的结构变化，只是这种变化的快慢程度因催化剂的不同而异。烧结和热失活与多种因素有关，如与催化剂的预处理、还原和再生过程及所加的促进剂和载体等有关。当然催化剂失活的原因是错综复杂的，每一种催化剂失活并不仅仅按上述分类的某一种进行，而往往是由两种或两种以上的原因引起的。

4.5.3　催化剂的再生

对于失活的催化剂，首先考虑的处理方式是催化剂的再生。催化剂再生是对失活催化剂进行浸泡洗涤、添加活性组分及烘干的工艺处理过程，最终使催化剂恢复大部分活性。目前常用的催化剂再生方法主要分为器内再生和器外再生两种。

器内再生主要是以水蒸气和空气或氮气和空气为再生气体，在反应装置内对废催化剂进行烧焦再生。氮气或水蒸气的作用是在作为热载体的同时，控制燃烧空气量，从而达到控制烧焦温度和速率，防止床层飞温。

水蒸气法是以水蒸气为保护介质和热载体，并引入空气对催化剂进行烧焦的方法。水蒸气和空气通过加热炉和反应器后直接放空。该法工艺简单、条件温和、腐蚀性不强；缺点是再生时间长、能耗高、环境污染严重。在高温和水蒸气存在条件下，金属迁移会使高度分散的活性金属凝聚成较大的晶粒，因此会大幅度降低催化剂加氢活性并导致某些助催化剂组分的流失，因此，水蒸气法活性恢复率差，工业上已很少采用。

氮气法是以氮气为热载体和保护介质，并引入空气对催化剂进行烧焦再生的方法。氮气和空气通过加热炉和反应器经注氨、注碱和注入缓蚀剂等操作后，氮气还可循环使用。注氨、注碱和注入缓蚀剂等操作是为了防止反应生成的 CO_2、SO_2 和 SO_3 对设备产生腐蚀。该法对环境污染小、活性恢复率较高，但再生时间长、防腐难度大，设备容易腐蚀，同时整个再生过程操作难度很大，氧含量和温度难于控制，对操作人员专业素质要求很高，并需要一些专用设备。

器外再生是将失活催化剂卸出反应器，在催化剂厂的专业设备上进行再生。相比器内再生，器外再生可以与装置检修同步进行，不影响正常的生产流程。由于器外再生可以准确控制再生条件，因此再生催化剂的性能更好，并减少了对装置的腐蚀。应当指出，催化剂再生的方法只是使废催化剂恢复大部分催化活性，再生催化剂并不能完全代替新鲜催化剂，催化剂在再生一定次数后活性会降至指标以下，是否值得再生还要视催化剂沉积的杂质情况而定。此外，不是所有的失活催化剂都能够通过再生方式处理利用，如果失活催化剂采用再生方式仍不能恢复活性，则需要对其进行回收处理或进行资源化利用。

4.5.4 废催化剂的回收方法

一般可以将废催化剂的回收方法分为间接回收法和直接回收法。其中间接回收法又可以按照处理工艺的不同分为干法和湿法，直接回收法则可以分为分离法和不分离法。目前废催化剂的回收多采用间接回收法。实际上应用中由于受各种条件制约及回收效益影响，往往将几种方法结合起来综合回收，如将干法和湿法的工艺结合应用的干湿结合法。

1. 间接回收法

间接回收法是将废催化剂的活性组分、载体和助催化剂加以熔融或溶解，使得其中的目标金属组分与其他组分分离开来，而后再将其精炼精制。根据这一工艺过程中手段的不同一般将其分为干法或湿法。

干法一般利用加热炉等将废工业催化剂与相应的还原剂和助熔剂一起加热熔融，这一过程中金属组分与还原剂反应被还原为熔融态的金属或合金回收；载体则一般与助熔剂形成炉渣排出。在回收某些目标金属含量较低的废催化剂时，往往也会加入铁等贱金属作为捕集剂共同熔炼。图 4-22 即为一种较为典型的干法回收工艺。

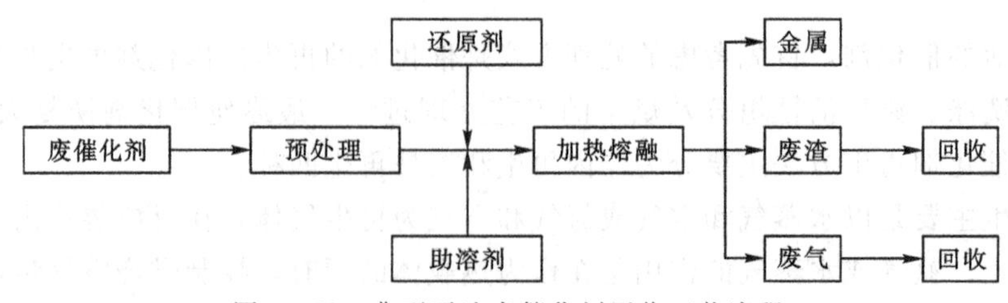

图 4-22 典型干法废催化剂回收工艺流程

不同废催化剂所含的金属组分和含量不同，其熔融温度也不一样。催化剂的活性有一定期限，往往需要定期更换，而每次更换下来的废催化剂的量也有限，因此常常不是对废催化剂单独进行回收，而是将废催化剂作为矿源夹杂在金属矿石中加以熔炼。在废催化剂熔融和熔炼的过程中常有 SO_2 等废气生成，一般使用廉价易得的石灰水加以吸收。Co-Mo/Al_2O_3、Ni-Mo/Al_2O_3、Cu-Ni 和 Ni-Cr 等系催化剂一般采用干法回收。

湿法是利用酸碱及其他溶剂溶解废催化剂的主要组分；滤液除杂纯化后，经分离，可得到难溶于水的盐类硫化物或金属的氢氧化物；干燥后按需要再进一步加工成最终产品。有些产品可以作为催化剂原料再次利用。通常将电解法包括在湿法中。贵金属催化剂、加氢脱硫催化剂、铜系及镍系等废催化剂一般采用湿法回收。典型的湿法回收工艺如图 4－23 所示。

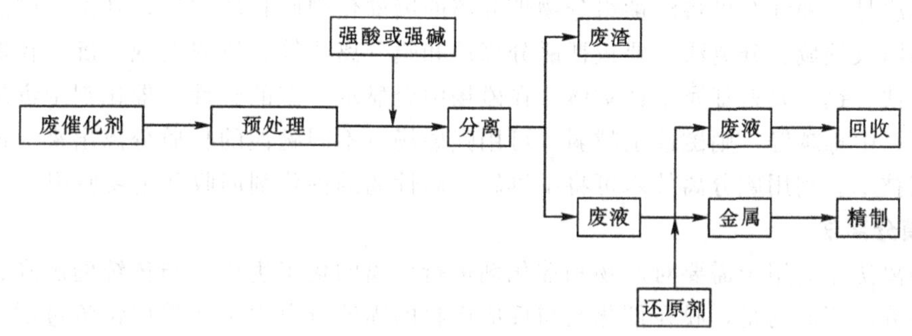

图 4－23　典型湿法废催化剂回收工艺流程

用湿法处理废催化剂，其载体往往以不溶残渣形式存在，如不适当处理，这些大量固体废物会造成二次污染；若载体随金属一起溶解，金属和载体的分离会产生大量废液，易造成二次污染。若金属组分存在于残渣中，则也可用干法还原残渣。将废催化剂的主要组分溶解后，采用阴阳离子交换树脂吸附法，或采用萃取和反萃取的方法将浸液中不同组分分离、提纯是近几年湿法回收的研究重点。

含多种组分的废工业催化剂一般难以采用单一的干法或湿法进行回收，而往往需要结合运用干法湿法才能达到目的。一种思路是先将废催化剂进行焙烧或加入某些助剂一起熔融，之后再用酸碱溶解，然后进一步提纯出金属；而另一种情况是在湿法获得的金属精炼过程中需要用到焙烧或者熔融的手段。如铂-铼重整废催化剂的回收，先分别加压碱溶和酸溶浸出铼；对于浸出液，可加入可溶性钾盐对铼进行精炼；对于浸出后的含铂残渣，需经干法焙烧后再次浸渍才能将铂浸出。

2. 直接回收法

与间接回收法不同，直接回收法通常把废催化剂中的活性组分作为一个整体来处理，而不是将废催化剂破坏后回收。根据处理方法的差异，可将其分为不分离法和分离法。直接回收法常应用于以下几类废催化剂：某些只需要简单处理就可重复再生的废催化剂；各活性组分、活性组分与载体之间难以分离，或者需要采用复杂的分离方法的废催化剂；回收利用价值不大，但直接抛弃会对环境产生污染的废催化剂。

不分离法是直接利用废催化剂进行回收处理而不再将废催化剂的活性组分或活性组分与载体分离的一种方法。用不分离法处理废催化剂的优势在于耗能小、成本低且废物排放少、不易造成二次污染，是废催化剂回收利用中经常采用的一种方法。如回收铁铬中温变换催化剂时，不将浸液中的铁铬组分各自分离开来，而是直接回收并用其重制新催化剂。此外，某些含有微量元素的废催化剂经过简单处理后作为农作物的肥料使用，如利用废甲醇合成催化剂生产锌铜复合微肥和利用合成氨工艺催化剂生产锌肥、钼肥、锰肥等，这也是废催化剂回收利用的途径之一。图 4－24 为一种典型的不分离法废催化剂回收工艺流程。

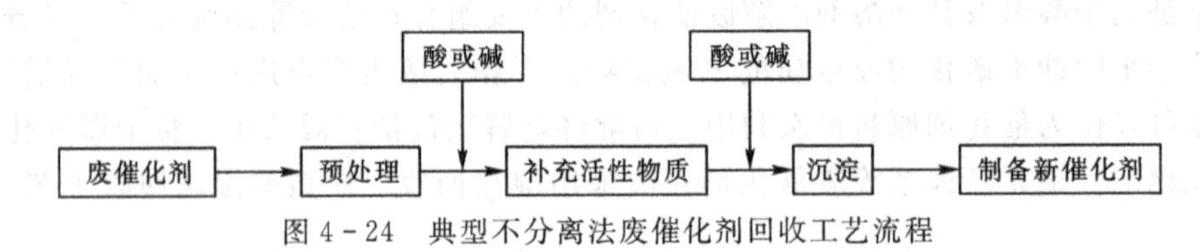

图 4－24　典型不分离法废催化剂回收工艺流程

分离法是一种针对可将活性组分物理分离的废催化剂回收的方法，其主要应用于炼油催化剂的回收领域。分离法主要包括磁分离法和膜分离法等。研究发现，沉积在催化剂表面的镍、铁、钒等元素都属于铁磁体，在磁场中会显示一定的磁性。催化剂中毒越重，磁性也越强；中毒越轻，则磁性也越弱。可用强磁场将不同磁性的物质分离出来，该方法称为磁分离技术。利用磁分离技术可将中毒轻、磁性弱的催化剂回收并重新使用。

3. 膜分离法

膜分离法主要用于需要对产物和催化剂进行分离的化工生产。与传统的沉降、板框过滤和离心分离不同的是，膜在催化剂与反应产物的固液分离中主要采用错流过滤。需分离料液在循环侧不断循环，膜表面能够截留住分子筛催化剂，同时让反应产物透过膜孔渗出。应用该技术，反应中的催化剂可改用超细粉体催化剂，使得达到同样的催化效果需要的催化剂使用量减少，催化剂的损失率也降低，且洗涤脱盐后的再生效果好，延长了催化剂使用寿命，并且可降低产品杂质含量，提高产品品质。图 4－25 为膜分离法废催化剂回收工艺流程。

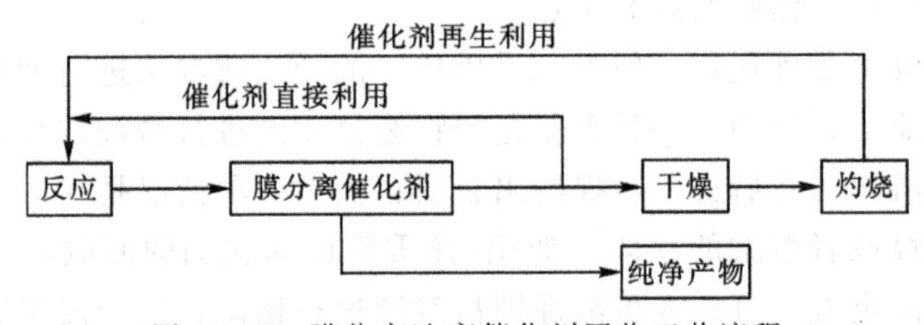

图 4－25　膜分离法废催化剂回收工艺流程

4.5.5　典型废催化剂的回收利用

现代工业的飞速发展离不开各种新材料的支持，而这些新材料的合成制造又与催化剂息息相关。时至今日，大约有 90%的工业过程都离不开催化剂的作用，比如化工、石化、生化、环保等行业。

催化剂在制备过程中，为了确保其活性、选择性、耐毒性、一定强度及寿命等指标性能，常添加一些贵金属作为其活性成分。尽管催化剂在使用过程中某些组分的形态、结构和数量会发生变化，但废催化剂中仍然含有相当数量的贵金属。因此，对于废催化剂的合理处置就显得极其重要，本小节就不同类型的废催化剂的资源化处理做出阐述。

1. SCR 催化剂再生资源化应用

在我国，煤炭直接燃烧所产生的氮氧化物量占到其总排放量的 70%左右，而火力发电厂作为我国的燃煤大户，被列作氮氧化物减排的重要对象之一。氮氧化物排放过多会引起酸雨、光化学烟雾和臭氧破坏等环境问题。随着大气环境污染问题越来越受到重视，我国对大气污染物排放指标要求也更加严格。目前，火电控制氮氧化物排放量的主要技术有低氮燃烧、选择性非催化还原法(selective noncatalytic reduction，SNCR)、SCR 等，其中 SCR 脱硝技术因脱硝效率高及技术成熟等优点，被广泛应用于燃煤机组的烟气脱硝中。

SCR 脱硝装置中最主要的部分是催化剂。脱硝催化剂有蜂窝式、板式及波纹板式等多种结构，其中，蜂窝式 SCR 催化剂由于具有高耐腐性、低压降、高可靠性等优点而得到广泛应用。但无论何种结构，其组成的成分及比例一般都是相似的，废 SCR 催化剂中约含有 80%～85% TiO_2、5%～7% WO_3、0.5%～1.5% V_2O_5(均为质量分数)。TiO_2 具有最佳的不透明性、最佳白度和光亮度，被认为是目前世界上性能最好的一种白色颜料；WO_3 则是制备合金、钨丝和防火材料不可或缺的原料；V_2O_5 可广泛用于冶金、化工等行业。因此，废 SCR 催化剂本身是具有很高可再利用价值的资源。

目前，常见的处理方式是把催化剂压碎填埋，但这种方式存在很多缺点：一方面在运行过程中，催化剂会吸附许多有害物质，加上其本身含有的许多有毒金属，如果不合理处置，则会给环境带来很严重的污染问题；另一方面，填埋会占用许多宝贵的土地资源，而且对于 SCR 脱硝催化剂来说，由于废 SCR 催化剂中含有高附加值金属元素，对其中金属元素的回收利用是目前研究的热点。通过分离提纯技术可以实现废 SCR 催化剂中 V_2O_5、WO_3、TiO_2 的分离回收，从而实现烟气脱硝产业的物质循环。

目前研究所得出的回收利用过程主要包括浸出和分离两个过程。其中浸出工艺主要为酸浸、碱浸、盐浸或焙烧浸出，所得到的浸出液进一步分离、纯化后可实现钒、钨、钛的分离回收利用。

TiO_2 作为 SCR 脱硝催化剂的有效载体，可以采用湿法浸出的方法来回收得到。采用浓 NaOH 溶液对废 SCR 催化剂进行碱浸，使生成难溶性钛酸盐从而将钛从催化剂中分离出来，经酸洗、煅烧后回收得到的 TiO_2，流程如图 4－26 所示。

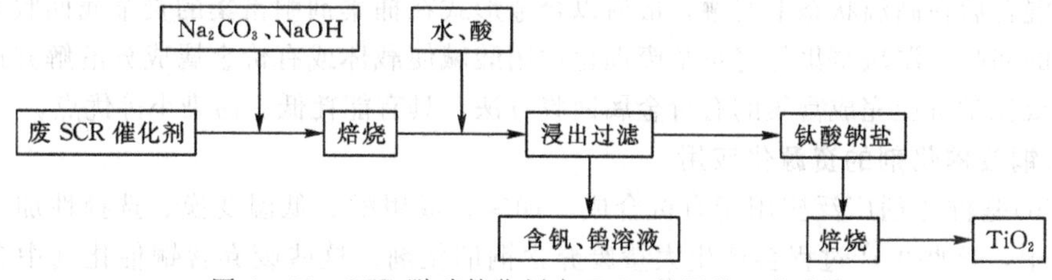

图 4－26　SCR 脱硝催化剂中 TiO_2 的回收工艺路线

针对钒的回收，大多是基于优先分离出钛元素，得到含 $NaVO_3$、Na_2WO 的溶液，再用 NH_4Cl、NH_4NO_3 等铵盐作沉淀剂，使钒以 NH_4VO_3 的形式沉出，经煅烧后得到 V_2O_5 产品。目前针对 SCR 脱硝催化剂中钨元素的回收方法较少，一般采用钨酸钙和钨酸微溶于水的性质实现钨的分离和回收。得到含钨溶液后，通过钙盐沉淀法，使钨以 $CaWO_4$ 形式沉淀出来，经酸洗、水洗、焙烧得到 WO_3。

2. 催化重整催化剂资源化应用

催化重整是一种以汽油馏分为原料，在一定温度、压力和催化剂作用下使原料油分子进行重新排列，生产富含轻芳烃的高辛烷值汽油的原油二次加工过程。催化重整的原料是原油蒸馏或二次加工汽油切取相应成分所得的石脑油，进料时根据产品的不同，选用不同的馏分。催化重整的产品包括重整汽油、芳烃(BTX，苯(benzene)、甲苯(toluene)、二甲苯(xylene)的简称)和氢气，其中，重整汽油具有烯烃和硫含量少、辛烷值高等优点，是无铅高辛烷值汽油的重要调和成分；BTX是石化工业基本的有机化工原料，世界上70%的BTX来自催化重整；氢气是催化重整的副产品，可作为炼油厂加氢装置的原料。催化重整工艺主要包括原料预处理和重整两部分。预处理是将原料切割成适合重整要求的馏程范围，脱去对催化剂有害的杂质的过程。重整是将经过预处理的原料油置于一定反应条件下，使原来含少量芳烃的原料发生分子结构重排，成为富含芳烃和异构烷烃的生成物，最终成为炼厂成品汽油的高辛烷值调和组分的过程。

目前，重整技术所用催化剂主要分为贵金属催化剂和非贵金属催化剂两类，而非贵金属采用Ni基催化剂较多。使用较多的助剂是Le和Ce，Le可以提高催化剂的活性与稳定性；在Ni基催化剂中，稀土金属Ce能够使活性组分氧化物分散得更均匀，颗粒更细，Ce本身对反应无活性，但添加Ce能增加Ni基催化剂的活性、热稳定性、抗积碳性。

重整废催化剂的处理主要是根据其中有回收价值的金属及存在的有害物质的种类选择相应的处理方法，从而达到减量化、无害化、资源化、就地化的目的。其中处理方法主要有焚烧处理、安全填埋及回收利用等。

使用废催化剂做水泥原料。水泥主要成分是石灰和黏土，而重整催化剂的主要成分是SiO_2和Al_2O_3，是制作硅酸盐水泥的良好材料。重整废催化剂在经过无害化处理后在正常情况下基本不会产生毒害物质，所以它可以作为水泥的部分替代原料，且不存在环保及安全问题。废催化剂做水泥原料是固废资源化的应用，但也存在一些问题：废催化剂作为危险废物的产生量很多，但作为水泥厂的供应原料数量却远远不足；水泥厂的生产一般为固定工艺，而废催化剂种类的不同会使工厂加大更换配方的频率，不利于水泥的正常生产。

废催化剂中有价成分的回收。重整废催化剂的回收主要是对其中贵金属及高含量有色金属的回收，从回收使用的方法可以分为火法富集和湿法富集两种。火法富集是将重整废催化剂与熔剂混合后在高温状态下熔融，最后以合金形式在捕集剂中富集的贵金属回收方法，适合大规模的回收。湿法富集是将重整废催化剂用酸碱使载体或有价金属成分溶解并最终通过离子吸附或化学沉淀完成富集的有价金属回收方法，具有能耗低、污染小等优点。

3. 含铜废催化剂的资源化应用

铜(Cu)基催化剂广泛应用于有机合成、加氢合成甲醇、低温变换、选择性加氢合成等工业过程中，这些生产过程会产生大量废弃含铜催化剂。这些废弃含铜催化剂中含有大量有价值的铜资源，有很大的利用空间。

目前国内外对废铜资源化的研究主要集中在电子、机械、电器、报废汽车等行业产生的单质态铜废物，产业化进展也非常顺利。

国内外有关从铜废渣中提取铜的方法很多，主要有浸出置换法、氨浸出法、酸浸出法、微生物处理技术、高温还原法等。氨浸出法是使用氨或者氨-铵体系作为浸取剂提取金属的方法；浸出置换法是将浸出与置换方式结合起来提取金属的过程；酸浸出法对金属的浸出率高、浸出时间短，但是酸浸出法对设备的要求很高，并且会腐蚀设备。国内外针对铜的资源化主要集中在废杂铜、铜矿方面，采用浸出方法可以很好地对铜资源进行回收资源化。但是，目前对废含铜催化剂资源化方面的研究较少。

含铜锌催化剂一般为 Cu-Zn-Al 系催化剂，主要用于合成氨工业、制氢工业的低温变换反应、合成甲醇反应及催化加氢反应。这类催化剂中主要是铜、锌、铝的氧化物，其中 CuO 和 ZnO 的质量占催化剂总质量的 80%～95%，因此，这类催化剂的回收利用主要是指铜和锌的回收及铜、锌的分离。

国外对于 Cu-Zn-Al 系低温变换催化剂、低变保护剂和低压合成甲醇催化剂用后的废催化剂的回收处理，一般是用酸或碱处理分离 Al_2O_3 后再采用氯化挥发法或熔炼法分离回收铜与锌，由此精制的锌和铜可用作再生产新催化剂的原料。

国内采用稀硫酸浸渍废铜催化剂，该法利用硫酸溶液将废铜催化剂中的金属氧化物溶解，生成其硫酸盐溶液($CuSO_4$ 和 $ZnSO_4$)。再向其中加入锌粉，由于锌比铜活泼，可将溶液中的铜置换出来，达到铜、锌分离的目的。反应生成的铜为海绵状沉淀，经酸洗、水洗后干燥得铜粉。滤铜之后的料液富含硫酸锌和少量的硫酸铝，利用其溶解度的差异，经蒸发浓缩，获得纯净的七水合硫酸锌。该法为闭路循环，无三废污染。

4. 含钼废催化剂的资源化应用

钼(Mo)是一种性能优良的稀有金属，也是开发、应用前景十分广阔的资源。钼的应用及其深加工历来有金属制品与化学制品两大方向。含钼催化剂广泛用于石油炼制与石油化学品制造，在催化剂生产与研究方面具有重要地位。我国每年用于石油工业催化剂的耗钼量就达 900 t 左右，而且回收成本也十分低廉。

废钼催化剂中的钼常以硫化物形式存在，故在其回收时，通常采用氧化焙烧法除去其上的积碳、硫及有机物等，并将硫化钼转变为氧化钼，其反应如式(4－11)所示：

$$2MoS+5O_2 \longrightarrow 2MoO_3+2SO_2 \tag{4-11}$$

然后以碱浸渍将钼浸出，再用酸处理浸出液后生成钼酸铵或钼酸沉淀，使钼从溶液中分离出来。

废钼催化剂经破碎、碱熔后，加压水浸，Mo 和 Al 分别以 Na_2MoO_4 和 $NaAlO_2$ 形式进入浸出液，而 Ni 留在碱浸渣中，浸出液中的 Mo 和 Al 经水解沉淀后，添加分离剂以使 Mo 和 Al 分开。Mo 以钼盐形式回收，而 $Al(OH)_3$ 可作为生产 Al_2O_3 的原料，碱浸渣中的 Ni 可用硫酸浸出，浸出率可达 96.9%，Ni 浸出液经净化除杂后可以产出化学纯的硫酸银。

氨浸出法也是一种应用较为广泛的回收含贵金属废催化剂中金属的方法，具体的工艺流程如图 4－27 所示，利用该法处理含钼的废催化剂，可回收 8%～12%的钼。

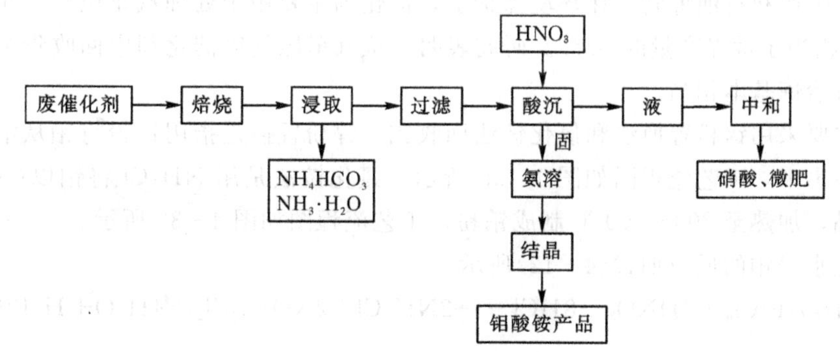

图 4－27　氨浸出法工艺流程

5. 含钒废催化剂的资源化应用

钒(V)系催化剂主要用于硫酸生产中 SO_2 氧化用的 V-K-Si 系催化剂中，钒主要以 V_2O_5 和 V_2O_4 形式存在。按目前国内硫酸产量计，每年可产生废钒催化剂 8000 t 左右。近几年随着科技的发展钒的需求量每年约增长 5%，致使钒价不断上升。目前已开发了还原浸取法、酸溶法、碱溶法、富集提取法和碱式碳酸铵浸渍法等一些行之有效的回收废钒系催化剂的方法。

酸浸还原法是指在这些失活催化剂中加入 H_2SO_4 和还原剂使其中的 V^{5+} 还原成 V^{4+}，V^{4+} 溶于 H_2SO_4，过滤后可除去催化剂中的硅。然后在过滤后的酸浸液中加入 KOH 使生成沉淀，再过滤除去酸浸液中的钾，继而在滤渣中加入 NaOH 和氧化剂将 V^{4+} 转化成 V^{5+}，V^{5+} 溶于 NaOH，过滤后除去滤渣，可达到进一步除杂的目的，提高钒的回收效率。

6. 含镍废催化剂的资源化应用

镍作为催化剂的活性组分主要应用于加氢过程，如石油馏分的加氢精制、油脂加氢等。

一般来说，回收镍要先在高温下将镍氧化成氧化镍。当催化剂中只含有镍一种金属时，传统回收法是将镍和载体一起用酸溶解，然后再调节 pH 值以分离出镍，也可以先将载体在高温下烧结成酸不溶状态，再用酸浸出镍。

目前镍的回收方法主要有离子交换法、渗碳法。我国某研究所开发的以羟肟为萃取剂回收镍的方法，其工艺流程图如图 4－28 所示，采用该工艺得到的成品可达到分析纯(andytical reagent，AR)级别，镍提取率达到 98%以上。

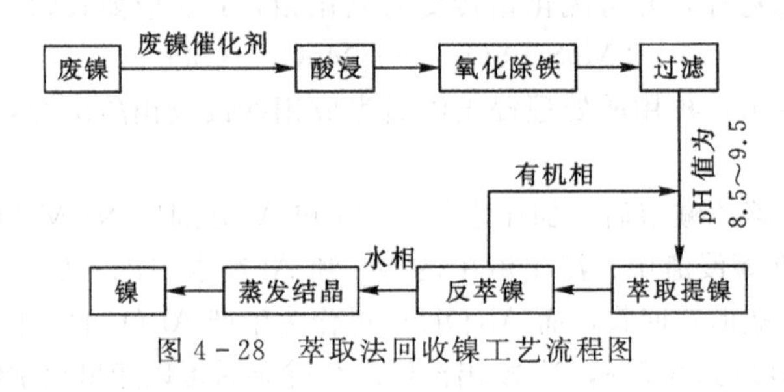

图 4－28 萃取法回收镍工艺流程图

7. 含铂废催化剂的资源化应用

以铂或铂族元素为活性组分的催化剂，大约 80%应用于环境保护控制污染，20%左右应用于化工生产和石油炼制。在环境保护上，催化剂主要用于处理汽车尾气，年耗贵金属 32～34 t，相当于世界产量的 20%。研究表明，从汽车尾气废催化剂中回收贵金属铂的成本与由矿石冶炼基本相当。

目前主要采用锌粉置换法和氯化铵法回收铂。锌粉置换是指用锌粉将铂从溶液中以铂粉形式置换出来，工艺流程图如图 4－29 所示。氯化铵法是用 NH_4Cl 将铂以 $(NH_4)_2PtCl$ 的形式结晶，加热至 800～900 ℃制成铂粉，工艺流程图如图 4－30 所示。

使用王水浸铂的反应如式(4－12)所示：

$$(NH_4)_2PtCl_6+2HNO_3+8HCl \longrightarrow 2NH_4Cl+2NO+3Cl_2+4H_2O+H_2PtCl_6 \tag{4-12}$$

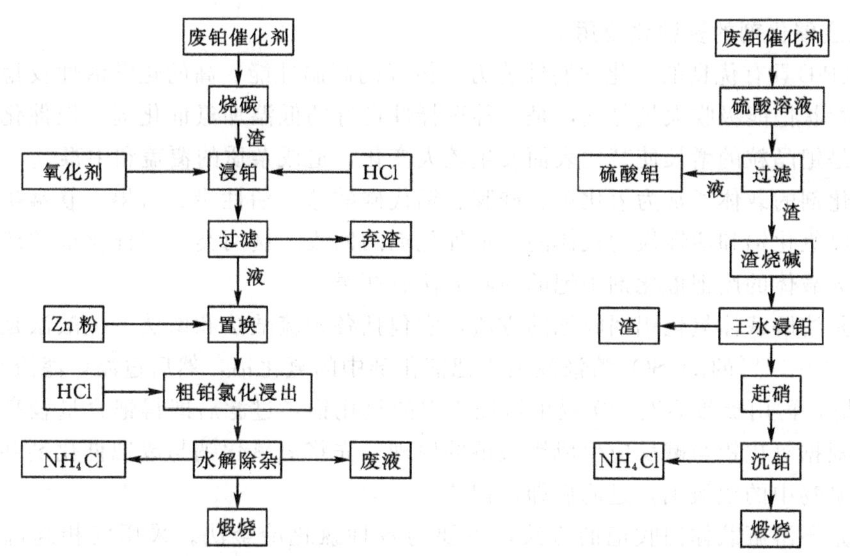

图 4-29　锌粉置换法工艺流程　　图 4-30　氯化铵沉淀法工艺流程

这两种工艺比较成熟，回收率可达 80%左右，但其成本高，铂纯度也不理想。甲酸沉淀法回收铂的回收率可达 99.6%，铂纯度达 99.9%。其工艺流程如图 4-31 所示。主要反应式如(4-13)所示：

$$PtCl_4 + 4NaOH + 2HCOOH \longrightarrow Pt + 4NaCl + 2CO_2 + 4H_2O \quad (4-13)$$

溶剂萃取法是目前贵金属催化剂回收中研究最多且最具前途的一种先进工艺。此工艺不仅可大大提高回收率，还在一定程度上避免了二次污染。具体流程见图 4-32。

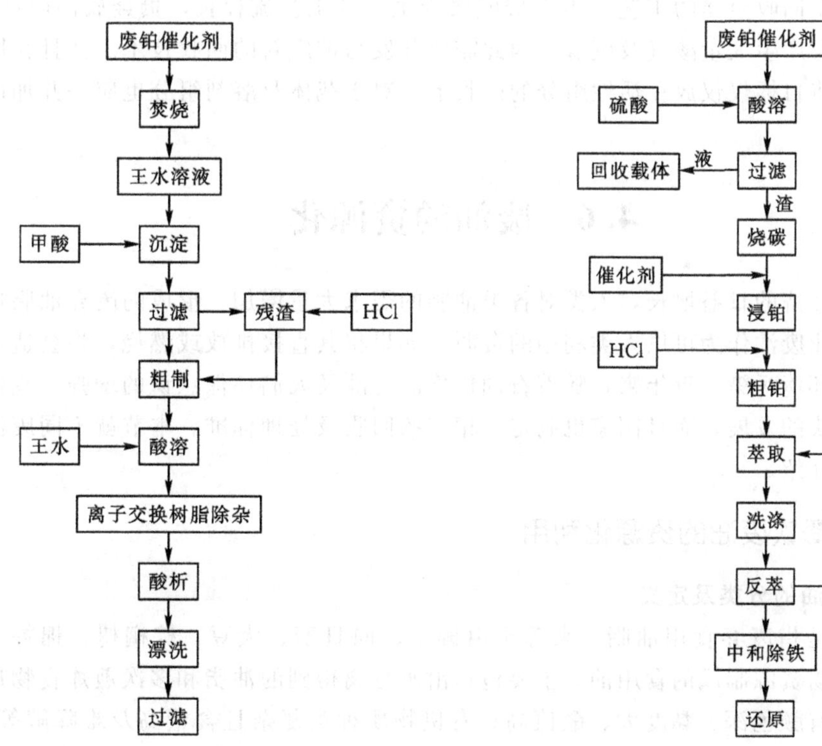

图 4-31　甲酸沉淀法工艺流程　　图 4-32　溶剂萃取法工艺流程

8. 含钯废催化剂的资源化应用

金属钯(Pd)具有优良的耐化学腐蚀能力、极好的高温性能、高的化学活性及稳定的电学特性。海绵状钯能吸收大量氢气，是一种选择性良好的低温加氢催化剂。钯催化剂失活的主要原因是钯晶粒的增长使其比表面发生较大变化，造成杂质的覆盖和中毒。

废钯催化剂的载体通常为氧化铝、硅胶、铝代硅酸盐、活性炭、石墨、软锰矿等。研究较多的是以氧化铝和活性炭为载体的废钯催化剂的回收。这两类废钯催化剂的产生量较大。氧化铝为载体的废钯催化剂中钯的回收方法有两类。

第一类是溶解载体氧化铝回收钯的方法，它包括各种硫酸法和碱法。硫酸法是先用质量分数为10%～12%的 H_2SO_4 溶液浸出废钯催化剂中的氧化铝，然后过滤，滤渣在550～600 ℃下焙烧，再用硫酸溶液二次浸出焙烧渣中的氧化铝，过滤后即得钯含量较高的钯精渣。碱法是根据氧化铝与碱反应生成铝酸钠的原理，先将氢氧化钠与废钯催化剂共熔，再用水浸出熔融物中的铝酸钠，过滤后即得钯渣。

第二类是不溶解载体回收钯的方法，主要为各种氯化冶金法。采用气相高温氯化法时，在850～900 ℃下废钯催化剂与氯气接触1～3 h，使99%以上的钯成为氯化物升华至气相中，再用盐酸溶液吸收生成水溶性络合酸，然后再采用置换法制取钯沉淀物。由于氧化铝与氯气不反应，因此氯化冶金法未损及载体。

在废钯-炭催化剂中，钯的质量分数一般在0.40%以下，活性炭的质量分数在99%以上，此外还含有少量有机物、铁及其他金属杂质。从该废催化剂中回收钯，一般是先用焚烧灰化的方法去除炭和有机物，然后再对烧渣(钯渣)进行化学加工，制备钯的化合物。

随着工业的发展，我国废催化剂的数量逐年增加，其回收工作越来越受重视。目前国内从废催化剂中回收金属的工艺基本以酸碱法为主，其工艺流程长，贵金属回收率不高，实验过程中还会产生大量酸气及废渣，因此需要开发与推广新的回收技术。并且在回收废催化剂时不应将目标仅仅放在活性组分的回收上，对于载体及溶剂组分也应一并加以回收利用。

4.6 废油的资源化

随着国民经济的日益增长，人类对各类油脂的需求大量增加，形成的废弃油脂也随之不断增加。工业废油作为可供人类利用的资源，如果将其直接排放或燃烧，将会造成资源浪费，并产生环境污染。近年来，随着石油价格的上涨及人们环保意识的增强，废油资源化利用有了较快的发展，而且国家也制定了相应的回收及处理标准。本节就不同废油的资源化处理做出介绍。

4.6.1 餐饮废油的资源化利用

1. 餐饮废油的分类及定义

餐饮废油是指废弃食用油脂，来源于由椰子、向日葵、大豆、棕榈树、棉籽、油菜籽、橄榄等生物资源制成的食用油。主要包括泔水分离得到的油脂和多次煎炸食物后的废弃油脂等，具有颜色深、黏度大、酸值高、有机物质种类复杂且含量高及难降解等特点。经烹调后的食用油脂混合物作为餐饮废油，主要来自于餐馆、酒店等加工食品或洗涤餐具时排入污水池的废油；下水道中的煎炸食物后的剩油、浮油；从抽油烟机中回收的废油；食品烤制产生的油脂；动物制品下脚料经处理后得到的油脂；酸化油脚；厨房冷凝油等。餐饮废油由于来源不同，组成很复杂，因此是多种有机物的混合物，主要由脂肪酸甘油酯构成。脂肪酸中碳链各不相同，饱和度因此也不相同。

2. 餐饮废油的危害

近年来我国经济水平不断提高，人们的生活水平随之上升，餐饮业得到蓬勃发展，导致餐饮废油的产量也急剧增加，据统计餐饮废弃油脂的量约占食用油总量的 20%～30%，在 2010 年，我国每年消费的食用油约为 2900 万吨，产生的废油量约为 600 万吨，到 2022 年底，我国的食用油消费量已成倍增长，而相应的废油产出量也增长较多[70]。我国人口众多，产生的餐饮废油不仅量大，而且若不经任何处理直接排放则对环境和人体都有很大的危害。餐饮废油主要由油脂类化合物组成，其和废水混合形成的油水混合物呈流体状态，会对大气、土壤和水环境造成严重污染，具有污染面积广、污染速度快、污染时间长、降解速度慢等特点。且餐饮废油所含的化学物质性质不稳定，长期暴露在空气中很容易被氧化，产生副产物；同时，长时间在阳光下照射，废油会产生白烟并伴有恶臭，被人体吸入后会使人恶心、头痛、胸闷等，还会产生一些气体如 H_2S、NH_3 等，严重危害人体健康；高温油脂是多组分烃基脂肪酸类有机混合物，化学需氧量(COD)、生物需氧量(BOD)值高，有一定的色度和气味，易燃、易氧化分解、密度比水小、难溶于水，不经处理而直接排放入水体中，不仅会使水体表面形成油膜，使水质缺氧恶臭，致使水体中的生物死亡，而且易造成水体富营养化，造成水生动植物的缺氧性死亡，进而诱发赤潮等一系列自然灾害的发生；餐饮废油倒入土壤中会破坏土壤结构，使土壤油质化而难以恢复。同时，黏附于植物根部的油膜会影响植物对养分的吸收而导致植物减产或死亡，而且餐饮废油中的重金属元素不仅会使土壤贫瘠化，而且还会被农作物的根系吸收，后经过食物链循环而迁移至人体内，对人体健康造成严重危害。

经简单回收后流向市场的餐饮废油即地沟油，据统计，每年地沟油的行业暴利达15～20亿元。地沟油在炼制过程中，废油脂中部分不饱和脂肪酸发生氧化和酸败，使得废油中的酸值超标并生成过氧化物（游离脂肪酸），如果被人食用，一方面可能会因必需脂肪酸缺乏而引起中毒现象及脂溶性维生素和核黄素缺乏现象；另一方面，酸败油脂中所含的大量过氧化脂质可破坏人体细胞膜，使血清抗蛋白酶失去活性，导致细胞变异的出现和蓄积，诱发癌症、动脉粥样硬化等疾病。与此同时，地沟油中的重金属污染物远远超过卫生标准中重金属污染物含量的限量要求，长期摄入这些过量元素，将导致人体中重金属残留过量，会引起消化不良、头痛失眠、乏力等症状，严重的还会导致中毒性肝病、中毒性肾病等，甚至致癌。因此，加强对餐饮废油的处理研究迫在眉睫。餐饮废油的主要元素为 C、H、O、S，N 元素含量很少，具备良好资源再利用的基础条件。加强对餐饮废油的资源性利用开发和资源化技术研究不仅有着重要的环境意义，而且有着重要的经济意义。

3. 餐饮废油的资源化途径

我国由于人口众多，因而产生的餐饮废油量不容小觑。目前，餐饮废油处理和回收方法有酯交换、加氢处理、气化、溶剂萃取、膜技术及热解等。

1)酯交换

酯交换也称醇解，是通过交换或取代醇的烷基部分将一种酯化合物转化为另一种酯化合物的化学过程。酯交换可以用酸、碱、酶催化。酯交换过程中不同类型催化剂的利用取决于餐饮废油中的游离脂肪酸(FFA)含量(0.5%～15%，质量百分比)。

2)加氢处理

加氢处理是一种成熟的工业炼油工艺，其原理是利用大量氢气消除杂质。催化加氢精制不同于催化裂化，在反应过程中不会明显地将原料裂解成低分子质量物质，是石油化工精炼中非常重要的工艺过程。近年来，催化加氢精制在废油再生中也得到了广泛应用。通过加氢处理既可以对废油中的非理想组分进行脱除，也可以将一些非理想组分转化为理想组分，从而改变油品的基本性质，获得所需的产品。由于废油不同于原油，其中含有水分、杂质、添加剂等，因而一般与其他净化技术结合运用。近年来，对废油进行加氢脱氧研究合成生物柴油，可克服餐饮废油经酯交换处理后产物的低氧化稳定性。然而，由于需要大量的氢气，因此该方法运行成本较高。

3)气化

气化是一种部分氧化过程，用于从煤、生物质、废油和天然气等含碳材料中产生有用的气态产物。用该方法得到的合成气可以作为生物柴油类燃料的前体。

4)溶剂萃取

溶剂萃取是一种利用有机溶剂分离混合物的分离技术。溶剂的溶解度、组分及其极性性质是这种方法的关键因素。废油中不需要的芳香族组分可以通过合适的有机溶剂选择性地分离出来，剩余的饱和组分最终可以提高处理后油脂的氧化稳定性。除了使用传统溶剂萃取废油，也有将溶剂萃取技术结合其他技术一起使用的。这样可使处理废油具备一定灵活性，但仍存在一些缺陷，例如此法需要使用大量溶剂，而这些溶剂可能具有一定的危险性(苯)或者易燃性(丙烷)。

5)膜技术

膜技术是采用不同类型的聚合物中空纤维膜过滤废油，去除其中一些杂物的方法。这种方法在使用过程中温度低、压力低，但是膜很昂贵，容易堵塞，且膜技术只能去除废油中的极性化合物和游离脂肪酸，目前不清楚其是否能去除例如多环芳烃等物质。

6)热解

热解是一种将氧气排除在外并在惰性环境中加热和分解物质的热过程。目前，热处理工艺已被用于将废料转化为有用的热解产物，餐饮废油中含有长链、饱和的碳氢化合物，其中的碳氢化合物含量与柴油几乎相似，但目前这种技术应用还不是很广泛。

4. 餐饮废油合成生物柴油

下面主要介绍将餐饮废油用于制备生物柴油进行资源化应用。

传统废油再生技术存在用酸量大、二次污染物排放量大、再生产品品质不理想、附加值低等问题。因为餐饮废油中含有大量硬脂酸和油酸，经高温或中温水解后得到粗混合脂肪酸，再经过精制，可得固体硬脂酸及液体油酸，但该法工艺复杂，设备投资较高。利用餐饮废油转化生产生物柴油时，其副产物为甘油，可用于生产肥皂、皂液等日化产品，这引起了人们的重视。另外，餐饮废油还可用于制备混凝土制品脱模剂，随着我国基本建设的不断发展，混凝土制品消耗量急增，使得混凝土制品脱模剂的需求量不断增加。除此之外，餐饮废油还用于加工动物饲料、生产润滑油、生物增塑剂、制备生物柴油等。

目前有研究表明利用餐饮废油制备生物柴油有很大的可行性，尽管制备工艺还存在一定的问题，但经过一定的研究改进之后，生物柴油势必会成为代替化石燃料的新型燃料。生物柴油属于生物质能的一种，通常指以生物来源油脂，包括动植物油脂、微生物油脂、藻类油脂等为原料，与短链醇发生酯化或转酯化反应生成的具有与石化柴油相近物理性质，并可代替石化柴油进行使用的再生性柴油燃料。生物柴油是柴油发动机最有前途的替代燃料之一。其作为柴油发动机燃料具有优于其化石柴油发动机燃料的优势，包括其可更新性、更低的温室气体排放、无毒，可显著减少发动机排放的二氧化碳和其他污染物。

生物柴油的化学本质为脂肪酸短链醇酯，其分子结构主要由脂肪酸部分和短链醇部分组成，生物柴油中常见的脂肪酸种类主要有棕榈酸、硬脂酸、油酸、亚油酸、肉豆蔻酸和月桂酸；常见的短链醇主要为C原子数为1～5的一元醇，包括甲醇、乙醇、丁醇等。虽然生物柴油原料的来源不同，原料油脂的品质也不尽相同，但其组成成分主要为甘油酯和脂肪酸。根据油脂品质和油脂中甘油酯、脂肪酸的含量的不同，利用转酯化/酯化生物柴油的主要生产工艺可概括为：①酸催化生产生物柴油；②碱催化生产生物柴油；③酸碱两步法催化生产生物柴油；④固体酸碱催化生产生物柴油；⑤超临界法生产生物柴油；⑥酶法生产生物柴油等。

世界范围内，在生物柴油生产用油脂原料选择过程中，地域因素起着重要作用。不同国家的气候和土壤条件决定了该国的油料作物品种和产量，进而影响了不同油脂的价格。原料的供给和成本直接影响着本国用于生物柴油生产原料的选择。欧美国家由于其大豆油、菜籽油产量较大，因此，其主要利用此两种原料作为生物柴油的来源；东南亚国家由于其气候适于棕榈生长，且棕榈油产量大、价格低，因此，其普遍采用棕榈油为生物柴油的主要原料；东亚国家，如中国、韩国，由于人口密度大，可食用油脂供应较为紧张，因此，其主要采用非食用油脂，如餐饮废油(地沟油)、小桐子油等作为生物柴油生产的主要原料。目前生物柴油已经发展到了第四代，第一代是以食物油种子例如向日葵、大豆等为原料，但由于世界粮食危机，第一代前途并不明朗；第二代的原料是非食用原料，如麻花油、印栋油等；第三代是以微藻和废油为原料生产的生物柴油；第四代是光生物、太阳能生物柴油。值得注意的是，尽管对微藻生产生物柴油的研究很多，但其生物柴油生产的成本仍远高于常规柴油。人们一直强调，藻类燃料在长期应用中具有经济可行性，因此仍需要大量的技术改进。

生物柴油的生产，即利用特定转化手段降低原料油脂的黏度，去除原料油脂中部分杂质，使产品可用于商业化柴油发动机的过程。类比于石化原油的炼制过程，该转化过程也常被称作生物炼制过程。在生物柴油发展初期，通常直接使用石化柴油稀释原料油脂或将原料油脂制备为乳化液使用，该类物理混合方法虽简便易行，但其制备得到的生物柴油黏度较大，且挥发性和稳定性极差，严重影响了其在柴油发动机中的应用。鉴于物理处理方法的诸多不足，该类技术逐渐被可降低原料油脂黏度的新方法所取代。这些新方法包括热解法、转酯化法和超临界法。与传统物理方法相比，这三类新方法制得的生物柴油物理性质更接近石化柴油，且与柴油发动机相比具有更好的相容性。生物柴油的主要生产方法比较如表4.17所示。

表 4.17　生物柴油生产主要方法比较

生产方法	优点	缺点
稀释或微乳化法	操作过程简单	1. 产品黏度较高； 2. 产品点火性能差； 3. 产品储存稳定性差
热解法	1. 操作过程相对简单； 2. 几乎无废弃物生成	1. 操作需要在高温下进行； 2. 操作所需设备昂贵； 3. 制备得到的产品为混合物，纯度低
转酯化法	1. 燃料性质更接近石化柴油； 2. 转化过程效率高； 3. 成本相对较低； 4. 过程所需均为工业常规操作，易于放大	1. 高效的碱催化过程对原料纯度要求高； 2. 化学法过程污染排放较大，但酶法过程几乎无排放； 3. 过程存在一定量的副反应，如水解反应等； 4. 产物分离过程繁琐
超临界甲醇法	1. 反应无需催化剂； 2. 反应时间较短； 3. 转化率高； 4. 原料适应范围广	1. 反应需要在高温高压下进行（甲醇临界温度、压力以上）； 2. 反应所需设备投资高； 3. 反应过程能量消耗大

合成生物柴油所需要的试剂主要有油酸、棕榈酸甲酯、硬脂酸甲酯、油酸甲酯、亚油酸甲酯、亚麻酸甲酯、十一酸甲酯、无水甲醇、无水乙醇、氢氧化钾、浓硫酸、邻苯二甲酸氢钾、无水碳酸钠等。所用的反应器主要是市售的容积为 100 mL 的带聚四氟乙烯衬里的不锈钢水热合成釜，具有良好的耐腐蚀性，缺点是不能直接测量反应压力。常采用外加搅拌器的油浴对其加热，以便能使反应物料快速达到设定值，尽量减少反应温度波动。

不同的餐饮废油其有效成分是不同的。比如选用大豆油、棕仁油脱臭馏出物等作为合成原料，其中存在游离脂肪酸（FFA）和脂肪酸甘油酯，用其制备生物柴油的过程中同时存在 FFA 的酯化反应和脂肪酸甘油酯的酯交换反应。可以用酯化率来表征原料中游离脂肪酸的转化率，用脂肪酸甲酯（FAME）的质量收率来表征生物柴油的收率。

取粗生物柴油样品先净化处理，然后测定其基本物性，并一次准备足够量原料，以保证整个实验过程中原料性能的稳定。首先，对得到的废餐饮油进行预处理：通过过滤去除废油中的骨头、纸屑、塑料、菜叶和其他的杂物，按每 100 g 油 10 g 吸附剂的比例加入活性炭，进行脱色，然后趁热过滤去除小颗粒杂质，最后加热到 110 ℃ 左右，直至气泡消失，以保证脱水后原料油中水分及挥发物的含量在 2%（质量百分比）以下。然后测定其各项理化指标，将其完全甲酯化后用气相色谱仪测定原料组成。最后，测定其酸值并结合反应前原料的酸值，即可按式（4－14）计算出原料的酯化率 E：

$$\text{酯化率 } E(\%)=((\text{反应原料的酸值}-\text{产品的酸值})/\text{反应原料的酸值})\times 100\% \quad (4-14)$$

产物生物柴油中 FAME 的含量由气相色谱仪测定。色谱仪装有 30 m×0.25 mm×0.25 m 的 FAMEWAX 石英毛细管柱、火焰离子检测器（FID），氦气做载气；检测器温度为 280 ℃，进样器温度为 250 ℃；柱箱初温为 150 ℃，恒温 2 min 后以 5 ℃/min 的速率升温至 280 ℃，然后保持 25 min。进样量为 1 L，分流比为 1∶50；用十一酸甲酯做内标定量。根据色谱分析得出产品中 FAME 的含量(质量百分比)，然后按式(4－15)计算生物柴油质量收率 Y：

$$Y(\%)=m_1\times w/m_0 \tag{4-15}$$

式中：m_0 为原料投料量，g；m_1 为粗生物柴油质量，g；w 为脂肪酸甲酯质量百分比，%。

4.6.3 冷轧钢工艺废油资源化利用

冷轧钢是在不加热的情况下，对热轧钢产品的深加工，其产品的质量和尺寸精度高、性能好，具有更高的附加值。在冷轧过程中，将配好的乳化液循环喷洒至辊系和辊缝之间，可起到冷却，润滑，带走轧辊及轧材表面的金属、金属氧化物和粉尘的作用，使轧钢表面具有好的表面光洁度。因此，乳化液是使冷轧钢进行高速轧制的关键因素之一。冷轧钢工艺废油脂是冷轧过程中产生的一种炼钢副产品，是水、植物油、石油、泥沙、金属及金属的氧化物、表面活性剂等的混合物。据不完全统计，我国每年产生的冷轧钢工艺废油脂超过十万吨。因为铁与油的含量较高，所以这些工业二次资源能否利用好，是非常重要的。否则，其作为危险废物大量堆存不仅占据料场，污染环境，还将影响冷轧钢企业的扩大再生产及可持续发展，是亟待解决的环保和资源利用问题。因此，冷轧钢废油脂的减量化、无害化及资源化利用迫在眉睫。

1. 废油脂危害性

由于废油脂中含有高浓度的有毒物质，若其处置不当，会对环境构成严重威胁。如废油脂会扰乱土壤的物理和化学性质，导致土壤形态发生变化。废油脂污染的土壤可能会缺乏养分，抑制种子萌发，并导致植物生长受限或死亡。由于其高黏度，废油脂组分可以固定在土壤孔隙中，吸附在土壤矿物成分的表面，或在土壤表面形成连续的覆盖物。这些都会导致土壤的吸湿性、水力传导性和保水性(即润湿性)降低。

石油烃和重金属对环境具有各种毒性作用。大多数重金属具有累积效应并且具有特别的危害。就石油烃而言，其成分主要是多环芳烃(PAHs)，对人类和其他生态受体具有遗传毒性。废油脂中的石油烃可以向下迁移，并通过土壤剖面进入与其他水生系统相连的地下水，造成严重的不利后果，例如水生系统中鱼类的多样性和丰度降低；废油脂中的石油烃会使土壤酶(即氢化酶和转化酶)的活性降低，并对土壤微生物产生毒性作用；此外，在长时间存留在陆地环境中后，其风化(或老化)的化学残留物长时间与土壤成分相互作用，可能会抵抗吸附和降解；废油脂残留物中的有机化合物与土壤中的腐殖聚合物(例如胡敏素、富里酸和腐殖酸)之间共价键合可以形成稳定的邻苯二甲酸二烷基酯(长链烷烃和耐微生物降解的脂肪酸)。由于废油脂的危险性，世界上许多法规，如美国的《资源保护和回收法》(RCRA)已经制定了严格的处理、储存和处置标准。例如，规定处理或储存危险废物的所有表面蓄水池必须是双层衬里，否则应停止使用。但即使在用水泥和砖块作为衬里的泻湖中处理废油脂，也会产生气味并有火灾隐患。如在泻湖或者垃圾填埋场中沉积的废油脂是大气挥发性有机化合物(VOCs)污染的固定来源，这种空气污染物的排放可能会给施工工人和周围居民带来风险。

2. 废油脂处理方法

从废油脂中回收油再将其循环使用是处理废油脂最理想的方法，因为这能够重新利用有价值的油以进行能量回收。此外，废油脂的再循环可以减少工业区危险废物的处理量，降低污染程度，减少不可再生能源的使用。

1）焚烧法

焚烧法处理废油脂是废油脂在过量空气和辅助燃料存在下完全燃烧的过程。最常用的焚烧炉是回转窑和流化床焚烧炉。回转窑焚烧炉，燃烧温度在 980～1200 ℃范围内，停留时间约为 30 min。在流化床焚烧炉中，燃烧温度可以控制在 730～760 ℃的范围内，停留时间可以是几天。流化床焚烧炉在处理低质量废油脂时特别有效，因为它具有燃料灵活、高混合效率、高燃烧效率和污染物排放相对较少的优点。焚烧性能受各种因素的影响，包括燃烧条件、停留时间、温度、原料质量、辅助燃料和废物进料速率等。通过在焚烧炉中燃烧废油脂可以产生宝贵的能源，其可以用于驱动蒸汽涡轮机并且用作废油回收工厂中的热源。此外，在焚烧处理后，废物量显著减少。虽然油泥焚烧已经在少数发达国家实施，但受到了许多限制。高含水量油泥需要进行预处理，以通过降低含水量来提高燃料效率，通常需要辅助燃料来维持恒定的燃烧温度。而且，焚烧和不完全燃烧产生的污染物（如低分子量多环芳烃）的逸散性排放可能导致大气污染问题。一般来说，油泥含有高浓度的有害成分，耐燃烧，焚烧处理需要很高的资金和运营成本，据报道，每吨油泥的焚烧成本超过 800 美元[71]。

2）萃取法

萃取法已广泛用于从土壤/水基质中除去半挥发性和非挥发性有机化合物。其是将废油脂与所需比例的溶剂混合以确保完全混溶，而水、固体颗粒和含碳杂质被萃取溶剂排出，然后溶剂/油混合物被送去蒸馏以从溶剂中分离出油。一般来说，溶剂萃取的性能受许多因素的影响，如溶剂类型、温度、压力、溶剂与废油脂的比例和混合方式等。通常需要混合和加热来改善废油脂有机组分在溶剂中的溶解。高温可以加速萃取过程，但蒸发会造成溶剂的损失；低温可以降低萃取过程的成本，但低温会降低油的回收效率。此外，随着溶剂与废油脂质量比的增加，回收油的数量和质量都可以得到改善。溶剂萃取是一种简单而有效的方法，其可将废油脂分离成有价值的油相和固体或半固体残余物。萃取处理可以在相对短的时间内完成，并且萃取塔可处理大量的废油脂。将溶剂萃取应用于处理大量废油脂的一个主要障碍是需要大量的有机溶剂，这可能导致严重的经济和环境问题。

3）热化学法

热化学法是一种用化学试剂清洗废油脂和回收油的方法。即通过加入热水稀释废油脂，并在添加某种化学试剂的条件下，降低油相、水相和泥相之间的界面张力，使油、水、泥分层，三相分离。该方法广泛用于高含油量、低乳化的废油脂。该方法可以处理大量的废油脂，但对乳化严重的废油脂，该方法的处理效果不好。

4）离心法

离心法利用特殊的高速旋转设备产生强大的离心力，可以在短时间内分离出不同密度的组分（如油、水、固体和糊状混合物）。为了提高离心性能和降低能耗，需要通过预处理来降低废油脂的黏度，如添加有机溶剂、破乳剂和表面张力活性制剂，注入蒸汽，直接加热等。使用离心法处理废油脂时，首先将废油脂与破乳剂或其他化学调节剂混合，然后在预处理罐中通过热蒸汽处理混合物以降低其黏度，处理后，形成用于高速离心的具有一定油泥/水比的较低黏度的混合物。离心后，将分离出的油(仍含有水和固体)送入重力分离器进行进一步分离，得到回收的油；将来自分离器的分离水再进一步处理；将来自分离器的沉淀物收集为固体残余物用于进一步处理。通常，离心分离是一种相对清洁和成熟的废油脂处理技术，其可以有效地从废油脂中分离油相。另一个优点是离心设备通常不会占用太多空间。然而，该过程需要消耗高能量以产生足够强的离心力以将油相、水相与泥相分离。由于设备投资较高，离心法的使用限于小规模。此外，离心过程会带来噪音问题。

5)冷冻/解冻法

从废油脂中回收油的一个重要过程是通过将油和水分成两相来从 W/O(油包水型)乳液中除去水，该过程称为破乳。据报道，在寒冷地区污泥脱水的冷冻/解冻处理是一种有效的破乳方法。

一般有两种不同的破乳机制。第一种是乳液中的水相在油相冻结之前冻结，冷冻水滴的体积膨胀使它们聚结导致乳液内部紊乱。并且，油相随着温度下降而逐渐冻结。在解冻过程中，油相在界面张力的作用下聚结，因此，油水混合物在重力的驱动下可以分层，使其成为两相。第二种是油相在水相之前冻结，这将形成一个在冷冻过程中封闭水滴的固体油笼。随着温度下降，这些水滴逐渐冻结。冷冻液滴的体积膨胀，使油笼破裂。这可以产生细小的裂缝，允许未冻结的水滴渗透并彼此接触，形成大的微通道网络。在解冻过程中，该网络与水滴聚结融合，导致相转化，然后，这种不稳定的油水混合物在重力的驱动下可以分层，使其成为两相。

一般来说，冷冻/解冻的破乳效果可能受许多因素的影响，如冷冻和解冻温度、处理时间、含水量、水相的盐度、表面活性剂的存在及乳液中的固体含量。总之，对于从废油脂中回收油，冷冻/解冻处理是一种有前途的方法，但是，其工业应用应考虑所需的冷冻时间和相关成本。此外，冷冻可能是一个相对缓慢的过程，需要大量的能源且成本较高。因此，对于可能自然冷冻的寒冷地区，应用冷冻/解冻处理从废油脂中回收油可能更有前景。

6)微波辐射法

微波频率范围为 300 MHz 至 300 GHz，但工业应用通常在接近 900 MHz 或接近 2450 MHz 的频率下进行。微波能量可以通过与电磁场的分子相互作用直接穿透材料，与传统加热技术相比，它提供了一个快速加热过程，提高了加热效率。这种加热效果可以通过快速提高乳液的温度来破坏 W/O 乳液，从而降低其黏度，加速乳液中水滴的沉降。快速升温也会使重质碳氢化合物变成轻质碳氢化合物。低介电损耗的材料几乎不吸收微波能量。对于高介电损耗的材料，可以基于电场强度和介电损耗因子吸收微波能量。当使用微波处理具有不同介电特性的混合材料时，可能会发生选择性加热。对于诸如废油脂的 W/O 乳液，内相是具有相对较高介电损耗的水，并且它吸收的微波能量比油更多。这可能导致水膨胀并使油-水界面膜变薄，这可能促进水、油分离。此外，微波辐射可以通过重新排列水分子周围的电荷而导致分子旋转。这可能破坏油、水界面处的双电层，导致 Zeta 电位(电动)降低。在降低的 Zeta 电位下，水和油分子可以在乳液中更自由地移动，使得水或油滴可以相互碰撞聚结，上述机制可导致乳液分离。

通常，与其他加热方法相比，微波辐射可以更快地提高介质内分子的能量，从而提高反应速率。较短的加热时间使微波辐射成为一种高能效、易于控制的破乳方法。然而，由于所需的特定设备和高运行成本，微波辐射在工业规模的废油脂处理中的应用受到限制。

7)超声波辐射法

超声波辐射可有效去除固体颗粒中的吸附物质，分离高浓度悬浮液中的固体/液体，降低 W/O 乳液的稳定性。当超声波在处理介质中传播时，会产生压缩和稀薄部分。压缩循环通过将分子推到一起而在介质上施加正压。稀薄循环通过彼此拉动分子而施加负压，在这种负压的作用下可以产生微气泡，并且使气泡生长。当这些微气泡生长到不稳定的尺寸时，它们会猛烈地坍塌并产生冲击波，从而在几微秒内产生非常高的温度和压力。这种空化现象会增加乳液体系的温度并降低其黏度，增加液相的传质，从而使 W/O 乳液不稳定。

超声波辐射不仅可以清洁固体颗粒的表面，还可以渗透到使用其他分离方法时难以进入的多相系统的不同区域。这种机制称为超声波浸出，可使溶剂或浸出试剂更容易进入固体孔隙内部，并增加污染物通过固体基质的传质。总的来说，超声辐射是一种“绿色”处理方法，可以在相对短的时间内处理废油脂，油相回收效率高，没有二次污染。而最常用的实验室超声辐照系统是超声波探头系统，只有在处理少量废油脂时才有效。大型超声波清洗槽的使用在处理大量废油脂方面可能更有前景，但由于超声波强度低，油的回收性能可能会受到影响。而且设备和维护的高成本也可能妨碍该技术的工业应用。

8)生物堆/堆肥法

生物堆/堆肥法作为土耕法的替代技术受到越来越多的关注，其通常需要大面积土地。生物堆是指将废料转变成堆或堆积物，通常高度为 2～4 m，用于固有或外来微生物的降解。在生物堆中，可以安装通风管道静置，也可通过特殊装置转动和混合。通过调节水分、吹气、添加填充剂和营养素，可以提高生物处理的效率。填充剂通常包括稻草、锯屑、树皮和木屑或一些其他有机材料。添加填充剂可使土壤-废油脂堆中的孔隙率增加，基质中空气和水分分布得更好。如果添加有机材料，这项技术则被称为堆肥。生物堆/堆肥法中通过控制多种操作参数可以提高生物降解速率，例如控制碳：氮：磷(C：N：P)比、直接通气或耕地以改善通气，以及维持生物堆内的水分和温度以保持高微生物活性。废油脂的生物降解可能受多种因素的影响，如微生物的类型、处理时间、温度、营养成分、废油脂的浓度和特征。许多微生物(主要是细菌和真菌)能够降解石油烃，但没有一种微生物菌株能降解废油脂中的所有成分。

生物堆/堆肥法能够有效地去除废油脂中的石油烃，而且，由于它可以产生更有利于生物降解的受控条件，因此其可以处理更多有毒化合物。生物堆/堆肥法的另一个显著特征是，由于强烈的微生物活动而产生热量，堆中的温度可能会升高到 70 ℃或更高，并且这种方法在极端气候条件下如南极洲地区的石油烃降解中的应用也取得了成功。此外，它更环保，因为堆肥可以在处理容器中进行，且 VOCs 的排放可通过辅助收集单元控制。它也易于设计和实施，并且可以根据不同的现场条件进行设计。然而，生物堆/堆肥法的处理能力远小于土地本身的处理能力，并且仍需要相对较大的土地面积和很长的降解处理时间。

综上所述，随着化石能源日益短缺、全球环境问题的凸显及废油资源化利用技术研究的推进，传统再生工艺逐渐被淘汰，催化加氢再生废油技术已经越来越受到各国重视。无论是工业废油还是餐厨废油，它们都含有水分、杂质、添加剂等非理想组分，成分复杂多样，从而导致其资源化利用方向的不确定性。因此，除了针对不同性质的废油研制不同类型的催化剂之外，还可以考虑将一些新兴处理技术与催化加氢相结合，提高再生收率和产品附加值，实现废油资源最大化利用。

思考题：

(1)简述废塑料回收利用及处理技术。

(2)简述各种废电池的回收利用技术，对废电池应该进行怎样的管理？

(3)简述废轮胎的热解处理方法及其影响因素。

(4)简述废催化剂的回收方法，并举例一种典型的催化剂回收工艺。

参考文献

[1]MARCILLA A，GARCIA-QUESADA J C，SANCHEZ S，et al. Study of the catalytic pyrolysis behaviour of polyethylene-polypropylene mixtures[J]. Journal of Analytical and Applied Pyrolysis，2005，74(1－2)：387－392.

[2]WILLIAMS P T，WILLIAMS E A. Fluidised bed pyrolysis of low density polyethylene to produce petrochemical feedstock[J]. Journal of Analytical and Applied Pyrolysis，1999，51(1－2)：107－126.

[3]JUNG S H，CHO M H，KANG B S，et al. Pyrolysis of a fraction of waste polypropylene and polyethylene for the recovery of BTX aromatics using a fluidized bed reactor[J]. Fuel Processing Technology，2010，91(3)：277－284.

[4]ONWUDILI J A，INSURA N，WILLIAMS P T. Composition of products from the pyrolysis of polyethylene and polystyrene in a closed batch reactor：Effects of temperature and residence time[J]. Journal of Analytical and Applied Pyrolysis，2009，86(2)：293－303.

[5]BUTLER E，DEVLIN G，MEIER D，et al. A review of recent laboratory research and commercial developments in fast pyrolysis and upgrading[J]. Renewable and Sustainable Energy Reviews，2011，15(8)：4171－4186.

[6]SHAH J，JAN M R，MABOOD F，et al. Catalytic pyrolysis of LDPE leads to valuable resource recovery and reduction of waste problems[J]. Energy Conversion and Management，2010，51(12)：2791－2801.

[7]AGUADO R，PRIETO R，SAN JOSE M J，et al. Defluidization modelling of pyrolysis of plastics in a conical spouted bed reactor[J]. Chemical Engineering and Processing：Process Intensification，2005，44(2)：231－235.

[8]GOODENOUGH J B，PARK K S. The Li-Ion Rechargeable Battery：A Perspective[J]. Journal of the American Chemical Society，2013，135(4)：1167－1176.

[9]ORDOÑEZ J，GAGO E J，GIRARD A. Processes and technologies for the recycling and recovery of spent lithium-ion batteries[J]. Renewable and Sustainable Energy Reviews，2016，60：195－205.

[10]ZENG X, LI J, SINGH N. Recycling of Spent Lithium-Ion Battery: A Critical Review[J]. Critical Reviews in Environmental Science and Technology, 2014, 44(10): 1129-1165.

[11]CONTESTABILE M, PANERO S, SCROSATI B. A laboratory-scale lithium-ion battery recycling process[J]. Journal of Power Sources, 2001, 92(1): 65-69.

[12]HE L P, SUN S Y, SONG X F, et al. Recovery of cathode materials and Al from spent lithium-ion batteries by ultrasonic cleaning[J]. Waste Management, 2015, 46: 523-528.

[13]FERREIRA D A, PRADOS L M Z, MAJUSTE D, et al. Hydrometallurgical separation of aluminium, cobalt, copper and lithium from spent Li-ion batteries[J]. Journal of Power Sources, 2009, 187(1): 238-246.

[14]NAN J, HAN D, ZUO X. Recovery of metal values from spent lithium-ion batteries with chemical deposition and solvent extraction[J]. Journal of Power Sources, 2005, 152: 278-284.

[15]SUN L, QIU K. Vacuum pyrolysis and hydrometallurgical process for the recovery of valuable metals from spent lithium-ion batteries[J]. Journal of Hazardous Materials, 2011, 194: 378-384.

[16]YANG Y, HUANG G, XU S, et al. Thermal treatment process for the recovery of valuable metals from spent lithium-ion batteries[J]. Hydrometallurgy, 2016, 165: 390-396.

[17]MESHRAM P, PANDEY B D, MANKHAND T R. Extraction of lithium from primary and secondary sources by pre-treatment, leaching and separation: A comprehensive review[J]. Hydrometallurgy, 2014, 150: 192-208.

[18]LEE C K, RHEE K I. Preparation of $LiCoO_2$ from spent lithium-ion batteries[J]. Journal of Power Sources, 2002, 109(1): 17-21.

[19]CHEN L, TANG X, ZHANG Y, et al. Process for the recovery of cobalt oxalate from spent lithium-ion batteries[J]. Hydrometallurgy, 2011, 108(1): 80-86.

[20]CHEN X, MA H, LUO C, et al. Recovery of valuable metals from waste cathode materials of spent lithium-ion batteries using mild phosphoric acid[J]. Journal of Hazardous Materials, 2017, 326: 77-86.

[21]LI L, LU J, REN Y, et al. Ascorbic-acid-assisted recovery of cobalt and lithium from spent Li-ion batteries[J]. Journal of Power Sources, 2012, 218: 21-27.

[22]GAO W, ZHANG X, ZHENG X, et al. Lithium Carbonate Recovery from Cathode Scrap of Spent Lithium-Ion Battery: A Closed-Loop Process[J]. Environmental Science & Technology, 2017, 51(3): 1662-1669.

[23]GAO W, SONG J, CAO H, et al. Selective recovery of valuable metals from spent lithium-ion batteries - Process development and kinetics evaluation[J]. Journal of Cleaner Production, 2018, 178: 833-845.

[24]MISHRA D, KIM D J, RALPH D E, et al. Bioleaching of metals from spent lithium

ion secondary batteries using Acidithiobacillus ferrooxidans[J]. Waste Management, 2008, 28(2): 333-338.

[25]XIN B, ZHANG D, ZHANG X, et al. Bioleaching mechanism of Co and Li from spent lithium-ion battery by the mixed culture of acidophilic sulfur-oxidizing and iron-oxidizing bacteria[J]. Bioresource Technology, 2009, 100(24): 6163-6169.

[26]SA Q, GRATZ E, HE M, et al. Synthesis of high performance $LiNi_{1/3}Mn_{1/3}Co_{1/3}O_2$ from lithium ion battery recovery stream[J]. Journal of Power Sources, 2015, 282: 140-145.

[27]NATARAJAN S, ARAVINDAN V. Burgeoning Prospects of Spent Lithium-Ion Batteries in Multifarious Applications [J]. Advanced Energy Materials, 2018, 8 (33): 1802303.

[28]LIU Y J, HU Q Y, LI X H, et al. Recycle and synthesis of $LiCoO_2$ from incisors bound of Li-ion batteries[J]. Transactions of Nonferrous Metals Society of China, 2006, 16(4): 956-959.

[29]GUO M, LI K, LIU L, et al. Manganese-based multi-oxide derived from spent ternary lithium-ions batteries as high-efficient catalyst for VOCs oxidation[J]. Journal of Hazardous Materials, 2019, 380: 120905.

[30]CHANDRAN M, RAJAMAMUNDI P, KIT A C. Tire oil from waste tire scraps using novel catalysts of manufacturing sand (M Sand) and TiO_2: Production and FTIR analysis[J]. Energy Sources, Part A: Recovery, Utilization, and Environmental Effects, 2017, 39(18): 1928-34.

[31]CHRISTIAN R H P, DOMINIQUE B. The role of extractives during vacuum pyrolysis of wood[J]. Journal of Applied Polymer Science, 2010, 41(1-2): 337-348.

[32]LOPEZ G, OLAZAR M, AGUADO R, et al. Vacuum Pyrolysis of Waste Tires by Continuously Feeding into a Conical Spouted Bed Reactor[J]. Industrial & Engineering Chemistry Research, 2010, 49(19): 8990-8997.

[33]吴丹，周洁，俞天明，等. 废轮胎热解衍生油非加氢脱硫[J]. 环境工程学报，2013，7(8)：3153-3157.

[34]YANG J, GUPTA M, ROY X, et al. Study of tire particle mixing in a moving and stirred bed vacuum pyrolysis reactor[J]. The Canadian Journal of Chemical Engineering, 2004, 82(3): 510-519.

[35]SONG Z L, YANG Y Q, SUN J, et al. Effect of power level on the microwave pyrolysis of tire powder[J]. Energy, 2017, 127: 571-580.

[36]SONG Z L, YANG Y Q, ZHOU L, et al. Gaseous products evolution during microwave pyrolysis of tire powders[J]. International Journal of Hydrogen Energy, 2017, 42(29): 18209-18215.

[37]UNDRI A, MEINI S, ROSI L, et al. Microwave pyrolysis of polymeric materials: Waste tires treatment and characterization of the value-added products[J]. Journal of Analytical and Applied Pyrolysis, 2013, 103: 149-158.

[38]UNDRI A, ROSI L, FREDIANI M, et al. Upgraded fuel from microwave assisted pyrolysis of waste tire[J]. Fuel, 2014, 115: 600 - 608.
[39]MURENA F, GARUFI E, SMITH R B, et al. Hydrogenative pyrolysis of waste tires [J]. Journal of Hazardous Materials, 1996, 50(1): 79 - 98.
[40]MASTRAL A M, MURILLO R, CALLEN M S, et al. Influence of process variables on oils from tire pyrolysis and hydropyrolysis in a swept fixed bed reactor[J]. Energy & Fuel, 2000, 14(4): 739 - 744.
[41]ONAY O, KOCA H. Determination of synergetic effect in co-pyrolysis of lignite and waste tyre[J]. Fuel, 2015, 150: 169 - 174.
[42]BICAKOVA O, STRAKA P. Co-pyrolysis of waste tire/coal mixtures for smokeless fuel, maltenes and hydrogen-rich gas production[J]. Energy Conversion and Management, 2016, 116: 203 - 213.
[43]OZONOH M, ANIOKETE T C, OBOIRIEN B O, et al. Techno-economic analysis of electricity and heat production by co-gasification of coal, biomass and waste tyre in South Africa[J]. Journal of Cleaner Production, 2018, 201: 192 - 206.
[44]AHMED N, ZEESHAN M, IQBAL N, et al. Investigation on bio-oil yield and quality with scrap tire addition in sugarcane bagasse pyrolysis[J]. Journal of Cleaner Production, 2018, 196: 927 - 934.
[45]DONG R K, ZHAO M Z. Research on the pyrolysis process of crumb tire rubber in waste cooking oil[J]. Renewable Energy, 2018, 125: 557 - 567.
[46]KARATAS H, OLGUN H, ENGIN B, et al. Experimental results of gasification of waste tire with air in a bubbling fluidized bed gasifier[J]. Fuel, 2013, 105: 566 - 571.
[47]CHOI G G, JUNG S H, OH S J, et al. Total utilization of waste tire rubber through pyrolysis to obtain oils and CO_2 activation of pyrolysis char[J]. Fuel Processing Technology, 2014, 123: 57 - 64.
[48]KAEWLUAN S, PIPATMANOMAI S. Gasification of high moisture rubber woodchip with rubber waste in a bubbling fluidized bed[J]. Fuel Processing Technology, 2011, 92(3): 671 - 677.
[49]LOPEZ G, OLAZAR M, AGUADO R, et al. Continuous pyrolysis of waste tyres in a conical spouted bed reactor[J]. Fuel, 2010, 89(8): 1946 - 1952.
[50]NIELSEN A R, LARSEN M B, GLARBORG P, et al. Devolatilization and Combustion of Tire Rubber and Pine Wood in a Pilot Scale Rotary Kiln[J]. Energy & Fuel, 2012, 26(2): 854 - 868.
[51]DONATELLI A, IOVANE P, MOLINO A. High energy syngas production by waste tyres steam gasification in a rotary kiln pilot plant. Experimental and numerical investigations[J]. Fuel, 2010, 89(10): 2721 - 2728.
[52]NISAR J, ALI G, ULLAH N, et al. Pyrolysis of waste tire rubber: Influence of temperature on pyrolysates yield[J]. Journal of Environmental Chemical Engineering, 2018, 6(2): 3469 - 3473.

[53]HIJAZI A, BOYADJIAN C, AHMAD M N, et al. Solar pyrolysis of waste rubber tires using photoactive catalysts[J]. Waste Management, 2018, 77: 10 - 21.

[54]MIANDAD R, BARAKAT M A, REHAN M, et al. Effect of advanced catalysts on tire waste pyrolysis oil[J]. Process Safety and Environmental Protection, 2018, 116: 542 - 552.

[55]ZHANG Y S, TAO Y W, HUANG J, et al. Influence of sillica - alumina support ratio on H_2 production and catalyst carbon deposition from the Ni - catalytic pyrolysis/reforming of waste tyres [J]. Waste management & research, 2017, 35 (10): 1045 - 1054

[56]UMEKI E R, OLIVEIRA C F, TORRES R B, et al. Physico-chemistry properties of fuel blends composed of diesel and tire pyrolysis oil[J]. Fuel, 2016, 185: 236 - 242.

[57]ELBABA I F, WU C F, WILLIAMS P T. Catalytic Pyrolysis-Gasification of Waste Tire and Tire Elastomers for Hydrogen Production[J]. Energy & Fuel, 2010, 24(7): 3928 - 3935.

[58]GUERRERO-ESPARZA M M, MEDINA-VALTIERRA J, CARRASCO-MARIN F. Chars from waste tire rubber by catalytic pyrolysis and the statistical analysis of the adsorption of Fe in potable water[J]. Environmental Progress & Sustainable Energy, 2017, 36(6): 1794 - 1801.

[59]HERAS F, JIMENEZ-CORDERO D, GILARRANZ M A, et al. Activation of waste tire char by cyclic liquid-phase oxidation[J]. Fuel Processing Technology, 2014, 127: 157 - 162.

[60]CZAJCZYNSKA D, KRZYZYNSKA R, JOUHARA H, et al. Use of pyrolytic gas from waste tire as a fuel: A review[J]. Energy, 2017, 134: 1121 - 1131.

[61]李国. 电子废物：一座尚待开采的“金矿”[J]. 决策探索(上), 2020, (09): 40 - 41.

[62]胡天觉，曾光明，袁兴中. 从家用电器废物中回收贵金属[J]. 中国资源综合利用, 2001, (07): 12 - 15.

[63]何京. 国外电子垃圾处理政策及动态[J]. 环境教育, 2005, (03): 61.

[64]刘旸，刘静欣，郭学益. 电子废物处理技术研究进展[J]. 金属材料与冶金工程, 2014, 42(02): 44 - 49.

[65]吴雯杰，王景伟，王亚林，等. 电子废物中元器件的拆解与再利用[J]. 环境科学与技术, 2007, (09): 83 - 85+94.

[66]薛俊芳，王娇，张宁. 废弃印刷线路板再资源化回收方法的综述[J]. 现代制造工程, 2015, (12): 134 - 139.

[67]敖俊. 电子废物资源化处理技术的应用与进展[J]. 有色冶金设计与研究, 2018, 39(06): 51 - 54.

[68]GAO N B, HAN Y, QUAN C. Study on steam reforming of coal tar over Ni-Co/ceramic foam catalyst for hydrogen production: Effect of Ni/Co ratio[J]. International Journal of Hydrogen Energy, 2018, 43(49): 22170 - 22186.

[69]QUAN C, WANG H H, GAO N B. Development of activated biochar supported Ni

catalyst for enhancing toluene steam reforming[J]. International Journal of Energy Research, 2020, 44(7): 5749－5764.

[70]LAM S S, LIEW R K, JUSOH A, et al. Progress in waste oil to sustainable energy, with emphasis on pyrolysis techniques[J]. Renewable and Sustainable Energy Reviews, 2016, 53: 741－753.

[71]AL-FUTAISI A, JAMRAH A, YAGHI B, et al. Assessment of alternative management techniques of tank bottom petroleum sludge in Oman[J]. Journal of Hazardous Materials, 2007, 141(3): 557－564.

第 5 章　污水污泥的干化及资源化

5.1　污水污泥的危害

近年来，随着我国生活水平的不断提高，污水产生量和处理量随之增加，在污水的处理过程中不可避免地产生了大量的污泥。污泥中含有大量的水分，不仅占用大量的土地，而且通过地下水、土壤、大气等介质将其污染物带到与人类密切接触的环境中，是当今环境污染的一大隐患。污泥中存在大量的有毒有害物质，包括持久性有机物、细菌微生物、无机盐类和重金属等物质，容易腐烂变质，且含有恶劣的臭味，不经过妥善处理，会对人体、动植物、土壤、水体环境等造成巨大的危害，危害主要如下。

1. 高盐分污染

土壤的电导率受污泥中的高盐分影响，使植物内部维持的养分平衡被破坏，植物无法顺利地吸收营养物质。电导率的变化还会直接伤害到植物的根系，导致植物慢性死亡。发生在盐分离子间的拮抗作用也会使土壤中的有效养分加速流失，破坏土壤的养分平衡，使土壤板结而贫瘠。

2. 有机物污染

污泥中含有大量的蛋白质、苯、氯酚等有机质，以及二噁英/呋喃(PCDDs/PCDFs)类的多氯代三环芳香物。此类有机有毒污染物毒性强，难以自然降解，进入到环境中会存在很长时间，慢慢富集后会对人体和动植物造成巨大的危害，是目前全球最为关注的、毒性最高的需要消除的持久性有机污染物(Persistent Organic Pollutants，POPs)[2]。

3. 营养物质污染

废水中含有丰富的 N 和 P 等元素，这些元素是植物体生长过程必需的营养元素。在废水处理过程中会有 20%～30%的 N 元素转入到污泥中，90%的 P 元素也会转移到污泥中，化学需氧量(COD)的转入比例大概为 30%～50%[3]。如果这些高营养化的污泥流入封闭或者半封闭的水系统中，会引起水体的富营养化，使蓝藻、绿藻等藻类和其他的浮游生物迅速繁殖扩散，覆盖在水体表面，降低水的透明度，降低水中溶解氧含量，最终导致动植物死亡，水质恶化，造成环境污染。近年来废水氮磷元素的排放总量如表 5.1 所示(TN 为总氮，TP 为总磷)。

表 5.1　废水中氮磷元素排放总量

年份/年	COD/10^4 t	NH_4^+ - N/10^4 t	TN/10^4 t	TP/10^4 t
2012	2424.00	253.59	451.37	48.88
2013	2352.70	245.66	448.10	48.73
2014	2294.60	238.53	456.14	53.45

续表

年份/年	COD/10^4 t	NH_4^+-N/10^4 t	TN/10^4 t	TP/10^4 t
2015	2223.50	229.91	461.33	54.68
2016	1046.53	141.78	212.11	13.94
2017	1021.97	139.51	216.46	11.84
2020	2564.76	98.40	322.34	33.67

注：数据来自《中国统计年鉴》。

4. 重金属污染

废水中的重金属元素，特别是工业废水，在处理过程中，会在污泥中聚集，重金属包括铬 Cr、铜 Cu、锌 Zn、锰 Mn、汞 Hg、镉 Cd、镍 Ni 等原子量较大的金属物质以及铅 Pb、铝 Al、锑 Sb 等对人体有严重危害的物质。重金属类物质被生物吸收之后，无法依靠生物体进行自然降解，通过生态链的富集效应，含量不断升高，在生物体内慢慢积累最终引起重金属中毒。近年来废水中重金属排放总量如表 5.2 所示。

表 5.2　废水中重金属排放总量

年份/年	Pb/t	Hg/t	Cd/t	Cr/t	As/t
2012	99.36	1.22	27.25	190.08	128.49
2013	76.11	0.92	18.44	163.12	112.23
2014	73.18	0.75	17.25	132.80	109.73
2015	79.43	1.08	15.82	105.29	112.10
2016	52.93	0.61	11.22	52.88	41.95
2017	38.35	0.88	7.13	100.05	34.32

注：数据来自《中国统计年鉴》。

5. 病原微生物

从城市污水处理厂产生的新鲜污泥含有大量的病原微生物，每千克污泥中含有数以亿计的细菌、寄生虫卵或肠道病毒等微生物，特点是蠕虫卵、噬菌体等对环境有较强的抵抗力而很难去除。所以污泥中存在的有毒有害微生物不可忽视，在污泥处理时必须经过无害化处理，阻止有害微生物进入食物链，对生物体健康造成危害。

5.2　污水污泥的组成及性质

5.2.1　污水污泥中的水分分布

污泥具有很高的含水率，城市污水处理厂产生的新鲜污泥含水率可能高达 99%，自由水、间隙水和结合水三种形态的水是目前常用的污泥的水分形态分类方法，其中结合水又可以分为表面结合水和内部结合水，具体见图 5-1。

自由水：又称游离水，约占污泥水分总量的 70%，主要存在于污泥固体颗粒间隙之间，水分粒径较大，而且不和污泥颗粒直接结合，所以相互作用力很弱，是三种水分中最容易分离的部分，可以通过自然沉降或者重力浓缩等简单方式脱除[4]；

间隙水：固体颗粒本身裂隙中的水分称为间隙水，约占污泥水分总量的 20%，间隙水和污泥颗粒表面具有一定的表面张力，水分粒径较小，需要施加与间隙水表面张力相反方向的作用力才可以做到有效脱除，比如压滤机的机械压力或者离心机的离心分离作用力等；

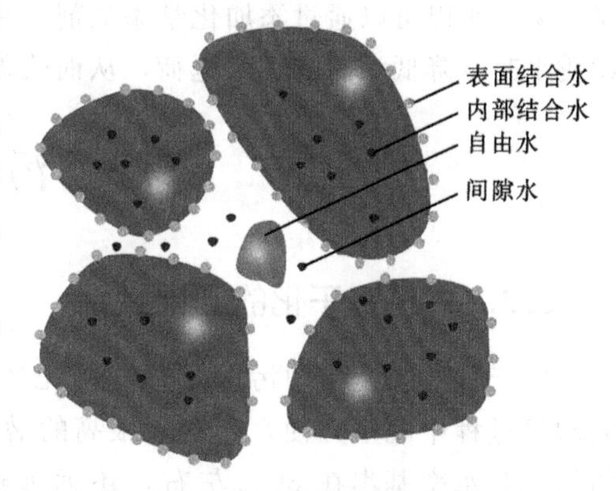

图 5－1　污泥的水分分布

表面结合水：水分颗粒较小，黏附在污泥颗粒的表面，结合力较强，脱除也更为困难，施加和表面张力相反的作用力可少量脱除；

内部结合水：污泥细胞内的水分，包括微生物细胞和植物细胞内的水分，由于细胞壁和细胞膜的存在，内部结合水很难直接被机械压力脱除，必须通过附加手段破坏细胞结构，释放内部结合水，之后进一步进行脱除。

5.2.2　污泥的胞外聚合物

胞外聚合物(Extracellular Polymers Substance，EPS)是污泥中重要的组成成分，含量占污泥中有机物质的 50%～90%，是一种高分子物质，主要由多糖、蛋白质、核酸等组成，如图 5－2 所示。胞外聚合物是由细菌和其他微生物自身分泌产生的，对细胞具有天然的防护作用。EPS 普遍存在于活性污泥絮体内部及表面，其表面的亲水性官能团可以和污泥中的水分相互结合形成氢键，改变污泥中水分的存在形态，降低污泥本身的脱水性能，如何破坏胞外聚合物对污泥中水分的脱除有着至关重要的作用[5]。

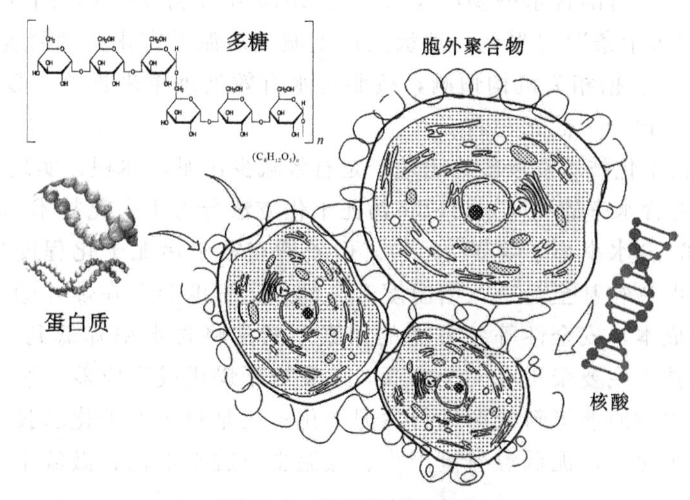

图 5－2　污泥胞外聚合物

5.2.3　表面电荷

污泥的脱水性能和絮凝沉降性能同样受到污泥表面电荷的影响。污泥细胞表面的 EPS 带有负电荷，通过与二价或三价阳离子的相互吸引作用，而形成聚合物。如果污泥表面负电荷越大，污泥细胞相互之间的静电斥力就越大，导致胶体结构越稳定，越不容易发生絮凝现象。所以可以通过添加化学添加剂、絮凝剂、混凝剂、表面活性剂和聚电解质等化学物质来改变降低污泥的表面电荷，从而改善污泥的沉降性能和脱水性能。

5.3 污泥干化技术

5.3.1 污泥干化的必要性

由于日益规模化的污水处理厂污泥产量高、含水率高、体积巨大，在贮存、运输、装卸等过程中既不方便，还存在很高的潜在环境安全风险和隐患。污水处理厂处理过后的污泥含水率基本在80%左右，还远远达不到减量化、资源化、无害化标准的要求。而进一步机械脱水以求减质减量比较困难，需要进行干化脱水处理，以达到国家规定的无害化处置含水率。此外，降低污泥的含水率能显著减小其体积，节约后续异地运输和处理处置费用。近年来，我国逐渐加速对污泥治理，并制定相关标准，提高污泥市场处理规模。污泥干化是对污泥进行减量化的重要措施，以便后续污泥无害化、资源化处理。据统计，2016 年全国污泥无害化处理方式主要以农业利用和土地填埋为主，总占比为 73%，干化焚烧方法占 9.6%，建材利用占 5.0%，其他处置方式占 12.4%。但城市化进程的加快使原来消纳污泥的农田变少，污泥后续的处置受到限制。自 2005 年起，原建设部等相关部门牵头启动《城镇污水处理厂污泥处置》相关标准的制定工作，颁布的《城镇污水处理厂污泥处置 农用泥质》(CJ/T 309—2009)规定，污泥进行农用处置时，含水率必须降低至 60%以下；《城镇污水处理厂污泥处置 混合填埋泥质》(GB/T 23485—2009)规定，污泥与城市垃圾进行混合填埋时，含水率必须小于 60%，污泥运输到垃圾填埋场填埋时的含水率要小于 45%。2015 年 4 月 16 日，国务院发布《水污染防治行动计划》(“水十条”)曾强调：地级及以上城市污泥无害化处理处置率应于 2020 年底前达到 90%以上。据相关机构预测，按照污水有效处理率来推算，仅 2023 年的污泥处理市场规模将达到 867 亿元左右。

近年来，污泥干化技术发展较为迅速，是有效减少污泥总体积、实现污泥减量化的重要手段。根据最终含水率的不同，可以将污泥干化方法分为半干化技术(含水率在 30%～50%)和干化技术(含水率小于等于 30%)。但矛盾点在于污泥干化程度越高，处理工艺过程中易形成污泥颗粒甚至粉末，当温度升高到一定程度会存在爆炸隐患。因此，综合考虑具体需求和成本、安全性等各方面的因素，通常将含水率降低到 30%～40%较为合理。污泥干化技术主要聚焦在三个方面，一是对干燥机或反应器等装备进行优化；二是利用太阳能、生物质能等新能源进行污泥干化；三是对污泥干化新技术的研发，比如水热干化、生物干化、污泥低温射流干化、低温真空脱水干化、微波干化、超声波干化和热泵干化等[6]。

5.3.2 污泥的水热干化

水热处理技术，也被称为水热碳化技术，是指在一个密闭的压力容器中对污泥进行加热的热水解过程，加热温度一般在 140～240 ℃范围内。在水热碳化过程中，污泥大部分转化为固体(水热碳)和液体(水热液)，同时还会产生少量的气体。剧烈的水热碳化反应会破坏污泥中失活细菌的细胞，可以改变污泥中水分的形态，使刚开始束缚在污泥细胞中的内部结合水以及黏附在污泥颗粒表面的结合水被释放出来，大幅度提高污泥的沉降性能和脱水性能，所以水热碳化技术被认为是处理高含水率污泥的有效手段。

水热预处理与机械脱水技术相结合的方式可以显著地降低污泥的含水率，同时反应过程中的水分一直为饱和状态，脱除过程不发生相变，避免了水的气化潜热损失。

西安交通大学高宁博课题组提出了一种原位压滤水热法对高含水率污泥进行深度脱水的方法，是将压滤装置和水热装置集成在一起，机械压滤过程在高温条件下进行，不需要进行物料转移。该装置能够在高温条件下进行原位挤压脱水(见图 5 - 3)[7]，最高温度为 300 ℃，最高压力为 10.0MPa。该装置主要包括原位机械压滤系统、相互耦合的反应釜釜体、电加热套、和反应釜釜体连接的温控程序装置以及与反应釜排液口连接的储液罐。机械压滤装置包括压杆和活塞；反应釜体上配制有温度传感器和压力表；排液口和排气口通过阀门控制开启和闭合。整个实验过程分为两个阶段：①水热反应阶段(a)，取市政污泥原料置于样品盒中，并放入高压釜体内，样品盒内壁设有不锈钢网筛。将高压反应釜密封，然后向反应釜中通入氮气 5 min 驱除残留空气，以获得一个无氧的环境。关闭通气阀后，通过温控程序将反应釜的温度提高到设定的水热温度。在水热温度下的反应时间定义为停留时间，在反应结束之后，立刻打开排液阀门，水热液在内外压差作用下迅速通过排液管道转移到储液罐中，时间不超过 1 min。②机械压滤阶段(b)，此时样品盒内的残渣定义为水热炭，水热炭在同样的水热温度下，由活塞式压滤装置立即进行高温压滤脱水；滤液通过不锈钢滤网分离收集于反应釜最低端，最终从样品盒中收集的泥渣残留定义为压滤后的水热炭。

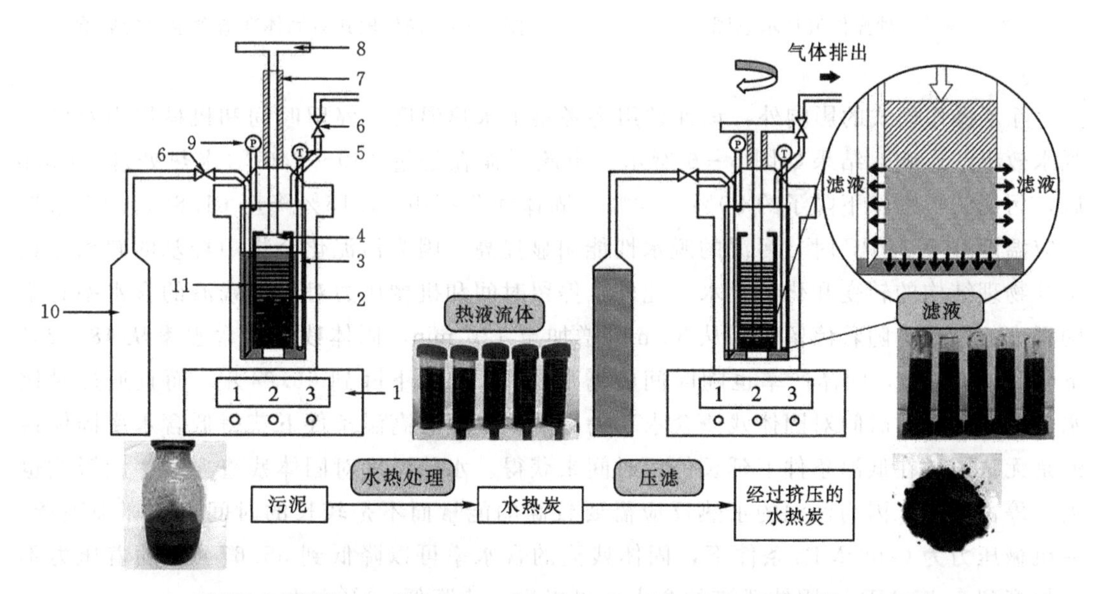

1—程序温度控制器；2—样品盒；3—电加热套；4—活塞；5—温度传感器；6—阀门；
7—机械压滤装置；8—压力杆；9—压力表；10—储液罐；11—不锈钢滤网。

图 5 - 3　污泥原位机械压滤耦合水热深度脱水实验装置图

为了选择最适合市政污泥的脱水方法，基于反应装置的特点，该课题组研究了五种不同的操作模式(见图 5-4)，结果如图 5-5 所示。可知不同的操作方式方法对污泥脱水性能的影响差异很大，通过操作模式 M4，获得的固体残渣含水率最低，为 45.49%；模式 M1 对污泥的脱水性能影响最小。显然，机械压滤和高温环境都可以提高污泥的脱水性能。通过比较操作模式 M1 和 M2，固体残渣含水率下降了 3.65%。不过，观察操作模式 M1 到 M3，固体残渣含水率显著下降 13.56%。因此，将水热炭保持在高温环境下对污泥脱水性能的提高比机械压滤的要小。在水热过程的同时采用了机械压滤，水热后排出水热液给水热炭的后续机械压滤脱水提供了一种无水环境，可以阻止游离水与污泥的再次结合，同时还可以促进水热炭中水分的脱除。

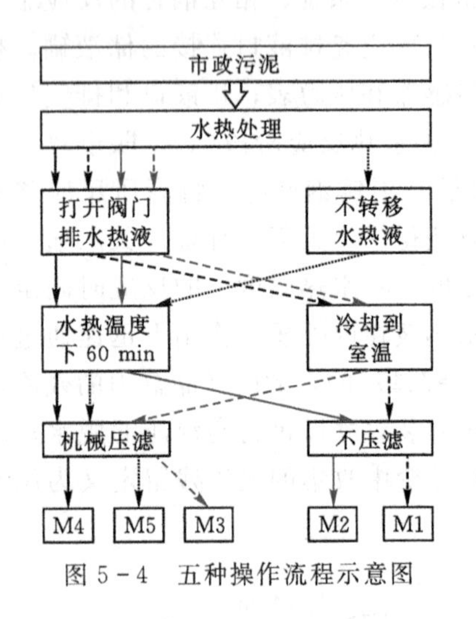

图 5-4　五种操作流程示意图

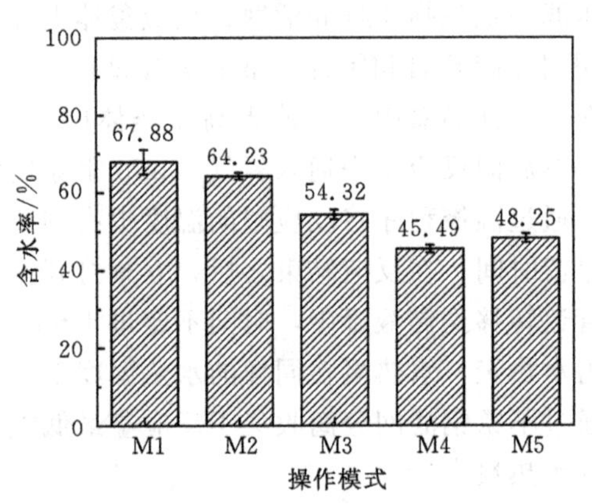

图 5-5　操作模式对固体残渣含水率的影响

除了操作模式的影响外，该课题组还考察了水热温度、停留时间和机械压力对污泥脱水效果的影响，结果如图 5-6 所示：市政污泥在经过 160～240 ℃水热处理 60 min 后，污泥的含水率下降了约 30%～60%，固体回收率由 94.15%降至 61.83%。当水热反应温度升至 240°C 时，污泥的脱水性能明显提高，因为污泥化合物中羟基的解离导致了其物理结构的转变和化学脱水。此外，停留时间和机械压力对固体残渣的含水率有不同程度的影响。随着停留时间从 30 min 增加至 120 min，固体残渣的含水率从 48.32%下降到 41.03%，固体产率也随时间的增加从 71.24%下降到 66.04%。而且通过对比水热温度和停留时间对固体残渣含水率的影响，发现在高温条件下获得低含水率固体残渣是无法通过在低温条件下延长停留时间来获得。水热温度对固体残渣含水率的影响也大于停留时间，因为污泥的水热反应需要较高的能量而不是较长的时间来破坏细胞壁。在机械压力为 0.06 MPa 条件下，固体残渣的含水率可以降低到 55.67%；随着压力不断提高到 0.15 MPa，固体残渣的含水率可以进一步降低 10%左右。

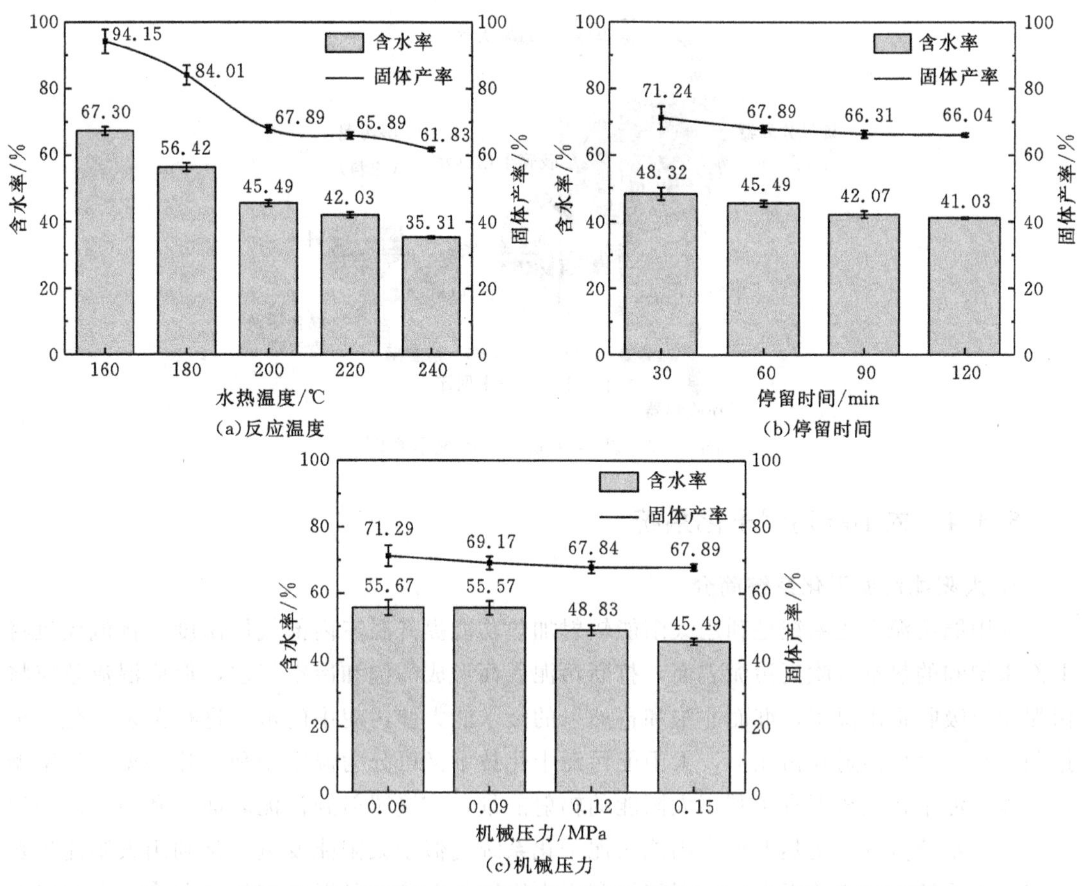

图 5-6　反应温度、停留时间和机械压力对固体残渣含水率和固体产率的影响

5.3.3　新型动能干化系统

设备干化也就是传统热干化技术，常用的干燥器有：转鼓干燥器、带式热干燥器、旋转盘式热干燥器、流化床干化器等。

某公司在广东省珠海某污水厂安装了一套新型动能干化系统(见图 5-7)，用于机械脱水污泥的干化处理。新型动能干化系统工作原理如下：污泥经过料斗被传送带运输到动能干化系统的破碎干化单元中，经由持续高速旋转的刀片产生的剪切力和离心力，加上污泥之间剧烈持续的碰撞和摩擦，湿污泥被迅速破碎成污泥颗粒。在以上外力的持续作用下，加上颗粒污泥自身产生的热能，颗粒污泥比表面积不断增大以及微负压等有利因素，污泥中的水分实现快速蒸发。新型动能干化系统的最终污泥产品为污泥粉末(碳化钨 WC 含量<20%)，其营养成分、可燃成分和热值含量较高。

新型动能干化系统的运行能耗比常规热干化设备低很多，因为污泥干化的热能来自外力做功，而不是通过加热产生。据相关文献报道，新型动能干化系统去除单位水分耗能在 2014～2372 kJ，比转鼓干燥器能耗(3200～3500 kJ)减少 30%左右，很大程度上节约了能源。且由于是在低温条件下干化污泥，污泥中的营养成分和可燃成分得到完整保留，可最大化利用污泥中含有的资源。分析结果表明，新型动能干化系统的干化污泥具有较高的营养成分、可燃成分和热值含量，可用作土壤改良剂或辅助燃料进行资源化利用[8]。

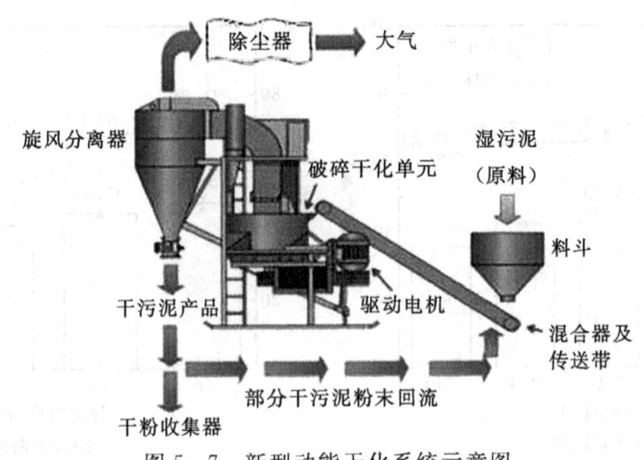

图 5-7　新型动能干化系统示意图

5.3.4　太阳能污泥干化系统

1. 太阳能污泥干化系统简介

太阳能污泥干化系统是利用太阳能辐射加热功能提升温室内部气体温度，扰流风机将上部未饱和的热空气吹到污泥表面，打断污泥表面形成的饱和冷空气层，形成混流效应将污泥水分吸收带出温室，继而非饱和自然风的吸水能力使污泥中的水分进行蒸发干化。根据阳光是否直接照射在污泥上，太阳能污泥干化技术又可分为温室型和集热器型。温室型太阳能污泥干化系统即直接利用太阳能的辐射能量，直接照射到污泥表面，利用热能加快污泥表面水分蒸发。集热器型太阳能污泥干化系统类似于太阳能发电，是利用太阳能集热板将太阳能储存在集热板上，污泥间接利用太阳能的系统，可以一定程度上弥补太阳能的非稳定性。

2. 温室型太阳能污泥干化系统

如图 5-8 为一种常规的温室型太阳能污泥干化系统原理示意图，该系统由三个过程组成：

(1)辐射干化温室屋顶采用透明玻璃，方便太阳光照射，温室内的空气经太阳辐射后温度升高，形成辐射对流，使温室内温度升高，为污泥干化提供热能，污泥表面和内部水分向周围空气加速蒸发；

(2)一端通过自然循环或强制通风，引入新鲜空气，另一端有空气排出孔，利用排气将温室内污泥蒸发出的水分带出温室，使污泥表面的湿度始终处于非饱和状态，促进污泥水分向周围空气的蒸发；

(3)当污泥中的含水率降低至 40%～60%时，污泥中有机物在温室内进行有氧发酵，使污泥堆的内部温度进一步升高，加快污泥干化的同时通过此过程污泥得到稳定化处理。

此外，在污泥干化期间，温室型太阳能污泥干化系统底部的翻泥机持续地对污泥进行抛翻、摊平、移动，一方面使污泥时刻保持有氧状态，避免微生物在厌氧条件下进行厌氧发酵，产生有害臭味气体；另一方面增大污泥干化表面积，加快污泥表面水分蒸发速度。

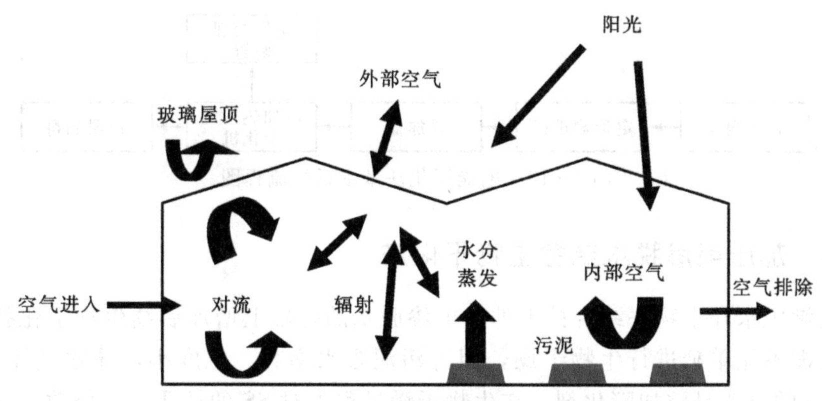

图 5-8　温室型太阳能污泥干化系统原理示意图

在污泥的太阳能干化系统中，由于太阳辐照是非稳定的，而且其分散性大、能流密度低，同时季节、温度、相对湿度等客观条件都会影响最终的干化速率，限制太阳能污泥干化系统的推广应用[9]。为保证太阳能污泥干化技术能良好地连续运行，一些学者对温室型太阳能污泥干化系统进行改进，将温室型和集热器型太阳能干化系统联合，或者直接在温室型外面增加热泵等辅助热源，组成太阳能温室-集热器型联合干化系统(见图 5-8)和太阳能温室-热泵联合干化系统(见图 5-9)。

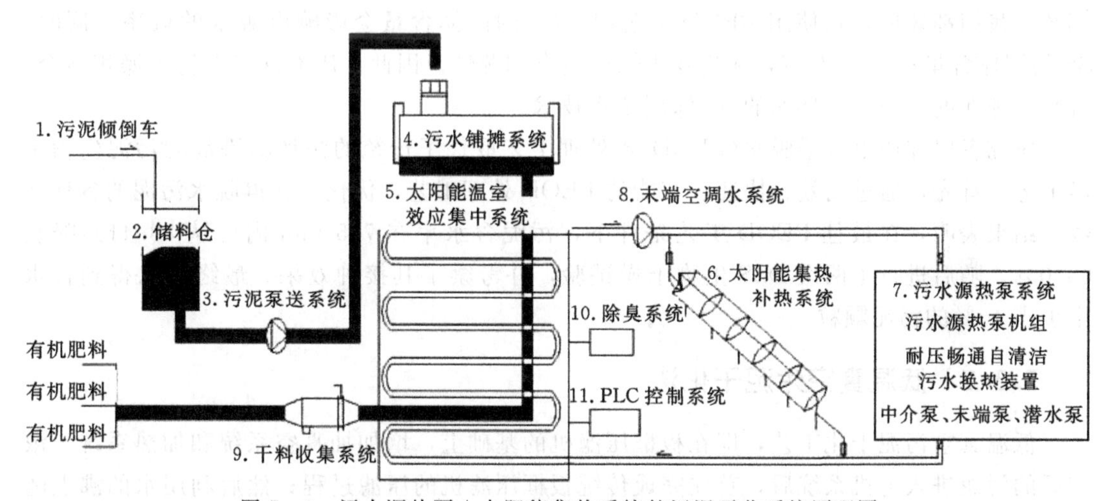

图 5-9　污水源热泵+太阳能集热系统的污泥干化系统原理图

5.3.5　电能干化法

该方法是将电能转化为热能或微波等形式的能，并加热湿污泥使之水分蒸发，使污泥得到干化。电能干化法通常采用电加热炉间接烘干的干化方式进行污泥干化，基本流程图如图 5-10 所示，主体部分为电加热污泥干化机，在此基础上形成了一套完整的污泥干化系统。另一种是利用污泥颗粒带负电的性质，对污泥直接外加电场作用进行干化。电能干化法处理方式简单直接，在电能充足的地区适用范围广[10]。

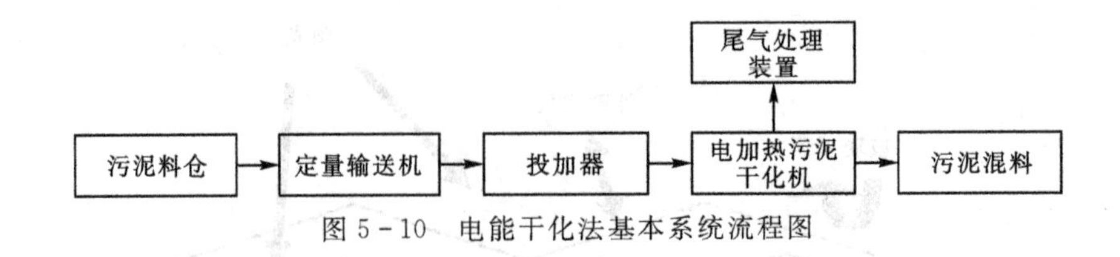

图 5-10 电能干化法基本系统流程图

5.3.6 加压电渗脱水结合生物干化法

加压电渗脱水和生物法结合技术即在电渗脱水的基础上增加后续生物干化技术。机械脱水后的污泥不能单独进行生物干燥，因为污泥含水率高、粒度小，导致气体渗透性差。常规干燥 SS 的方法是添加膨化剂，在生物干燥过程中对 SS 的性质进行修改。这些膨胀剂不仅增加了污泥处理的成本，而且在污泥处理过程中也造成了一些麻烦。显然，在生物干燥过程前，有必要制定一种处理污水处理厂脱水污泥的新策略。此外，还需要提高对建筑材料等 SS 资源的利用来增加污泥处理能力，避免在污泥中添加其他物质。近几十年来，一些研究者将电场与机械压力相结合，可更好地利用机械脱水技术。这个过程被称为加压电渗透脱水(PEOD)。电渗脱水能源消耗量大，二者结合可以进一步脱水，同时达到高效和节能的要求。PEOD 工艺可以将 SS 含水率降低到 60%左右，能耗相对较低。得出的结论是，在低电压和中等电压情况下，PEOD 工艺的能耗分别小于理论热干燥工艺的 10%和 25%。我们都知道，在使用 PEOD 工艺时，SS 的固体含量会影响电脱水的效率。同时，SS 的固体含量在 40%左右，在生物干燥中具有同源性。因此，PEOD 与生物干燥相结合，将是一种新的、经济、环保的 SS 深层脱水技术。

研究者以加压电渗透脱水(PEOD)预处理工艺取代了传统的添加膨松剂的污泥生物干燥工艺。首先，通过高效、快速、节能的 PEOD 处理工艺，优化了获得脱水污泥的各种参数。结果表明，在最佳 PEOD 工艺条件下，污泥含水率在 7.5 min 内可从 83.41%降至 60.0%。随后进行了两次 DSS 生物干燥试验，并考察了其接种效果。最终可以得到含水率小于 40%的污泥颗粒。

5.3.7 低温真空污泥干化法

低温真空污泥干化工艺，即在板框压滤机的基础上，增加抽真空系统和加热系统。浓缩后的污泥进入主机系统后，首先完成传统板框压滤机的压滤过程；然后利用水的沸点随压强减小而降低的原理，通过真空系统将腔室内的气压降低至 15 kPa(绝压)，使泥饼中水的沸点降低至 53.5℃；最后采用 80～90℃的热水作为直接供热介质，利用加热板将泥饼加热至 60℃，使污泥中的水分沸腾汽化并抽出，使含水率降至 40%以下，达到污泥减量的目的。广州市某污水处理厂污泥干化过程采用的是低温真空脱水技术。低温真空污泥干化工艺可以利用商品蒸汽作为热源加热热水，能够有效降低运行费用。其具体过程如下：

污泥首先进入进料阶段后，只需在污泥调质阶段投加聚丙烯酰胺(PAM)、聚合氧化铝(PAC)常规絮凝剂，且投加比例较低，约占污泥干固的 4%～6%。絮凝剂在后续焚烧过程中不会对锅炉产生腐蚀、结垢等产生负面影响，更不会对其他处置出路造成限制性的风险[12]。

进料阶段完成后进入压滤阶段。压滤水泵从压滤水箱提升热水向隔膜腔内加压，进行压滤脱水，同时对泥饼预加热。其次进入主机系统，在主机系统内进行以下三个阶段：①空压系统对主机系统吹入压缩空气，强气流对污泥进行吹脱，将污泥中的毛细水吹脱出来，进一步降低含水率；②真空系统不断地对主机系统进行抽真空，通过降低主机系统内的压强来降低污泥水分的沸点，使之形成负压使水分尽量在低温条件下蒸发，不仅提高脱水效率，还可以节约能源；③同时向加热水箱提供热蒸汽，对水箱中的交换介质加热，经热水泵打入主机系统对其中的污泥进行热交换，加快污泥水分蒸发。

污泥经过滤、隔膜压滤、强气流吹气穿流以及真空热干化等过程处理以后，滤饼中的水分已得到充分地脱除，污泥含水率降至30%以下，污泥体积大大降低，最大限度地实现了污泥的减量化和无害化的要求，同时为后续进一步资源化创造了条件。整个脱水干化过程历时 4.0～4.5 h，隔膜压滤阶段和真空干化阶段进行的时间最长约 3.5 h，此二阶段内污泥含水率降低的程度较大，降低含水率约占整个过程的 90%。

整个系统还包括后续冷凝系统对冷却水进行收集，和除臭系统真空泵从主机系统抽出的臭气进行除臭，实现了污泥的减量化、无害化，可通过后期对干污泥进行综合利用，以实现其资源化。除此之外，对整套低压真空污泥干化系统的运行成本进行估算，其中包括药耗、电耗、水耗以及热源蒸汽的费用，得出每吨干污泥处理成本在 1156.8 元，即含水率 80%的湿污泥处理成本在 231.36 元/吨。污泥热干化过程中的热源决定了运行成本。采用 80～90℃的热水作为直接供热介质，利用了相对便宜的商品蒸汽作为热源，大大降低了运行成本。

5.3.8 微波干化法

污泥微波干化是指当微波到达污泥表面时，污泥中水分子等极性分子随着微波高频电场的快速变化而急速旋转，分子间相互摩擦产生热能。这种热能在污泥表面和内部同时产生，因此微波可以使污泥温度迅速升高。微波干燥是一项新型、清洁的高效干燥技术，目前已成功应用于冶金、化工、食品等行业。方琳等对比研究了鼓风加热干燥污泥干化技术和微波辐射干化技术，结果表明，200 ℃的热风加热污泥，可以将污泥的含水率从 98%降低到 81%，整个过程约 2 h；而用 900 W 微波辐射湿污泥，仅仅 8 min 就使其含水率从 98%下降到 1%以下，且能耗仅仅为前者的 23%。污泥微波干化法具有加热速度快、干燥时间短、清洁卫生等优点，具备应用于污泥干化领域的潜力。但所用设备复杂，成本太高，不能连续运行。

苏文湫[298]以北京清河污水处理厂机械脱水后污泥进行微波干燥实验，分析微波干化技术在污水处理厂的可行性。

首先分析了微波功率为 1000 W、650 W、400 W 时，污泥含水率和污泥重量变化情况，结果表明：①污泥经过微波辐射后，重量显著降低，含水率由 82%降至 30%以下，整个干化过程可以分为三个过程：加速干燥、恒速干燥和减速干燥阶段。②在 1000 W、650 W、400 W 时污泥达到干化饱和的时间分别为 12 min、14 min 和 18 min，因此可以看出功率越大，污泥达到干化饱和的速率越快。

其次分析了在微波辐射下污泥温度的变化情况，从污泥温度变化曲线可以看出：①污泥在微波辐射下，首先进行加速干燥阶段，此阶段污泥温度迅速升高至 100 ℃，污泥中的水分子优先吸收微波，产生热能使污泥升温；②此后污泥温度恒定在 100 ℃，此阶段污泥中的水分迅速蒸发，微波能转化为水蒸发所需的热能，因此污泥温度保持不变；③随着污泥含水率的下降，污泥中的固体开始吸收微波，污泥固体温度迅速上升。

最后，还对微波干化的成本进行了计算。实验过程中污泥的初始含水率为82%，污泥处理至含水率为50%时，干燥污泥能耗为867 kWh/t污泥（以每度电0.7元算，约607元/t污泥）；处理至含水率为30%时，干燥污泥能耗为1133 kWh/t污泥（793元/t污泥）；处理至含水率10%时，干燥污泥能耗为1300 kWh/t污泥（910元/t污泥）。污泥干燥成本分析如表5.3所示。由下表可知，实验干燥污泥成本远高于理论成本及经验成本，并相对于其他污泥干化技术，成本偏高。究其原因，可能是微波加热过程中没有及时排出污泥产生的水蒸气所致。

表5.3　污泥干燥成本分析

含水率/%	理论成本/(元/t泥)	经验成本/(元/t泥)	实验成本/(元/t泥)
50	394	546	607
30	457	650	793
10	492	707	910

5.4　污泥资源化技术

5.4.1　污泥的厌氧消化技术

污泥厌氧消化技术是目前污泥减量化、无害化、资源化的常用方法之一。在无氧或者厌氧环境下，兼性厌氧细菌可以将污泥中的大部分有机物分解成CO_2、CH_4、H_2S和H_2O等无害物质。它可以分解污泥中25%～50%的污泥固体，降低污泥含水率，减少污泥体积，降低后续污泥的处理费用。

厌氧消化具有以下优点：①污泥厌氧消化成本较低，操作简单易行；②可提高后续处置技术的效率和处置效果，同时可以减少后续处置技术能耗。厌氧消化技术可以提高污泥的脱水能力，将低含水率污泥使用焚烧技术或者其他热处置技术处置，其能耗会大幅度降低；污泥中40%～60%的有机物会被兼性厌氧细菌分解，有害细菌和病原体大量减少，后续处理安全性大幅度提高。其主要缺点为：①消化反应时间长，投资大、见效慢；②运行受环境条件的影响；③消化污泥自然沉降性能低。

5.4.2　污泥热解制油

污泥热解制油是利用污泥有机物的热不稳定性，在无氧或缺氧条件下对其加热干馏，使有机物产生热裂解，经冷凝后产生利用价值较高的燃气、燃油及固体半焦。污泥热解制油技术有两种方法，一种是低温热解制油技术，指的是在无氧和500 ℃以下将污泥干馏和热分解从而得到油分；另一种是污泥直接液化油化技术，指的是将含水率70%～80%的污泥在氮气中以250～340 ℃的高温高压条件下制出油分[6]。西安交通大学高宁博课题组设计了一种连续进料的污泥制油装置——螺旋式热解实验装置，如图5-11所示，螺旋式热解实验装置是由三部分组成，分别是螺旋进料装置、加热装置和冷凝装置[13]。在螺旋进料装置中，进料速度是由电机和变频器控制，而且为了避免物料在进料斗中的架桥作用，故在进料斗上方设置了搅拌器。加热装置是由开启管式电阻炉、温控仪和 K 型热电偶组成，而开启管式电阻炉的温度是由温控仪控制和 K 型热电偶检测的。冷凝装置是由玻璃冷凝管和循环冷却水组成。因在线气相色谱仪对检测气体中的水分特别敏感，故在其之前设置了干燥管，以确保仪器的正常使用。生物质通过螺旋式进料装置被运输到反应区，在高温和无氧的环境下被降解生成热解气、热解油和热解渣，其中热解渣是被螺旋杆携带出反应区，并直接落在灰斗中，而热解气和热解油是通过冷凝装置达到分离的效果，热解油被收集于锥形瓶中，而热解气是通过干燥管直接进入在线气相色谱仪中进行检测。

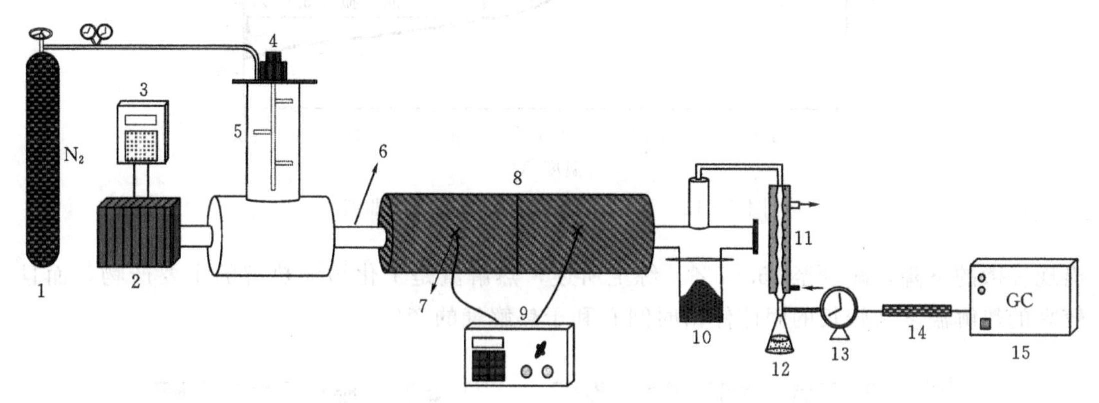

1—氮气瓶；2—电机；3—变频器；4—搅拌器；5—进料斗；6—螺旋进料装置；7—热电偶；8—开启管式电阻炉；9—温控仪；10—灰斗；11—冷凝装置；12—锥形瓶；13—湿式流量计；14—干燥管；15—气相色谱仪。

图 5－11　螺旋式热解实验装置图

如图 5－12 所示，干化污泥的 TG/DTG 曲线大致也可以分为 3 个温度阶段，分别是：20～145 ℃、145～520 ℃和 520～900 ℃。干化污泥的热解反应主要发生在第 2 个阶段 145～520 ℃时，其质量损失是 47.29%，且在该阶段，DTG 曲线出现了两个峰高，说明了干化污泥中不同种类的有机物质的降解温度区间不同，如蛋白质和羧基官能团的降解发生在 300 ℃左右。在温度 520～900 ℃时，干化污泥热解的质量损失是 6.68%，是干化污泥中的无机物质和残余有机物质的降解。

在污泥热解过程中，污泥被降解为气体、液体和固体 3 种产物，且其产率随着热解温度和固体停留时间的变化而变化。图 5－13(a)和(b)分别显示了热解温度和固体停留时间对干化污泥热解产物分布的影响，从图中可以看到，固体产物的产率较其他形态的产物更大，约在 55.55%～75.37%，是主要的热解产物。从图 5－13(a)中可以看出，热解温度从 400 ℃升高至 800 ℃时，热解气的产率从 10.49%升高至 29.28%。而热解油的产率在 400～700 ℃范围内呈现出一个平缓上升的趋势，而在温度升高到 800 ℃时降低到 11.79%。引起这个趋势的原因可能是当热解温度大于 700 ℃时，热解油的二次反应速度大于其生成速度。从图 5－13(b)中可以看到，随着固体停留时间从 6 min 增加到 46 min 时，热解渣的产率逐渐从 65.20%减少至 55.55%，而热解气产率从 16.49%升高至 25.69%。这可能是由于中间产物和有机物的降解反应随着停留时间的延长而加剧，热解油的产率从 6 min 时的 13.63%升高至 23 min 时的 16.69%，而在停留时间的继续延长时

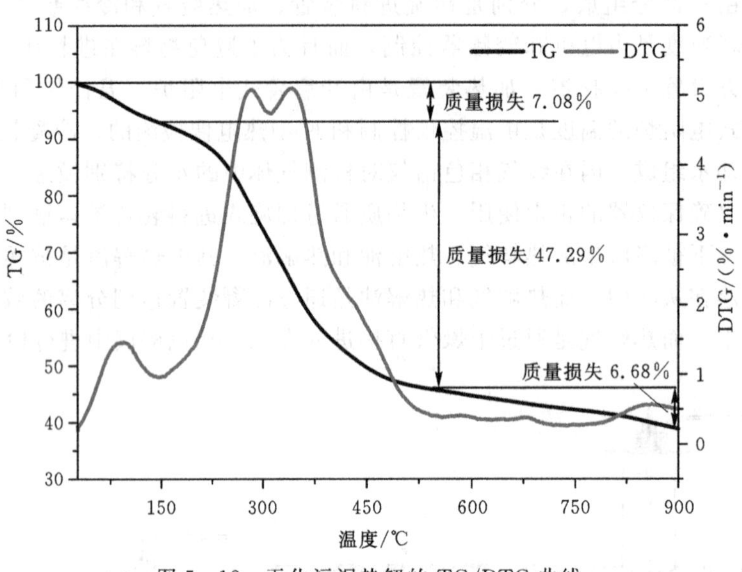

图 5-12 干化污泥热解的 TG/DTG 曲线

出现轻微的下降，减少至15.81%。综上所述，热解渣是干化污泥热解的主要产物，而且较高的热解温度和较长的固体停留时间有利于热解气的产生。

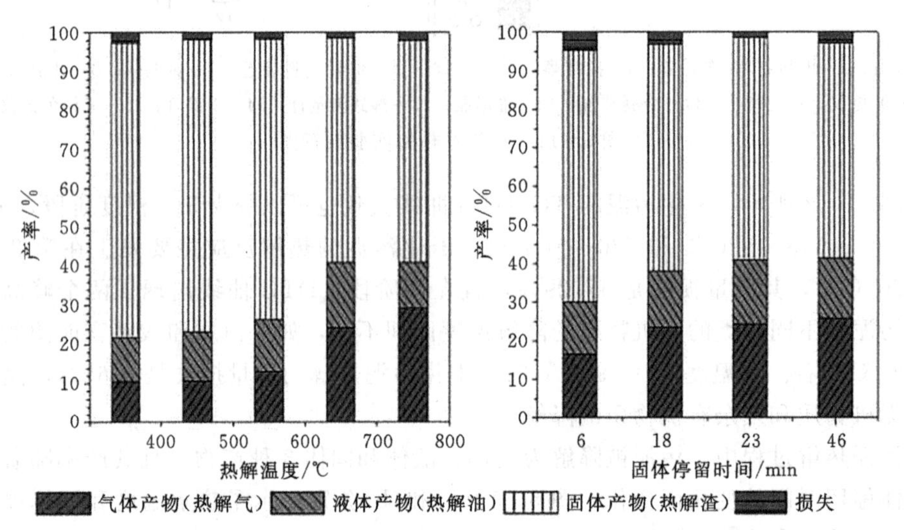

图 5-13 热解温度和固体停留时间对干化污泥热解产物分布的影响

图 5-14 显示的热解温度和固体停留时间对干化污泥热解气组分的影响，由图(左)可见，干化污泥在热解过程中生成的不同气体组分随着热解温度的变化而变化，如：H_2 的产率在热解温度 400～500 ℃时呈现明显的上升，在 500～800 ℃时基本保持一个稳定平缓上升的过程。而 CO_2 的产率在热解温度从 400 ℃上升到 800 ℃时出现显著的下降，从 79.28%减少至 21.26%，其产率下降的可能原因是热解油的二次反应和热解渣的进一步的生成。在高温时 H_2、CH_4 和 CO 的产率大于低温时，这可能是因为主要的挥发性有机物的二次热降解反应在高温下进行。从图中还可以看出在不同的热解温度下热解气的主要组

成是 CO_2 和 H_2，其产率之和约在 52.18%以上。在所有检测到的气体中 C_2～C_3 的产率最小，均在其他组分的产率之下，C_2～C_3 的产率最大值是 15%，产生于热解温度 700 ℃。固体停留时间对干化污泥热解气组分的影响也被展示在图 5-15(右)，从图中可以看出，H_2 是主要热解气成分，其产率在 30.65%以上，且 H_2 的产率随着固体停留时间的增长而逐渐升高。在固体停留时间的增加过程中，CO_2 和 CH_4 的产率出现明显的变化，其产率变化分别约为 16%和 9%。C_2～C_3 的产率在固体停留时间 6～23 min 时呈现明显的上升趋势，从 8.68%升高至 14.18%，而在停留时间继续上升至 46 min 时，其产率降低至 8.35%。在不同的停留时间下，CO 的产率基本保持稳定，约在 15.50%～17.91%的范围内，这就说明了固体停留时间对 CO 的产生影响较小。综上所述，延长固体停留时间有利于 H_2 和 CH_4 的生成，而不利于 CO_2 的产生。

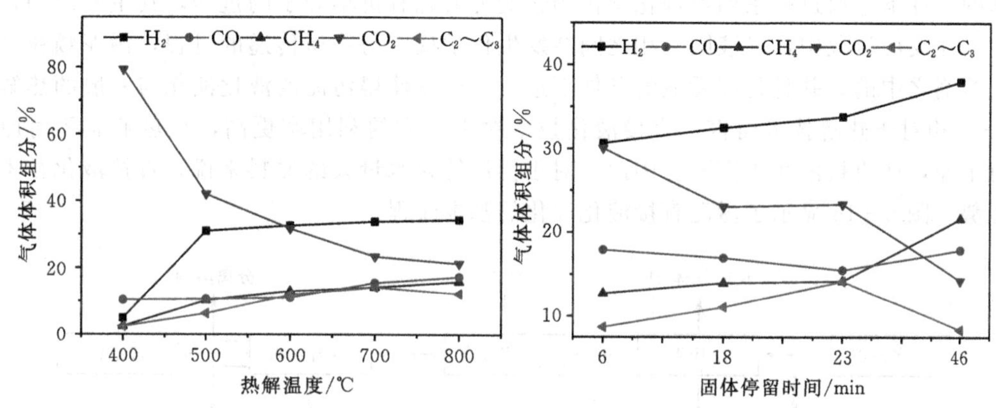

图 5-14　热解温度(左)和固体停留时间(右)对干化污泥热解气组分的影响

图 5-15 显示了在不同热解条件下干化污泥热解油的 FT-IR 谱图。如图所示，脂肪基—CH_3、—CH_2 的振动峰 2920 cm^{-1} 和 2850 cm^{-1} 和 C—H 键的变形振动峰 1450 cm^{-1} 共同说明了液体产物和原料中烷基芳香烃和烯属烃的存在。M—X 的伸缩振动峰 560 cm^{-1} 说明了无机和有机的卤素化合物的存在。O—H 伸缩振动峰在 1030 cm^{-1} 处出现，说明了原

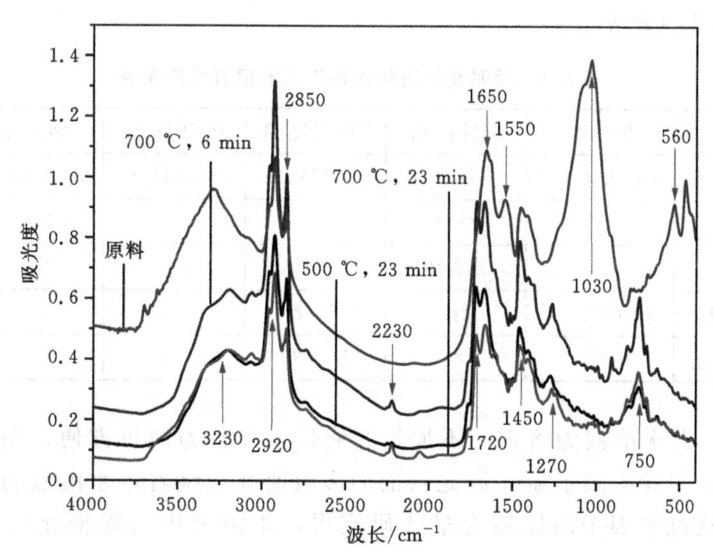

图 5-15　不同热解条件下干化污泥热解油的 FT-IR 谱图

物料中含有无机化合物、硅酸盐化合物和碳氢化合物。吸收峰在 3230 cm^{-1}、1650 cm^{-1}、1550 cm^{-1}处分别与 N—H 键、酰胺Ⅰ键、酰胺Ⅱ键对应，这些吸收峰的出现证明了原物料中蛋白质的存在。根据原物料干化污泥的 FT - IR 谱图可知，干化污泥中含有脂肪基—CH_3、—CH_2、M—X、O—H 和 N—H 键等[14]。在 1720 cm^{-1}处的吸收峰对应于脂肪酸 C—O 键的伸缩振动峰。吸收峰 1270 cm^{-1}的出现说明了酯类和酚类化合物的 C—O—C 伸缩振动峰的存在。这些吸收峰的出现说明了液体产物中含有脂肪酸类、酯类和酚类等化合物[15]。

5.4.3 污泥直接液化油化技术

直接液化是污泥在 200～400 ℃反应温度、5～25 MPa 反应压力、2 min 至数小时反应时间的条件下，通过一系列物理化学作用转变为液态有机小分子的过程，其主要产物是生物油。在反应过程中，气液固三相之间会发生化学反应与物质传递的过程，污泥颗粒是悬浮在溶剂之中的，并且是在无氧的条件下进行，这就使得污泥的液化油化与一般的热解不同[16]。相对于热解技术而言，直接液化技术对生物质的利用率更高，且热解需要对原料进行干燥，而直接液化不需要。因此，对于污泥等含水量大的原料来说，直接液化技术更具优势。图 5 - 16 显示了污泥直接液化油化的基本流程。

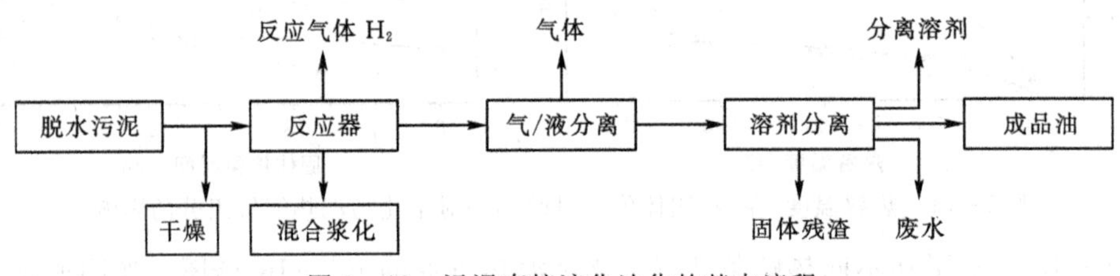

图 5 - 16　污泥直接液化油化的基本流程

有学者在研究了不同条件下污泥直接液化油化的结果之后，总结出了有机溶剂高压加氢、有机溶剂常压加氢、水溶剂催化液化以及水溶剂非催化液化条件下将污泥液化油化的最适条件，如表 5.4 所示。

表 5.4　污泥液化油化各种工艺的适宜反应条件

工艺种类	催化剂	载体溶剂	反应温度/℃	压力/MPa	溶剂比	油得率/%
有机溶剂高压加氢	$NiCO_3$(0 %)	蒽油	425	8.3(H_2)	0.33	63
有机溶剂常压加氢	无	沥青	300		0.1～0.3	43
	无	芳香族	250		0.5	48
水溶剂催化液化	$NiCO_3$(5%)	水	275～300	8～14		>20
水溶剂非催化液化	无	水	250～300	8～12		40～50

对比而言，以水溶液为溶剂、不加氢的液化工艺较为简单方便，相较于其他几种工艺具有良好的工业发展前景，因此目前的多数研究围绕着以水溶液为溶剂、不加氢的液化工艺。通过单因子的控制变量法研究得，水溶液中污泥液化的最优条件如表 5.5 所示。

表5.5　污泥液化优化反应条件

反应温度/℃	催化剂	压力/MPa	停留时间/min	加氢	得油率/%	油热值/(MJ/kg)	废水性质
275～300	无	8～11	0～60	否	～50	33～35	$\frac{BOD5}{COD}>0.7$

直接液化油化法有很多优点，这是一种符合减量化、资源化、无害化的处置方法，且其操作费用远低于焚烧。相比于低温热解制油，直接液化法也有一些优势，直接液化法无需蒸发水，可以节约40%的能量，其产生的废水具有良好的生物可降解性。但是直接液化法的技术目前不是非常成熟，如果要运用在工业生产中，还需要克服一些问题。比如反应混合物的分离技术：油-水-固三相混合物在实际工艺中是不可能采用溶剂分离方法的，理论上可行的机械分离技术必须经过充分的实验研究才能实现实用化。供热锅炉的二次污染也是一个需要克服的问题：此技术以残渣及部分油的燃烧作为过程的热源，这个燃烧过程的排气和炉灰作为过程的二次污染，它的控制问题应与反应本身的气体和废水一样得到很好的研究；此外，反应过程中的热效应以及反应流程的合理化都是日后还需要解决的问题。

5.4.4　建材利用

污泥资源化建材利用技术在发达国家已经接近成熟，并形成了产业化，达到了处置污泥和创造经济利益的双重目的。有学者利用含重金属的污泥与页岩混合制砖，并进行毒性浸出试验，结果表明，以43.4%的污泥掺量与页岩混合制砖，在中性、酸性和碱性浸出条件下重金属的浸出浓度远低于我国水体标准，而且砖的强度达标[3]。除了污泥制砖以外，污泥可以根据处理方式的不同来制作不同用途的建筑材料，如装饰用的微晶玻璃、路基、路面、混凝土骨料及下水道衬垫等。我国对污泥的建材利用虽然开展了一定的研究，但是大部分研究成果仅仅停留在试验阶段，实际的工程案例少之又少，很难形成产业化。国内的科研大多集中在生产工艺的研发，对实际的工程应用和产业化过程中存在的问题和解决对策研究较少，这也是产业化进程缓慢的原因之一。因此，我国要实现污泥资源化建材利用还有很长的一段路程需要走。

污泥园林利用中的污泥由于含有大量的微生物以及重金属等，不能直接用在园林中，在具体应用中必须经过相关的处理。我国目前有部分城市把污泥经过无害化以及脱水处理后，用在了草坪绿化上，城市绿化面积巨大，用大面积的草坪覆盖住污泥不仅可以有效地解决扬尘问题，也能降低重金属淋滤的风险。有研究表明，污泥堆肥基质的施用不仅能明显提高黑麦草的品质，还能改善土壤结构[17]。公路绿化也是污泥的园林利用里一个主要的方面，根据《2016年中国国土绿化状况公报》，截至2016年底，国道绿化里程26.5万千米，绿化率86.9%；省道绿化里程为22.6万千米，绿化率为81.3%。农村公路(县、乡、街道)绿化里程206.5万千米，绿化率59.9%。公路绿化面积巨大但是远离人群，所以对人类直接影响较小，且污泥的施用能大大减少有机肥和无机肥的用量。有研究发现：堆肥污泥施用于高速公路绿化带后，土壤的阳离子交换容量(CEC)、速效氮、速效磷以及有机质和含水量均增加，植物的发芽率和覆盖率也明显增加。

污泥的另一个园林利用是作为育苗基质。园林植物无土栽培常用的基质原料是草炭，但是由于草炭资源紧缺，无法完全满足园林利用的需求。有学者提出利用富含大量营养元素的污泥堆肥替代草炭，不仅可以缓解草炭缺乏的压力，也实现了污泥的资源化利用，变废为宝。有研究发现：添加了堆肥污泥作为育苗基质的袖珍椰子、富贵竹以及撇金竹等，生长状况从观赏性上来说更好，并且其生物量更高。有学者分别以药渣、玉米秸秆、稻草与污泥混合进行好氧堆肥发酵，然后作为育苗基质，最终其种子发芽指数(LA)值分别为98%、97.8%以及96.1%，并且相比于不添加堆肥污泥的对照组，实验组的出苗率、秧苗苗壮度以及单株叶片数都表现得更出色。

然而污泥的园林利用目前也存在一些问题，比如病原体较多易扩散，污泥中含有非常多的病原菌与微生物等，可以通过直接接触或通过食物链传播来影响人及动物的健康[18]。污泥即使经稳定化高温处理，仍不能使病原体完全灭活。有研究表明，污泥施用3～6个月后，仍能从土壤中检出大肠杆菌。如果病原体微生物不能被彻底杀死的话，将污泥利用于园林是存在一定隐患的。园林利用还会导致大量营养元素的流失，由于植物吸收污泥中养分的过程十分缓慢，当污泥施用于土壤中时，会造成土壤中氮、磷的累积。通过淋洗、冲刷，以及地表径流等一些自然作用，土壤中的营养元素会大量流失。有实验表明：当污泥施用于砂质土壤后，淋滤液中的总氮、总磷浓度显著增加，并且会随着污泥投加量的增大而增大。然而，污泥园林利用最大的制约因素是重金属污染的问题。重金属在施用到土壤中之后非常容易富集，富集量一旦超过土壤的自净能力，土壤的正常机能就会被破坏，从而影响植物的正常生长。并且重金属会对地表水、地下水进行二次污染，对水环境有着很大的影响。

思考题：

(1)污泥焚烧技术的优缺点是什么？

(2)污泥焚烧和热解过程有哪些区别？

(3)污泥中有毒有害的有机物有哪些？

(4)常用的污泥干化技术有哪些？

(5)污泥土地利用时存在的风险主要包括哪些？

参考文献

[1]GUO Y, GONG H, SHI W, et al. Insights into multisource sludge distributed in the Yangtze River basin, China: Characteristics, correlation, treatment and disposal[J]. Journal of Environmental Sciences, 2023, 126: 321-332.

[2]方琳，田禹，黄君礼，等. 微波干燥污泥重金属及有机物固定化机理研究[J]. 哈尔滨工业大学学报，2007，(10)：1591-1595.

[3]张向华. 城市污泥烧结页岩多孔砖的研发及其砌体抗压性能分析[D]. 广西科技大学，2013.

[4]SYED-HASSAN SSA, WANG Y, HU S, et al. Thermochemical processing of sewage sludge to energy and fuel: Fundamentals, challenges and considerations[J]. Renewable and Sustainable Energy Reviews, 2017, 80: 888-913.

[5]MEHARIYA S, PATEL A K, OBULISAMY P K, et al. Co-digestion of food waste and sewage sludge for methane production: Current status and perspective[J]. Bioresource Technology, 2018, 265: 519 - 531.

[6]苏文湫. 微波干燥技术处理市政污泥实验研究[J]. 价值工程, 2016, (17): 105 - 107.

[7]GAO N, LI Z, QUAN C, et al. A new method combining hydrothermal carbonization and mechanical compression in-situ for sewage sludge dewatering: Bench-scale verification[J]. Journal of Analytical and Applied Pyrolysis, 2019, 139: 187 - 195.

[8]陆瑞榴, 骆华强. 新型动能干化系统用于污泥干化的中试研究[J]. 中国给水排水, 2017, 33(03): 107 - 109.

[9]SLIM R, ZOUGHAIB A, CLODIC D. Modeling of a solar and heat pump sludge drying system[J]. International Journal of Refrigeration, 2008, 31(7): 1156 - 1168.

[10]YUAN J, ZHANG D, LI Y, et al. Effects of adding bulking agents on biostabilization and drying of municipal solid waste[J]. Waste Management, 2017, 62: 52 - 60.

[11]李亮. 污泥低温真空脱水干化工艺的工程应用[J]. 中国给水排水, 2017, 33(12): 71 - 74.

[12]许太明, 孙洪娟, 曲献伟, 等. 污泥低温真空脱水干化成套技术[J]. 中国给水排水, 2013, 29(2): 106 - 108.

[13]GAO N, WANG X, QUAN C, et al. Study of oily sludge pyrolysis combined with fine particle removal using a ceramic membrane in a fixed-bed reactor[J]. Chemical Engineering and Processing-Process Intensification, 2018, 128: 276 - 281.

[14]GAO N, DUAN Y, LI Z, et al. Hydrothermal treatment combined with in-situ mechanical compression for floated oily sludge dewatering[J]. Journal of Hazardous Materials, 2021, 402: 124173.

[15]DUAN Y, GAO N, SIPRA A T, et al. Characterization of heavy metals and oil components in the products of oily sludge after hydrothermal treatment[J]. Journal of Hazardous Materials, 2022, 424: 127293.

[16]何晶晶, 邵立明, 李国建, 等. 城市污水处理厂污泥直接热化学液化处理技术[J]. 环境科学, 1995, 16(3): 75 - 78.

[17]牛国祥, 朱豪, 姚雨伽, 等. 污泥堆肥工艺及其应用前景[J]. 广东化工, 2020, 47(11): 142 - 143.

[18]胡译水, 齐实, 李昱彤, 等. 污泥堆肥施用对土壤及地下水影响研究[J]. 中国环境科学, 2020, 40(05): 2157 - 2166.

第6章　煤系固体废物的资源化

6.1　粉煤灰的资源化

我国能源结构的特点是“富煤、贫油、少气”。作为世界上1/2煤炭生产国，我国既是煤炭生产大国，也是消费大国。据统计，全球每年粉煤灰的产量约为4.5亿t。其中，印度每年的产量约为1.1亿t，美国和欧盟每年的产量约为1.4亿t。中国作为世界主要产煤国家之一，燃煤历史悠久，并且在很长的一段时间内，煤炭作为主要能源的格局不会发生变化，每年粉煤灰的产量约为1亿t。

全球范围内粉煤灰的资源化利用率仅约为25%，其中印度约为38%，美国约为65%，中国约为45%(如图6-1所示)，在中国，粉煤灰资源化利用主要涉及水泥、混凝土、筑路等建筑工程领域的粗放利用，涉及沸石合成、微晶玻璃制备、地质聚吻合成、有价元素提取、复合微粉合成及陶瓷材料制备等高价值利用的比例不足10%，当前，粉煤灰的高价值利用备受关注。

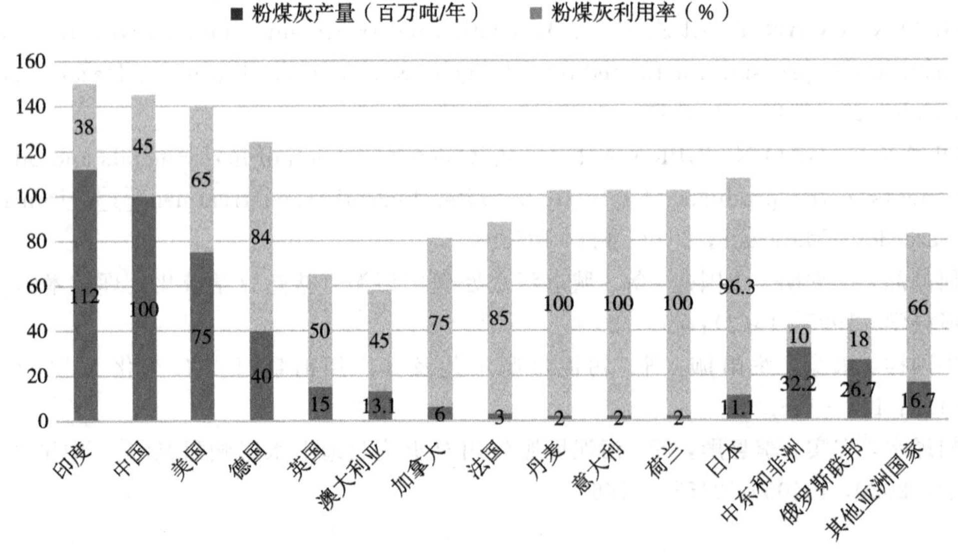

图6-1　全球范围内粉煤灰的产生量和使用率

粉煤灰是煤燃烧后烟道中的细灰，是燃煤电厂排放的一种主要固体废弃物。每消耗4 t煤就会产生1 t粉煤灰。大量粉煤灰的堆积，由于其粒径较小易被风力扩散，且其包含Cr、As、Hg和Pb等多种重金属离子，对空气、水体、土壤等都造成了不同程度的污染破坏，不仅对自然环境造成了严重的负担，进而最终威胁人类自身的生存环境，同时也会造成多种社会问题，难以解决。因此对粉煤灰的处理与综合资源化利用有重要的科学和长远意义。对粉煤灰废弃物进行适当处理便可变废为宝，达到节约资源、改善环境、提高经济效益和可持续发展等目的，因此粉煤灰的再利用技术研究必须实现灰渣废物“零排放”和“资源化”。

目前对粉煤灰的资源化利用方法主要集中在建筑建材制造与回填处理等方面。研究发现粉煤灰的主要成分与分子筛的主要成分相近，为了能够更好地利用粉煤灰，人们逐渐展开了粉煤灰合成分子筛的研究。分子筛是一类多孔无机材料，可以广泛应用于吸附、催化等领域。目前粉煤灰合成分子筛的方法主要有：传统水热法、碱熔融法、微波辅助合成法、晶种法等。

6.1.1　粉煤灰的组成及性质

粉煤灰外观与水泥类似，一般随着未燃碳的增加，粉煤灰依次呈现浅灰色、灰色、深灰色、暗灰色、黄土色、褐色以及灰黑色等。粉煤灰的物理性质主要包括密度、粒径、堆积密度、细度、比表面积、需水量、抗压强度。这些物理性质都是粉煤灰化学成分和矿物组成的宏观反应。其中，细度是粉煤灰所有物理性质中最为重要的一项，它能对粉煤灰的其他性质产生较大的影响。一般来说，粉煤灰越细，其比表面积越大，活性也就越大[1]。

粉煤灰的物理性质随着其组成范围的波动而产生较大的差异，其基本物理性质见表 6.1。

表 6.1　粉煤灰的基本物理性质

项目	范围	均值
密度/($g \cdot cm^{-3}$)	1.9～2.9	2.1
堆积密度/($g \cdot cm^{-3}$)	0.531～1.261	0.780
比表面积($cm^2 \cdot g^{-1}$，氮吸附法)	800～19500	3400
比表面积($cm^2 \cdot g^{-1}$，透气法)	1180～6530	3300
原灰标准稠度/%	27.3～66.7	48.0
需水量/%	89～130	106
28d 抗压强度/%	37～85	66
细度(>0.088 mm 颗粒含量/%)	5.2～36.4	15.4
细度(0.045～0.088 mm 颗粒含量/%)	12.6～42.1	30.0
细度(<0.045 mm 颗粒含量/%)	21.5～82.2	54.6

粉煤灰由于其特殊的物理形貌和化学结构，具有很好的吸附性和沉降作用，使其具备成为良好吸附材料和水处理材料的可能性。粉煤灰的吸附作用主要包括物理吸附和化学吸附。

粉煤灰外观呈灰色，微观形貌如图 6-2 所示，为较规则的圆球状，球形表面不均匀，有小凸起，这一部分实际上是直径更小的颗粒附着在大颗粒上。粉煤灰颗粒间分布较为均匀且球体与球体之间有一定空隙，凸起部分与颗粒之间也有空隙，这是使粉煤灰具有吸附能力的基础。因此粉煤灰的性质很大程度上取决于各种颗粒组成及其组合的变化。通过 X 荧光分析得到粉煤灰的主要成分如表 6.2 所示。

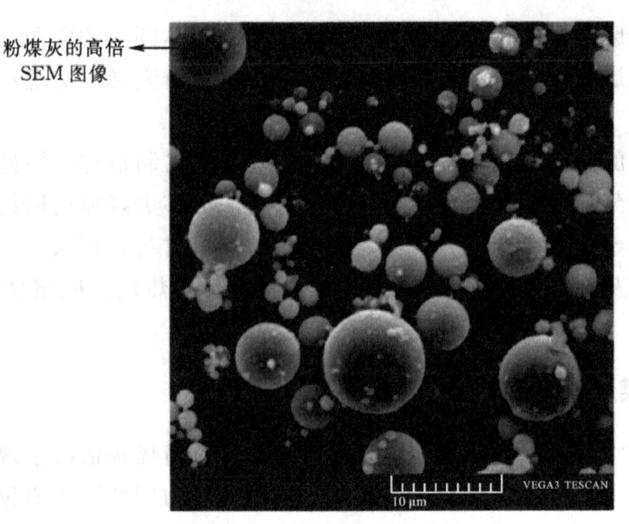

图 6-2 粉煤灰微观形貌

表 6.2 粉煤灰的主要成分

成分	SiO_2	Al_2O_3	Fe_2O_3	CaO	K_2O	MgO	Na_2O	SO_3	TiO_2
质量含量/%	43.84	28.78	6.74	1.28	1.48	0.81	0.61	1.12	1.12

粉煤灰的主要化学组成可用 SiO_2-Al_2O_3-MeO 表示(其中 MeO 可为 Na_2O、K_2O、MgO、CaO、Fe_2O_3、MnO、TiO_2 等)，一般呈细粉状，具有大量微孔、较高比表面积和活性，是工业固废中制备多孔陶瓷颇具优势的原料。采用高钙粉煤灰可制得钙长石多孔陶瓷，而采用普通粉煤灰所制多孔陶瓷多以莫来石为主晶相，也有以堇青石为主晶相的。

矿物晶体的含量与粉煤灰的冷却速度有关，一般来说，冷却速度快，玻璃体含量较多。除此之外，化学成分不同，形成的物相也不同，如氧化铝和氧化硅含量较高的玻璃珠在高温冷却过程中逐渐析出石英和莫来石，氧化铁含量高的玻璃珠则析出磁铁矿或赤铁矿。粉煤灰的矿物组成既有矿物晶体，又有非晶态玻璃，其中，非晶态玻璃约占粉煤灰总量的 50%~80%。矿物晶体主要有莫来石、石英、磁铁矿、赤铁矿和少量石膏、方镁石、方解石等。我国粉煤灰的矿物组成见表 6.3。

表 6.3 我国粉煤灰的矿物组成

矿物名称	莫来石	石英	一般玻璃体	磁性玻璃体	碳
范围/%	11.3~30.6	3.1~15.9	42.2~72.8	1~21	1.2~23.6
平均值/%	20.7	6.4	59.7	4.5	8.2

粉煤灰是一种类似火山灰质的人工混合材料，自身没有水硬凝胶性，但是如果以粉状和水混合存在时，能够与碱土金属氢氧化物在常温下特别是水热处理条件下发生化学反应，生成具备水硬凝胶性的化合物，这正是粉煤灰能作为二次资源被开发利用的原因之一。

6.1.2 粉煤灰的资源化途径

我国大力提倡粉煤灰的资源化利用，已经形成了较为稳定的粉煤灰消化体系，如图6-3所示。当前粉煤灰主要利用途径是做水泥、低端建材以及混凝土的原料，还有3%用于铺砌和矿山回填，9%的粉煤灰用于其他新兴应用，类似提取铝资源、陶瓷、吸附剂、农业改良等。

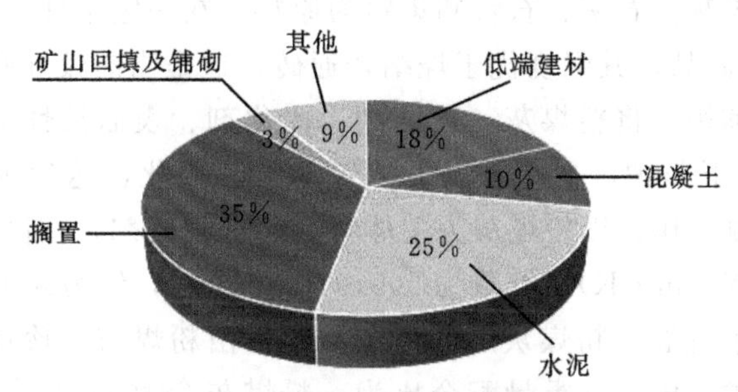

图6-3 我国粉煤灰当前消化体系

1. 用作集料使用

1)用于粉煤灰混凝土

(1)粉煤灰与混凝土中游离的$Ca(OH)_2$结合生成胶凝性化合物，可增强混凝土长期强度，可代替部分水泥，同时降低水化热，有利于大体积混凝土施工质量的保证。

(2)粉煤灰的圆形细颗粒，可改善混凝土的和易性，有利于施工，减少用水量，又有利于预拌混凝土和泵送混凝土，可用于高层建筑及大型机械化施工。

(3)适量粉煤灰颗粒可提高混凝土的致密度，有助于提高抗渗性，降低碳化速度。

(4)对混凝土的物理力学性能的影响：

强度：在适当的配合比和一定条件下，能使粉煤灰混凝土的3 d、28 d强度与硅酸盐水泥混凝土基本上相近，而长期强度较后者高。

弹性模量：由于粉煤灰颗粒可使混凝土密实，从而可提高其弹性模量。

徐变：粉煤灰的加入可减少徐变，有利于预应力钢筋混凝土构件的质量得到保证。

渗水性、透气性、碳化方面：粉煤灰混凝土的致密性，使渗水性、透气性降低，碳化无明显变化，有利于保护钢筋。

粉煤灰混凝土可作为硅酸盐水泥混凝土中一种必要组成成分，其在工程应用中极为广泛，如房屋建筑、公路路面、机场跑道、水坝、地下结构、配制高强混凝土等等[2]。此外，在表6.4中列出了粉煤灰混凝土利用粉煤灰数量和可能节约水泥数量，其效益甚为可观。

表6.4 粉煤灰混凝土利用粉煤数量和可能节绝水泥数量

混凝土种类	利用粉煤灰量/($kg \cdot m^{-3}$)	可能节约水泥量/($kg \cdot m^{-3}$)
钢筋混凝土	50～100	50～100
泵送混凝土预拌混凝土	40	20
碾压混凝土	40～80	40～80

粉煤灰可配制高强混凝土。用磨细粉煤灰、525 号普通硅酸盐水泥、二氧化硅粉、碱水剂，可制成强度在 60 MPa 以上的高强混凝土。即便在施工现场，用磨细粉煤灰、水泥、碱水剂也可制成强度在 50 MPa 以上的混凝土。

2)制造砖、砌块、板等

蒸养粉煤灰砖，砌块：以粉煤灰、石灰、石膏和集料为原材料，在一定条件下成型后，在蒸汽养护下成为制品，其强度略逊于烧结普通砖，技术上尚待改进。蒸压粉煤灰砖、砌块、板：以粉煤灰、石灰、石膏和集料为原料，在一定条件成型后，在压蒸(8～12 个大气压)下养护成为制品，其强度优于烧结普通砖，这是当前较好的墙体材料。

免蒸粉煤灰轻型砌块：将粉煤灰、黏结剂、固化剂、表面活性剂、发泡剂、改性剂，经拌合后在 50～60 ℃下养护，再在常温下搁置 30 d，硬化，达到规定强度后出厂使用。免蒸压粉煤灰加气混凝土块：以粉煤灰为主体材料，加发气剂，在高压釜中硬化，其导热系数 $\lambda=0.12\sim0.17$ W/(m·K)，容重为 500～700 kg/m^3，约为黏土砖容重的 1/2，减轻了建筑物自重并有利于抗展。粉煤灰屋面保温材料：由粉煤灰、珍珠岩、水泥、消石灰，搅拌成型后经蒸汽养护而成，其重量配合比为：粉煤灰 70%～72%、珍珠岩 8%～10%、水泥 10%(325 号、425 号)、消石灰 10%，其容重约 570 kg/m^3，导热系数 λ 为 0.11～0.13 W/(m·K)，强度为 0.5～1.0 MPa。

2. 利用粉煤灰的黏土性成分

利用粉煤灰颗粒的化学成分与黏土相近做烧结制品，并利用粉煤灰中未燃尽的碳做燃料的一部分。

(1)粉煤灰黏土烧结砖：黏土中掺入 30%(体积比)的粉煤灰。烧结后其物理性能与国家标准 GB 5101—1985 烧结普通砖 100 号、150 号的各项技术指标相似，而容重却较烧结普通砖减少约 20%，是目前利用粉煤灰数量较大的一种制品。

(2)烧结粉煤灰陶粒。由粉煤灰、黏土混合成球状，经烧结而成。粉煤灰掺量占 80% 左右。陶粒的松散容重为 650 kg/m^3 左右。

(3)粉煤灰陶瓷墙地砖。用粉煤灰、黏土、熔剂、着色剂，经粉碎成型后烧结而成。粉煤灰掺入量在 55%～75%，小试体的抗折强度达 7.0 MPa 以上。

(4)粉煤灰水泥：将粉煤灰作为原料代替黏土配料生产水泥熟料，或作为混合材料直接掺入水泥中生产粉煤灰水泥。

3. 做回填料、防水粉、过滤粉

(1)修筑道路路堤：直接用粉煤灰填筑路堤，或与填土间隔分层填筑。由于粉煤灰本身渗水性较好，使路堤有较好的强度。

(2)作为坑道或建筑的基础或低洼地等回填的填料是大量处理粉煤灰的一种好办法。

(3)做机场场道基层。将粉煤灰、石灰、碎石混合，作为一种缓凝的硅酸盐材料，铺筑在机场场道基层，经压实后，逐渐结硬成板体。按粉煤灰 18%、石灰 10%、碎石 72% 的配合比混合均匀。经现场检测，28 d 的抗压强度可达 6 MPa 以上。

(4)粉煤灰防水粉。粉煤灰经 5 电位调节剂、表面活性剂处理，使其颗粒具有增水性而成为防水粉。若在屋面上铺上 5 mm 厚的防水粉，加上隔离层而后外加保护层，可成为优良的防水层及隔垫层。防水粉的保温隔热功能，当容重为 640 kg/m^3 时，导热系数为 0.14 W/(m·K)。

(5)粉煤灰处理污水。可用粉煤灰处理城市污水，去除污水中的有机物、色度、重金属、磷、臭味等。粉煤灰还可处理印染废水、造纸废水、含微量金属废水、含氟废水、酸性废水等。处理后的灰泥，还可以用于筑路、烧砖等。一般每吨粉煤灰可处理50～200吨污水。

4. 施用粉煤灰于农田中利用其微量元素

粉煤灰中含有多种微量元素，如硼、锰、铜、锌、钼、钴、硫、磷等。根据土壤情况，一亩(约666.67 m^2)施用5000 kg粉煤灰，小麦增产约20%，而且还有一定的后期效果：粉煤灰的颗粒组成，对土壤的透气性有利，可起到改良土壤作用。

5. 分选与提炼可用材料

(1)分选精碳、玻璃微珠。根据GBJ 146—90规定，用于混凝土中的粉煤灰标准是：Ⅰ级粉煤灰的烧失量不得超过7%，Ⅱ级和Ⅲ级的烧失量分别为不得超过12%和15%。对于部分燃煤电厂，由于种种原因，排放的粉煤灰的烧失量远大于Ⅲ级灰的规定，有的甚至超过30%，这不仅造成能源的浪费，同时也限制了粉煤灰的使用范围。若采取分选措施，一是可回收可燃物精碳，回收率最高达99.54%，使其烧失量均可达到Ⅰ级灰的标准；二是可分选出玻璃微珠。玻璃微珠有多种用途，如耐火涂料，塑料、橡胶制品的填料等等，提高了粉煤灰的经济价值。分选所用设备的投资，能在2～3年收回。

(2)提炼金属。在粉煤灰中提取氧化铝，残渣经煅烧可制硅酸盐水泥。当粉煤灰中氧化铝含量大于30%时，则有较高的经济价值。

目前，多采用烧结法或湿法回收粉煤灰中的氧化铝。烧结法主要有石灰石烧结法、碱石灰烧结法和纯碱烧结法，石灰石烧结法主要以石灰做烧结剂。石灰石烧结技术较为成熟，工业化应用早，但工艺复杂、能耗高，烧结过程中添加大量的石灰会产生大量废渣，对于铝硅比较低的原料，渣量更多，严重限制其推广。碱石灰烧结法主要以 Na_2CO_3 和石灰的混合物做烧结剂，烧结温度较前者低，且产品纯度高，其主要反应式如式(6-1)～式(6-3)。碱石灰烧结法一定程度上降低了烧结温度，渣量较少，钠盐可溶性更高，除杂更容易，有利于保证产品纯度。纯碱烧结法使用 Na_2CO_3 做烧结添加剂，在900 ℃以下进行焙烧，所得熟料中 Na_2SiO_3 经酸处理形成硅胶，滤液使用氨水和氢氧化钠沉淀除铁，再次添加适量酸将偏铝酸钠转化为 $Al(OH)_3$ 沉淀，沉淀烘干焙烧即可得到纳米级氧化铝。纯碱烧结法可以实现粉煤灰中多种金属的综合回收，但大量的硅胶导致过程中酸耗大且过滤困难，铁铝硅分离难度大，目前仍未实现工业化。

$$Al_2O_3 + Na_2CO_3 \longrightarrow 2NaAlO_2 + CO_2\uparrow \qquad (6-1)$$

$$SiO_2 + 2CaO \longrightarrow Ca_2SiO_4 \qquad (6-2)$$

$$Al_6Si_2O_{13} + 4CaO + 3Na_2CO_3 \longrightarrow 2Ca_2SiO_4 + 6NaAlO_2 + 3CO_2\uparrow \qquad (6-3)$$

湿法常使用 H_2SO_4 或 HCl 浸出粉煤灰中的氧化铝，“一步酸溶法”于2012年实现工业化生产，氧化铝产品质量超过国家冶金级氧化铝一级品标准，其工艺流程如下：该法工艺能耗低、成本低、实现了酸的循环利用、环境友好，具有较好的经济、社会及环境效益。

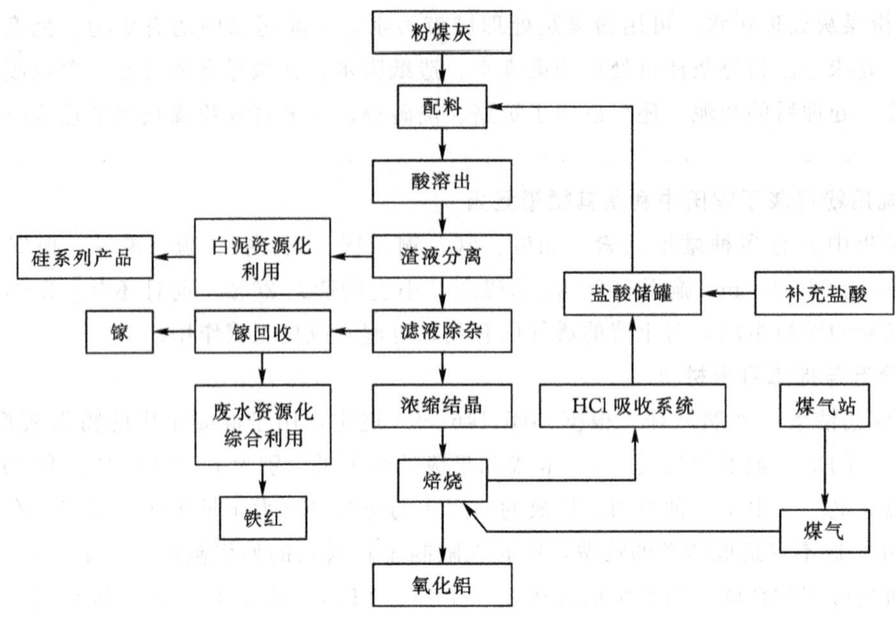

图 6-4 “一步酸溶法”工艺流程

在我国国民经济发展过程中，以经济效益和社会效益综合衡量，提高粉煤灰资源的利用率，是很有必要的。

6. 制备微晶玻璃

粉煤灰的主要成分为氧化硅、氧化铝、氧化钙、氧化铁等，这些氧化物是微晶玻璃配料的主要化学组成，并且粉煤灰粒径小，无需进行预处理，可直接用作制备微晶玻璃的原料。在微晶玻璃的制备过程中，粉煤灰中少量对环境有害的重金属离子可被固化在高温熔融后的玻璃基质和随后成核结晶的晶体中，且微晶玻璃由于其强度高、耐化学腐蚀性好、热稳定性高而成为一种可以替代多种传统材料的新型材料，广泛应用于建筑、化工、耐火材料等行业。因此，以粉煤灰为原料制备微晶玻璃被认为是无害且最有价值的资源化利用途径之一[3]。

目前常见的微晶玻璃制备方法有两种，即熔融烧结法和整体析晶法，其中熔融烧结法如图 6-5 所示[4]。利用熔融烧结法和整体析晶法制备微晶玻璃，需要在高温(1500～1600 ℃)下进行熔融，能耗较高，有利于节能减排。基于粉煤灰的物相组成以玻璃体为主，有学者提出省去高温熔融步骤，以粉煤灰中的玻璃体为基础采用直接烧结法制备微晶玻璃，工艺流程如图 6-6 所示[5]。直接烧结法制备的产品性能虽能达到建筑装饰用微晶玻璃标准，但相较于熔融烧结法和整体析晶法的产品性能略差。基于粉煤灰的化学成分，以粉煤灰为原料制备的微晶玻璃主要有 $CaO\text{-}Al_2O_3\text{-}SiO_2$ 和 $MgO\text{-}Al_2O_3\text{-}SiO_2$ 两种体系。其中以高钙 C 类粉煤灰为原料制备的 $CaO\text{-}Al_2O_3\text{-}SiO_2$ 体系微晶玻璃主要以钙长石、硅灰石、钙铝黄长石和透辉石晶相为主，而以低钙 F 类粉煤灰制备的 $MgO\text{-}Al_2O_3\text{-}SiO_2$ 体系微晶玻璃主要以堇青石和莫来石晶相为主，除此之外，也可制备 $Li_2O\text{-}Al_2O_3\text{-}SiO_2$ 三元体系微晶玻璃，其由于膨胀系数低，在工业上应用广泛。

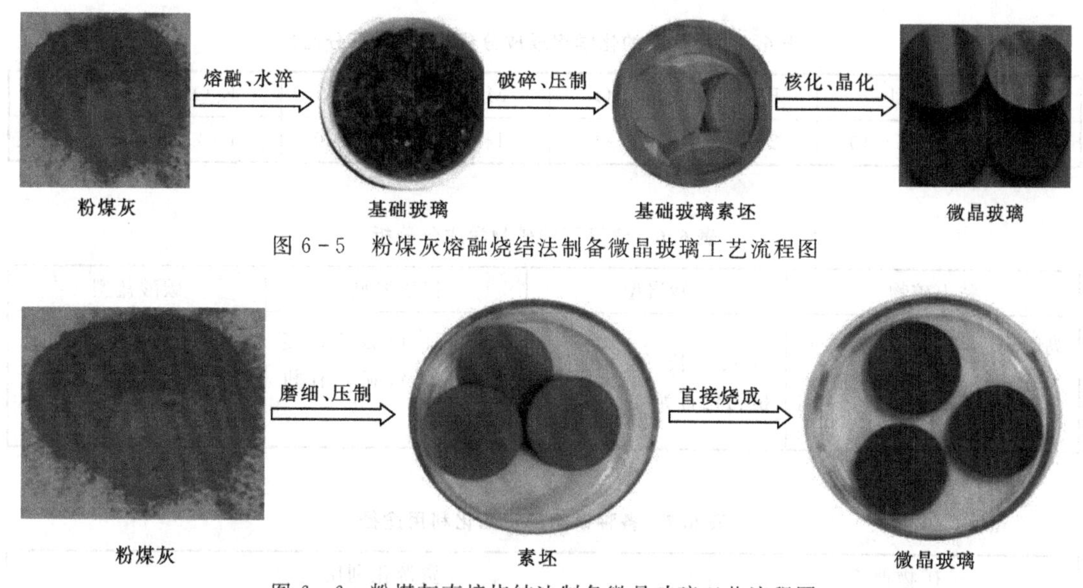

图 6-5　粉煤灰熔融烧结法制备微晶玻璃工艺流程图

图 6-6　粉煤灰直接烧结法制备微晶玻璃工艺流程图

6.2　煤矸石的资源化

煤矸石是采煤、洗煤过程中排放的固体废物，是成煤过程中与煤层伴生的、含碳量较低、比煤坚硬的黑灰色岩石[6]。煤矸石是目前我国年排放量和累计堆放量最大的工业固体废弃物之一，每生产 1 t 煤炭约产生 0.1～0.3 t 的煤矸石。对煤矸石进行资源化利用是处理煤矸石的有效途径，这对实现煤炭资源的绿色开采、资源循环利用和可持续发展均具有极其重要的意义。我国《煤矸石综合利用技术政策要点》指出，煤矸石综合利用要以大宗量利用为重点，将煤矸石发电、煤矸石建材及制品、复垦回填及煤矸石山无害化处理等作为主攻方向，发展科技含量、附加值高的煤矸石综合利用技术和产品。

6.2.1　煤矸石的组成及性质

煤矸石的化学成分比较复杂，含有十几种化学元素，表 6.5 给出了煤矸石的化学组成成分分析，可以得出煤矸石的化学组成主要是 SiO_2 和 Al_2O_3，还有少部分的碳[7]。不同地区开采出的煤矸石的组分和外观会稍有差别。大部分煤矸石会呈现深灰色，少部分会呈现灰白色，这是由于煤矸石中的 SiO_2、Al_2O_3 的含量有所差别，其差异在 9%左右。浅色煤矸石中 Al_2O_3 含量最低，金属氧化物含量最高。这可能是由于自然环境的严重风化和侵蚀造成的，从而降低了某些矿物成分含量。同时，风化程度又影响煤矸石的硬度，灰白色煤矸石的硬度也较低。煤矸石热值低，我国煤矸石的热值一般小于 6300 kJ/kg。另外煤矸石还具有高灰熔点、可塑性、收缩性、膨胀性以及一定的强度和硬度。

煤矸石矿物组成成分复杂，一般煤矸石的矿物组成包括高岭土、石英、蒙脱石、长石、硫铁矿、碳酸盐等。煤矸石中包含的矿物学成分如表 6.6 所示。表 6.7 给出了一些矿物的资源化利用途径。

表 6.5 煤矸石的化学组成成分分析(质量百分比) (单位:%)

SiO_2	Al_2O_3	Fe_2O_3	CaO	MgO	C	K_2O	Na_2O
30～60	15～40	2～10	1～4	1～3	20～30	1～2	1～2

表 6.6 煤矸石的矿物学成分分析

黏土矿物	砂岩型	铝质岩型	碳酸盐型
高岭石、蒙脱石、炭质页岩、砂岩、硫铁矿、碳酸盐、有机碳等	石英、长石、云母、植物化石等	方解石、白云石、菱铁矿、硫铁矿、有机硫等	含水铝矿、褐铁矿、玉髓等

表 6.7 各种矿物的资源化利用途径

矿物种类	资源化利用途径
高岭土	制作陶瓷、涂料和化工原料等
石英	生产石英砂、耐火材料、烧制硅铁等
黏土矿物	制作陶瓷和耐火材料
伊利石	用作造纸、油漆填料，制取钾肥等
蒙脱石	制作高温润脂、橡胶、油漆、医药载体
黄铁矿	生产硫磺和硫酸
方解石	制作人造石、合成橡胶、复合新型钙塑料

6.2.2 煤矸石堆放对环境的影响

1. 对水体的影响

煤矸石除了含有粉尘、SiO_2、Al_2O_3、Fe、Mn 等常量元素外，还有其他的一些微量重金属元素，如 Pb、Sn、As、Cr 等，这些元素都属于有毒重金属元素。当煤矸石长期堆放，遭受雨水浸淋，有毒物质浸出进入地表径流以及地下水，变成酸性水。同时，如果煤矸石堆发生坍塌滑移也会污染周围水体，影响周围的生态环境以及居民的身体健康[8]。

2. 对土壤的影响

煤矸石堆放产生的污染物迁移，同样也会进入周边土壤，除了重金属之外，还有一些 PAHs，该物质属于致癌物质。同时，煤矸石因为产生量巨大，其堆放会占用大量土地资源，这些原本优质的土地资源仅因为煤矸石的堆放就变得贫瘠，无法耕作，代价巨大。

3. 对大气的影响

煤矸石堆放会产生自燃，并释放出大量 CO、CO_2、SO_2、H_2S、NO_x 等有害气体，其中以 SO_2 为主。这些有害气体的排放，恶化了周围的环境空气质量，影响矿区居民的身体健康，还影响生态环境。此外，煤矸石长期堆放受风吹雨淋日晒被风化从而产生粉尘会继续恶化矿区大气的质量。

6.2.3　煤矸石在建筑材料中的应用

将煤矸石用作制造生产建筑砌砖、陶瓷、轻骨料、水泥等建筑材料，是实现煤矸石资源综合利用的主要方式[9]。

1. 制砖

因为煤矸石的化学组成与黏土极为相似，煤矸石可以替代黏土做制砖原料，20 世纪 60 年代末我国开始生产煤矸石烧结砖，目前我国的制砖技术已经相当成熟。煤矸石烧结砖是用煤矸石代替黏土做原料，经过粉碎、成型、干燥、焙烧等工序而成，具体工艺流程如图 6-7 所示。煤矸石烧结砖质量较好，颜色均匀；其抗压强度一般为 9.8～14.7 MPa，抗折强度为 2.5～5 MPa。煤矸石烧结砖抗冻、耐火、耐酸碱，可用来代替黏土砖。基于海绵城市的号召，近期的研究多趋于研究以煤矸石为原料生产透水砖以及免烧结透水砖。

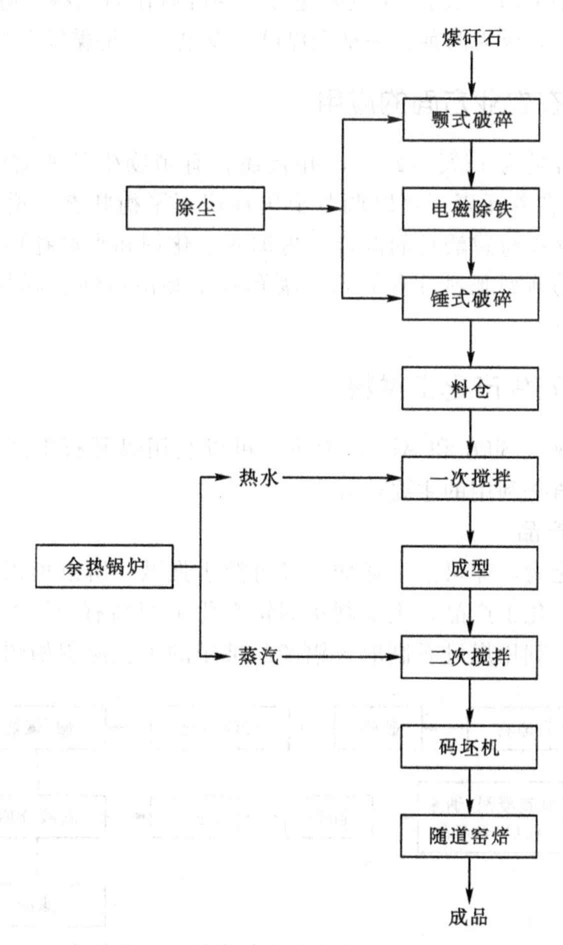

图 6-7　煤矸石烧结砖的生产流程图

2. 制轻骨料

含碳量大于 13%的煤矸石可用于制作轻骨料，生产出来的轻骨料可以配合混凝土使用，具有容重低、吸水率低、强度高等特点，可用作各种建筑预备件。其制作工艺有两种，即成球法和非成球法，二者工艺差别在于焙烧前是否磨制成球形。

3. 制水泥

煤矸石含有一定成分的炭量和热量，因此可以代替黏土做生产水泥的原料或者混合材料直接掺入熟料中增加水泥产量。但此方法还需要考虑煤矸石中 Al_2O_3 的含量，其中 Al_2O_3 含量小于25%时可直接用煤矸石替代黏土，而 Al_2O_3 含量大于25%时则需要添加适量高硅质配料(如石膏)以防止水泥凝结时间较短。同时，煤矸石中含有少量钒、镍、硫等元素，这些元素对水泥高效生产有一定促进作用。但是我国目前煤矸石应用于水泥生产的比例不足15%，主要原因在于如何解决煤矸石的水泥活性以及提高煤矸石的掺混比例。

6.2.3 煤矸石在能源方面的利用

煤矸石在能源方面的利用主要体现在其燃料方面的应用。含碳量高的煤矸石(即含碳量≥20%，热值在6.27～12.55 J/kg)可以直接用作流化床锅炉的燃料用于发电[10]。煤矸石发电和供热是我国目前利用煤矸石的一条重要途径。煤矸石作为燃料发电和供热，一般要求发热量在1200 kJ/kg以上，分为两种：一是全煤矸石发电；二是煤矸石与煤泥混合发电。

6.2.4 煤矸石在农业方面的应用

煤矸石中有机质含量为15%～20%，并且还含有植物生长所需的Zn、Cu、Mn等微量元素和N、P、K等营养元素，可以调节土壤环境不平衡状态，增加有机质和营养元素含量。将此类煤矸石磨碎与磷酸钙的混合，再加入活化剂和水搅拌后充分反应堆沤可制作新型肥料。此法制出的新型肥料具有提高土壤孔隙率和渗透性、调节土壤pH、增强土壤肥力和固氮能力的优点。

6.2.5 用煤矸石生产化工材料

煤矸石的化学组成以 SiO_2 和 Al_2O_3 为主，可以利用煤矸石生产铝系和硅系产品，是实现煤基固体废物高值化利用的主要途径[11]。

1. 铝盐系列化学产品

氧化铝是两性氧化物，即可溶于强酸，又可溶于强碱，所以可以通过酸溶和碱溶两种方式由煤矸石制备铝系化工产品，主要制备的铝系化工产品有 Al_2O_3、$Al(OH)_3$、结晶氯化铝和聚合氯化铝等。利用煤矸石制取含铝产品常用的工艺流程如图6-8所示。

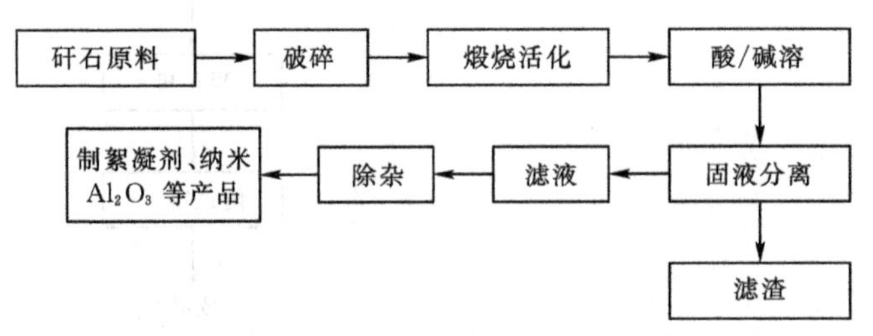

图6-8 煤矸石制取含铝产品流程示意图

酸溶法主要利用氧化铝可溶解于酸的特性，经过硫酸或者盐酸酸浸之后得到相应的盐溶液，经过滤碱化分离杂质得到 $Al(OH)_3$ 沉淀或氯化铝结晶，经煅烧得到 Al_2O_3。碱溶法有碱石灰烧结法和石灰烧结法两种方法，即使用石灰石/碱石灰将煤矸石烧结，再加入碱溶液浸出铝硅酸钠。

2. 硅盐系列化学产品

硅盐产品生产煤矸石主要在制备氯化铝的过程中，将滤渣中的 SO_2 与 NaOH 在高温条件下反应，经沉淀、过滤、浓缩后就得到水玻璃。煤矸石在制备 $AlCl_3$ 的过程中，将滤渣中的 SO_2 加入改性剂反应，经脱水烘干后，可粉碎得到成品白炭黑。含有不同功能团的有机化合物作为改性剂的加入，可以使得 SiO_2 和高分子有机物之间形成一种分子桥，使白炭黑更好地用于生产橡胶的增强剂和塑料的填充剂。在用煤矸石制备 $AlCl_3$ 的过程中，将滤渣中的 SiO_2 处理得到 Na_2SiO_3，再经酸化后聚合得到聚硅酸，聚硅酸和 $AlCl_3$ 复合得到聚硅酸铝产品。

6.2.6 煤矸石在吸附材料中的应用

目前，国内众多研究发现，煤矸石对于部分常规污染物、重金属和有机物均具有一定的去除效果，并提出煤矸石可作为吸附剂用于水处理中。

1. 煤矸石对常规污染物的去除

污水处理中的常规污染物包括化学需氧量(COD)、生化需氧量、总氮(TN)、总磷(TP)、氨氮、硝氮等，这些常规污染物含量过高会导致水体富营养化、生物多样性降低等。利用煤矸石去除常规污染物的相关研究较少，常规污染物多针对磷酸盐、化学需氧量的去除。煤矸石的矿物相组成以石英、蒙脱石、高岭石、伊利石为主，其表面的 SiO_2、Al_2O_3 等金属氧化物对磷酸盐均有一定的吸附能力。煤矸石对铵盐也有一定的去除效果，最大吸附量可达 6.0 mg/L。类似于沸石和粉煤灰对铵盐的吸附，在中性或碱性条件吸附量更多，铵根在中性或碱性条件下与氢氧根反应生成氨气得以去除。由于该吸附反应为吸热反应，所以一定程度的温度升高(至 45 ℃)可促进该反应进行。此外，还有其他一些矿物或工业吸附剂也被应用于对常规污染物的吸附中，效益各不相同。煤矸石对常规污染物的吸附量和去除率与其他吸附剂对比情况如表 6.8 所示。

表 6.8 煤矸石与典型吸附剂对常规污染物吸附量的对比

吸附剂	常规污染物/($mg \cdot g^{-1}$)			
	COD	NH_4^+-N	TN	TP
黏土	5.56	0.33	1.48	0.01
灰沸石	8.21	1.26	1.4	—
粉煤灰	8.97	0.24	0.70	0.79
煤矸石	—	6.00	—	2.50
活性炭	18.00	2.19	—	0.50

2. 煤矸石对重金属的吸附

煤矸石对于重金属如 Ni、Pb、Cu、Cr 等的吸附效果较为明显。煤矸石孔隙率、比表面积、活性 Al_2O_3 的含量及溶液 pH 值等因素均对重金属吸附效果有一定影响。此类相关研究相比针对常规污染物和有机物的吸附研究较多。在废水中重金属离子浓度较高，pH 较低时，离子交换占主导作用；在 pH 较高时，部分金属离子可能通过沉淀而被去除，因此，pH 值在煤矸石与重金属吸附过程中是一个极其重要的影响因素。煤矸石对重金属的吸附量与其他吸附剂的对比情况如表 6.9 所示。

表 6.9 煤矸石与典型吸附剂对重金属吸附量的对比

吸附剂	重金属/(mg·g^{-1})					
	Pb^{2+}	Zn^{2+}	Cr^{2+}	Cd^{2+}	Ni^{2+}	Cu^{2+}
黏土	25.13	2.2	5.33	5.27	2.05	—
蒙脱石	33	—	—	32.7	28.4	31.8
红壤土	4.31	0.8	1.66	1.04	0.75	—
膨润土	40.37	2.67	—	—	—	—
煤矸石	27.00	2.44	—	7.12	25.00	17.00

煤矸石作为水处理吸附剂，对水中的多种污染物都具有吸附去除潜力。然而，目前的研究相对局限且时间较久远，对污染物的去除只限于磷酸盐、苯酚、铅和铬等，可水中的污染物种类更多，包括硝态氨、多环芳烃和药物及个人护理品(PPCPs)等。若可将煤矸石制成综合性的水处理吸附剂，还应加大对其改性方法的研究，使其可以全面去除多种污染物，提高利用价值，真正应用到各种工程实践中。

思考题：

(1)论述煤系固体废物的利用途径。

(2)论述粉煤灰和煤矸石之间的差异。

(3)我国煤矸石的主要资源化途径有哪些？

(4)粉煤灰的组成对其活性有什么影响？

参考文献

[1]郭彦青. 粉煤灰资源化综合利用途径[J]. 能源与节能，2020，(04)：140-141.

[2]任恒昌. 发电厂粉煤灰综合利用技术研究与工程实践[D]. 华北电力大学(北京)，2009.

[3]王瑞鑫，王艺慈，曹鹏飞，等. 高炉渣和粉煤灰制备微晶玻璃晶核剂的优化[J]. 中国陶瓷，2020，56(11)：44-49.

[4]曹世杰. 粉煤灰制备微晶玻璃的工艺研究[D]. 太原理工大学，2020.

[5]彭长浩，卢金山. 利用废料直接烧结制备 $CaO-Al_2O_3-SiO_2$ 微晶玻璃及其性能[J]. 机械工程材料. 2013，37(01)：71-76.

[6]田怡然，张晓然，刘俊峰，等. 煤矸石作为环境材料资源化再利用研究进展[J]. 科技导报，2020，38(22)：104-113.

[7]刘东. 煤矸石的性质及其综合利用浅析[J]. 内蒙古科技与经济，2010，(08)：91-92.

[8]余运波，汤鸣皋，钟佐燊，等. 煤矸石堆放对水环境的影响——以山东省一些煤矸石堆为例[J]. 地学前缘，2001，(01)：163-169.

[9]刘振，马磊，肖进彬. 煤矸石资源化利用研究进展[J]. 煤炭与化工，2019，42(10)：110-113.

[10]田莉，于晓萌，秦津. 煤矸石资源化利用途径研究进展[J]. 河北环境工程学院学报，2020，30(05)：31-36.

[11]周楠，姚依南，宋卫剑，等. 煤矿矸石处理技术现状与展望[J]. 采矿与安全工程学报，2020，37(01)：136-146.

第7章　建筑垃圾的资源化技术

7.1　建筑垃圾的产生现状

建筑垃圾是指在建筑物、构筑物拆除、新建、重建、维修、装修及自然灾害等过程中产生的各类废弃物，主要包括废混凝土块、砖瓦、沥青混凝土块、碎砖渣、施工过程中散落的砂浆和混凝土、金属、木材、装饰装修产生的废料、各种包装材料、其他废弃物等各类固体废弃物[1]。

近年来，伴随着我国新型城镇化进程的不断加快，新建、改建、扩建以及拆除等活动产生了大量的建筑垃圾，不仅造成资源的巨大浪费，而且埋下了污染和安全隐患。图7-1给出了2006—2020年我国建筑垃圾的产量情况。2006—2020年期间，我国建筑垃圾产量逐年增长，年排放量在15亿t以上，占城市垃圾的比例约为40%。长期以来，因缺乏统一完善的建筑垃圾管理办法，缺乏科学有效、经济可行的处置技术，建筑垃圾绝大部分未经任何处理，便被运往市郊露天堆放或简易填埋，存量建筑垃圾已达到200多亿t。如遇严重地震灾害，则产生量更多，仅2008年汶川大地震一次产生的垃圾就高达3亿t。英国、美国、德国等很多发达国家的建筑垃圾资源化率已经高达90%。而我国建筑产业正处于快速发展期，建筑垃圾资源化率不足5%。各年度施工面积对应的建筑垃圾量如图7-1所示。

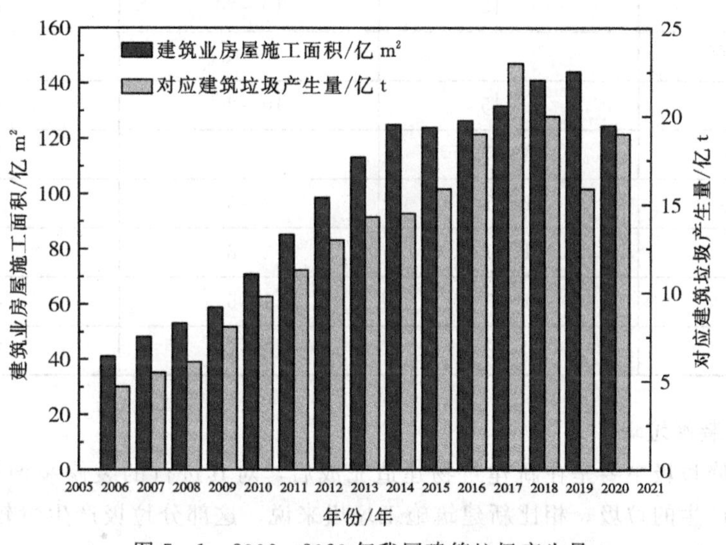

图7-1　2006—2020年我国建筑垃圾产生量

面对如此庞大体量的建筑垃圾，如不做任何处理直接运往建筑垃圾堆场堆放，一般需要经过数十年才可趋于稳定，同时也会对大气、土壤和水环境造成严重污染。另外，建筑垃圾中存在很多可以回收利用的物质，例如木屑、金属、玻璃等，如果采用不成熟的技术进行处理，将会造成资源的极大浪费。为加快建筑垃圾资源化利用，2021 年 3 月国家发改委等十部门联合下发了《关于“十四五”大宗固体废弃物综合利用的指导意见》，特别提出，要加强建筑垃圾分类处理和回收利用，规范建筑垃圾堆存、中转和资源化利用场所建设和运营，推动建筑垃圾综合利用产品应用，鼓励建筑垃圾再生骨料及制品在建筑工程和道路工程中的应用，以及将建筑垃圾用于土方平衡、林业用土、环境治理、烧结制品及回填等，不断提高建筑垃圾的利用质量、扩大其资源化利用规模。

7.2 建筑垃圾的组成及特性

7.2.1 建筑垃圾的组成

建筑垃圾按照其来源通常可以分为新建筑施工垃圾、新建筑装修垃圾、旧建筑拆除垃圾[2]。

1. 新建筑施工垃圾

在新建筑物的施工过程中，常常伴随着众多垃圾的产生，主要是拆除的混凝土、砂石、木材、装修包装等，这些垃圾占到城市建筑垃圾总量的70%～80%。新建筑施工垃圾在成分上差异不是很大，只是会随着建筑物结构的不同含量有所不同，如表 7.1 所示：

表 7.1 不同结构建筑物的建筑垃圾组成成分

垃圾组成	施工垃圾组成比例/%		
	砖混结构	框架结构	框架-剪力墙结构
碎砖	30～50	15～30	10～20
混凝土	8～15	10～20	10～20
桩头	—	8～15	8～20
砂浆	8～15	10～20	10～20
包装材料	5～15	5～20	10～20
屋面材料	2～5	2～5	2～5
钢材	1～5	2～8	2～8
木材	1～5	1～5	1～5
其他	10～20	10～20	10～20

2. 新建筑装修垃圾

新建筑装修垃圾主要是在新建筑物建造完成后，对其进行的装修装饰等以达到美观、舒适的效果所产生的垃圾。相比新建筑施工垃圾来说，这部分垃圾产生量较少，但是分散性很大，而且难降解物质较多，污染性大。主要包括：砖石、沙土、石块、桩头、废角料、废弃金属管线、建筑包装袋、塑料、废木屑、刨花、包装箱以及一些装修材料等。其中废石、渣土等含量占 80%以上。

3. 旧建筑拆除垃圾

旧建筑拆除垃圾是指对一些达到寿命或者没有利用价值、不再需要的旧建筑物进行拆除过程中所产生的垃圾。旧建筑物拆除垃圾多与其建筑物的种类有关：废弃的旧民居建筑中，砖块、瓦砾、混凝土块、渣土约占80%，其余为木料、碎玻璃、石灰、金属、包装物、防水材料、各类电信线和电源线、塑料制品等；废弃的旧工业、楼宇建筑中，混凝土块约占50%～60%，其余为金属、砖块、砌块、塑料制品等。通常旧建筑物拆除垃圾的组成比例如表7.2所示。

表7.2　旧建筑物拆除垃圾组成比例

垃圾组成	所占比例/%	垃圾组成	所占比例/%
沥青	1.61	玻璃	0.20
混凝土	54.21	金属	3.41
石块、碎块	11.78	塑料管	0.61
泥土、灰尘	11.91	竹、木料	7.46
砖块	6.33	其他有机物	1.30
沙	1.44	其他杂物	0.11

图7-2是我国2017年建筑垃圾构成情况，从2017年我国建筑垃圾的构成分布来看，旧建筑拆除所产生的建筑垃圾占建筑垃圾的58%，新建筑施工产生的建筑垃圾占36%。由此可见，建筑物的拆除阶段和新建筑的施工阶段是建筑垃圾的控制关键点。

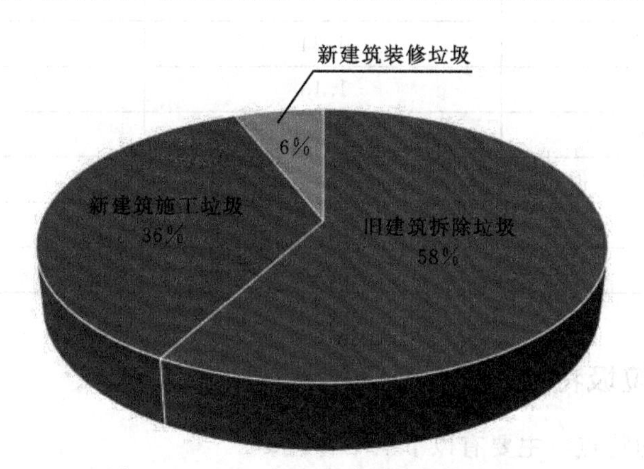

图7-2　2017年中国建筑垃圾构成情况

建筑垃圾按来源可以分为五类，各类别的产生方式及内容如表7.3所示。我国城市建筑垃圾的主要来源是新建筑施工垃圾和旧建筑物拆除垃圾，这两种类别的组成成分基本相同，但是不同成分的含量有所差异。表7.4为建筑施工垃圾与旧建筑物拆除垃圾的组成成分比较，由表中数据可知，在建筑垃圾中，混凝土块、碎石块以及渣土和泥浆这三种成分所占的比例最大，所占的比例之和分别为72.80%和77.90%，其他组分含量则不大[3]。

表 7.3 建筑垃圾按来源分类、产生方式及内容

类别	产生方式及内容
土地开挖垃圾	由开挖基坑、沟槽，进行地质勘探或其他方式产生的
道路开挖垃圾	由开挖或者凿除原废弃的沥青、混凝土道路产生的
新建筑施工垃圾	新建筑物施工和装饰过程中产生的碎石、混凝土、砌块等
旧建筑拆除垃圾	由拆除旧建筑物产生的，主要有砌块、碎石、混凝土、钢材等几类，数量巨大，组成复杂
建材生产垃圾	建筑材料生产和加工运输过程中产生的废料、废渣、碎块、碎片等

表 7.4 新建筑施工垃圾和旧建筑物拆除垃圾组成成分比较

成分	百分比/%	
	新建筑施工垃圾	旧建筑拆除垃圾
沥青	0.15	1.59
混凝土块	18.42	54.26
碎石块	23.83	11.68
渣土、泥浆	30.55	11.96
瓷砖	5.02	6.35
砂石	1.72	1.44
碎玻璃	0.56	0.20
废金属料	4.34	3.41
废塑料	1.13	0.61
竹料、木材	10.95	7.46
其他有机物	3.05	1.29
其他杂物	0.27	0.12
合计	100	100

7.2.2 建筑垃圾特性分析

根据建筑垃圾的特点，主要有以下三个特性。

1. 时间性

任何建筑物都是有一定的寿命的，其使用年限也是有限的。一般来说，建筑材料的生命周期通常为50～100年，而我国建筑的生命周期大多为25～30年。因此，所有的建筑物最终都会变成建筑垃圾或者被新的物质所取代，唯一的差别就是时间问题。

2. 复杂性

随着建筑行业的飞快发展，我国产生的建筑垃圾呈线性增长，数量庞大。目前，建筑垃圾主要与城市生活垃圾混在一起进行处理，因此组成成分相对较复杂，容易造成交叉污染，加大了有用物质的回收难度。

3. 危害性

与生活垃圾相比，建筑垃圾的危害是持久性的，无论是对环境还是生态。堆放场的建筑垃圾一般要经过数十年才可趋于稳定。在其稳定之前，废纸板和废木材在厌氧条件下会生成挥发性有机酸，污染大气环境，同时非金属料可使渗滤水中含有大量的重金属离子，随着地表径流污染水环境和土壤环境；在其稳定之后，建筑垃圾堆积又会占用大量的土地，导致环境的持久污染。

7.3 建筑垃圾减量化措施

建筑垃圾的减量化是指减少建筑垃圾的产生量和排放量，是对建筑垃圾的数量、体积、种类、有害物质的全面管理，即开展清洁生产。它不仅要求减少建筑垃圾的数量和减小其体积，还包括尽可能地减少其种类、降低其有害成分的浓度、减轻或消除其危害特性等。由于建筑垃圾是在建筑施工、维修管理、设施更新、建筑物拆除和建筑垃圾的再生利用等各个环节中产生的[4]。所以，建筑垃圾的产生和控制，需要从立项策划、设计阶段、施工阶段等各个环节做起。

立项策划阶段是建筑垃圾减量化的引领阶段，具有重要的作用与意义。

(1)工程立项策划需在社会、经济、环境、资源等方面体现科学性，应借助全过程工程咨询或专业咨询进行科学决策，特别是使建筑使用寿命达到预期要求，避免过早地拆除。

(2)投资者应在立项策划阶段便重视建筑垃圾减量化，落实2020年5月8日住房和城乡建设部发布的《施工现场建筑垃圾减量化指导手册(试行)》中提出的策划阶段建筑垃圾减量化措施，将建筑垃圾减量化目标与措施体现在招标文件和有关合同文本中，可对设计与施工阶段建筑垃圾减量化的实现进行有效监督与检查，落实建设单位建筑垃圾减量化首要责任。

(3)建筑垃圾减量化措施需得到投资者的支持与认同，如建筑垃圾再利用，特别是将建筑垃圾应用于新建建筑中。工厂化生产、现场装配等建造方式也应在立项策划阶段确定。

设计阶段应考虑建筑垃圾减量对整体建筑垃圾减量的重要作用，设计师在建筑垃圾减量方面的工作主要集中在以下4个方面。

(1)加强建设项目全过程管理区分新建筑工程、改扩建工程、加固工程、装修装饰工程，从建筑的全生命周期阶段考虑，细化建筑垃圾资源化利用在各阶段的减量方法。

(2)加强全过程建筑垃圾减量化设计。大部分建筑设计从业人员认为建筑垃圾产生于建造过程，与设计策略本身无关。研究表明，采用相关设计策略可减少建筑垃圾的产生，要求各专业设计人员对建筑全周期过程、建筑材料性能和建筑构件的通常尺寸有准确认识，相关标准或行业规范也应对此进行规定。

(3)合理安排设计进程。在调查中发现，我国很多建筑设计从业人员认为：由甲方的要求引起设计改动、图纸修改所导致的拖延是建筑垃圾产生的主要原因。需要求设计人员科学安排设计进程和提高设计的完整性和准确性，以减少设计过程中带来建筑垃圾的产生。

(4)提供更多信息、加强与各方的合作。需为建筑从业人员提供更多培训，让更多建筑从业人员了解并关注可拆解设计和对再生材料的使用；为使建筑垃圾减量化取得较好效果，政府、研究机构、设计师、开发商和供应商等各方的合作非常关键，尤其是建筑设计从业人员的作用需给予特别重视。

施工阶段是建筑垃圾产生的主要阶段，因此施工现场是做好建筑垃圾减量化工作的重中之重。《施工现场建筑垃圾减量化指导手册(试行)》从施工过程建筑垃圾源头减排、收集与存放、就地处置与排放控制做出了全面要求，提出了可行措施，并对建筑垃圾减量化专项方案编制内容做出了具体规定。对于源头减量化措施，《施工现场建筑垃圾减量化指导手册(试行)》针对施工全过程通用措施和适用于地基与基础工程、主体结构工程、机电安装工程、装饰装修工程等分项工程措施，全面阐述了施工阶段建筑垃圾减量化管理和技术内容，具有可操作性，需做好以下工作：①总承包单位需认真编制施工现场建筑垃圾减量化专项方案，责任落实到人；②做好设计深化和施工组织优化，在施工全过程中做到精细化管理；③加强施工质量管控，避免因质量问题造成返工或返修，从而减少建筑垃圾的产生；④注重施工现场建筑垃圾资源化利用，提高临时设施周转率和材料再生利用率，在最大限度上利用建筑垃圾。

国内学者对于建筑垃圾相关研究可归纳为以下方面。

(1)分析建筑垃圾的组成成分和产生原因、我国建筑垃圾减量化设计现状和存在的问题，对比发达国家对建筑垃圾处理的先进经验、技术方法和政策方针，提出解决方法和相关建议。

(2)着眼于建筑垃圾资源化利用和再生材料使用，例如通过对国内外建筑垃圾资源化现状的比较和分析，提出从法律、政策、管理、技术研究、标准化、源头控制、产业培育等方面入手，稳步实现建筑垃圾综合利用，是建筑垃圾资源化的最优途径。

(3)分析设计阶段减少建筑物、废弃物产生量的影响因素，归纳出建筑技术、材料管理规划、设计师行为态度、设计师能力、建筑设计、外部等6个相关方面，提取识别出35个因素，并提出相关建议和措施。

7.4 建筑垃圾的收集和运输

7.4.1 建筑垃圾的收集

建筑垃圾收集方法如下：采用厂家定制的薄壁焊接钢管，安拆方便快捷，工期短、造价低，且可重复使用；楼层出料口为封闭式喇叭口且采用活动盖板，不仅灵活性好而且可以有效防尘，且垃圾清运快捷，极大地提高了楼层建渣的清运效率，节约了人工成本；首层出料口设有无底布袋，有效地降低了扬尘。通过斜向转运通道的引导设计，释放建筑垃圾在绝对高度下重力势能，控制重物落点处的冲击力，将建筑垃圾滑落至指定位置[5]；应用变截面运输装置技术，从下到上一节一节地往上拼装、固定。

7.4.2 建筑垃圾的储存

我国建筑垃圾的利用率仅有5%，随着我国经济的发展、科技水平的不断提高、关于建筑垃圾的法律法规的出台、人们意识的提高，建筑垃圾的利用率会越来越大。我们现在需要把建筑垃圾储存到一个地方，到建筑垃圾利用率提高的时候可以应用建筑垃圾，使建筑垃圾代替其他材料，节约资源，建筑垃圾的应用可以改善市容和卫生情况，给我们的社会环境营造一种清洁、舒适的景象。

7.4.3 建筑垃圾的清运

垃圾清运系统组成包括：水平施工层垃圾清运、垂直垃圾清运和底层垃圾清运。垃圾清运步骤：水平垃圾清运确认系统执行—称重及垂直清运—底层清运之后的系统再确认。考虑到节能要求，在垃圾清运时，应自上而下清运垃圾，避免吊笼带向上运行时因有垃圾而耗费多余电能。垃圾清理不是一个简单的工序，而是一个较大的系统工程。

建筑垃圾运输车辆应该按规定的行驶路线进行行驶，做好建筑垃圾运输车辆的登记工作，做好建筑垃圾运输车辆的防护工作，禁止采用非密闭的车辆进行建筑垃圾的运输，防止建筑垃圾泄露、滴洒在道路上而对道路交通、环境产生影响。

7.5 建筑垃圾的管理

7.5.1 国外建筑垃圾的管理

发达国家和地区的相关法律法规健全，标准完善，对于建设项目建筑垃圾的产生量及回收处理率都做了明确规定。欧盟在《废物框架指令》中要求成员国相关项目建筑垃圾的回收回用比例大于 70%[6]；美国注重从源头上进行建筑垃圾减量化，1980 年制定的《超级基金法》中明确规定“任何生产有工业废弃物的企业必须自行妥善处理，不得擅自随意倾卸[7]；日本从 20 世纪 90 年代初就规定要求建筑施工过程中的渣土、混凝土块，沥青混凝土块、木材与金属等建筑垃圾，必须送往再生资源化设施进行处理[8]。研究表明，现场对建筑垃圾进行分拣及处理可以极大地减少建筑垃圾总量，比运走后再处理耗能少、污染小、成本低，因此成为建筑垃圾减量化的关键[9-10]。发达国家和地区鼓励建筑垃圾的零排放，提倡在建设项目设计阶段制定建筑垃圾的产生及处理计划，由现场分拣、筛选处理，运输等部分组成，同时，大力发展建筑垃圾的回收技术和工艺，建设并发展再生建材市场，要求项目建筑垃圾回收使用比例大于 80%[11]，政府也通过一系列措施将法律法规变成企业家的自主行为，如将项目建筑垃圾处理回收率作为批准新项目的条件，提升填埋场税率，减少建筑垃圾处理回收项目的税率，甚至发放补助等。经过几十年的努力，一些发达国家和地区建筑垃圾的回收率达到 80%以上，回收处理技术成熟，再生材料市场活跃，实现了低能耗、低污染的可持续发展。

7.5.2 国内建筑垃圾的管理

1. 钢筋工程垃圾管理

对于钢筋工程垃圾管理主要从选材、使用阶段的储存、余料回收等方面进行，流程如图 7-3 所示。对于钢筋的减量化管理措施包括在设计阶段使用高强钢筋，尽量减少钢筋用量。施工阶段应制定用料计划按需取用，在存放时注意防锈，避免损耗，在钢筋下料环节要确保按图施工，对试件的实验合格后再成批加工，分类存放，以防返工和错用。钢筋资源化包括钢筋现场再利用和社会化集中回收利用。钢筋余料可通过现场的钢筋加工厂根据型号、长短进行分类再利用，例如长筋做墙板拉结筋、短筋焊接后做定位钢筋、钢筋头做U型卡、粗筋做螺帽等。钢筋加工区每天有专人将清扫的钢筋分类归入专门的回收系统[5]。

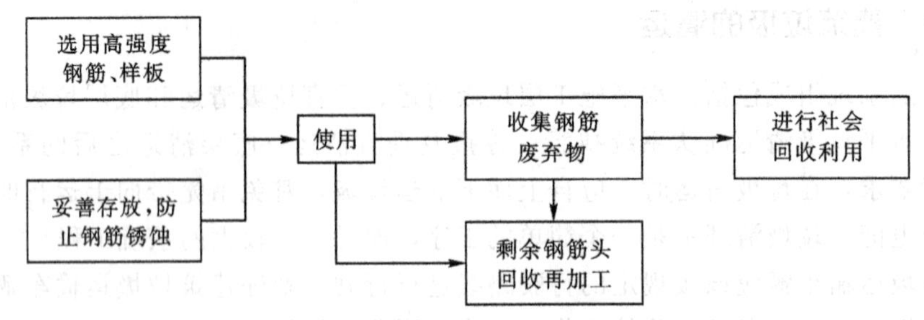

图7-3 钢筋工程垃圾回收流程图

2. 模板工程垃圾管理

模板建筑垃圾的管理减量化措施主要是加强图纸会审和放线，建立模板施工样板，减少不按图施工、测量失准和工艺造成的浪费，另外要尽可能增加周转次数，一方面可通过及时涂刷脱模剂做好保养，另一方面使用再生塑料模板等新材料。在资源化利用方面，对达到周转次数的旧模板做好回收利用，可生产木质人造板、细木工板、木塑复合材料，制造木炭、纸张等。

3. 混凝土垃圾管理

调查显示约有30%的建筑垃圾来自混凝土施工，混凝土的现场减量措施主要是合理选择绿色、高强混凝土，商品混凝土预制化，减少混凝土用量及损耗量。在施工中应根据施工进度计划合理准确安排混凝土日用量，防止余料未使用即形成垃圾，应及时检查模板的支设，做好养护避免返工。在现场的再利用方法是将余料重新制作为小垫块或其他小型构件，混凝土碎块等可以粉碎后用作回填材料。废弃混凝土的社会化利用包括分解成水泥后使用、分离出粗细骨料、天然降解等方式。

7.5.3 建筑垃圾的处理方式

目前，建筑垃圾的处理方式主要分为以下3种[12]。

1. 再生资源化利用

建筑垃圾虽然是对建筑物无用或者不需要的物质，但是在其他的地方可能会非常有用。因此，目前80%的建筑垃圾都会被用来回收利用，加工成再生骨料、混合砂石和混凝土等进行深加工，制成绿色环保的建筑材料。目前我国已有的建筑垃圾处理方式主要还是以再生资源化利用为主。

2. 回收有用物质

建筑垃圾是一种成分复杂的混合垃圾。从可持续发展的角度考虑，需要对里面可以再次进行利用的物质进行回收。一般可以回收的物质有：废塑料、木屑、玻璃、陶瓷等。

3. 填埋

建筑垃圾含量最多的就是砂石、砖块、混凝土等，可将这些废弃的天然矿物质材料用于筑路施工、桩基填料、地基基础等，或将其进行填埋处理，但是这种方法的缺点就是需要占用大量的土地。

7.6　建筑垃圾的资源化利用

7.6.1　再生骨料

再生骨料是指建筑废物中的混凝土、砂浆、石块或砖瓦等经过分选、破碎等工艺加工而成，用于后续再生利用的颗粒。再生骨料可用于生产再生骨料混凝土、再生骨料砂浆、再生骨料砌块和再生骨料砖等[13]。研究表明，再生骨料与天然骨料相比具有很多优良特征：再生粗骨料的表观密度和堆积密度小于天然粗骨料，压碎指标和吸水率大于天然骨料，其粒径分布与原生骨料有相似的变化趋势。再生骨料的制备是建筑垃圾资源化利用的第一步，也是关键所在。纵观国内外再生骨料的制备技术，基本上都大同小异，生产流程均包括预处理、破碎和筛分两个阶段。

1. 预处理

预处理主要是对建筑垃圾进行初级破碎和杂物的人工分拣(以后可发展为智能分拣或者“人工手”)，预处理阶段首先是采用颚式破碎机进行一级破碎，将大块的建筑垃圾破碎至块径 400 mm 以下，以便于后续破碎处理以及钢筋和骨料的分离。之后，如果建筑垃圾经过了源头分类，那么就可以进行二级破碎，否则的话需要经过人工分拣对其中较大的钢筋、布条、塑料、编织物等进行分拣，再回收利用，使物料更为纯净，有利于后续处理过程，具体流程如图 7－4 所示：

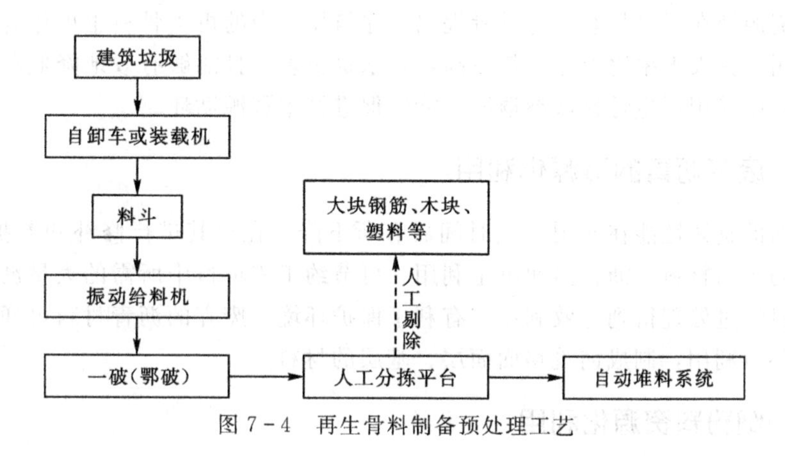

图 7－4　再生骨料制备预处理工艺

2. 破碎和筛分

破碎和筛分是生产建筑垃圾再生骨料的主要环节，可以对建筑垃圾进行进一步细碎和杂质分离。物料经过二级反击式破碎机破碎后，利用磁选工艺分选出其中的磁性有用物质，例如钢筋、铁块等，之后进入去泥筛去除 1 mm 以下的泥粉，进行自然堆放，再经风力分拣机去除物料中的木屑、塑料等轻物质。经过分拣去除杂质的物料，再经过筛分机筛分出不同规格的再生骨料，进入成品料库。对于其中粒径大于 31.5 mm 的物料，将其返回二段破碎工艺进行再次破碎。

在再生粗骨料的制备过程中，破碎工艺状况、骨料强化处理、聚合方式、加工工艺以及表面处理方式都会对再生粗骨料的强度和使用性能带来影响。再生粗骨料是再生混凝土的骨架，对后续再生建筑材料的性能起着关键作用，因此必须设定全面、科学、系统的工艺流程、分类方式及评定标准。这也将是日后再生粗骨料制备技术研究的重点所在。

7.6.2 再生骨料混凝土

再生粗骨料的制备是建筑垃圾资源化处理的第一步，之后再生粗骨料会配合水泥、石子等材料，进行深加工，制作生产绿色环保新型建筑材料。其中应用最多的就是再生骨料混凝土。

再生骨料混凝土是指将再生骨料部分或者全部替代天然骨料(砂、石)，按一定配合比配置而成的混凝土。这样既能解决建筑垃圾的处理问题，又减少了天然矿物资源的开采。目前其主要生产工艺都是将切割破碎设备、传送机械、筛分设备和清除杂质设备有机结合，完成破碎、去杂、分级等工序。因为与天然骨料相比，再生骨料有很多不同，根据其特点，对再生骨料混凝土的配合比合理设计是再生骨料混凝土制备工艺进行推广的关键。再生粗骨料混凝土由于粗骨料表面粗糙、孔隙及微裂缝多、吸水率大，使得其具有流动性差、坍落度小，但保水性和黏聚性增强的特点，因此应在保证再生骨料混凝土后期强度的基础上，有效控制粗骨料的掺杂量。

7.6.3 海绵城市建设应用

海绵具有很强的吸附力，下雨时能够蓄积水量，干旱时能够释放水源。建设海绵城市需要绝配骨料作为渗透层，一般都是采用天然骨料作为原料，但是，随着天然骨料无尽地开发利用，资源处在紧张状态。有学者提出，建筑垃圾中的再生骨料也可作为渗透层，且经过实验表明，其吸水率比天然骨料更高，蓄水量更多，且能够有效地降低环境温度，在海绵城市建设中采用再生骨料做渗透层，能够促进城市资源循环。

7.6.4 废弃沥青的资源化利用

沥青路面的整体性能在使用一定时间后有所下降。在对其进行修补和养护的过程中，会产生大量的废旧材料。沥青路面再生利用，可节约工程项目中所需的大量沥青、砂石等原材料。废料经过处理得到有效利用，有利于保护环境。废弃的沥青材料可通过分选、分离后实现循环再利用，制成铺筑路面面层、基层的材料。

7.6.5 细粉料资源化利用

建筑垃圾中的细粉料可以加以利用。对废弃混凝土磨细矿物掺料、废弃碎砖磨细矿物掺料的成分、不同细度时的标准稠度等相关物理性能的研究发现，可通过在水泥中掺入适量及一定细度的细粉料提高水泥性能。由于混凝土的主要成分为硅酸盐、碳酸盐混合物，废弃磨细粉中碳酸钙、水泥凝胶和未水化水泥颗粒，分别具有形成水化碳铝酸钙与水化碳硅酸钙，作为水泥水化晶胚和继续水化形成凝胶产物的能力，因此建筑垃圾中的细粉料是制作免烧建筑墙体材料的原料。混凝土细粉料被有效利用，可以产生巨大价值。

7.6.6 废弃塑料和玻璃的再次利用

在建筑垃圾中，会产生废弃塑料和废弃玻璃，大部分塑料在自然环境中难以降解，长期堆积会造成严重的环境污染；如果将塑料焚烧会产生有害气体，造成空气污染；废弃的玻璃堆积会带来安全隐患。因此，废弃的塑料应统一回收，由专业的塑料制品公司进行加工；废弃的玻璃可以重新熔解，经过再加工成为新的玻璃材料。

思考题：

（1）简述建筑垃圾的分类及特性。

（2）如何有效实现建筑垃圾的减量化？

（3）对不同建筑垃圾如何进行管理？

（4）建筑垃圾产量日益增长，是否可以将建筑垃圾和其他学科关联，实现建筑垃圾资源化新途径。

参考文献

[1]陶长洁，袁佩玲，闫晶，等. 建筑垃圾处理现状及资源化利用效益分析[J]. 绿色科技，2019，(08)：105－106.

[2]李灿，赵庆双，尹大刚. 我国建筑垃圾处理现状及建议[J]. 河北企业，2021，(02)：24－25.

[3]任昕彤. 建筑垃圾源头减量城市规划策略研究[D]. 北京建筑大学，2019.

[4]卢创华. 建筑垃圾减量化与资源化利用现状与对策研究[J]. 住宅与房地产，2020，(18)：276.

[5]李诗盈. 关于建筑废弃物资源化利用管理方法的法制保障研究[D]. 吉林建筑大学，2019.

[6]THE EUROPEAN PARLIAMENT AND OF THE COUNCIL. Directive 2008/98/EC of the European Parliament and of the Council of 19 November 2008 on Waste and Repealing Certain Directives[EB/OL]. http：//data. europa. eu/eli/dir/2008/98/2018－07－05.

[7]李南，李湘洲. 发达国家建筑垃圾再生利用经验及借鉴[J]. 再生资源与循环经济，2009，2(06)：41－44.

[8]蒲云辉，唐嘉陵. 日本建筑垃圾资源化对我国的启示[J]. 施工技术，2012，41(021)：43－45.

[9]HOSSAIN M U，WU Z，POON C S. Comparative environmental evaluation of construction waste management through different waste sorting systems in Hong Kong[J]. Waste Management，2017，69. 325－335.

[10]YUAN H，LU W，HAO J J. The evolution of construction waste sorting on-site[J]. Renewable & Sustainable Energy Reviews，2013，20，483－490.

[11]LI Y，ZHENG Y，ZHOU J. Source Management Policy of Construction Waste in Beijing[J]. Procedia Environmental Sciences，2011，11：880－885.

[12]王伟杰. 城市建筑垃圾处理工艺及应用[J]. 居舍，2020，(12)：61.

[13]刘海凌，刘欢文，何文华，等. 国内外建筑垃圾资源化利用管理模式研究[J]. 中国资源综合利用，2021，39(09)：96－98.

第 8 章　几种典型危险废物的资源化

8.1　飞灰的资源化

8.1.1　生活垃圾焚烧飞灰资源化

城市生活垃圾焚烧处理可以实现无害化、减量化的目标，同时垃圾焚烧中产生的热能可供发电、供热，达到了资源化利用的目的。但是，生活垃圾焚烧过程会产生大量的飞灰，其产量约为垃圾焚烧量的3%～5%。垃圾焚烧飞灰富含高毒性的重金属和二噁英，对土壤、大气及水体等环境造成严重危害。世界各国都将飞灰列为危险废物。我国于2008年将飞灰列入《国家危险废物名录》，明确飞灰在安全填埋前必须进行无害化处置，同时鼓励飞灰的资源化利用。

1. 飞灰的理化性质

飞灰主要包括烟气净化系统飞灰和锅炉飞灰。垃圾焚烧飞灰是呈灰白色或深灰色的细小粉末状颗粒。飞灰颗粒粒径大小不一，形态多呈现为长条状、多角质、棉絮状等不规则形状，孔隙率高、比表面积大，具有吸湿性和飞扬性。因烟气脱硫脱硝过程中喷射出大量的消石灰等碱性物质导致飞灰具有很高的酸缓冲能力和腐蚀性。

飞灰的主要成分是Al_2O_3、SiO_2、P_2O_5等酸性氧化物，CaO、MgO、Fe_2O_3、TiO_2、K_2O、Na_2O等碱性氧化物。飞灰的理化性质会随焚烧厂原料、焚烧方式及烟气净化系统的不同而发生变化。表8.1所示为我国部分地区飞灰的主要成分[1]，飞灰的化学组成和大部分无机非金属材料的组成相近，决定了它在建筑和土木等行业的资源化潜力。

表 8.1　全国部分地区的垃圾焚烧飞灰化学成分(质量百分比)　　单位：%

地区	CaO	Cl_2	Na_2O	SO_3	K_2O	SiO_2	MgO	Fe_2O_3	Al_2O_3
辽宁省	45.3	21.5	9.9	—	8.2	2.1	1.2	0.8	0.4
江苏省	54.57	18.59	8.525	5.7	5.112	2.537	0.833	0.773	0.511
广东省	44.4	23.7	10	6.58	5.13	4.17	1.08	1.05	0.97
湖南省	38.12	17.99	1.32	—	8.56	5.8	—	1.03	2.79
北京市	48.75	20.99	7.97	6.3	5.58	3.75	1.89	1.21	1.09
哈尔滨市	40.34	4.84	0.28	—	—	21.8	4.44	7.19	10.75
上海市	38.2	—	—	48.9	0.1	17.6	1.8	0.4	1.1

2. 飞灰的污染特性

1)飞灰中的重金属

因飞灰的孔隙率和比表面积较高，烟气中挥发性的重金属及其化合物在烟气冷却和蒸汽冷凝的过程中极易吸附在飞灰颗粒表面。地区生活习惯、环境气候差异、焚烧垃圾的组成(是否混入工业垃圾)、含水率、粒径以及焚烧炉型(炉排炉、流化床、回转窑等)、焚烧炉温度等都会影响飞灰中重金属的含量和赋存特征。焚烧飞灰中的重金属大多分布于飞灰颗粒表面，如重金属 Cd、Pb、Sb、Zn、As 等易挥发元素大多富集于小粒径的飞灰上，重金属 Hg 则分布在粒径较大的飞灰上，重金属 Cr 的分布则较其他重金属范围更广；其他微量金属如 Fe、Ti、Rb、Mn 等在焚烧过程中不容易挥发，故大多存在于飞灰颗粒内部的稳定矿物相中。

表 8.2 显示了我国城市生活垃圾焚烧飞灰中重金属平均含量。总体来看，Zn、Pb 和 Fe 最多，Cu 次之，Cr 和 Ni 相对较少。飞灰重金属含量超标，如果不加处理直接进入垃圾填埋场，在自然环境作用下，飞灰中的有毒有害物质易进入土壤、大气、地下水等与人们生活密切相关的环境中，危害人类的健康。依据 GB16889—2008《生活垃圾填埋场污染控制标准》和 HJ /T 300—2007《固体废物浸出毒性浸出方法醋酸溶液缓冲法》，表 8.3 列举了全国部分地区原飞灰中重金属的浸出浓度。

表 8.2　飞灰中的重金属平均含量　　单位：$mg \cdot kg^{-1}$

项目	Hg	Zn	Cu	Pb	Cd	Ni	Cr	Fe
平均值	52	4386	313	1496	25.5	60.8	118	25777

表 8.3　全国部分地区原飞灰中重金属的浸出浓度　　单位：$mg \cdot L^{-1}$

项目	Pb	Zn	Cu	Cd	Cr	Ba	Ni
HJ/T 300—2007	0.25	100	40	0.15	4.5	25	0.5
江苏省	3.097	8.518	2.108	0.488	0.146	—	—
湖南省	4.55	0.30	0.02	—	—	2.81	—
北京市	2.53	33.94	5.60	—	0.32	—	—
上海市	12.13	19.2	2.2	1.07	0.38	—	—
成都市	1.91	4.13	—	0.008	0.12	—	—
杭州市	8.747	44.660	0.220	ND	0.081	—	0.012
武汉市	2.16	52.15	11.00	ND	0.56	—	—

"—"指研究中未对该重金属进行检测，"ND"表示测量值低于检测限值

2)飞灰中的二噁英

在《关于持久性有机污染物的斯德哥尔摩公约》提出的禁止或限制使用的 12 类持久性有机污染物中，二噁英类物质的毒性最强，是致癌、致畸、致突变的污染源，对生物生存产生了严重威胁。二噁英(结构式见图 8－1)主要包括 75 种多氯代二苯并二噁英(PCDDs)和 135 种多氯代二苯并呋喃(PCDFs)。由于多氯联苯的毒性和化学性质与 PCDDs 相近，因此也被纳入二噁英类物质的范畴。

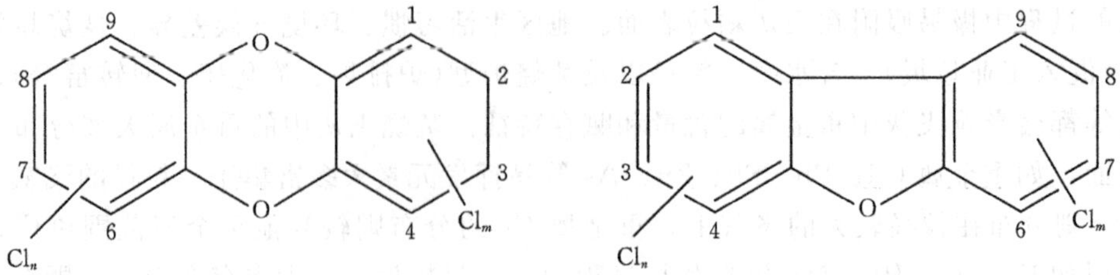

(a)PCDDs　　(b)PCDFs

图 8-1　二噁英结构式

生活垃圾焚烧过程中，二噁英会伴随尾气、底灰及飞灰排放。由于飞灰的比表面积很大，焚烧烟气中很高比例的二噁英会被吸附在焚烧飞灰的表面，飞灰对焚烧源二噁英排放贡献最大，为 58%～88%。焚烧飞灰中二噁英的形成有两个可能的途径，除 De Novo 合成(从头合成)外，还包括与二噁英结构相似的气相前驱物低温催化合成。焚烧飞灰作为异相催化剂，在上述两种合成途径中都较为重要。杭州某生活垃圾焚烧炉长期监测结果显示，飞灰中二噁英含量为 0.74～4.46 ng TEQ/g(TEQ，Toxic Equivalant Qualily，毒性当量)。另有研究表明，机械炉排炉焚烧飞灰中的二噁英含量约为 6.7 ng TEQ/g；流化床焚烧炉为 0.8 ng TEQ/g。

3)飞灰中的可溶性氯盐

飞灰中含有大量氯盐，高浓度的氯化物使飞灰处置时存在污染水体、增加重金属等污染物浸出的风险，如 Pb 和 Zn，而且无机氯盐还会对飞灰固化/稳定化的效果及资源化利用过程带来困难。飞灰中的溶解盐主要为 Ca、Na、K 的氯化物，质量分数高达 20%以上。颗粒尺寸越小，飞灰中的金属氯化物含量越高，且随着颗粒尺寸减小，其中重金属含量增加，而重金属多以氯化物的形式附着在飞灰上，这是使小颗粒飞灰上氯增加的原因之一。

由于焚烧垃圾的种类与成分和焚烧技术的不同，产生的垃圾焚烧飞灰中可溶性成分与含量也有一定差异。例如，韩国垃圾焚烧飞灰中氯盐含量分布较小，约为 112～126 g/kg。而我国大陆地区城市生活垃圾成分复杂，飞灰中氯盐含量分布较广，为 80～201 g/kg，反映出我国飞灰氯盐的污染潜力更大。为防止飞灰淋滤渗出造成水体污染污染环境，我国飞灰的安全处置需要同时考虑氯盐淋滤渗出关联的处理工艺。

8.1.2　飞灰的解毒预处理技术

由于飞灰中重金属、持久性有机污染物和可溶性盐的含量较高，必须对飞灰进行处理以降低其毒性从而避免对环境和人类健康的负面影响。目前，生活垃圾焚烧飞灰多在经过系列预处理后进行安全填埋。飞灰的预处理一方面能够降低其毒性从而确保其符合填埋标准，另一方面可以促进其有用组分的再利用，预处理技术总体上可分为提取分离、热处理、固化与稳定化三大类[2,3]。

1. 提取分离

提取分离法是指将重金属与飞灰分离，分别进行资源化处理，常用方法为水洗、酸提取以及生物提取等。

水洗主要是通过使用液体溶液(通常为水或酸)来减少氯化物、可溶性盐和飞灰中重金属含量。目前，飞灰中氯化物的去除技术还较为单一，研究表明水洗是氯化物去除的一种较有效的处理方法。通过水洗技术将飞灰中的氯化物转移至液相，再对水体进行脱氯处理，可有效去除飞灰中的高浓度溶解盐，为后续的固化、金属回收及其他处理方式做前期准备。研究表明，水泥固化前将飞灰进行水洗，减少其中盐含量，可有效降低水泥的消耗量，且可增强固化体强度，降低固化体重金属浸出毒性。

关于酸洗的使用，已证明磷酸(H_3PO_4)和硫酸(H_2SO_4)可有效去除重金属 Pb、Zn 和 Cu，相较而言 H_3PO_4 效果更佳。液/固比(L/S 比)、温度、混合时间或混合速度对洗涤效果的影响很大，可适当控制操作变量以达到优化洗涤效果的目的。在从灰分中提取重金属并进一步从浸出溶液中回收时，重金属的浸出取决于萃取溶剂的类型、pH 和 L/S 比。一些研究报道了使用螯合剂来回收 Cr、Cu、Pb 和 Zn，如 EDTA(乙二胺四乙酸)、硝酸铵、氯化铵和一些有机酸，将它们的效率与通常的无机酸和水进行比较。对比发现，用强无机酸会导致引入许多其他元素，而有机酸作为金属浸出剂无效果。又由于浸出剂的性状不同，一种浸出剂难以同时回收所有金属。目前，一些学者研究出了一种生物浸出方式，可代替传统的化学浸出，且避免了使用化学品，更为绿色环保。

生物浸出是在微生物的作用下将重金属溶出的一种湿法冶金方法。其中，应用最广泛的是氧化亚铁硫杆菌，其次是氧化硫硫杆菌和铁氧化钩端螺旋菌。当前国内外关于生物沥滤机制有两种观点，一种为直接作用机理，即一般矿物颗粒表面微生物通过细胞外多聚物与矿物表面金属直接作用，矿物金属在特定酶的作用下以离子的形式浸出。另一种为间接作用机理，指矿物中金属是在化学反应过程中逐步浸出的，期间没有微生物的直接作用。

2. 热处理

热处理可分为熔融、玻璃化或烧结，其目的是减少残留物的体积，产生更均匀、更致密、更耐浸出、更稳定的产品，实现废物的再利用。这种处理确保了残留物的完全脱毒，然而，应用于飞灰原料处理碱金属氯化物和硫酸盐以及其他挥发性金属化合物时效果不佳。一些研究表明，在此过程中可以通过使用特定的添加剂、控制适当的温度、进行预处理等方式避免重金属挥发，实现其固定化。冷却方法对残渣的最终特性及浸出性有很大影响，因此也需特别注意。如今，热处理方法研究方向逐渐趋向于等离子体高温处理。最具代表性的是日本田熊公司自 20 世纪 90 年代初便开始进行用于焚烧飞灰和底灰的混合灰渣处理的石墨电极等离子体熔融技术的研发，并于 1998 年达到 25 t/d 的飞灰处理规模，最终实现了垃圾焚烧飞灰与底灰的石墨阴极等离子体熔融技术的工业应用。

3. 固化/稳定化

固化/稳定化(solidification/stabilization，S/S)处理是用于生活垃圾残留最常见的方式。S/S 工艺产生的材料的物理、化学性质和机械性能均较佳，可更好地降低废物基质中污染物的可浸出性。固化是指将残余物与不同的黏合剂(有机或无机)混合以获得固体基质，从而避免污染物的浸出。化学稳定化旨在将污染物转化成化学上更稳定，毒性更低的化合物。用于化学稳定化处理的试剂是氧化剂、还原剂、吸附剂或沉淀剂等。水泥固化技术是目前最常用的固化技术[4]，其是将水泥与飞灰混合后形成固化体以减少有害物质溶出，降低其渗透性，使其稳定化、无害化。熔融固化是指一种运用电力或燃料炉燃烧的方式将飞灰和细小的玻璃质混合，在 1400 ℃高温下，使飞灰熔融形成玻璃固化体，提高重金属的稳定性。熔融固化法处理后飞灰减量达 70%左右且熔融后的重金属的毒性、浸出量均较低，但成本较高。化学药剂固化是指利用有机或无机药剂将重金属离子转变为低溶解性、低迁移性及低毒性的沉淀物或稳定的络合物。其中，有机药剂大多是水溶性的高分子类螯合剂，与重金属进行配位反应，生成不溶于水的稳定的络合物；无机药剂则是通过与重金属反应形成不溶于水的金属化合物。熔融/玻璃固化是目前公认的一种最稳定、最安全的固化方法，不但能使重金属长期稳定化，同时也是唯一能彻底处理二噁英的方法。熔融/玻璃固化的缺点是成本太高，国外许多学者将飞灰玻璃化后进一步转化为高附加值的微晶玻璃材料，同步实现飞灰的固定化和资源化[5]。

8.1.3 飞灰资源化技术

飞灰资源化利用需要从技术经济性和环保性两方面考虑，即资源化后的产品须满足有关标准对性能的要求且具有较低的成本，同时该产品符合相关环境标准并具有长期稳定性。飞灰的资源化利用主要集中在建筑及农业等领域。

1. 制备水泥

垃圾焚烧飞灰中的主要元素以 Ca、Si、Al、Fe、K、Na 为主，与一般矿物的元素组成较为近似，焚烧飞灰的主要氧化物包括 CaO、SiO_2、Al_2O_3、Fe_2O_3，含量较低的氧化物包括 MgO、SO_2、TiO_2、P_2O_5、K_2O、Na_2O，而这两部分在硅酸盐水泥熟料中分别占95%以上和5%以下。因此，焚烧飞灰在组成上与硅酸盐水泥熟料具有相似性，可部分替代生产水泥的原料，用于制备水泥。Kai 等[6]研究了用垃圾焚烧飞灰部分替代硫铝酸盐水泥的原料，结果表明该水泥原料中飞灰的添加比例最高可达30%，该水泥水化反应形成的固化体所有重金属元素的浸出毒性都低于浸出标准的限定值，尽管结果表明该水泥不会造成环境问题，但其长期浸出毒性仍待进一步考证。

除此之外，飞灰也可被间接用作水泥烧制原料，因为飞灰中的氯元素含量较高，直接使用会影响水泥的品质，损害水泥制造设备。北京金隅琉璃河水泥厂建成了国内首条水泥窑协同处置飞灰生产线，此项生产工艺包括飞灰水洗预处理、污水处理、水泥窑煅烧。飞灰经水洗预处理能够去除氯离子和钾、钠等物质，虽然重金属没有被有效去除，但利用水泥窑处置后的飞灰重金属固化率已达 99 %以上。基于重金属回收的处理目的，某公司用8%～12%的 Na_2S 溶液和 8%～12%的 $FeSO_4$ 溶液对飞灰进行水洗预处理，水洗液通过絮凝分离、结晶蒸发进而回收重金属，处理后可获得工业用盐。

垃圾焚烧飞灰直接或间接用作水泥原料，不仅可以节约资源，也能减少温室气体(主要是 CO_2)的排放，同时水泥窑煅烧过程中能降解飞灰中的有机污染物，符合资源回收和环境保护的要求。

2. 制作混凝土

同样是因为飞灰的类水泥性，国内外很多研究表明飞灰可以用来制备混凝土和轻骨料。混凝土是凝胶材料将集料胶结成整体的工程复合材料的统称。一般水泥做凝胶材料，砂石做集料。Siddique[7]研究了将飞灰作为原料直接加入到水泥里面，发现重金属的存在会影响凝结时间，且飞灰添加量超过 10 %的时候，会对混凝土的强度造成不利影响。Aubert 等[8]研究了用飞灰制备混凝土，他们通过飞灰在制备混凝土前经过水洗脱除可溶性的氯盐、磷酸化固化重金属及煅烧降解有机污染物等预处理步骤，从硬化混凝土的抗压强度、耐久性、浸出毒性评价飞灰制备混凝土的效果，并以添加相同量沙子的混凝土作对比。结果表明添加飞灰制备的混凝土不会导致混凝土强度的下降，其表现和相同添加量的沙子相似，混凝土的浸出毒性不会对环境有危害。

飞灰和黏土通过烧结能够制备出高性能骨料，但是添加量只有3 %。固化稳定化后的飞灰经养护、破碎后粒径<2.36 mm，可以作为土聚凝胶类的细集料，再配合砂石、土聚凝胶石屑细集料以及石砾、矿渣粗集料混合，与加热形成半流动态的沥青混合，制作成沥青混凝土。经此法获得的混凝土的重金属浸出满足Ⅲ类水体质量要求，可用作铺设高速公路。

3. 合成微晶玻璃

飞灰通过熔融固化可获得微晶玻璃，熔融固化是飞灰加热到熔融温度(1200～1600 ℃)时，飞灰中的有机物气化、分解，重金属被固定在Si－O的晶格中。熔融技术的减容率最高，可减至1/2～1/3。微晶玻璃有三大体系，每个体系表现出不同性质：Li_2O-ZnO-SiO_2系耐高温、绝缘性能好；CaO-MgO-Al_2O_3-SiO_2有良好的力学性能和机械性能；LiO_2-Al_2O_3-SiO_2有优异的低膨系数、耐高温以及透明性能。而且，飞灰熔融固化生产的玻璃具有良好的机械强度，是制作路基材料、喷砂、瓷砖、陶瓷、土砖等建筑材料的理想原料。熔融固化技术目前在日本和欧洲都有应用，但熔融技术能耗高，未经除氯的飞灰直接进行熔融会使重金属以氯化物的形式挥发。目前在国内的研究侧重于降低熔融温度。王正宇等[9]证实了飞灰低温固化的可行性，也证实通过添加氧化硼、氟化钙、硼砂可把飞灰熔融温度降至1000 ℃以下。樊国祥等[10]研究了添加不同的矿物质对飞灰熔点降低的影响，研究表明，原始飞灰熔点在1200 ℃，锂辉石、萤石、重晶石、四硼酸锂这些添加剂的加入对飞灰的熔点降低量分别是60 ℃、130 ℃、90 ℃、240 ℃，还发现处理温度能够决定熔渣结构的致密性和光滑性。

4. 制备陶瓷、烧结砖

垃圾焚烧飞灰成分包括CaO、SiO_2和Al_2O_3，研究表明其可替代部分黏土生产陶瓷。张晗等[11]将生活垃圾焚烧飞灰和废玻璃以一定比例混合均匀作为原料，加入碳酸钙作为发泡剂，H_3BO_3作为助熔剂，在一定温度下制备多孔陶瓷体。实验结果表明：废玻璃熔融固化飞灰时生成了以硅酸钙为主的玻璃晶相；多孔陶瓷的孔径随烧结温度的升高而减小；助熔剂和发泡剂有助于多孔陶瓷的孔径往大的方向变化。当制备陶瓷的玻璃化温度超过900 ℃时，所制作多孔陶瓷中的重金属浸出毒性满足国家卫生填埋标准。

Lin[12]利用飞灰烧结制砖，飞灰以10 ℃/min的速度加热到800～1000 ℃，烧结6 h。烧结制得的砖经测量烧失量、收缩率、密度、吸水率及抗压强度等性能，表明其符合二级砖国家标准的要求，同时其重金属浸出不超过标准的限定值。除此之外，用飞灰部分替代黏土烧结瓷砖，当添加量达到20%时，在960 ℃的温度下烧结，其抗压强度高达18.6 MPa/cm^2，吸水率只有7.4%，重金属的浸出量较低，这主要是因为烧结过程中重金属被固定在其中。

5. 用作路基材料

飞灰做路基材料必须在满足建筑材料性能要求的同时，对环境影响也较小。因飞灰本身属于危险废弃物，直接作为路基材料对道路土壤和地下水有严重污染风险。利用炉底灰渣做道路次基层材料，底灰渗出液中重金属的浓度低于限定值，这表明了底灰做路基材料的安全性。但飞灰中重金属含量要远高于底灰，因此飞灰用作路基之前需要进行无害化处理，目前关于这方面的研究较少。

6. 用作吸附材料

飞灰因其多孔性和比表面积大的特点，适合用作吸附材料。朱彧等[13]研究了在其他条件完全相同情况下，对比两种不同性质的生活垃圾焚烧飞灰、热电厂粉煤灰以及砂土对 H_2S 气体的吸附性能。实验结果表明，生活垃圾焚烧飞灰对于 H_2S 的吸附能力强于其他两种吸附材料，吸附 H_2S 后的飞灰其浸出液金属离子浓度下降较明显。李夫振等[14]研究了生活垃圾焚烧飞灰对亚甲基蓝的吸附性能，探究了飞灰粒径、用量、温度、pH 和初始浓度等因素对吸附效果的影响，研究表明，经过 180 min 吸附，能使亚甲基蓝脱色率达到 75%以上，最佳条件下可达 99.46%。但吸附上清液中 Pb 含量高于浸出毒性的限定值，若能通过固化降低飞灰中 Pb 的含量，飞灰用于处理染料废水将有巨大潜力。

7. 用作土壤改良剂

飞灰中含有大量的钾和磷，这正是植物生长所需的肥料，因此飞灰有作为肥料利用的潜力；同时，因为飞灰中含有大量的 CaO，可以调节土壤的酸碱性，具有改良土壤的能力。但飞灰中的重金属渗透到环境中，通过物质循环会转移到动植物体内，危害其生命健康，且飞灰中高溶解的盐可能会导致某些植物脱水死亡。

8.2 油田油泥的资源化

8.2.1 含油污泥的性质

含油污泥(简称油泥)是指混入原油、各种成品油、渣油等重质油的污泥，是石油化工中一种重要的固体废弃物。含油污泥一般是具有刺激性气味的黑色黏稠物质，主要由水、有机质(PHCs)、固体颗粒(土壤、砂等)三部分物质组成，由于在原油开采、运输、储存以及油品开发过程中添加了大量的稳定剂、高聚物及其他化学添加剂，逐渐形成了高度稳定、高度乳化、难以处理的物质。据估计，每开采 500 t 石油，就会产生 1 t 含油污泥。含油污泥的产生量跟石油的开采、加工、储存过程相关。例如在储存过程中，储泥罐的物性影响着罐底泥的产生量，使用相对致密的储层会降低油泥的产生量。油泥中含有大量病原菌、寄生虫、重金属、有机物等污染物，因此含油污泥已被列入《国家危险废物名录》中，属于 HW08 废矿物油与含矿物油废物类。

含油污泥处置不当会对人体健康和环境造成严重的损害。含油污泥通常具有以下特点：

1. 乳化严重

含油污泥中含有天然乳化剂及黏合剂，有机质主要包括脂肪烃化合物，芳香烃化合物，含 S、N、O 的杂原子物质以及胶质沥青质化合物。脂肪烃化合物和芳香烃化合物虽然占到 70%以上的含量，但是占 10%～20%的胶质沥青质化合物含有亲水官能团能起到乳化剂亲油性的作用，促进含油污泥保持稳定乳化状态。另外，油泥产生过程中，人为添加的表面活性剂、高聚物质和提高采收率物质，加重了乳化程度，使得含油污泥处理难度增高。

2. 含油污泥是多相稳定体系

含油污泥是固体颗粒、水、有机质及重金属组成的稳定的体系，含油污泥具有双电层和带电性，小分子无机盐起到稳定油水界面膜的作用。油泥颗粒细小，油、水密度接近，固相难以沉降，油相、水相、固相分离困难。含油污泥包含大量带负电荷的亲水性胶体粒子，水油乳化结构一般为水包油(O/W)或者油包水(W/O)，由于胶体表面的亲水性和水合作用，污泥颗粒表面会包覆有单层或多层水膜，阻碍颗粒间的相互聚集，同时污泥颗粒表面均带有负电荷，颗粒之间相互排斥使体系处于稳定分散的状态。

8.2.2　含油污泥的减量化、资源化处理

尽管含油污泥具有危害大、处理难度高的特点，但是因其含有有机油分，并且具备一定的热值，因此具有资源化的潜力。含油污泥的有效治理和资源化成了当前石油化工和环境领域的研究热点。目前针对油田不同含油污泥的减量化、资源化处理方法主要有热洗法、溶剂萃取法、焦化法、热解法、焚烧法、调质技术、调剖技术等。

1. 热洗法

热洗法又称热脱附法，先将含油污泥与水混合使其稀释，然后再将化学药剂添加其中(破乳剂和絮凝剂)，油受到化学药剂的作用从固相表面脱附，从而实现固液分离。经化学药剂热洗后，油泥中的泥沙、水和油三相之间的界面状况改变，原油的黏度得到降低，因此原油得以从泥沙表面脱落。后经过静置或离心等操作油分得以分离，实现了油泥的资源化回收。含油量高且乳化程度低的含油污泥，如落地油泥，适合用热洗法进行处理。热洗过程如图 8-2 所示。

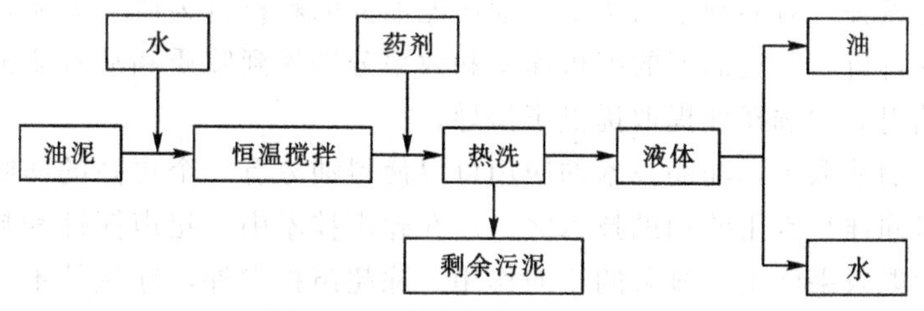

图 8-2　油泥热洗过程示意图

在热洗技术中，操作条件对于油分回收的效率具有重要的影响。液固比、破乳剂的添加量、絮凝剂的添加量、热洗温度、热洗时间、热洗搅拌强度、热洗体系 pH 值和热洗次数等都对含油污泥的热洗效果有较大的影响。通过热洗，可以实现油泥中油分的充分回收。另外，将几种有利于油水分离的药剂进行复配，可以调配出具有较好回收效果的复配清洗剂。表面活性剂、絮凝剂等都可用于调配含油污泥的清洗剂。生物表面活性剂同样有利于对油田油泥中的油分进行回收，例如槐糖脂可用于对油田油泥进行清洗回收。同样地，液固比、表面活性剂浓度、热洗温度、时间、搅拌速度等操作条件会对油分回收效果产生影响。通过此方法，油分也可以得到充分的回收。

在含油污泥的热洗回收中，采用一些联合处理工艺或者采用辅助技术也有利于油分的回收。例如，化学热洗-生物降解联合处理工艺被用于回收油分。同时热洗工艺常伴随着一些辅助技术，超声则是一项有效的辅助技术。在合适的频率和超声功率下，油的去除率可达到 80%以上。

2. 溶剂萃取法

溶剂萃取法指将油泥与溶剂按一定比例混合，根据相似相溶原理，水、固体颗粒和碳质杂质被排除在萃取溶剂之外，然后将溶剂和油的混合物进行蒸馏，油分得到分离回收。该方法同样适用于含油量高的污泥，具有简单有效、处理时间短的优点，但是在溶剂回收时需要加热，这增加了溶剂萃取工艺的能耗，使得成本上升；并且有机溶剂多被用于含油污泥油分的萃取，因此这也会对环境造成一定负面的影响。油泥溶剂萃取过程如图 8-3 所示。

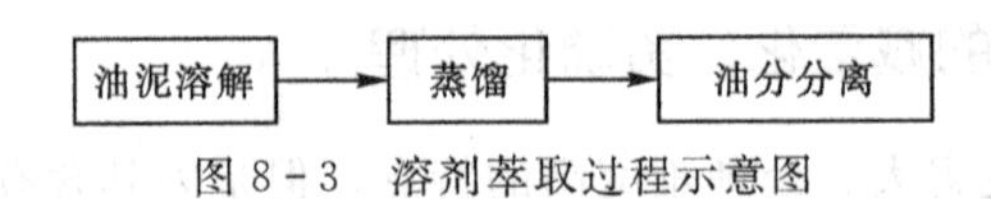

图 8-3　溶剂萃取过程示意图

有机溶剂多被用于含油污泥的溶剂萃取工艺中的萃取剂，近年来多种有机溶剂被研究和应用于含油污泥的油分萃取。以轻质油为萃取剂，近年来提出了一种“调质预处理＋三级循环萃取＋离心分离＋萃取剂回收”的含油污泥回收工艺。该工艺在合适的搅拌速率、加热温度、搅拌时间、萃取剂用量下，含油污泥的脱水率大于 80%，脱油率大于 90%，油分得到了充分的回收。此外萃取剂的回收率也达到了 90%以上。这一工艺还降低了有机溶剂对环境的影响。含油污泥组成成分复杂，成分简单的萃取剂只能对含油污泥中部分组分进行有效萃取，而难以对全部组分都有一个好的萃取效果；成分复杂的萃取剂则能对含油污泥中尽可能多的组分达到好的萃取效果。因此成分较为复杂的萃取剂，例如包含了烷烃、环烷烃、苯系物等多种成分的石脑油，就可以有效提取含油污泥中的不同成分。另外，含油污泥的含水率越小，萃取效果越好，且萃取出的油质也更好。因此脱水是溶剂萃取重要的预处理过程。对溶剂萃取法中含油污泥油分的解析行为研究表明，污泥中的介孔抑制了油分子的解析，并且油泥的解析速率和效率分别受到胶质和沥青质的影响。这为工业中油泥轻质油组分的选择性提取提供了指导。

在油泥油分的萃取中，辅助技术的应用可以使得油分有一个更高的回收率。与热洗法类似，超声技术同样是常用的辅助技术之一。在超声技术中，超声探针和超声浴两种超声辅助方式均对萃取效果产生了显著的正向作用。除超声技术外，冻融技术也被用于油分回收。冻融技术与有机萃取剂联合使用时，石油烃的提取率得到显著提高，回收油的品质也得到了提升。

用于油分萃取回收的溶剂种类、形式多样，多为有机溶剂。但一些新型的萃取剂也被投入研究。例如离子液体 1-乙基-3-甲基咪唑四氟硼酸盐[Emim][BF_4]与有机溶剂环己烷的混合液体可作为萃取剂对含油污泥进行萃取。研究表明，环己烷、[Emim][BF_4]、含油污泥混合时，在油/溶剂-离子液体的界面处会出现一层黑色的膜，膜中包含了一些油分。回收这些油分可以提高油的回收率。在萃取溶剂中加入离子液体之后，油泥中油分回收效率得到显著提高；并且在离子液体用量较少时含油污泥的油分萃取效果就能有较好的改善，而离子液体用量继续增大则并无明显继续改善效果。在合适的溶剂种类、溶剂用量、温度、时间、离心机转速等操作条件下，油泥中的油和沥青质都可以得到好的回收。

除离子液体外，超临界流体同样可以作为油分回收的萃取剂，如超临界水(scH_2O)、超临界 CO_2($scCO_2$)等。这些物质的优点是避免了有机溶剂的使用，环境友好性更好。通过 scH_2O 提取的油分含有较低的沥青质，而且金属和非金属杂质的含量也低。$scCO_2$ 萃取含油污泥技术中，油分中的饱和分和芳香分可以得到回收，而胶质和沥青质则残留在油泥中，不会被回收。此外还有一些具有创新性的萃取方法也在近年来得到了研究。例如用蒸汽喷射的方式来提取油分，蒸汽喷射降低了油的黏度并且提高了油分的浮选效率。此外，Wu等[15]研究了水强化 CO_2 从油泥中萃取油分的方法。该方法将含油污泥与水、CO_2 混合，使油在一定的温度和压力下膨胀，离开固体颗粒，在重力作用下上浮到水相的顶部界面，在最佳操作条件下油分的回收率达到了80%以上。这些方法都无需使用有机溶剂，对环境比较友好。但是与有机溶剂相比，以上这些萃取剂的萃取效率仍需要进一步的提高。

3. 热解法

热解法是在高温、无氧条件下，油泥中的烷烃、环烷烃、胶质、沥青质等组分进行热转化，生成燃料气、液相油品以及焦炭的技术。由于其惰性气氛，热解技术具有一些优点。与焚烧相比，热解可以有效遏制二噁英的生成，同时氮氧化物、硫氧化物的生成也很少。热解技术处理得更彻底，同时对油泥的减量化效果好，并且资源回收率高。焚烧是直接产生大量的热，而热解产生的主要是燃料气、燃料油和固体焦炭。热解技术被认为是一种具有广阔前景的资源化技术，成为近年来研究的热点。含油污泥热解过程如图8-4所示。

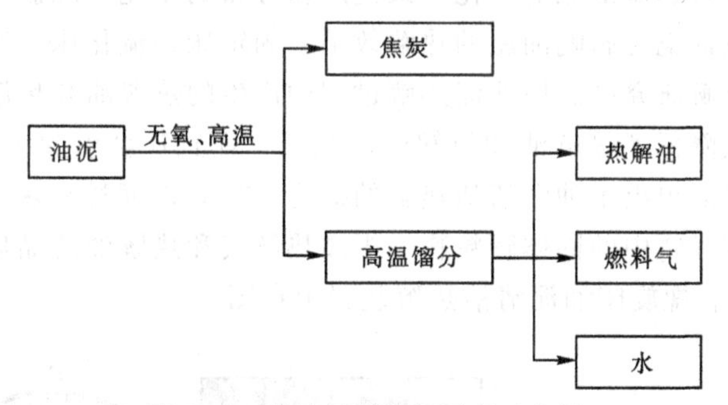

图8-4　含油污泥热解过程示意图

不同升温速率下油泥热解的TG和DTG曲线如图8-5所示[16]。从图8-5中可以看出，随着升温速率的增加，油泥热解的TG和DTG曲线向高温区移动，升温速率越大，DTG曲线出现的峰值越大。油泥热解主要有三个失重区间，与之相应的DTG曲线上有三个明显的失重峰，分别为挥发阶段、一次失重阶段和二次失重阶段。油泥热解失重的第一个阶段是水分以及一些低沸点烷烃类的析出，温度范围是室温～105 ℃，失重量是4.88%～5.80%，主要是油泥中部分表面水、戊烷、己烷、庚烷等挥发。第二阶段是一次失重阶段，温度区间是105～550 ℃，失重量是20.90%～21.92%，在该阶段油泥中的有机物直接挥发或者经裂解反应后生成相对较小分子量的有机物挥发出来。由DTG曲线图可以看出105～400 ℃阶段有的峰值较大，该阶段是油泥热解的快速失重阶段，主要是低沸点烃类物质的挥发：而400～500 ℃的温度区间内也出现一个小峰，该阶段是主要的油泥裂解反应阶段，有大量的烷烃产生，大分子的C—C键断裂，生成小分子烷烃逸出，C—H键断裂，生成烯烃，还会发生环化反应生成芳香烃。第三阶段是二次失重阶段，温度区间是550～780 ℃，失重量是4.31%～4.76%，该阶段主要是油泥残渣中无机碳酸盐等发生了分解反应所造成的。

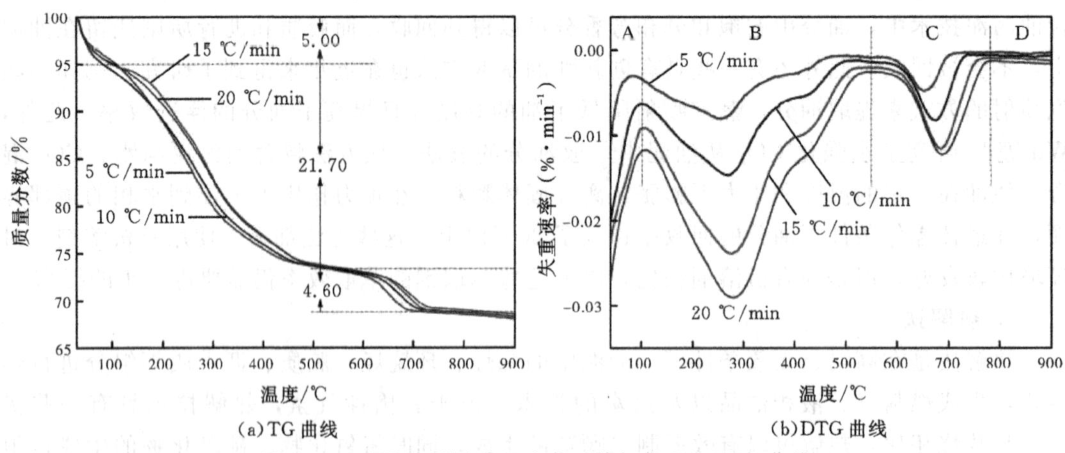

(a)TG 曲线　(b)DTG 曲线

图 8-5　油泥在不同升温速率下热解的 TG-DTG 曲线

除升温速率外，含油污泥的热解受到热解温度、停留时间等不同操作条件的影响。对含油污泥的低温热解研究表明，热解的终温、时间和氮气流速都会对热解产物产生影响。随着热解温度的升高，焦炭、热解油的产量减少，而气态产物的产量则会增加。温度的升高会促进大分子的分解和短链烃的气化，致使产物分布的变化。除温度、时间、氮气流速等参数，反应器的设计也会影响油泥的热解效果。固定床、流化床、回转窑、螺旋床等都被用于含油污泥的热解研究中。但油泥热解过程中产生的热解油和热解气中通常含有大量的固体颗粒物，不仅降低了热解油和热解气的品质，而且还会引起下游管道堵塞。因此，西安交通大学研究团队提出了油泥清洁热解的概念[17-18]，即通过在热解反应器中内置膜组件，原位去除热解挥发物中的固体颗粒物，提高热解气和热解油的品质。图 8-6 和图 8-7 分别给出了固定床和螺旋床油泥清洁热解装置示意图。

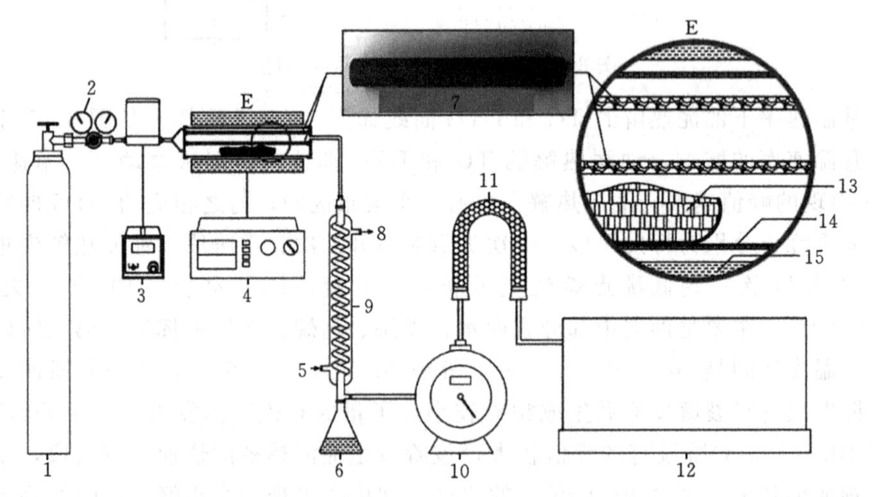

1—氮气瓶；2—流量计；3—流量显示仪；4—温控装置；5—冷却水入口；6—冷凝收集装置；7—膜组件；8—冷却水出口；9—冷凝装置；10—气体流量计；11—干燥器；12—气相色谱仪；13—含油污泥；14—热解反应器；15—管式炉。

图 8-6　固定床油泥清洁热解装置示意图

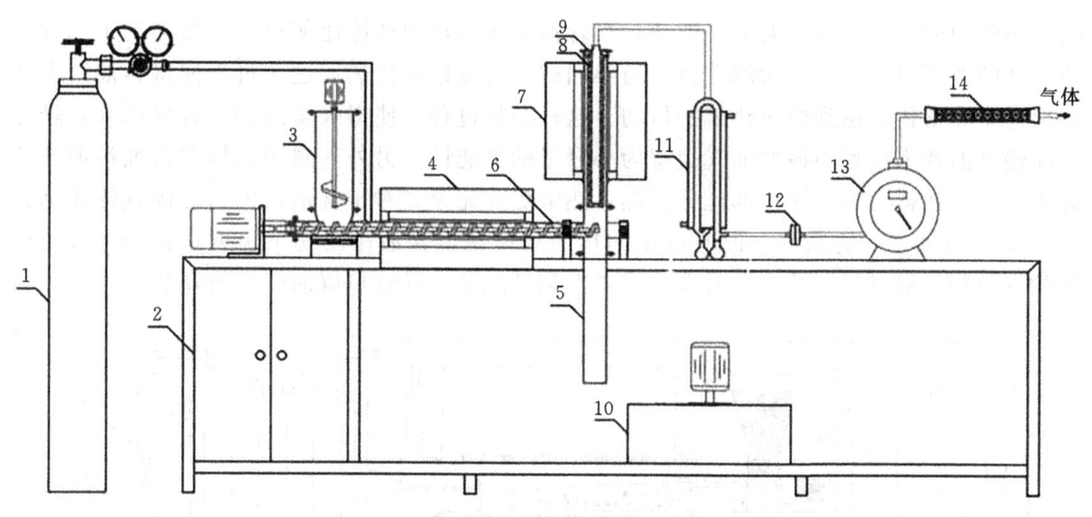

1—氮气瓶；2—控制柜；3—进料仓；4—管式电炉 A；5—残渣收集仓；6—热解反应管；7—管式电炉 B；8—膜组件；9—催化过滤反应管；10—冷却水；11—冷凝装置；12—气体颗粒过滤器；13—湿式流量计；14—干燥管。

图 8-7　螺旋床油泥清洁热解装置示意图

通过对比研究发现膜组件对油泥热解油气中的颗粒物具有显著的去除效果，图 8-8 显示了螺旋床油泥热解过程中使用膜组件和不使用膜组件所得热解油样的外观和显微镜图像。从图 8-8 中可以看出，没有使用膜组件所得热解油是黑色不透明的液体，其显微镜图中可以看出油中混杂着一些固体小颗粒，而使用膜组件后所得热解油为棕色透明的液体，其高倍显微镜图中没有明显的固体小颗粒。所以，在油泥热解反应中，高温膜组件对热解油和热解气中颗粒物的去除都具有较好的作用。此外，通过在膜组件上负载 Ni 等活性金属，可以实现在颗粒物去除的同时，热解油气的催化改质。

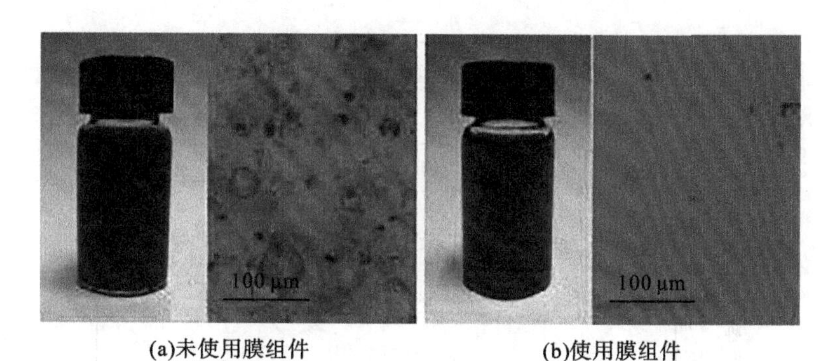

(a)未使用膜组件　　(b)使用膜组件

图 8-8　油泥热解油样

回转窑也是一种常见的油泥热解反应器，其装置示意图如图 8-9 所示。对于高黏度的含油污泥，在一般热解过程中会存在结团结焦的现象，结团会导致含油污泥内部受热不均匀，以致热解不充分。回转窑内的热固载体，随着窑体的运动，不断地与含油污泥进行接触并伴随着回转运动。在这个运动过程中，不仅完成了热量的传递，同时也使得含油污泥破碎，防止其结团，达到热固载体与含油污泥内部的充分接触。图 8-10 给出了不同热固载体添加比例对含油污泥热解产物分布规律的影响[19]，随着热固载体添加比例的增加，热解气产率上升，热解残渣(焦炭)的产率逐渐减小。在含油污泥与热固载体比例为 1∶2

时，热解油的产率达到最大值，然而，当含油污泥与热固载体比例进一步增加到 1∶3 时，热解油的产率降低。含油污泥在窑内与热固载体直接接触传热，这个过程使得含油污泥的加热速率非常快，达到快速热解的目的。这种加热过程，使得大量的油气挥发出来，降低了在慢升温速率过程中挥发油气裂解为小分子的可能性。另外，热固载体对含油污泥的破碎作用，也使得含油污泥内部充分受热，热解更加完全。对于含油污泥与热固载体比例为 1∶3 时热解油产率的减少，说明过量的热固载体使得含油污泥完全包裹在其中，致使产生的挥发物在穿过热固载体层时发生了二次裂解现象，导致热解油产率的降低。

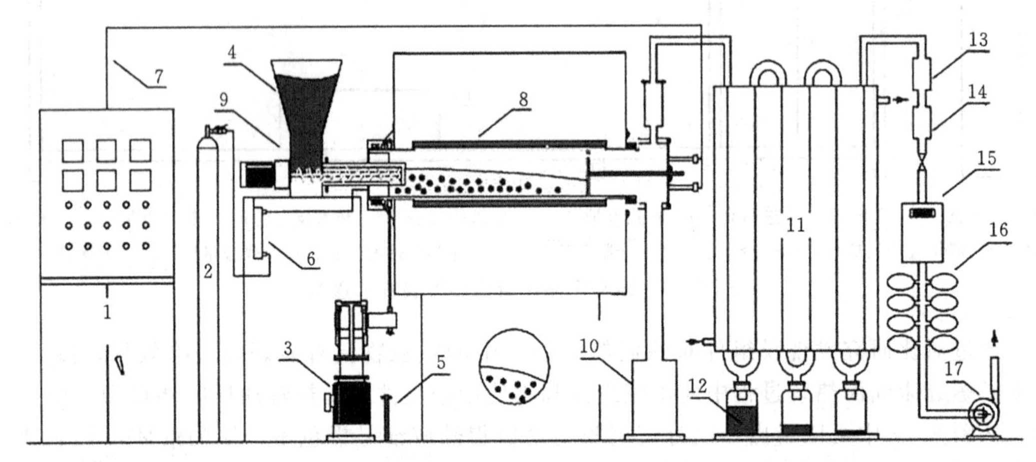

1—控制面板；2—氮气瓶；3—变频发动机；4—进料斗；5—角度调整螺杆；6—转子流量计；7—热电偶；8—电路；9—发动机；10—残渣收集罐；11—冷凝器；12—液体收集罐；13—过滤器；14—除湿器；15—体积流量计；16—气体取样装置；17—抽气泵。

图 8-9　回转窑热解装置示意图

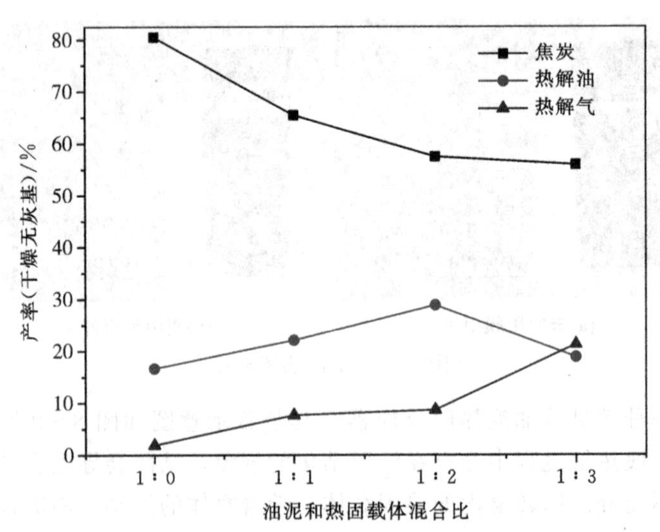

图 8-10　热固载体添加比例对油泥热解产物分布规律的影响

在热解技术中，共热解和催化热解是两种有效的提升热解效果的手段，是热解领域中的研究热点。

1)共热解

共热解是一种提升热解产物品质的有效方式。含油污泥单独热解产物质量不高，掺杂其他物料混合热解会产生一些协同作用，这对于热解产物质量的提高有很大的帮助。废轮胎、生物质等也常常被用于和含油污泥的共热解。含油污泥和稻壳的共热解研究表明，共热解使得油分的产量有所降低，而焦炭和气态产物的产量有所增加；并且油分中的芳香分和饱和分的比例增加，胶质和沥青质的比例下降，油品的品质提高了；而在气体组分中，CO、CO_2、H_2 和短链烷烃的量均有所增加[20]。含油污泥和杏壳的共热解研究结果表明，油泥热解的活化能因为杏壳的存在而有所降低[21]。含油污泥和废木屑的共热解研究结果表明，原料中木屑含量越高，油品和焦炭产量越高；并且共热解产生的油分中 H/C 比更高[22]。总的来说，共热解使得热解产物的品质都有所提升，这主要利用了不同原料之间的协同效应来提高产物的质量。

2)催化热解

除共热解外，催化热解也是提高热解产物的选择性，提升产物品质的重要手段。含油污泥热解的催化剂种类多样，金属、分子筛、焦炭等均可作为含油污泥热解的催化剂。催化热解分为原位催化热解和异位催化热解。原位催化热解指热解原料和催化剂混合置于一个反应室内；而异位催化热解则是将原料和催化剂分开置于两个不同的反应室内，催化剂作用于初次热解产物。由于催化剂可以提高热解的选择性和产物品质，因此含油污泥的催化热解是含油污泥资源化技术的重要研究热点。

分子筛是一种良好的催化剂载体，可负载各种活性组分。有学者通过将 Al 负载于 MCM-41 上作为催化剂，对含油污泥进行了催化热解[23]，结果表明，催化剂的加入使得油分的回收率得到了提高；另有学者将 TiO_2 负载于 MCM-41 载体上作为催化剂，考察了对含油污泥热解的催化性能[24]，结果表明，催化剂使得热解油的回收率和油品的品质都得到了提高。矿物也是一种可用于含油污泥热解的催化剂。以白云石为例，在不同温度下具有催化裂解含油污泥的能力，并有利于合成气的生产：较高的催化温度可以提高 H_2 的产率，而较低的温度有利于 CH_4 和 CO 的生成[25]。以膨润土为原料则可以制备含铁分子筛催化剂，随着此催化剂用量的增加，含油污泥中油分的回收效率开始呈现一个上升的趋势，而随着催化剂用量继续增加，则呈现出下降的趋势[26]。KOH 也可作为催化剂用于含油污泥的热解，KOH 的加入使得油品的产率降低，而气态产物和固体焦炭的产率增加[27]。此外，加入 KOH 后热解油的平均分子量降低了 53%，说明 KOH 促进了重油裂解为轻质油的反应；油品的黏度也有所降低，热值增加；加入 KOH 后油品沥青质含量大幅降低，而饱和分的含量则产生明显的增加；KOH 催化剂对含油污泥热解中的硫析出也会产生影响，使得有机硫更多地向无机硫转化，而无机硫更多地残留在固态残渣中。但目前催化热解过程中存在催化剂积碳、失活等问题，这对于催化热解来说始终是一个很大的困难，减少积碳的产生、提高催化剂的稳定性和寿命应是催化热解未来的研究热点。

4. 焚烧法

含油污泥的焚烧是指在过量氧气的存在下，将含油污泥添加进焚烧炉内，油泥在焚烧炉内与氧气进行燃烧反应，油泥中的有机物得到完全氧化并且产生大量的热。焚烧是含油污泥处理及资源化的一项重要技术。污泥焚烧具有简单直接、处理彻底的特点，结果是有机物被完全氧化产生 CO_2 和 H_2O。焚烧技术适用于含水率不高、含油率高的污泥。因此脱水预处理在焚烧技术中是一道重要的工序。在美国，污泥焚烧处理技术占到油泥处置的22%，荷兰和德国的油泥焚烧的比例更是占到了40%以上。但是含油污泥焚烧具有工艺要求高、投资操作费用高的缺点，而且燃烧过程中会产生飞灰、烟气、底渣，造成二次污染。

油泥燃料特性的研究具有重要的意义，有助于合适的燃烧技术的开发。通常随升温速率增加，含油污泥的着火点、燃烧速率、燃尽温度都在增加，并且含油污泥的表观活化能和指前因子都在增大。由于含油污泥本身具有含氧量高、含水率高等特点，本身的燃烧性能不是很好，因此常常采用共燃烧的方式来提高含油污泥的燃烧特性。如将不同的辅助燃料被添加于含油污泥中，主要有煤、生物质、废轮胎等。例如，掺杂废轮胎后的表观活化能较之单纯的含油污泥小，燃烧过程符合一级动力学方程。除废轮胎外，油页岩的干馏残渣也是一种固体废物，并且和含油污泥均在油田开采中产生。油页岩干馏残渣和含油污泥的混合燃烧也是一种有效处理油田废物的手段。生物质也是含油污泥焚烧的良好辅助燃烧。生物质种类多样，而油泥的性质也根据来源不同会有很大的差别。木材、藻类等都是常用的生物质辅助燃料。此外流化床燃烧也具有高混合效率、高燃烧效率、低污染排放等特点。燃料装置的改进也有助于提高燃烧效率。如鼓泡床系统可用于含油污泥的富氧燃烧，燃烧烟气中含有高浓度的 CO_2，可以直接用于油田驱油。

含油污泥燃烧过程中会产生颗粒物(粉尘)、CO、SO_2、NO_x 和挥发性有机化合物(VOCs)等，这些物质视其数量、体积和性质对环境都有不同程度的危害。通过含油污泥的热解-焚烧耦合系统能有效降低这些污染物的生成，图 8－11 给出了含油污泥热解-焚烧耦合过程中的能量流。图 8－12 显示了含油污泥和其热解焦焚烧时产生的 VOCs 浓度，可以看出，含油污泥热解焦焚烧产生的 VOCs 平均浓度远远小于含油污泥直接焚烧产生的 VOCs 平均浓度。含油污泥中的有机物在热解过程中逸出，转变成热值更高的热解油和热解气，残渣中只有少量有机物残存，因此热解焦焚烧过程中产生的 VOCs 浓度较低。

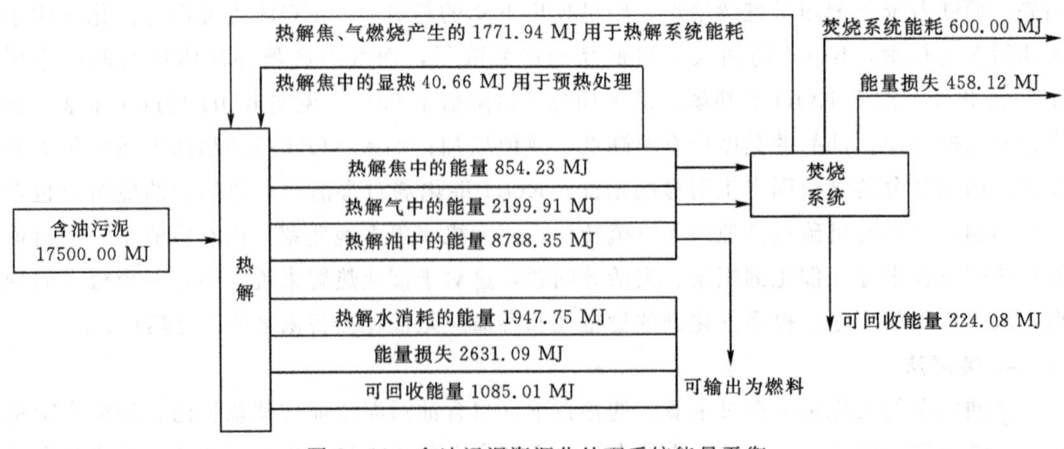

图 8－11　含油污泥资源化处理系统能量平衡

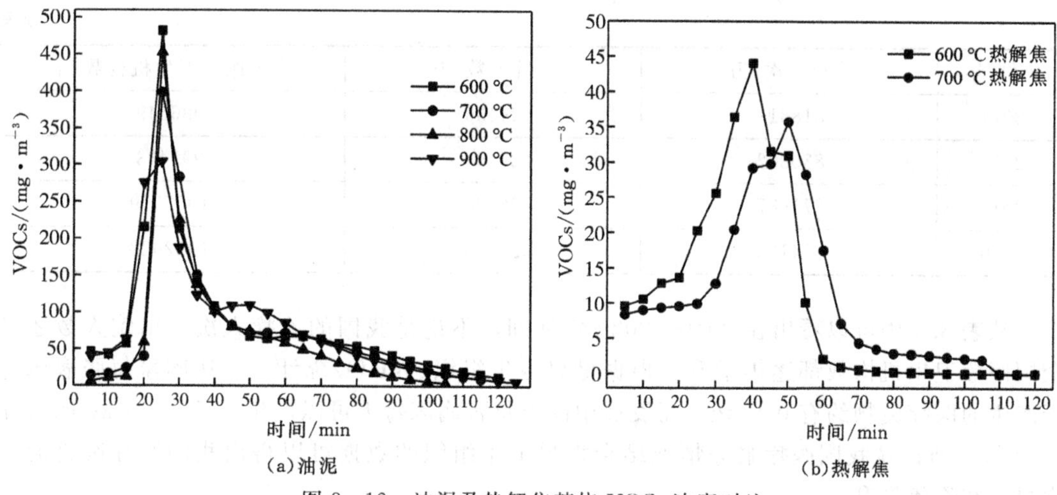

图 8-12 油泥及热解焦焚烧 VOCs 浓度对比

焚烧法是一项重要的含油污泥资源化技术，通过焚烧可以回收大量的热量。但是对含油率低的油泥本身的燃烧性能不佳，需要添加一定辅助燃料帮助燃烧，包括煤和生物质等。尽管已有不少油泥与辅助燃料的共燃实验，但是不同来源的油泥性质差异很大，其燃烧性能也有较大的差异。针对不同油泥最佳的辅助燃料及添加量都会不同，且燃烧装置的改进也是未来的研究重点之一，在传统的燃烧装置上需要开发具有低运行成本、高燃烧效率、低二次污染的装置。此外，含油污泥中的水分会降低燃烧特性，因此含油污泥在焚烧前的脱水预处理也是一道重要的工序。

8.3 医疗垃圾的资源化

8.3.1 医疗废物现状

医疗废物指的是医疗卫生机构在医疗及保健活动和其他相关活动中产生的具有直接或者间接感染性、毒性以及其他危害性的废物。近几年来发展迅猛的医疗卫生事业，虽然可以在很大程度上满足人们对此的需求，但随之也产生了数量越来越多，类型越来越丰富，成分、性质越来越复杂的医疗废物。近年来我国医疗服务情况如表 8.4 所示[28]。

表 8.4 2010—2020 年我国医疗服务情况

年份/年	诊疗人次/万	入院人数/万	全国医疗卫生机构数/个
2010	583761.6	14174	936927
2011	627123	15298	954389
2012	688833	17857	950297
2013	731401	19215	974398
2014	760187	20441	981432
2015	769925	21054	983528
2016	793170	22728	983394

续表

年份/年	诊疗人次/万	入院人数/万	全国医疗卫生机构数/个
2017	818311	24436	986649
2018	830802	25454	997433
2019	871987	26596	1007579
2020	774105	23013	1022922

从表 8.4 中可以看出在 2010—2020 年期间，不论是我国的诊疗人次、出院人数还是全国医疗卫生机构数都逐年攀升。根据世界卫生组织(WHO)统计，发达国家每张病床每天产生的医疗废物约有 0.5 kg，而发展中国家每张病床每天可以产生 0.5～2.5 kg 的医疗废物[29]。所以从我国医疗服务情况结合世界卫生组织的数据可以得出我国医疗废物的产生量正在逐年攀升。

8.3.2 医疗废物的分类

2003 年，卫生部和国家环保总局公布《医疗废物分类目录》，我国根据医疗废物的性质将其分为五类：感染性废物、损伤性废物、病理性废物、药物性废物、化学性废物。2016 年，新版《国家危险废物名录》施行，其中明确了将医疗废物纳入危险废物(编号 HW01)并对其管理内容进行了规定，还将医疗废物分为感染性废物、损伤性废物、病理性废物、化学性废物、药物性废物，以及为防治动物传染病而需要收集和处置的废物。在这些医疗废物中，感染性废物的危险性最大，处理的工艺技术要求更高，处置程序也相对复杂，但它在整个医疗废物中所占的比例并不多，仅为 10%～15%，这部分医疗废物是禁止回收的，它是医疗废物规范化管理的重中之重。

8.3.3 医疗废物的特点

医疗废物具有高危性、处置专业性和难降解性等特点，所以必须对其进行严格、有效的控制和规范管理，防止其污染环境问题日益严重。

(1)高危性：主要体现在医疗废物自身含有大量的病毒、细菌、病原体、放射性物质和化学性物质，且具有极强的传染性和高污染性。

(2)处置专业性：医疗废物的种类、成分复杂，且危险性高，为了安全高效地对医疗废物进行处理，必然要求有专业知识的人员针对不同种类、性质的医疗废物采用不同的工艺进行处理。

(3)难降解性：医疗废物被随意丢弃于自然界后，不仅很难通过环境的自净能力得到彻底、充分的降解，反而会因其所含的病毒及有害物质对环境的持续侵害而导致环境自净能力的丧失。

8.3.4 医疗废物的处理技术

在医疗废物产生量逐年攀升并且会对环境造成污染的情况下，一方面，我们需要对其进行严格、有效和规范的控制和管理，从源头减少它的产生；另一方面，更重要的是我们需要研究出可以大规模无害化处理医疗废物的技术，或者可以大规模应用于实践的资源化技术来妥善处理医疗废物。医疗废物的处理技术分为焚烧技术和非焚烧技术，目前医疗废物的主要处理技术有：

1. 焚烧

焚烧处理是将医疗废物置于焚烧炉内，在高温和大量氧气的条件下，进行蒸发干燥、热解，以及氧化分解等反应，由此实现分解或降解医疗废物中有害成分的过程。目前，焚烧技术是国内外处理医疗废物最广泛的方法。医疗废物经过高温焚烧可以彻底杀灭病菌、降解有机物，实现医疗废物的减量化和无害化。与普通废弃物和城市生活垃圾的焚烧不同的是，医疗废物焚烧最主要的目的是焚毁有毒有害有机物，杀死和去除病毒病菌。其次是确保不产生二次污染，做到烟气的排放完全清洁和干净。而热能和其他资源的回收不是其最重要的目的，不应该将经济效益和热能利用效益作为医疗废物焚烧效果的主要评判指标。

医疗废物的焚烧系统主要包括进料系统、焚烧炉、燃烧空气系统、启动点火与辅助燃烧系统、烟气净化系统、残渣处理系统、自动监控系统及应急系统。根据我国《危险废物焚烧污染控制标准》(GB 18484—2001)、《医疗废物焚烧炉技术要求》(GB 19218—2003)、《医疗废物集中焚烧处置工程建设技术规范》(HJ/T 177—2005)、《医疗废弃物焚烧环境卫生标准》(GB/T 18773—2002)的规定，在医疗废物焚烧过程中必须至少具备以下技术条件：

a. 焚烧炉内温度≥850 ℃；

b. 烟气在炉内停留时间大于 2 s；

c. 燃烧效率大于 99.9%；

d. 灰渣的热灼减率小于 5%；

e. 配有机械加料装置；

f. 配备烟气净化系统；

g. 配备应急和警报系统；

h. 配备安全保护系统或装置。

焚烧过程产生的废灰、废渣、废水以及净化处理废物必须按危险废物的规定条例进行处置。

2. 高温蒸汽灭菌

高温蒸汽灭菌是利用水蒸气释放出的潜热，使医疗废物中的致病微生物发生蛋白质变性和凝固，导致致病微生物死亡，达到医疗废物无害化和安全处置的目的。高温蒸汽灭菌设备的形式较多，常见的有立式灭菌柜、卧式灭菌釜。压力有常压型、压力型。实际工作中根据医疗废物种类、数量、灭菌要求等进行选择。

高温蒸汽处理工艺系统具体主要包括进料系统、高温蒸汽处理系统、破碎系统、废气处理系统、废液处理系统、蒸汽供给系统等。医疗废物高温蒸汽灭菌处理主要包括 4 个阶段：装料阶段、灭菌阶段、提升破碎阶段、收集运输阶段。其中，灭菌处置阶段又分为预真空、灭菌、干燥 3 个部分，图 8-13 为医疗废物高温蒸汽灭菌处理工艺流程。工艺过程主要包括：①装料。将医疗废弃物倒入灭菌釜专门配置的灭菌中转框中，笼框输送系统将中转框自动输送至灭菌釜中，等待灭菌处理。②灭菌处理。利用蒸汽破坏蛋白质，使致病微生物死亡。③出料破碎。灭菌釜内的传动机构将中转框逐个自动送出，经过笼框输送线的周转，送至提升机，提升机上升将灭菌后的医疗废物倒进破碎机进行破碎。对医疗废物进行破碎毁形处理，既可以防止非法回收，也可以使后续的焚烧或填埋处理更加方便。④收集运输。将破碎后的废弃物送至垃圾运输车，最后送达处理现场。

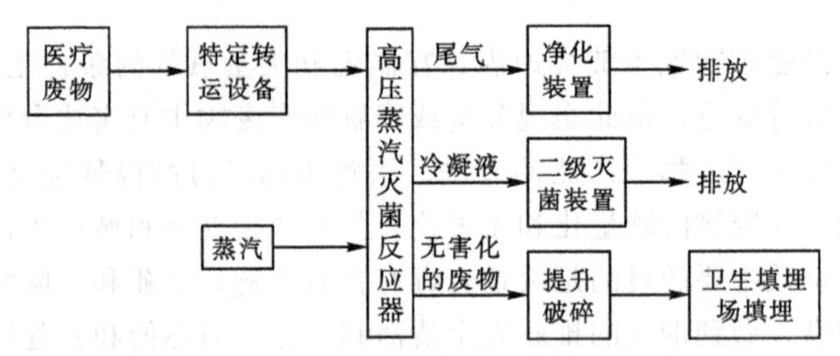

图 8-13 医疗废物高温蒸汽灭菌处理工艺流程

高温蒸汽灭菌工艺具有投资费用低、设备运行费用少、处理操作程序简单、处理过程不产生污染物烟气和二噁英、处理设备可间歇运行、灭菌彻底等优点，对于废物量波动具有较好的适应性而得到大量的应用，但不适用于处理药物性和化学性医疗废物。此外，医疗废物高温蒸汽处置过程中会有废液、挥发性有机化合物、重金属等有害物质向环境排放，易造成二次污染，需对处置过程中产生的废液和废气进行有效处理。高温蒸汽灭菌法对减少医疗废物的体积和重量没有任何作用，经过处理的医疗废物仍然需要卫生填埋或焚烧。

3. 化学消毒

化学消毒处理技术适用于处理《医疗废物分类目录》中的感染性废物、损伤性废物和病理性废物(人体器官和传染性的动物尸体等除外)，是利用杀菌剂，例如二氧化氯、漂白剂、强酸或非有机化学物质来处理医疗废物。但医疗废物在处置前一般都需要进行分选、切割、破碎和调配等，提高杀菌剂与医疗废物的接触面积。

化学消毒的优点是工艺设备和操作简单方便、除臭效果好、消毒过程迅速、一次性投资少、运行费用低。对于干式处理，废物的减容率高、不会产生废液或废水及废气。缺点是干式废物对破碎系统要求较高，对操作过程的 pH 值监测(自动化水平)要求很高。湿式废物处理过程会有废液和废气生成，且大多数消毒液对人体有害。化学消毒最近也在逐步用于那些无法通过加热或润湿进行消毒灭菌的医疗废物的处理。

4. 电磁波灭菌

电磁波灭菌包括微波和无线电波两种方法。微波灭菌法使用 2450 MHz 的高频电磁波，而无线电波灭菌法则使用 10 MHz 的低频电磁波，其穿透力比微波更强[30]。电磁波灭菌法的原理是其具有可被水、脂肪、蛋白质吸收的特点，利用微生物细胞选择性吸收能量的特性，将其置于电磁波高频振荡的能量场中，使微生物的液体分子按外加电场的频率振动，这种振动使细胞膜内的能量迅速增加，产生高温，最终导致细胞的死亡，以此杀死医疗废物中的病原体。经电磁波处理后的医疗废物可以作为生活垃圾进行卫生填埋。

电磁波灭菌的优点体现在废物体积显著减少，垃圾毁形效果好；系统完全封闭，环境污染很小；完全自动化，易于操作。缺点是建设和运行成本较高、处理过程会有臭味等。

5. 卫生填埋

卫生填埋是医疗废物的最终处置方法，其原理是将垃圾埋入地下，通过微生物长期的分解作用，使之分解为无害的物质。医疗废物的填埋系统如果没有防渗措施，各种有毒物质、病原体、放射性物质等会随雨水渗入土壤，进而会通过食物链进入人体，危及人类健康。因此，卫生填埋场需经过科学的选址，并用黏土、高密度聚乙烯等材料铺设防渗层，还必须设置填埋气的收集和输出管道，所以采用填埋处理法必须非常慎重，一定要按有关规定对医疗废物进行严格的预处理。

填埋处理的优点是工艺较简单、投资少，可处理大量的医疗废物。主要缺点是填埋前需消毒、废物减容少、填埋场建设投资大，需占用大量土地，并会产生甲烷、氨气、硫化氢、氮气、一氧化碳等大量有害气体，同时也产生氧气、氢气和挥发性有机物，需对填埋厂附近的土壤和地下水进行长期监测。

尽管医疗废物的处理技术有很多，但高温蒸汽灭菌和焚烧法仍是目前医疗废物主要的处置方式，二者处理的医疗废物占总处理量的 90%以上。

8.3.5　医疗废物的资源化技术

医疗废物的危险性具有双重性，一方面，医疗废物可能含有传染性病原微生物、化学污染物及放射性物质等有害物质；另一方面，医疗废物的处置过程也会对环境造成危害。如医疗废物在焚烧过程中会产生二氧化碳、卤化物、可挥发的金属、烟粉尘等，甚至可能会产生二噁英。医疗废物如采用非焚烧技术处理后进行填埋，其中的塑料类因为难以降解，将成为持久性有机污染物(POPs)，对环境造成危害。因此，医疗废物资源化技术的研发至关重要。目前，主要有热解、等离子体等技术。

1. 热解技术

热解技术是医疗废物在无氧或缺氧条件下的高温分解技术。医疗固体废弃物中含有大量的有机组分，有很好的能源资源回收潜力，所以医疗废物的热解过程一直被国内外学者广泛关注。Zhu 等[31]对 3 种常用医疗废弃物(药棉、竹签和医用呼吸器)的热解特性进行研究，发现这 3 种物质的热解挥发性产物包括 2-丁烷、苯甲醛、甲酸、乙酸、碳氢化合物、二氧化碳和一氧化碳。其中药棉的 CO_2 产率高于竹签和医用呼吸器；3 种材料的 CO 产率均较低，医用呼吸器的 CO 产率最低；竹签和医用呼吸器的产烃率高于药棉，竹签的产酸率最高。Hou 等[32]利用过期的维生素 B_1 注射剂经水热炭化、制粒、热解后以粉末的形式回收，并且测定了这种炭黑粉末的电导率约为 2.3 S/cm，且利用该炭黑粉末制成的电极效果良好。

医疗废物热解是一种良好的处理手段，在缺氧环境中的热解保证了产物具有充分的资源回收价值，降低环境污染的同时也能最大化地对其进行资源化利用。而国内外学者大都是选取了一种或几种典型的医疗固体废弃物进行热解试验，但对混合医疗废物热解的研究较少，对热解后生成产物的资源化利用也少有系统的分析。

2. 等离子体技术

等离子体被认为是物质的第四种状态，由电子、离子和中性粒子组成，总体上它是近似电中性的。等离子体在一定的空间内通过极高的电压，可使等离子体炬电极之间的气体导电，电流通过电离气体产生极高的能量区域，使该部位达到极高的温度。当废物通过该高温区域时，立即挥发，在不同的气氛下使废物发生热解或气化。因此，当废物进入高温等离子体时，会迅速从复杂的大分子物质分解成原子结构。这一过程将粉碎废物可能存在的任何有害化合物。极高的温度使等离子体中的原子和离子非常活泼，当它们离开等离子区时，它们将迅速地转变为简单的小分子化合物及很少部分大分子化合物。金属颗粒会沉降在气化炉底部，由于气化炉底部温度的降低从而形成金属熔渣。等离子体技术是处理危险废物的有效方法，可以有效抑制二噁英类毒性物质的形成，废物经热等离子体高温熔融后变成玻璃状固体。采用等离子体技术对医疗垃圾中重金属的固化效果明显，其熔渣对重金属的固化率可达到 70%~90%[32]。其固化的主要原理是：①在燃烧室内氧气充足的情况下，氯化反应受到一定阻碍，进而抑制重金属的挥发，绝大多数的重金属以高熔点氧化物的形式保留在熔渣中；②医疗废物中的部分重金属与 SiO_2、CaO、Al_2O_3 等化合物会发生反应，形成较为稳定的化合物，进而限制了重金属的挥发。史昕龙等[34]对热等离子体处理医疗废物后产生的熔融底渣的重金属浸出毒性、重金属总量及长期淋滤环境下的重金属浸出情况进行了分析。结果表明医疗废物熔融底渣中重金属被包裹在玻璃相中，浸出液中重金属浓度均远低于危险废物浸出毒性鉴别限值，且医疗废物熔融底渣在长期模拟酸雨淋滤的环境下重金属均无浸出，说明熔融底渣中重金属较为稳定，可确保医疗废物熔融底渣资源化利用过程中的安全性。

如图 8-14 所示，等离子体处理系统主要包括：预处理及进料系统、等离子体炬处理系统、高温熔融反应炉(燃烧系统)、能量利用系统(可选)、尾气处理系统、供气系统、水冷系统、底灰室及溶渣收集室等[35]。①预处理及进料系统：主要用于医疗废物的分选、烘干及粉碎等预处理，然后通过进料系统喂入等离子体炬处理系统；②等离子体炬处理系统：根据实际情况设置不同规格的等离子体发生器，并控制相应的参数，使进入处理系统的物料发生快速热解气化，形成可燃气体，在载气的作用下进入高温熔融反应炉；③高温熔融反应炉：热解气在高温熔融反应炉发生充分燃烧，其中飞灰随热解气气流一并进入反应炉内发生高温熔融，并辅以相应的添加剂，通过冷却将重金属等固定在熔渣中；④能量利用系统：医疗废物经等离子体处理产生的热解气在高温燃烧过程中会产生大量的热量，该热量可用于热力发电或区域供热，还可用于系统中医疗垃圾的烘干处理等；⑤尾气处理系统：剩余尾气经处理达标后排入大气；⑥供气系统：供气系统主要为等离子体炬处理系统和高温熔融反应炉提供特定气体，以助医疗废弃物热解气化及热解气化气的充分燃烧；⑦水冷系统：在等离子体炬的阴阳极和喷枪等关键部件设置水冷循环，以减缓喷枪的高温腐蚀，确保其稳定工作和延长其使用寿命，此外在高温熔融反应炉后方设定水冷系统，有助于熔渣快速固化；⑧底灰室及熔渣收集室：用于收集等离子体炬处理系统产生的热解残渣及高温熔融反应器产生的灰渣及熔渣，其中等离子体炬产生的底灰无法随气流进入高温熔融炉，需采用相应传输系统进入熔融炉内进行高温熔融反应。

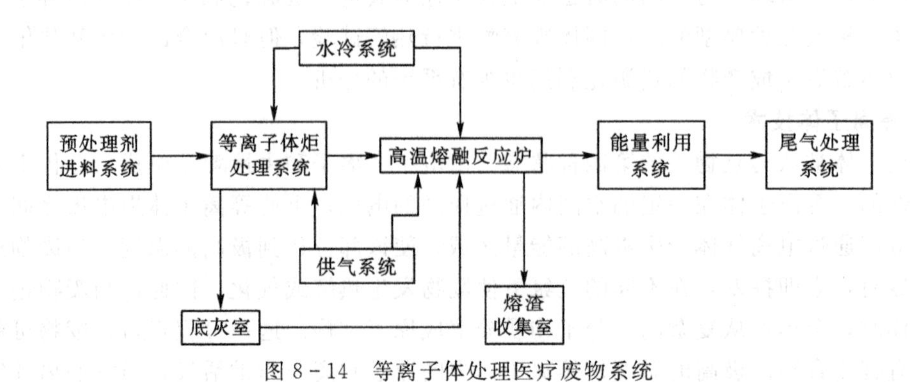

图 8-14　等离子体处理医疗废物系统

3. 其他资源化技术

X 光片中含有明胶、甘氨酸、脯氨酸和 4 -羟脯氨酸残基等物质，其中弥散着非常细小的溴化银颗粒。Canda 等[36]发现将 X 光片浸入 NaOH 或 HNO_3 溶液中可以回收其中的银，回收的银纯度较高，并且成本低、操作简单。Kale 等[37]开展了采用废医棉(MGC)制备可持续自增强复合材料(SRC)的研究。如图 8 - 15 所示，MGC 经过灭菌、漂白处理后，将其纤维表面选择性溶解到以氯化锂/N、N -二甲基乙酰胺为溶剂体系制备的溶解微晶纤维素基体溶液中，制备 SRC 薄膜，SRC 薄膜的抗拉强度提高到 252 MPa。Qi 等[38]利用近临界甲醇对 PVC 制成的输液管和尿液采样器中的物质进行回收。研究发现，低温近临界甲醇工艺可以回收输液管中的邻苯二甲酸二丁酯(DBP)、邻苯二甲酸二辛酯(DOP)、邻苯二甲酸二甲酯(DMP)三种增塑剂，可以从尿液采样器中回收十六烷酸甲酯(可做增塑剂、润滑剂)和十八烷酸甲酯(可做表面活性剂、润滑剂)两种产品。低温近临界甲醇工艺是一种有前途的技术，可用于 PVC 医疗废物的脱氯和高附加值添加剂的回收，在 PVC 废物的管理中具有广阔的实际应用前景。

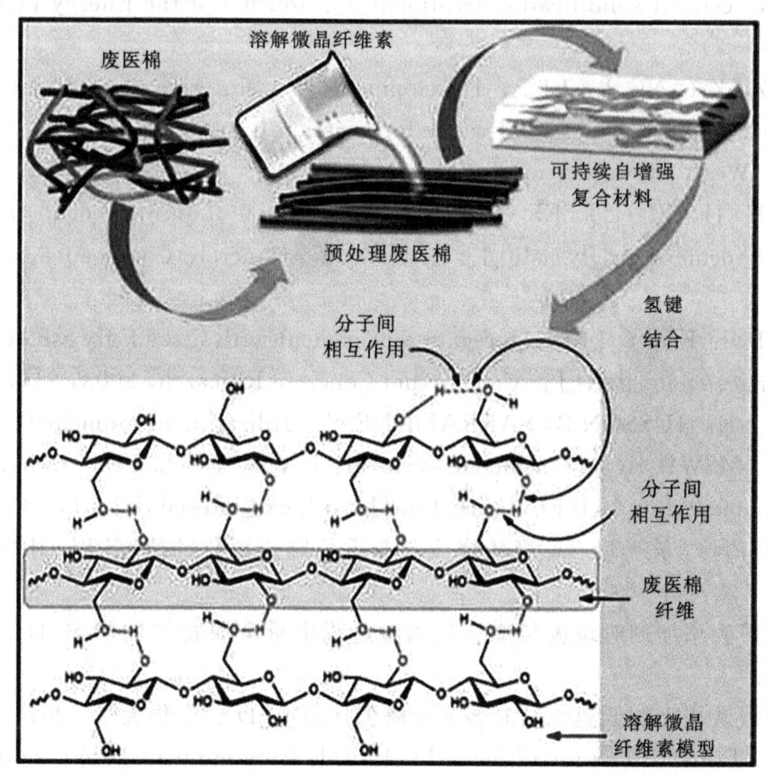

图 8 - 15 废医棉制备可持续自增强复合材料流程图

思考题：

(1)在飞灰资源化过程中，如何降低重金属、二噁英、可溶性氯盐等污染物的环境风险？

(2)论述热解温度、升温速率、停留时间等工艺参数对含油污泥热解产物的影响。

(3)列举含油污泥的脱水工艺，并说明其优缺点。

(4)分析我国医疗废物的特点及发展趋势。

(5)列举医疗废物的主要处理技术并分析其优缺点。

参考文献

[1]綦懿，李天如，王宝民，等. 生活垃圾焚烧飞灰固化稳定化安全处置及建材资源化利用进展[J]. 建材技术与应用，2021，(01)：16-22.

[2]王文祥，李宝花，梁展星，等. 垃圾焚烧厂飞灰金属溶出特性研究[J]. 环境卫生工程，2018，26(02)：43-47.

[3]MARGALLO M，TADDEI M B M，HERNÁNDEZ-PELLÓN A，et al. Environmental sustainability assessment of the management of municipal solid waste incineration residues：a review of the current situation[J]. Clean Technologies and Environmental Policy，2015，17(5)：1333-1353.

[4]BIE R，CHEN P，SONG X，et al. Characteristics of municipal solid waste incineration fly ash with cement solidification treatment[J]. Journal of the Energy Institute，2016，89(4)：704-712.

[5]ZHANG Z，ZHANG L，LI A. Development of a sintering process for recycling oil shale fly ash and municipal solid waste incineration bottom ash into glass ceramic composite[J]. Waste Management，2015，38：185-193.

[6]WU K，SHI H，SCHUTTER G D，et al. Preparation of alinite cement from municipal solid waste incineration fly ash [J]. Cement and Concrete Composites，2012，34(3)：322-327.

[7]SIDDIQUE R. Effect of fine aggregate replacement with Class F fly ash on the mechanical properties of concrete[J]. Cement and Concrete Research，2003，33(4)：539-547.

[8]AUBERT J E，HUSSON B，SARRAMONE N. Utilization of municipal solid waste incineration (MSWI) fly ash in blended cement：Part 2. Mechanical strength of mortars and environmental impact[J]. Journal of Hazardous Materials，2007，146(1)：12-19.

[9]王正宇，龚佰勋，陈德珍. 垃圾焚烧飞灰双重稳定资源化的研究[J]. 中国资源综合利用，2007，(02)：3-6.

[10]樊国祥. 矿物添加剂对垃圾焚烧飞灰熔融过程中重金属特性的影响[D]. 华中科技大学，2012.

[11]张晗. 垃圾焚烧飞灰低温烧结制备多孔陶瓷体研究[D]. 东华大学，2016.

[12]LIN K L. Feasibility study of using brick made from municipal solid waste incinerator fly ash slag[J]. Journal of Hazardous Materials，2006，137(3)：1810-1816.

[13]朱彧，吴昊，徐期勇. 垃圾焚烧飞灰去除硫化氢气体[J]. 环境工程学报，2015，9(06)：2947-2954.

[14]李夫振，周少奇，黎强，等. 垃圾焚烧飞灰对染料(亚甲基蓝)的吸附性能[J]. 环境工程学报，2013，7(10)：4072-4078.

[15]WU X F，QIN H B，ZHENG Y X，et al. A novel method for recovering oil from oily sludge via water-enhanced CO_2 extraction[J]. Journal of CO_2 Utilization，2019，33：

513－520.

[16]王笑. 油田油泥清洁催化热解特性研究[D]. 大连理工大学，2017.

[17]GAO N，WANG X，QUAN C，et al. Study of oily sludge pyrolysis combined with fine particle removal using a ceramic membrane in a fixed-bed reactor[J]. Chemical Engineering and Processing-Process Intensification，2018，128：276－281.

[18]GAO N，LI J，QUAN C，et al. Oily sludge catalytic pyrolysis combined with fine particle removal using a Ni-ceramic membrane[J]. Fuel，2020，277：118134.

[19]MA Z，GAO N，ZHANG L，et al. Modeling and Simulation of Oil Sludge Pyrolysis in a Rotary Kiln with a Solid Heat Carrier：Considering the Particle Motion and Reaction Kinetics[J]. Energy & Fuels，2014，28(9)：6029－6037.

[20]LIN B，HUANG Q，CHI Y. Co-pyrolysis of oily sludge and rice husk for improving pyrolysis oil quality[J]. Fuel Processing Technology，2018，177：275－282.

[21]ZHOU X，JIA H，QU C，et al. Low-temperature co-pyrolysis behaviours and kinetics of oily sludge：effect of agricultural biomass[J]. Environmental Technology，2017，38(3)：361－369.

[22]HU G，LI J，ZHANG X，et al. Investigation of waste biomass co-pyrolysis with petroleum sludge using a response surface methodology[J]. Journal of Environmental Management，2017，192：234－242.

[23]李彦，胡海杰，屈撑囤，等. 含油污泥催化热解影响因素研究及热解产物分析[J]. 现代化工，2018，38(1)：67－71.

[24]刘鲁珍，李金灵，屈撑囤. TiO_2/MCM－41 的制备及对含油污泥热解过程的影响[J]. 环境工程学报，2016，10(12)：7294－7298.

[25]HUANG Q，WANG J，QIU K，et al. Catalytic pyrolysis of petroleum sludge for production of hydrogen-enriched syngas[J]. International Journal of Hydrogen Energy，2015，40(46)：16077－16085.

[26]WANG H，JIA H，WANG L，et al. The Catalytic Effect of Modified Bentonite on the Pyrolysis of Oily Sludge[J]. Petroleum Science and Technology，2015，33(13－14)：1388－1394.

[27]LIN B，WANG J，HUANG Q，et al. Effects of potassium hydroxide on the catalytic pyrolysis of oily sludge for high-quality oil product[J]. Fuel，2017，200：124－133.

[28]中华人民共和国国家统计局. 中国统计年鉴[M]. 北京：中国统计出版社，2011－2021.

[29]中华人民共和国生态环境部.《2018 年全国大、中城市固体废物污染环境防治年报》[R]，2019.

[30]黄正文，张斌，艾南山，等. 八种医疗废物处理方法比较分析[J]. 中国消毒学杂志，2008，(03)：313－315.

[31]ZHU H M，YAN J H，JIANG X G，et al. Study on pyrolysis of typical medical waste materials by using TG－FTIR analysis[J]. Journal of Hazardous Materials，2008，153(1－2)：670－676.

[32]HOU H，YU C，LIU X，et al. N－doped carbon microspheres anode from expired vi-

tamin B1 injections for lithium ion battery[J]. Journal of Material Cycles and Waste Management, 2019, 21(5): 1123-1131.

[33]张璐，严建华，杜长明，等. 热等离子体熔融固化模拟医疗废物的研究[J]. 环境科学，2012，33(06)：2104-2109.

[34]史昕龙，钟江平，张佳. 医疗废物熔融底渣毒性特性及资源化利用探讨[J]. 环境卫生工程，2018，26(05)：28-30.

[35]郝思佳. 等离子体处理医疗垃圾的技术经济性分析[J]. 应用化工，2018，47(10)：2192-2196.

[36]CANDA L, ARDELEAN E, HEPUT T. Methods of silver recovery from radiographs-comparative study[C]. IOP Conference Series: Materials Science and Engineering, 2018, 294: 012007.

[37]KALE R D, GORADE V G. Potential application of medical cotton waste for self-reinforced composite[J]. International Journal of Biological Macromolecules, 2019, 124: 25-33.

[38]QI Y, HE J, LI Y, et al. A novel treatment method of PVC-medical waste by near-critical methanol: Dechlorination and additives recovery[J]. Waste Management, 2018, 80: 1-9.